高等院校特色规划教材

计算机导论
——计算思维与可视化
（富媒体）

主　编　王　剑

副主编　刘　鹏　文汉云

U0197992

石油工业出版社

内 容 提 要

本书以《普通高等学校本科专业类教学质量国家标准》和 ACM 的 CC2005 报告为编写依据，针对计算机科学入门学习的"痛点"，以计算机导论和计算思维的有效结合为主线，清晰地给出了计算机学科的学习地图，为零基础或者基础薄弱的学生提供了直观明了的可视化编程方法，并详细分析多个计算机学科内的经典算法及其表达，通俗易懂地全面讲解了当前计算机类的新兴技术，帮助读者快速、全面地了解计算机科学和掌握相关知识点。本书共分 10 章，系统介绍了计算机系统、操作系统和计算机体系结构、计算思维与可视化表达、程序设计语言和软件工程、数据结构与算法分析、数据库系统、计算机网络与信息安全、大数据与云计算和人工智能等。

本书可以作为高等学校计算机、电子、电信类专业的教材，也可以作为计算机爱好者的参考用书。

图书在版编目（CIP）数据

计算机导论：计算思维与可视化：富媒体/王剑
主编．北京：石油工业出版社，2019.8（2020.8 重印）
高等院校特色规划教材
ISBN 978 - 7 - 5183 - 3492 - 6

Ⅰ．①计…　Ⅱ．①王…　Ⅲ．①电子计算机—高等学校
—教材　Ⅳ．①TP3

中国版本图书馆 CIP 数据核字（2019）第 142463 号

出版发行：石油工业出版社
（北京市朝阳区安华里 2 区 1 号楼　100011）
网　　址：www. petropub. com
编辑部：（010）64523579　图书营销中心：（010）64523633
经　　销：全国新华书店
排　　版：北京市密东文创科技有限公司
印　　刷：北京中石油彩色印刷有限责任公司

2019 年 8 月第 1 版　2020 年 8 月第 2 次印刷
787 毫米×1092 毫米　开本：1/16　印张：21.75
字数：512 千字

定价：49.90 元

前　言
PREFACE

近年来，随着计算机技术与社会的快速发展变革，高校对学生基础能力的培养、对创新型人才的要求更加关注。2018 年 1 月，教育部发布了《普通高等学校本科专业类教学质量国家标准》（以下简称《标准》）。这是第一个高等教育教学质量国家标准。《标准》指出，"计算机科学与技术、软件工程、网络空间信息安全等计算机类学科，统称为计算学科。计算学科已经成为基础技术学科。随着计算机和软件技术的发展，继理论和实验后计算成为第三大科学研究范型，从而使计算思维成为现代人类重要的思维方式之一。"《标准》也指出，"学科基础知识被视为专业类基础知识，培养学生计算思维、程序设计与实现、算法分析与设计、系统能力等专业基本能力"，而"计算机导论"课程是学生走进大学后认识自己所学专业的第一门专业基础课，将对学生后续相关课程的学习产生深远影响。根据《标准》的要求，"计算机导论"课程的宗旨是：使学生从宏观到微观迅速且全面了解这个专业的精髓及魅力，既要阐述学科专业概貌，又要展示未来发展；既要关注计算思维能力培养，又要启发对专业的兴趣爱好。这就为编写符合国家质量标准和课程要求提供了权威的指导和保障。

2008 年 6 月，美国计算机协会（ACM）在网上公布的对 CS2001（CC2001）进行中期审查的报告［CS2001 Interim Review（草案）］，开始将美国卡内基·梅隆大学计算机科学系教授周以真（Jeannette M．Wing）倡导的"计算思维"与"计算机导论"课程绑定在一起，并明确要求该课程讲授计算思维的本质。2010年以来，国内高校逐步开设了以"计算机导论（基于计算思维）""计算思维导论""计算思维概论""计算思维基础"等命名的课程。2019 年 3 月，笔者借助某搜索平台，可以检索到以"计算思维"作为书名主题词的书籍 146 部。这些书籍多数为高等学校计算机类课程的教材，其出版量的快速增长，表明开设计算思维类课程的学校和出版相关计算机导论教材的也越来越多。

经过数年来对计算机导论教材的调研和一线教学、实验活动的使用，笔者发现了目前计算机导论教材仍然存在一些无法回避的痛点：

一是仍然有部分专业计算机导论教材依旧按照计算机基础的模式编写。这对于日益壮大的高校计算机专业及其他理工类专业的需求是极为不利的，而且也存在着未能与时俱进，或者讲述偏于高端化的缺陷。这不仅和市场脱节严重，也与高校教学理念冲突，更使得开设了该课程的院系存在着更好更贴近当前教学要求教材的需求。

二是大部分计算机导论教材并未考虑到我国生源参差不齐与教学统一要求的矛盾以及专业导论课程与学生兴趣导向之间的矛盾，比如对于最核心的算法章节，绝大部分教材仍然采用了传统的流程图、NS 图、伪代码，少部分使用了 python 等语言进行表达。通过调研发现，我国大一新生正规学过的计算机课程学时从 0 学时到 200 学时不等，特别是目前高中培养模式下的欠发达地区学子普遍是零基础偏多，这就使得授课老师产生了疑惑和压力，学生无基础，如何能浅显易懂地教授最重要的算法？本书采用了一个较好的办法解决了该问题。

三是大部分教材对于基础的教学内容与发展的前沿技术间的矛盾处理不佳，就目前的计算机导论课程而言，尽管没有统一规定的教学大纲和教材，但是目前教材中的内容介绍都无法满足快速发展的计算机科学前沿技术的要求。

四是对新兴技术不够敏感，大部分教材对于近年来出现的普适计算、无线传感器、边缘计算、物联网、云计算、大数据、人工智能、区块链等新兴技术几乎没有涉及或者一笔带过，在教材既没有深度的情况下（这是这门课程决定的），也没有了广度，无法与时俱进。

针对上述"痛点"，本书编写人员紧紧地以《标准》和 ACM 的 CC2005 报告为抓手，针对目前国内普通高校计算机专业或者相关其他理工科专业新生的知识储备特点，打好"计算机导论与计算思维有效结合"与"积极融入可视化表达的通俗易懂阐述模式"两张牌，良好地平衡了基础的教学内容与计算机发展的前沿技术之间的度，清晰地给出了计算机学科的学习地图。

本书在编写和出版过程中得到了国家自然科学基金面上项目"随钻测量井下网络化光纤传感器及信息传输关键技术研究"的支持。

本书由王剑担任主编，刘鹏、文汉云担任副主编，具体编写分工为：王剑负责第 4、10 章的编写，刘鹏负责第 2、7、8 章的编写，文汉云负责第 1 章的编写，袁圆负责第 5、6 章的编写，孙庆生负责第 3、9 章的编写，叶玲和孙庆生对本书进行了审校，全书由王剑负责统稿。本书的编写也得到了长江大学黄岚博士和王子瑜的大力支持与帮助，在此表示衷心的感谢。

本书参考了国内外的许多最新的技术资料，书末有具体的参考文献，有兴趣的读者可以查阅相关的信息。

由于编者水平有限，书中不妥之处在所难免，敬请广大读者批评指正并提出宝贵意见。

王　剑
2019 年 5 月

目　录

CONTENTS

富媒体资源目录

本书富媒体资源由本书作者提供。如有教学需要，请联系责任编辑。邮箱为：1305615531@qq.com。

第1章
计算机基础知识

  计算机是 20 世纪最先进的科学技术发明之一，对人类的生产活动和社会活动产生了极其重要的影响，并以强大的生命力飞速发展。它的应用领域从最初的军事科研扩展到社会的各个领域，已形成了规模巨大的计算机产业，带动了全球范围的技术进步，由此引发了深刻的社会变革。计算机已遍及一般学校、企事业单位，进入寻常百姓家，成为信息社会中必不可少的工具。它是人类进入信息时代的重要标志之一。

  本章介绍了计算机的基础知识，主要包括计算机的发展历史、特点和分类、用途和发展趋势，并对数制和编码做了详细介绍，阐述了逻辑运算的基础——布尔代数，最后介绍了计算科学体系结构以及计算机专业技术人员的职业道德和知识产权保护。

1.1　计算机的发展与应用

1.1.1　计算机的发展历程

  计算工具的演化经历了由简单到复杂、从低级到高级的不同阶段，例如从结绳记事中的绳结到算筹、算盘、计算尺、古希腊人安提凯希拉装置的机械计算机等，它们在不同的历史时期发挥了各自的历史作用，也孕育了现代电子计算机的雏形和设计思路。

  1821 年，英国数学家巴贝奇（C. Babbage，1791—1871）设计了差分机，这是第一台可自动进行数学变换的机器，因此他被称为"计算之父"。此后，他又设计了能够处理数学公式的分析机。然而，这两种机器都没有真正实现。阿达·洛夫莱斯（Ada Lovelace，1815—1852）为巴贝奇的分析机设计了程序，被称为"第一位程序员"。图 1.1 为巴贝奇与差分机模型。

  艾伦·图灵（Alan Turing，1912—1954）1936 年上研究生时发表的一篇论文中提出了图灵机（Turing Machine），奠定了计算机的理论基础。图灵给出了数学证明，断言未来计算

(a)巴贝奇   (b)差分机模型

图1.1 巴贝奇与差分机模型

机能够像人那样具有思维能力（因而汉语中有了"电脑"）。为了纪念图灵的伟大贡献，计算机学科的最高荣誉被美国计算机学会（ACM）定义为图灵奖。图1.2为艾伦·图灵。

图1.3为世界上第一台计算机 ENIAC（Electronic Numerical Integrator And Computer），1946年诞生于美国宾夕法尼亚大学，占地170平方米，重达30吨，耗电150千瓦，耗资40万美元，可谓"庞然大物"。这台计算机每秒能完成5000次加法运算、400次乘法运算，比当时最快的计算工具快300倍，运算速度是继电器计算机的1000倍、手工计算的20万倍。用今天的标准看，它是那样的"笨拙"和"低级"，其功能远不如一只掌上可编程计算器，但它使科学家们从复杂的计算中解脱出来，它的诞生标志着人类进入了一个崭新的信息革命时代，它的出现具有划时代的伟大意义。

图1.2 艾伦·图灵   图1.3 世界上第一台计算机 ENIAC

1. 第一代电子计算机：电子管计算机（1946—1958）

其基本特征是采用电子管元件作为基本器件，用光屏管或汞延时电路作为存储器，输入与输出主要采用穿孔卡片或纸带，体积大、耗电量大、速度慢、存储容量小、可靠性差、维护困难且价格昂贵，在软件上，通常使用机器语言或者汇编语言来编写应用程序，其数据表示主要是定点数。第一代电子计算机体积庞大，造价昂贵，用于军事和科学研究工作。其代表机型有 IBM650（小型机）、IBM709（大型机）。

第一代电子计算机是计算工具革命性发展的开始，它所采用的二进制与程序存储等基本技术思想，奠定了现代电子计算机技术基础。这种技术思想是美籍匈牙利科学家约翰·冯·诺依曼（John von Neumann，1903—1957，图 1.4）在 1945 年的《关于 EDVAC 的报告草案》中提出的，他定义的这种计算机体系结构叫冯·诺依曼体系结构。这种结构仍然使用至今，约翰·冯·诺依曼也被称为"现代计算机之父"。

2. 第二代电子计算机：晶体管计算机（1958—1964）

其基本特征是采用晶体管作为计算机的逻辑元器件，由于电子技术的发展，运算速度达每秒几十万次，内存容量增至几十 KB。与此同时，计算机软件技术也有了较大发展，出现了 FORTRAN、COBOL、ALGOL 等高级语言。与第一代电子计算机相比，晶体管计算机体积小、成本低、功能强、可靠性大大提高，除了科学计算外，还用于数据处理和事务处理。其代表机型有 IBM7094、CDC7600。

3. 第三代电子计算机：中小规模集成电路（1964—1971）

其基本特征是采用小规模集成电路作为计算机的逻辑元器件。随着固体物理技术的发展，集成电路工艺已经可以在几平方毫米的单晶硅集成电路片上集成由十几个甚至上百个电子元器件组成的逻辑电路。它的运算速度每秒可达几十万次到几百万次，体积越来越小，价格越来越低，软件越来越完善，在监控程序的基础上发展形成了操作系统，有了标准化的程序设计语言和人机会话式的 Basic 语言，其应用领域也进一步扩大。其代表机型有 IBM360（图 1.5）。

图 1.4　"现代计算机之父"　　　　图 1.5　IBM360
约翰·冯·诺依曼

4. 第四代电子计算机：大规模、超大规模集成电路（1971 年至今）

其基本特征是采用大规模集成电路和超大规模集成电路作为计算机的逻辑元器件。20

世纪 70 年代以来，集成电路制作工艺取得了迅猛的发展，在硅半导体上可集成更多的电子元器件，集成更高的大容量半导体存储器作为内存储器，发展了并行技术和多机系统，出现了精简指令集计算机（RISC）。目前，计算机的速度最高可以达到每秒亿亿次浮点运算（超级计算机）。操作系统不断完善，高级程序设计语言功能更加完善，人们的生活与计算机应用息息相关。

表 1.1 列举了电子计算机的 4 个发展阶段。

表 1.1　电子计算机的发展阶段

发展阶段	逻辑元件	主存储器	运算速度	软件	应用
第一代 （1946—1958）	电子管	电子射线管	每秒几千次到几万次	机器语言、汇编语言	军事研究、科学计算
第二代 （1958—1964）	晶体管	磁芯	每秒几十万次	监控程序、高级语言	数据处理、事务处理
第三代 （1964—1971）	中小规模集成电路	半导体	每秒几十万次到几百万次	操作系统、应用程序	有较大发展，开始广泛应用
第四代 （1971 年至今）	大规模、超大规模集成电路	集成度更高的半导体	每秒上千万次到上亿次	操作系统完善，数据库系统、高级语言发展，应用程序发展	渗入社会各个领域

1.1.2　计算机的分类

计算机的分类方法较多，根据处理的对象、用途和规模等可有不同的分类方法，下面介绍常用的分类方法。

1. 按用途划分

（1）通用计算机：通用计算机适用于解决一般问题，其适应性强，应用面广，如科学计算、数据处理和过程控制等，但运行效率、速度和经济性依据不同的应用对象会受到不同程度的影响。

（2）专用计算机：专用计算机用于解决某一特定方面的问题，配有为解决某一特定问题而专门开发的软件和硬件，应用于如自动化控制、工业仪表、军事等领域。专用计算机针对某类问题能显示出最有效、最快速和最经济的特性，但它的适应性较差，不适于其他方面的应用。

2. 按规模划分

国际电子与电气工程师协会（IEEE）在 1989 年根据计算机的规模提出了一个分类标准，并把计算机分为巨型计算机、大（中）型计算机、小型计算机、工作站和个人计算机。随着集群技术和计算性能的迅猛发展，该分类中的大、中、小型计算机之间的界限越来越模糊。从现阶段计算机产品应用规模来看，计算机可以分为巨型计算机、大型计算机、微型计算机、嵌入式计算机等。

（1）巨型计算机：主要应用于国防尖端技术和现代科学计算中。研制巨型计算机是衡量一个国家经济实力和科学水平的重要标志。2017 年 11 月 13 日，新一期全球超级计算机 500 强榜单发布，中国超级计算机神威·太湖之光（图 1.6）和天河二号连续第四次分列冠亚军，且中国超级计算机上榜总数又一次反超美国，夺得第一。此次中国超级计算机神威·太湖之光和天河二号再次领跑，其浮点运算速度分别为每秒 9.3 亿亿次和每秒 3.39 亿亿次。神威·太湖之光超级计算机由 40 个运算机柜和 8 个网络机柜组成。每个运算机柜比家用的双门冰箱略大，打开柜门，4 块由 32 块运算插件组成的超节点分布其中。每个插件由 4 个运算节点板组成，一个运算节点板又含 2 块申威 26010 高性能处理器。一台机柜就有 1024 块处理器，整台神威·太湖之光超级计算机共有 40960 块处理器。

（2）大型计算机：体积大，由多台服务器联网组成，用于计算密集型领域；多采用 Linux 操作系统，软件采用并行计算；投资大，能耗大，计算任务复杂；有较大的存储空间。大型计算机往往用于科学计算、数据处理或作为网络服务器使用。图 1.7 为一种大型计算机。

图 1.6　神威·太湖之光超级计算机　　　　图 1.7　大型计算机

（3）微型计算机：中央处理器（CPU）采用微处理器芯片，体积小巧轻便，广泛用于商业、服务业、工厂的自动控制、办公自动化以及大众化的信息处理。目前高档微型计算机已经逐步作为服务器使用。图 1.8 为 1977 年的 Apple Ⅱ 微型计算机，当时的售价高达 1300 美元。这款微型计算机的 CPU 是 Motorola M6502（8 位），主频为 4MHz，速度为 50 万次/秒。有兴趣的读者可以比对一下当前微型计算机的主要参数。

（4）嵌入式计算机：是嵌入对象体系中、以控制对象为主的计算机系统。进一步说，嵌入式计算机是以应用为中心，以计算机技术为基础，软、硬件可裁剪，适用于应用系统对功能、可靠性、成本、体积、功耗等方面有特殊要求的专用计算机系统。嵌入式计算机的应用范围极广，如图 1.9 所示，在军事、航空航天、工业自动化仪表与医疗仪器、机器人、家电设备、移动通信、虚拟现实、消费电子设备等各种领域中都可以看到嵌入式计算机的身影。

图 1.8　1977 年的 Apple Ⅱ 微型计算机

图 1.9　嵌入式计算机的应用

3. 按处理对象划分

（1）数字计算机：指用于处理数字数据的计算机。其特点是数据处理的输入和输出都是数字量，参与运算的数值用非连续的数字量表示，具有逻辑判断等功能。

（2）模拟计算机：指专用于处理连续的电压、温度、速度等模拟数据的计算机。其特点是参与运算的数值由不间断的连续量表示，其运算过程是连续的，由于受元器件质量影响，其计算精度较低，应用范围较窄。模拟计算机目前已很少生产。图 1.10 为一种模拟计算机。

（3）数字模拟混合计算机：指模拟技术与数字计算灵活结合的电子计算机，输入和输出既可以是数字数据，也可以是模拟数据。

1.1.3　计算机的特点

计算机问世之初，主要用于数值计算，"计算机"也因此得名。但随着计算机技术的迅猛发展，它的应用范围迅速扩展到自动控制、信息处理、智能模拟等各个领域，能处理包括数字、文字、表格、图形、图像在内的各种各样的信息。与其他工具和人类自身相比，计算机具有以下特点：

图 1.10　模拟计算机

运算速度快：计算机的运算部件采用的是电子器件，其运算速度远非其他计算工具所能比，且运算速度还以每隔几个月提高一个数量级的速度在快速发展。目前巨型计算机的运算速度已经达到每秒亿亿次运算，能够在很短的时间内解决极其复杂的运算问题；即使是微型计算机，其速度也已经大大超过了早期的大型计算机；一些原来需要在专用计算机上完成的动画制作、图片加工等，现在在普通微型计算机上就可以完成了。

　　存储容量大：计算机的存储性是计算机区别于其他计算工具的重要特征。计算机的存储器可以把原始数据、中间结果、运算指令等存储起来，以备随时调用。存储器不但能够存储大量的信息，而且能够快速准确地存入或取出这些信息。

　　通用性强：通用性是计算机能够应用于各种领域的基础。任何复杂的任务都可以分解为大量的基本算术运算和逻辑操作，计算机程序员可以把这些基本的运算和操作按照一定规则（算法）写成一系列操作指令，加上运算所需的数据，形成适当的程序就可以完成各种各样的任务。

　　工作自动化：计算机内部的操作运算是根据人们预先编制的程序自动控制执行的。只要把包含一连串指令的处理程序输入计算机，计算机便会依次取出指令，逐条执行，完成各种规定的操作，直到得出结果为止。

　　精确性、可靠性高：计算机的可靠性很高，差错率极低，一般来讲只在那些人工介入的地方才有可能发生错误；由于计算机内部独特的数值表示方法，使得其有效数字的位数相当长，可达百位以上甚至更高，满足了人们对精确计算的需要。

1.1.4　计算机系统的组成

　　目前公认的有关计算机的定义是这样的：计算机是一种电子机器，它接收数据（输入），根据某些规则来处置这些数据（处理），如对数值、逻辑、字符等各种类型的数据进行操作，按指定的方式进行转换、产生处理结果并将结果数据送到相关输出设备（输出），并储存这些结果（存储）为以后所用。

　　从严格意义上说，计算机系统应包括硬件系统和软件系统，两者缺一不可。硬件系统是计算机应用的基础，它是各种计算机部件和设备的总称；而软件系统在计算机硬件设备上运行的各种程序及相关文档和数据的总称。硬件就如同人的躯体，而软件更像人的灵魂，没有软件的计算机就如同没有灵魂的人的躯体，做不了任何有意义的事情。硬件和软件两者缺一不可，相互依存。硬件的高速发展为软件的发展提供了技术支持的空间，软件的发展也对硬件提出了更高的要求。

　　现在，计算机已发展成由巨型计算机、大型计算机、微型计算机和嵌入式计算机等组成的一个庞大的计算机家族，其中每个成员尽管在规模、性能、结构和应用等方面存在着很大差别，但是它们的基本组成结构是相同的。计算机的硬件系统由中央处理器（由运算器和控制器等组成）、内存储器、外存储器和输入输出设备组成。而计算机的软件系统分为两大类，即系统软件和应用软件。系统软件是计算机系统中最接近硬件的一类软件，负责控制计算机的运行，管理计算机的各种资源，并为应用软件提供支持与服务，主要包括操作系统、程序设计语言、语言处理程序、数据库管理系统等。计算机系统的组成如图 1.11 所示。

　　在中央处理器（CPU）中，运算器的基本功能是算术运算、逻辑运算以及移位、求补等操作。计算机运行时，运算器的操作及种类由控制器决定。控制器是指挥计算机各个部件按照指令的功能要求协调工作的部件。存储系统是现在信息技术中用于保存信息的记忆设备，其外延的概念很广，有很多层次，一般由三级存储器构成：高速缓存（Cache）、内存储器和外存储器。内存储器简称内存，主要分为只读存储器（ROM）与随机存取存储器

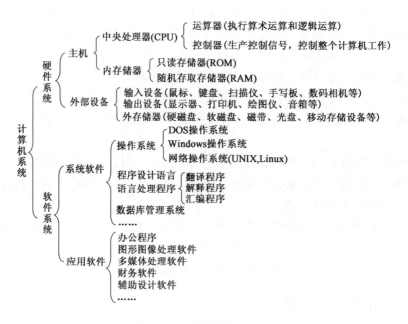

图 1.11　计算机系统的组成

（RAM）。外存储器容量一般较大，主要有磁盘、光盘和移动存储设备等。外部设备也是计算机硬件系统的重要组成部分，最典型的就是输入输出设备，它们负责计算机系统的信息的输入与输出工作，形式多样化，如鼠标、键盘、扫描仪等输入设备以及显示器、打印机、音箱等输出设备。

目前把文档和程序一起称为软件。程序是让机器执行的，文档是给程序员阅览的，完善的软件说明文档才能确保程序员对软件进行调试、修改和维护。如前所述，软件一般分为系统软件和应用软件。

系统软件与具体应用无关，负责控制计算机的运行，管理计算机的各种资源，并为应用软件提供支持和服务。操作系统是最重要的系统软件，主要负责管理与控制计算机的所有硬件与软件资源，组织计算机各部件协同工作，为用户提供友好的操作界面。程序设计语言是系统软件的重要组成部分。编写计算机程序所用的语言是人与计算机进行交流的工具，它经历了由低级向高级发展的三个阶段，分别是机器语言、汇编语言和高级语言。除了机器语言编写的程序能被计算机直接理解并执行以外，其他的程序设计语言编写的程序必须经过翻译才能转换为计算机能识别的机器语言程序，语言处理程序就是实现这一翻译过程的工具。不同的程序设计语言编写的程序需要不同的语言处理程序翻译。语言处理程序主要包括汇编程序、编译程序和解释程序。在 20 世纪 60 年代为适应数据处理的需要而发展起来并蓬勃发展至今的数据库管理系统也是一种系统软件，主要用来解决数据处理的非数值计算问题，常见的数据库管理系统可按照大小分为两类：大型数据库系统，有 SQL Server、Oracle、DB2 等；中小型数据库，有 FoxPro、Access、MySQL 等。

应用软件是为了解决计算及各类应用问题而编写的软件，具有很强的针对性和实用性。它是在系统软件的支持下开发的，是由程序开发人员编写的一系列程序和数据的集合，通常以软件安装包的形式供用户购买、安装和使用。应用软件涉及的范围极为广泛，而且随着计算机硬件技术的发展和新的商业模式的产生，不断有新的应用软件被开发并投入使用。常见的应用软件如办公软件、图形图像处理软件、多媒体处理软件等。办公软件主要指可以进行文字处理、表格制作、幻灯片制作、简单数据库的处理等工作的软件，如微软 Office 系列、金山 WPS 系列等。图形图像处理软件主要负责处理图形图像这些形象化的信息，如 Photoshop、AutoCAD、3ds MAX 等。

1.1.5　计算机的用途

计算机的用途非常广泛，主要应用领域有：

（1）信息处理。信息处理又称数据处理，是指对科研、生产、经济活动中的大量数据进行收集、存储、加工、传输和输出等活动的总称。信息处理是目前计算机最主要的应用领域，据统计有超过 80% 的计算机应用都与信息处理有关。这类处理也许并不复杂，但需用处理数据量却非常大。人事管理、人口统计、仓库管理、银行业务、文献检索、预订机票都属于信息处理的问题，而各类办公室自动化系统、管理信息系统、专家系统则是用于信息处理的软件。随着数字音频、数码图像以及视频等非结构化数据的出现，计算机处理的信息已经不仅仅是原有的结构化数据，现在计算机信息处理的应用更为广泛。

（2）科学计算。科学计算又称数值计算，是指计算机完成科学研究和工程技术等领域中涉及的复杂数据运算。科学计算是计算机最早的应用领域，例如航天、军事、气象、桥梁设计等领域都有复杂的数学问题需要计算机进行计算。同时，由于计算机具有高运算速度和精度以及逻辑判断的能力，因此出现了计算力学、计算物理、计算化学、生物控制论等新的学科。

（3）过程控制。过程控制又称实时控制，是指用计算机采集检测数据，按最佳值迅速对控制对象进行自动控制调节，从而实现有效的控制。过程控制所涉及的范围很广，如工业、交通运输的自动控制，对导弹、人造卫星、飞机的跟踪与控制等。

（4）计算机辅助系统。计算机辅助系统是指利用计算机来帮助人类完成一些相关的工作，主要包括计算机辅助设计（CAD）、计算机辅助制造（CAM）、计算机辅助科教学（CAI）、计算机辅助工程（CAE）等。例如，CAD 在航空、机械、建筑、服装、电子等领域都得到广泛应用，可以帮助提高设计质量，缩短设计周期，提高设计的自动化程度。

（5）计算机通信。计算机通信是计算机技术与通信技术相结合的产物，其典型的代表是计算机网络。随着互联网和多媒体技术的迅速普及，网上会议、远程医疗、网上银行、电子商务、网络会计等基于计算机通信的远程活动已经或将要获得普及。物联网"万物互联"的特点已经逐步显现，并成为人类生产、生活领域的重要技术利器。

（6）人工智能。人工智能是利用数字计算机或者数字计算机控制的机器模拟，延伸和扩展人的智能，感知环境，获取知识并使用知识获得最佳结果的理论、方法、技术及应用系统。人工智能是目前计算机应用的最高境界。当前人工智能的研究已取得许多实际成果，如机器学习、专家系统、智能搜索引擎、计算机视觉和图像处理、机器翻译、自然语言理解和知识发现等。目前人工智能相关研究领域已经成为计算机世界里最热门的领域。

需要指出的是，随着计算机技术的迅速发展，上述关于计算机用途的描述只是对计算机整个研究及应用领域的"管中窥豹"，计算机对于人类生活的方方面面已经产生了深远的渗透，也带来了众多的改变和革新。

1.1.6　通过 ACM 热点词汇了解计算机科学领域的新兴技术

Acemap 数据库收集了全球范围的重要出版场所（包括期刊和会议）发表的论文，共计1.27 亿篇论文，涉及 1.15 亿名作者。Acemap 团队分析了 2017 年国际电气和电子工程师协会（IEEE）的论文 14 万余篇、美国计算机学会（ACM）的论文 9 万余篇，统计出计算机科学领域下的人工智能、计算机网络与无线通信、计算机图形学与多媒体等十个领域的年度热点词汇。本节仅截取涉及 ACM 的各领域列表中的前十五个热点词汇，见表 1.2。

表 1.2　2017 年 ACM 热点词汇表（前 15 位）

序号	热点词汇	出现频率,%
1	神经网络 Neural Networks	1.38
2	无线网络 Wireless Networks	1.13
3	大规模 Large Scale	1.07
4	能量效率 Energy Efficiency	0.7
5	社交网络 Social Networking	0.68
6	无线传感器网络 Wireless Sensor Network	0.66
7	机器学习 Machine Learning	0.54
8	深度学习 Deep Learning	0.48
9	社交媒体 Social Media	0.47
10	大数据 Big Data	0.47
11	卷积网络 Convolutional Networks	0.45
12	高性能 High Performance	0.45
13	强化学习 Reinforcement Learning	0.37
14	云计算 Cloud Computing	0.34
15	移动设备 Mobile Device	0.32

从表 1.2 中可以看到，人工智能仍然是 2017 年全球计算机领域的科学家最为青睐的研究区域，众多科学家在包括神经网络、机器学习、深度学习、卷积网络、强化学习等诸多细分领域投入了巨大的关注力。大数据、云计算也是近年来的研究热点。大数据的发展，离不开云计算和人工智能的大力支持。实际上，大数据、云计算、人工智能等前沿技术的产生和发展均来自社会生产方式的进步和信息技术产业的发展；而前沿技术的彼此融合将能实现超

大规模计算、智能化自动化和海量数据的分析，在短时间内完成复杂度较高、精密度较高的信息处理。从表 1.2 中也可以发现，物联网技术目前已获得足够重视。物联网是将物品通过射频识别信息、传感设备与互联网连接起来，实现物品的智能化识别和管理的技术。

从实际运用效果来看，2017 年信息技术领域的重大突破仍然以人工智能的应用为主。其中研发出 AlphaGo 的 DeepMind 公司通过强化学习算法继续在人工智能棋类领域独领风骚；IBM、谷歌等公司在量子计算机的实用化方面也取得了重要的进步；机器人仿真技术飞速发展，在自然语言沟通和动作模拟方面产生了飞跃性发展。然而，人工智能的发展也不可避免地带来了一些负面的影响，例如人类社会的种种偏见被人工智能通过数据挖掘而捕捉，并成为一种新规则，影响到人们生活的方方面面；社交媒体成为假新闻的传播渠道。除此之外，比特币在 2017 年一路飙升到接近 2 万美元，成为人类历史近 500 年来最大的经济泡沫；网络勒索病毒（如 "永恒之蓝"）在 2017 年的流行也成为人们的新挑战。

1.1.7　未来计算机发展趋势

计算机在最近的几十年发展突飞猛进，是在众多行业中发展最快的高新领域之一。根据现在的研究以及人们的需要来看，有几个特点可能会在较近的未来实现：计算机将会更加微型化，计算能力还会更加强大，而随着计算机与诸多领域的相互渗透，新型计算机也会应运而生。此外，计算机的智能化也是人们研究的热点话题。日益更新的计算机，未来将会是什么样子？

1. 量子计算机

量子计算机是目前仅次于人工智能的研究热点。量子计算机的概念源于对可逆计算机的研究，量子计算机是一类遵循量子力学规律进行高速数学和逻辑运算、存储及处理量子信息的物理装置。量子计算机是基于量子效应开发的，它利用一种链状分子聚合物的特性来表示开与关的状态，利用激光脉冲来改变分子的状态，使信息沿着聚合物移动，从而进行运算。量子计算机中的数据用量子位存储。由于量子叠加效应，一个量子位可以存储 0 或 1，也可以既存储 0 又存储 1，因此，一个量子位可以存储 2 个数据，同样数量的存储位，量子计算机的存储量比通常计算机大许多。当量子计算机的量子比特数位增加时，它任意时刻包含的信息量可以呈指数增长，例如具有 10 个量子比特的量子计算机可以同时包含 1024 个不同数字，而 10 位元的传统计算机只能包含这 1024 个不同数字中的一个。这一特点意味着 49 个量子比特就可以表示 1 亿亿个不同数字，而传统计算机只有配备拍字节（petabyte，PB）的内存才可能储存同样多的数字。同时量子计算机能够实行量子并行计算，量子计算机还将对现有的保密体系、国家安全意识产生重大的冲击。目前已经提出的量子计算机方案主要利用了原子和光腔相互作用、冷阱束缚离子、量子点操纵、超导量子干涉等。

2017 年 5 月，中国科技大学潘建伟团队在上海宣布成功构建 10 量子比特量子计算机。2017 年 4 月谷歌宣布要在 2017 年底打造出世界上第一台可以超越传统计算机的量子计算机，实现 49 个量子比特的操纵，10 月验证成功了利用超导回路搭建 49 量子比特计算机的可行性。IBM 的进步似乎更为神速，2017 年 3 月 IBM 对外宣布在年内推出了全球第 1 个 20

量子比特的商业化量子计算云服务——IBM Q，这是世界上第 1 个收费的量子计算云服务系统，11 月宣布研制成功 50 量子比特计算机（图 1.12），其量子计算机的量子态保持时间均达到 90μs，刷新了业界的纪录。

图 1.12　IBM 50 量子比特计算机

2. 光计算机

光计算机是用光子代替半导体芯片中的电子，以光互连来代替导线制成的数字计算机。光具有电无法比拟的各种优点：光计算机是光导计算机，光在光介质中以许多波长不同或波长相同而振动方向不同的光波传输，不存在寄生电阻、电容、电感和电子相互作用问题，光器件无电位差，因此光计算机的信息在传输中畸变或失真小，可在同一条狭窄的通道中传输数量大得难以置信的数据。

3. 化学、生物计算机

在运行机理上，化学计算机以化学制品中的微观碳分子作为信息载体实现信息的传输与存储。DNA 分子在酶的作用下可以从某基因代码通过生物化学反应转变为另一种基因代码，转变前的基因代码可以作为输入数据，转变后的基因代码可以作为

运算结果，利用这一过程可以制成新型的生物计算机。生物计算机的最大优点是生物芯片的蛋白质具有生物活性，能够跟人体的组织结合在一起，特别是可以与人的大脑和神经系统有机连接，使人机接口自然吻合，免除了烦琐的人机对话，这样，生物计算机就可以听人指挥，成为人脑的外延或扩充部分，还能够从人体的细胞中吸收营养来补充能量，不需要任何外界的能源。由于生物计算机的蛋白质分子具有自我组合的能力，从而使生物计算机具有自调节能力、自修复能力和自再生能力，更易于模拟人类大脑的功能。现今科学家已研制出了许多生物计算机的主要部件——生物芯片。

4. 神经网络计算机

人脑总体运行速度相当于每秒 1000 万亿次的电脑功能，可把生物大脑神经网络看作一个大规模并行处理的、紧密耦合的、能自行重组的计算网络。从大脑工作的模型中抽取计算机设计模型，用许多处理机模仿人脑的神经元机构，将信息存储在神经元之间的联络中，并采用大量的并行分布式网络就构成了神经网络计算机。神经网络计算机将会广泛应用于各领域，它能识别文字、符号、图形、语言以及声呐和雷达收到的信号，判读支票，对市场进行估计，分析新产品，进行医学诊断，控制智能机器人，实现汽车自动驾驶和飞行器的自动驾驶，发现、识别军事目标，进行智能决策和智能指挥等。

要指出的是，关于计算机未来的发展趋势，不同的人有不同的看法，不同的人也会从不同的方面去探讨，但无论如何，出发点都是为了能够帮助人更好地完成艰巨复杂的任务。所

以，计算机会不断地改造与创新，当一种技术或基本架构遭遇瓶颈时，新的技术就会诞生，这就是计算机不断改进和创新的动力。对于上文的诸多发展方向，很多即将或是快要实现，而有一些则距离现实还很远，甚至有些研究会是失败的，但这完全不能阻挡计算机的发展，也不会阻止与计算机有关的新技术的产生。

1.2　数　　制

1.2.1　十进制数

日常生活中人们都习惯于使用十进制数，它由 0~9 共 10 个数码组成。十进制数的计数规则是，逢 10 进 1。进位计数制是以表示计数符号的个数来命名的。我们把计数符号的个数称为基数，用符号 R 来表示。十进制数的基数就是 $R = 10$。

同一计数符号处在不同数位，代表的数值不同。例如十进制数 752，百位上的 7 表示 700，十位上的 5 表示 50。我们把各个数位的位值，称为进位计数制各位的权，它等于（基数）^{i}，i 代表符号所在位。十进制数的基数为 10，第 i 位上的权值为 10^i，所以十进制数的按权位展开式为：

$$(D)_{10} = D_{n-1} \times 10^{n-1} + D_{n-2} \times 10^{n-2} + \cdots + D_1 \times 10^1 + D_0 \times 10^0 + D_{-1} \times 10^{-1} + \cdots + D_{-m} \times 10^{-m}$$

$$= \sum_{i=-m}^{n-1} D_i \times 10^i \tag{1.1}$$

式中 D_i 取值范围为 $0 \leqslant D_i \leqslant R-1$。$n$ 为整数部分的位数，m 为小数部分的位数。整数第 i 位的权是 R^{i-1}，小数点后第 m 位的权是 R^{-m}。此式表示的就是各符号与其所在位权值乘积的代数和。

十进制数可用后缀 D（Decimal）标识。

1.2.2　二进制数

在计算机系统中，使用的是二进制。二进制由 0 和 1 两个数码组成，计数规则是逢 2 进 1。从存储的观点看，在计算机中，根据存储介质的物理特性，数据都是采用二进制进行存储的。数据存储的最小单位是比特（bit，b），1 比特表示一个二进制位。由于 1 比特所表示的信息量太小，因此计算机中的基本存储单位是字节（Byte，B），1 个字节由 8 个二进制位组成。此外还有以下常见的信息量单位及换算关系：

$1\mathrm{KB} = 2^{10}\mathrm{B} = 1024\mathrm{B}$；$1\mathrm{MB} = 2^{10}\mathrm{KB} = 2^{20}\mathrm{B}$

$1\mathrm{GB} = 2^{10}\mathrm{MB} = 2^{20}\mathrm{KB}$；$1\mathrm{TB} = 2^{10}\mathrm{GB} = 2^{20}\mathrm{MB} = 2^{40}\mathrm{B}$

二进制数的基数为 2，各位的权值为 2^i。二进制数的按权位展开式为：

$$(B)_2 = B_{n-1} \times 2^{n-1} + B_{n-2} \times 2^{n-2} + \cdots + B_1 \times 2^1 + B_0 \times 2^0 + B_{-1} \times 2^{-1} + \cdots + B_{-m} \times 2^{-m}$$

$$= \sum_{i=-m}^{n-1} B_i \times 2^i \tag{1.2}$$

二进制数可用后缀 B（Binary）标识。

计算机和各种数字系统中采用二进制的原因主要有以下几点：

（1）二进制只有 0 和 1 两种状态，显然制造具有两种状态的电子器件要比制造具有 10 种特定状态的器件容易得多，并且由于状态简单，其工作更可靠，传输也不容易出错。

（2）0、1 数码与逻辑代数变量值 0、1 相符，利用二进制方便进行逻辑运算。

（3）二进制数和十进制数之间转换比较容易。

1.2.3 八进制数和十六进制数

用二进制数表示一个较大的数时，比较冗长而又难以记忆，为了阅读和书写的方便，通常采用八进制或十六进制。

1. 八进制数

八进制数由 0、1、2、3、4、5、6、7 八个数码组成，计数规则是逢 8 进 1。其基数为 8，各位的权值为 8^i。任意一个八进制数可表示为：

$$(O)_8 = \sum_{i=-m}^{n-1} O_i \times 8^i \tag{1.3}$$

八进制数可用后缀 O（Octal）标识。

2. 十六进制数

十六进制数由 0、1、2、3、4、5、6、7、8、9、A、B、C、D、E、F 十六个数码组成。其中 A ~ F 的等值十进制数分别为 10、11、12、13、14、15。

十六进制数的进位规则是逢 16 进 1。其基数为 16，各位的权值为 16^i。任意一个十六进制数可表示为：

$$(H)_{16} = \sum_{i=-m}^{n-1} H_i \times 16^i \tag{1.4}$$

十六进制数可用后缀 H（Hexadecimal）标识。

八进制数和十六进制数均可写成按权展开式，并能求出相应的等值十进制数。

1.2.4 各种数制之间的转换

1. 非十进制数转换成十进制数

按相应的权展开，再按十进制运算规则求和，即按权展开相加。

【例 1.1】 将二进制数 1011.11B 转换成十进制数。

解 $(1011.11)_2 = 1 \times 2^3 + 0 \times 2^2 + 1 \times 2^1 + 1 \times 2^0 + 1 \times 2^{-1} + 1 \times 2^{-2}$

$= 8 + 0 + 2 + 1 + 0.5 + 0.25 = (11.75)_{10}$

【例 1.2】 将十六进制数 AF7.4H 转换成十进制数。

解 $(AF7.4)_{16} = A \times 16^2 + F \times 16^1 + 7 \times 16^0 + 4 \times 16^{-1}$

$= 10 \times 256 + 15 \times 16 + 7 \times 1 + 4/16 = (2807.25)_{10}$

2. 十进制数转换成非十进制数

十进制数转换为非十进制数分为两个部分进行，整数部分和小数部分，分开转换后再以小数点为结合点组合起来。

整数部分：除基数取余，直至商为 0，余数按先后顺序从低位到高位排列，即除基数倒取余；

小数部分：乘基取整，直至达到所要求的精度或小数部分为 0，整数按先后顺利从高位到低位排列，即乘基数顺取整。

【例 1.3】　将十进制数 25.8125 转换为二进制数。

解　使用短除法，计算过程与结果如下：

2 ⏐ 25	余数=1	a_0	低位
2 ⏐ 12	余数=0	a_1	
2 ⏐ 6	余数=0	a_2	
2 ⏐ 3	余数=1	a_3	
2 ⏐ 1	余数=1	a_4	高位
0			

小数部分：

$$
\begin{array}{r}
0.8125 \\
\times \quad 2 \\
\hline
a_{-1}=1 \quad 1.6250 \\
\times \quad 2 \\
\hline
a_{-2}=1 \quad 1.2500 \\
\times \quad 2 \\
\hline
a_{-3}=0 \quad 0.5000 \\
\times \quad 2 \\
\hline
a_{-4}=1 \quad 1.0000
\end{array}
$$

高位 ↑ 低位

因此，转换结果为：$(25.8125)_{10} = (a_4 a_3 a_2 a_1 a_0 . a_{-1} a_{-2} a_{-3} a_{-4})_2 = (11001.1101)_2$。

【例 1.4】　将十进制数 301.6875 转换为十六进制数。

解　计算过程与结果如下：

16 ⏐ 301	余数=13	a_0	低位
16 ⏐ 18	余数=2	a_1	
16 ⏐ 1	余数=1	a_2	高位
0			

$(13)_{10}=(D)_{16}$

$$
\begin{array}{r}
0.6875 \\
\times \quad 16 \\
\hline
a_{-1}=11 \quad 11.0
\end{array}
$$

$(11)_{10}=(B)_{16}$

所以转换结果为：$(301.6875)_{10} = (a_2a_1a_0. a_{-1})_2 = (12D. B)_{16}$。

3. 二进制数与十六进制、八进制数互换

由于十六进制数的基数 16 是二进制数的基数 2 的 4 次幂，即 $2^4 = 16$，1 位十六进制数相当于 4 位二进制数。因此，十六进制数转换成二进制数时，只要将十六进制数的每一位改写成等值的 4 位二进制数，即"1 位变 4 位"。

【例 1. 5】 把 $(A3D. 8B)_{16}$ 转换为二进制数。

解 可用"1 位变 4 位"的方法：

$$
\begin{array}{cccccc}
A & 3 & D & . & 8 & B \\
\downarrow & \downarrow & \downarrow & & \downarrow & \downarrow \\
1010 & 0011 & 1101 & . & 1000 & 1011
\end{array}
$$

所以转换结果为：$(A3D. 8B)_{16} = (101000111101. 10001011)_2$。

二进制数转换为十六进制数时，以小数点为分界线，整数部分从右向左每 4 位一组，小数部分从左向右每 4 位一组，不足 4 位用 0 补足，每组改成等值的 1 位十六进制数即可，即"4 位变 1 位"。

【例 1. 6】 把 $(1011010101. 111101)_2$ 转换为十六进制数。

解 可用"4 位变 1 位"的方法：

$$
\begin{array}{ccccc}
\underline{0010} & \underline{1101} & \underline{0101} & . & \underline{1111} & \underline{0100} \\
2 & D & 5 & . & F & 4
\end{array}
$$

所以转换结果为：$(1011010101. 111101)_2 = (2D5. F4)_{16}$。

在清楚了十六进制数与二进制数之间的转换方法之后，由于 $2^3 = 8$，1 位八进制数相当于 3 位二进制数，所以不难得出八进制数与二进制数之间相互转换的方法。即"1 位变 3 位"。

【例 1. 7】 把 $(345. 27)_8$ 转换为二进制数。

解 因为

$$
\begin{array}{ccccc}
3 & 4 & 5 & . & 2 & 7 \\
\downarrow & \downarrow & \downarrow & & \downarrow & \downarrow \\
011 & 100 & 101 & . & 010 & 111
\end{array}
$$

所以转换结果为：$(345. 27)_8 = (011100101. 010111)_2$。

二进制数转换为八进制数时，也是以小数点为分界线，整数部分从右向左 3 位一组，小数部分从左向右 3 位一组，不足 3 位用 0 补足，每组改成等值的 1 位八进制数即可，即"3 位变 1 位"。

【例 1. 8】 把 $(11001. 1011)_2$ 转换为八进制数。

解 因为

$$
\begin{array}{cccc}
\underline{011} \, \underline{001} & . & \underline{101} \, \underline{100} \\
3 \quad 1 & . & 5 \quad 4
\end{array}
$$

所以转换结果为：$(11001. 1011)_2 = (31.54)_8$。

表 1.3 给出了 4 位二进制数与其他进制数表示之间的对照关系。

表 1.3　4 位二进制数与其他进制数表示的对照表

二进制	十进制	八进制	十六进制	二进制	十进制	八进制	十六进制
0000	0	0	0	1000	8	10	8
0001	1	1	1	1001	9	11	9
0010	2	2	2	1010	10	12	A
0011	3	3	3	1011	11	13	B
0100	4	4	4	1100	12	14	C
0101	5	5	5	1101	13	15	D
0110	6	6	6	1110	14	16	E
0111	7	7	7	1111	15	17	F

1.2.5　定点数与浮点数

1. 定点数

根据小数点位置是否固定可以将数分为定点数和浮点数。定点数的小数点位置是固定不变的，可以分为两种：

（1）定点小数：用于表示纯小数，小数点隐含固定在最高数据位的左边，整数位则用于表示符号位。

（2）定点整数：用于表示纯整数，小数点位置隐含固定在最低位之后，最高位为符号位。

上面所说的小数点在机器中是不表示出来的，而是事先约定在固定的位置。对于一台计算机而言，一旦确定了小数点的位置，就不再改变。

2. 浮点数

1）浮点数的表示

定点数表示法的缺点在于其形式过于僵硬，固定的小数点位置决定了固定位数的整数部分和小数部分，不利于同时表达特别大或特别小的数。浮点数用于表示实数，其小数点的位置由其中的阶码规定，因此是浮动的。

浮点数 N 的构成为：$N = \pm M \times R^{\pm E}$，其中，尾数 M 为定点小数。尾数的位数决定了浮点数有效数值的精度，尾数的符号代表了浮点数的正负，因此又称为数符。在机器中，为了方便浮点数大小的比较，通常将数符放置在浮点数的首位。

阶码 E 为定点整数，阶码的数值大小决定了该浮点数实际小数点位置与尾数的小数点位置（隐含）之间的偏移量，阶码的位数多少决定了浮点数的表示范围。阶码的符号叫阶符。

阶码的底 R 一般为 2、8 或 16，且隐含规定。根据 IEEE 754 国际标准，常用的浮点数格式有 3 种，见表 1.4，阶码的底隐含为 2。

表 1.4　常用的浮点数格式

类型	总位数	尾数位数 （含一位数符）	阶码位数 （含一位阶符）	真值计算
短实数	32	24	8	$N = (-1)^M \times (1.M_1M_2\cdots M_n) \times 2^{E-127}$
长实数	64	53	11	$N = (-1)^M \times (1.M_1M_2\cdots M_n) \times 2^{E-1023}$
临时实数	80	65	15	/

短实数又称为单精度浮点数，长实数又称为双精度浮点数，临时实数主要用于进行浮点数运算时保存临时的计算结果。

在浮点数的表示范围中，有两种情况被称为机器零：若浮点数的尾数为零，无论阶码为何值；当阶码的值遇到比它能表示的最小值还要小时（阶码负溢出），无论其尾数为何值。

2）浮点数的规格化

为了充分利用尾数的二进制数位来表示更多的有效数字，将尾数的绝对值限定在某个范围之内，这种操作就叫浮点数的规格化。

例如 $R = 2$，则规格化浮点数的尾数 M 应满足条件：最高有效位为 1，即 $\frac{1}{2} \leq |M| \leq 1$。

为便于计算机硬件对尾数的机器数形式的规格化判断，通常采用下列方法实现判定：

（1）对于原码表示的尾数，当最高有效位为 1 时，浮点数为规格化，即尾数为 ×.1×…× 形式；

（2）对于补码表示的尾数，当符号位与最高有效位相异时，浮点数为规格化，即尾数为 0.1×…× 形式或者为 1.0×…× 形式。

对于非规格化浮点数，可以通过修改阶码和左右移尾数的方法来使其变为规格化浮点数，这个过程叫作规格化。

尾数进行右移实现的规格化，则称为右规；尾数进行左移实现的规格化，则称为左规。

使用规格化的浮点数表示数据的优点有：提高了浮点数据的精度；使程序能够更方便地交换浮点数据；可以使浮点数的运算更为简化。

1.2.6　原码、反码和补码

1. 机器数与真值

计算机中传输与处理的信息均为二进制数，二进制数的逻辑 1 和逻辑 0 分别用于代表高电平和低电平，计算机只能识别 1 和 0 两个状态，那么计算机中如何确定与识别正二进制数和负二进制数呢？解决的办法是将二进制数最高位作为符号位，例如 1 表示负数，0 表示正数，若计算机的字长取 8 位，10001111B 则可以代表 −15，00001111B 则可以代表 +15，这便构成了计算机所识别的数，因此，带符号的二进制数称为机器数，机器数所代表的值称为真值。

在计算机中，机器数有三种表示法，即原码、反码和补码。

2. 原码表示法

原码表示法也称为符号加绝对值法。将符号位 0 或 1 加到二进制数绝对值的左端,表示正二进制数或负二进制数,称为原码表示法。

若定点整数的原码形式为 $X_0X_1X_2\cdots X_n$,则原码表示的定义是:

$$[X]_{原} = \begin{cases} X & 2^n > X \geq 0 \\ 2^n - X = 2^n + |X| & 0 \geq X > -2^n \end{cases} \quad (1.5)$$

X_0 为符号位,若 $n = 7$,即字长 8 位,则:

(1) $-127 \leq X \leq 127$;

(2) $[+0]_{原} = 00000000$;

(3) $[-0]_{原} = 10000000$。

采用原码表示法简单易懂,但它最大的缺点是加法运算电路复杂,不容易实现。

3. 反码表示法

正二进制数的反码表示同其原码一样,负二进制数的反码表示是符号位 1 加数值位各位取反,这种表示正、负二进制数的方法称为反码表示法。

对于定点整数,反码表示的定义是:

$$[X]_{反} = \begin{cases} X & 2^n > X \geq 0 \\ (2^{n+1} - 1) + X & 0 \geq X > -2^n \end{cases} \quad (1.6)$$

同样 n 取 7,即字长 8 位,那么:

(1) $-127 \leq X \leq 127$;

(2) $[+0]_{反} = 00000000$;

(3) $[-0]_{反} = 11111111$。

4. 补码表示法

正二进制数的补码同其原码表示,负二进制数的补码表示是符号位 1 加数值位各位取反末位加 1,这种表示法称为补码表示法。

对于定点整数,补码表示的定义是:

$$[X]_{补} = \begin{cases} X & 2^n > X \geq 0 \\ 2^{n+1} + X = 2^{n+1} - |X| & 0 \geq X \geq -2^n \end{cases} \quad (1.7)$$

同样如果 n 取 7,即字长 8 位,那么:

(1) $-128 \leq X \leq 127$;

(2) $[+0]_{补} = [-0]_{补} = 00000000$;

(3) $[-10000000]_{补} = 10000000$;

(4) $[[X]_{补}]_{补} = X$,对已知的一个补码通过再一次求其补,便可还原出真值。

【例1.9】 若计算机字长8位，$X = 126$，$Y = -126$，分别求出 X 和 Y 的原码、反码及补码。

解 $[X]_原 = [X]_反 = [X]_补 = 01111110$；

$[Y]_原 = 11111110$；$[Y]_反 = 10000001$；$[Y]_补 = 10000010$。

1.3 常用编码

信息在计算机中的存储表现为数据。在计算机中，任何数据都只能采用二进制数的各种组合方式来表示，所以需要对信息中全部用到的字符按照一定的规则进行二进制数的组合编码。编码是指用文字、符号、数码等表示某种信息的过程。数字系统中处理、存储、传输的都是二进制代码0和1，因而对于来自数字系统外部的输入信息，例如十进制数0~9或字符 A~Z、a~z、汉字等，必须用二进制代码0和1表示。二进制编码是给每个外部信息按一定规律赋予二进制代码的过程。

1.3.1 二—十进制编码（BCD码）

二—十进制码是一种用四位二进制码来表示一位十进制数的代码，简称为 BCD（Binary Coded Decimal Number）码。用四位二进制码来表示十进制数的 10 个数码有很多种编码方法，常见的有 8421BCD 码、2421BCD 码、4221BCD 码、5421BCD 码、余3码、循环码和 ASC II 码等，表1.5 给出了十进制数与其中几种编码之间的对应关系。

表1.5 十进制数与各种 BCD 编码对照表

编码方法 十进制数	8421BCD 码	2421BCD 码	4221BCD 码	5421BCD 码	余3码
0	0000	0000	0000	0000	0011
1	0001	0001	0001	0001	0100
2	0010	0010	0010	0010	0101
3	0011	0011	0011	0011	0110
4	0100	0100	0110	0100	0111
5	0101	0101	0111	1000	1000
6	0110	0110	1100	1001	1001
7	0111	0111	1101	1010	1010
8	1000	1110	1110	1011	1011
9	1001	1111	1111	1100	1100

1. 8421BCD 码

8421BCD 码是使用最广泛的一种 BCD 码。8421BCD 码的每一位都具有同二进制数相同的权值，即从高位到低位有 8、4、2、1 的位权，因此称为 8421BCD 码。四位二进码有 16 个状态，在 8421BCD 码中，仅使用了 0000 ~ 1001 这 10 种状态，而 1010 ~ 1111 这 6 种状态是没有使用的状态。

一个多位的十进制数可用多组 8421BCD 码来表示，并由高位到低位排列起来，组间留有间隔。如（279.5）$_{10}$，用 8421BCD 码表示为：

$$（279.5）_{10} = （0010\ 0111\ 1001.0101）_{8421BCD}$$

2. 余 3 码

余 3 码是由 8421BCD 码加 3 后得到的。在 8421BCD 码的算术运算中常采用余 3 码。余 3 码的主要特点是其表示 0 和 9 的码组、1 和 8 的码组、2 和 7 的码组、3 和 6 的码组以及 4 和 5 的码组之间互为反码。当两个用余 3 码表示的数相减时，可以将原码的减法改为反码的加法。因为余 3 码求反容易，所以有利于简化 BCD 码的减法电路。

3. 循环码

循环码是格雷码（Gray Code）中常用的一种，其主要优点是相邻两组编码只有一位状态不同。以中间为对称的两组代码只有最左边一位不同。如果从纵向来看，循环码各组代码从右起第一位的循环周期是"0110"，第二位的循环周期是"00111100"，第三位的循环周期是"0000111111110000"等，例如 0 和 15、1 和 14、2 和 13 等。这称为反射性，所以循环码又称作反射码。而每一位代码从上到下的排列顺序都是以固定的周期进行循环的。表 1.6 所示的是四位循环码。

表 1.6　四位循环码

十进制数	循环码	十进制数	循环码
0	0000	8	1100
1	0001	9	1101
2	0011	10	1111
3	0010	11	1110
4	0110	12	1010
5	0111	13	1011
6	0101	14	1001
7	0100	15	1000

4. ASC II 码

ASC II 码是（美国国家信息交换标准代码，American National Standard Code for Information Interchange）的简称，常用于通信设备和计算机中。它是一组八位二进制代码，用 b0 ~ b6 这七位二进制代码表示十进制数字、英文字母及专用符号。第八位 b7 作奇偶校验位（在机器中常为 0）。ASC II 编码见表 1.7。

表 1.7　ASC II 编码表

$b_3b_2b_1b_0$	$b_6b_5b_4$							
	000	001	010	011	100	101	110	111
0000	NUL	DLE	SP	0	@	P	`	p
0001	SOH	DC1	!	1	A	Q	a	q
0010	STX	DC2	"	2	B	R	b	r
0011	ETX	DC3	#	3	C	S	c	s
0100	EOT	DC4	$	4	D	T	d	t
0101	ENQ	NAK	%	5	E	U	e	u
0110	ACK	SYN	&	6	F	V	f	v
0111	BEL	ETB	'	7	G	W	g	w
1000	BS	CAN	(	8	H	X	h	x
1001	HT	EM	)	9	I	Y	i	y
1010	LF	SUB	*	:	J	Z	j	z
1011	VT	ESC	+	;	K	[	k	{
1100	FF	FS	,	<	L	\	l	|
1101	CR	GS	−	=	M	]	m	}
1110	SO	RS	.	>	N	↑	n	~
1111	SI	US	/	?	O	↓	o	DEL

　　ASC II 码包括 10 个十进制数码、26 个英文字母和一些专用符号，总共 128 个字符，因此，只需要一个字节中的低 7 位编码，最高位可用作奇偶校验位，当最高位恒取 1 时，称为标记校验，当最高位恒取 0 时，称作空格校验。128 个 ASC II 符中有 95 个编码，它们分别对应计算机中在输入、输出终端设备上能键入和输出显示以及输出打印的 95 个字符，包括大小写英文字母，其余 33 个编码，其编码值为 0～31 和 127，则不对应任何显示与打印实际字符，它们被用作为控制码，控制计算机输入输出设备的操作以及计算机软件的执行情况。

　　当字节的最高位也和低 7 位一样，也用来表示符号和字母的时候，将这种 ASC II 码叫作扩展 ASC II 码，即使用整个字节全部用来表示，因此可表示 256 种符号和字母，其中前 128 种与常规 ASC II 码相同。目前常用的是扩展 ASC II 码。

　　表 1.7 中各特殊符号的含义见表 1.8。

表 1.8　表 1.7 中各特殊符号的含义

特殊符号	含义	特殊符号	含义	特殊符号	含义
NUL	空白	ETX	正文结束	BS	退格
EOT	传输结束	ENQ	询问	FF	换页
SOH	标题开始	ACK	应答	DLE	转义
STX	正文开始	BEL	响铃	HT	横向列表

特殊符号	含义	特殊符号	含义	特殊符号	含义
LF	换行	VT	垂直列表	CR	回车
SO	移位输出	SI	移位输入	DC1	设备控制 1
DC2	设备控制 2	DC3	设备控制 3	DEL	删除
NAK	否认	SYN	同步	ETB	组终
CAN	作废	EM	载终	SUB	取代
ESC	扩展	FS	文字分割符	GS	组分割符
RS	记录分割符	US	单元分割符	SP	空格

1.3.2　汉字编码

在计算机中怎样表示汉字呢？与英文不同，汉字是象形文字，无法通过少量的字母组合表示。由于汉字数量繁多，字形各异，因此汉字编码更加复杂。目前常见的汉字编码主要有国标码、机内码、输入码和字形码。

1. 国标码

为了实现汉字的编码，中国国家标准总局于 1981 年发布了《信息交换用汉字编码字符集　基本集》，即 GB 2312—1980，收录了 6763 个汉字以及 682 个非汉字图形字符。整个字符集分为 94 个区，每个区有 94 个位，每个区位上有唯一一个字符，用区和位的编号对汉字编码，所以又叫区位码。

2. 机内码

国标码用两个字节表示一个汉字，其中每个字节的最高位为 0，例如"王"的国标码为 4D75H（01001101 01110101）。为了避免汉字国标码与 ASC II 码无法区分，汉字编码在机器内的表示是在国标码的基础上做了一部分变化，也就是所谓机内码（也叫内码）。目前主流的汉字机内码是将国标码的每个字节的最高位设置为 1，例如"王"的机内码是 CDF5H （11001101 11110101），这样汉字机内码的两个字节的最高位都是 1，与 ASC II 码很容易区分。

3. 输入码

有了机内码，我们实现了汉字的编码以及在计算机中存储汉字的问题，那么如何将汉字输入到计算机中呢？这就有了输入码的概念。汉字的输入码实际上就是按照汉字的发音、字形或者区位编号制定的一套编码规则，该规则以键盘上符号的不同组合来为汉字编码，输入编码后按照相应的规则查找到对应汉字的机内码。由于这是从外部输入到计算机的编码方式，因此也被称为外码。

同一个汉字在不同输入法中的编码是完全不同的。综合起来，输入码可分为流水码、拼音类输入法、拼形类输入法和音形结合类输入法几大类。常见的输入码有数字编码——区位码；拼音编码——全拼、双拼、微软拼音输入法、自然码、智能 ABC、搜狗等；字形编码——五笔、表形码、郑码输入法等。此外，手写识别技术和语音识别技术已经相当发达，也可以通过相应设备如手写笔或录音设备实现汉字输入。

4. 字形码

汉字如何显示给用户看呢？这就涉及字形码的概念。字形码就是一个汉字供显示器和打印机等输出设备输出字形点阵的代码，通常也叫作字库文件。要在屏幕上或者打印机端输出汉字，操作系统中必须包含相应的字库文件。汉字的字库文件一般分为点阵字库和矢量字库。点阵字库的规格较多，如 16×16 点阵、32×32 点阵，48×48 点阵等，点阵规模越大，字形也越清楚，字库占用的空间也越大。矢量字库与点阵字库有所不同，它通过抽取汉字特征的方法形成轮廓描述，可以实现不失真的缩放。

1.3.3 Unicode 编码

在计算机发展的初级阶段，计算机软件都是英文的，这给许多官方文字不是英文的国家使用计算机带来了很多不便。因此，需要制定相应规范使软件支持多国语言的输入、存储和输出。在计算机系统中，可通过在汉字机内码编码方案中包含使用 ASCII 字符集实现同时支持英文和汉字字符，但是无法同时处理多种语言混合的情况。由于不同国家和地区采用的字符集不一致，很可能出现编码系统冲突的问题，也就是说两种编码可能使用相同的数字表示不同的字符，或者使用不同的数字表示相同的字符。这给计算机的数据处理带来了很多麻烦。为了解决多语言统一编码的难题，人们研制了 Unicode 编码。

Unicode（也叫统一码、万国码、单一码）是计算机科学领域里的一项业界标准，包括字符集、编码方案等。Unicode 是为了解决传统的字符编码方案的局限而产生的，它为每种语言中的每个字符设定了统一并且唯一的二进制编码，以满足跨语言、跨平台进行文本转换、处理的要求。

Unicode 是国际组织制定的可以容纳世界上所有文字和符号的字符编码方案。目前的 Unicode 字符分为 17 组编排，0x0000 至 0x10FFFF，每组称为平面（plane），而每平面拥有 65536 个码位，共 1114112 个。然而目前只用了少数平面。UTF – 8、UTF – 16、UTF – 32 都是将数字转换到程序数据的编码方案。通用字符集（Universal Character Set，UCS）是由国际标准化组织 ISO 制定的 ISO 10646（或称 ISO/IEC 10646）标准所定义的标准字符集。UCS – 2用两个字节编码，UCS – 4 用 4 个字节编码。

1.3.4 条形码

条形码（Bar Code），也叫条码，是将宽度不等的多个黑条和空白，按照一定的编码规则排列，用以表达一组信息的图形标识符。常见的条形码是由反射率相差很大的黑条（简称条）和白条（简称空）排成的平行线图案。条形码可以标出物品的生产国、制造厂家、商品名称、生产日期、图书分类号、邮件起止地点、类别、日期等许多信息，因而在商品流通、图书管理、邮政管理、银行系统等许多领域都得到了广泛的应用。条形码系统是由条码符号设计、制作及扫描阅读组成的自动识别系统。

条形码可分为一维码和二维码两种。一维码比较常用，如日常商品外包装上的条码就是一维码，它的信息存储量小，仅能存储一个代号，使用时通过这个代号调取计算机网络中的数据。二维码是近几年发展起来的，它能在有限的空间内存储更多的信息，包括文字、图像、指纹、签名等，并可脱离计算机使用。

条形码种类很多，常见的大概有二十多种码制，其中包括 Code39 码（标准 39 码）、Codabar 码（库德巴码）、Code25 码（标准 25 码）、ITF25 码（交叉 25 码）、Matrix25 码（矩阵 25 码）、UPC－A 码、UPC－E 码、EAN－13 码（EAN－13 国际商品条码）、EAN－8 码（EAN－8 国际商品条码）、中国邮政码（矩阵 25 码的一种变体）、Code－B 码、MSI 码、Code11 码、Code93 码、ISBN 码、ISSN 码、Code128 码（Code128 码，包括 EAN128 码）、Code39EMS（EMS 专用的 39 码）等一维条码和 PDF417 等二维条码。

1. 条形码符号的结构

一个完整条形码符号由两侧静区、起始字符、数据字符、校验字符、终止字符组成，其排列方式如图 1.13 所示。

静区	起始字符	数据字符	校验字符	终止字符	静区

图 1.13　条形码符号格式

（1）静区：位于条码两侧无任何符号及信息的白色区域，提示条码阅读器准备扫描。

（2）起始字符：条形码符号的第一位字符，标志一个条码符号的开始，阅读器确认此字符存在后开始处理扫描脉冲。

（3）数据字符：位于起始字符后面的字符，标志一个条码符号的数值，其结构异于起始字符，可允许进行双向扫描。数据字符由 0 ~ 9 组成，这些数字中有国码、厂商号码、产品编号及检查码。因此商品条码可以说是任何国家、任何厂商及任何商品独一无二的"商品身份证统一号"，也可说是商品流于国际市场中一种通行无阻的"共同语言"。

（4）校验字符：校验字符代表一种算术运算的结果，阅读器在对条码进行解码时，对读入的各字符进行运算，如运算结果与校验字符相同，则判定此次阅读有效。

（5）终止字符：条形码符号的最后一位字符，标志一个条码符号的终止。

2. 一维码

下面以 EAN－13 码为例介绍。

欧洲在 1977 年签署草约，成立 EAN 协会，拟定了"欧洲商品条码"（European Article Number，EAN），由欧洲 12 个工业国家共同推广。EAN－13 码是由 13 位数字及其条码符号构成的标准版条形码，主要结构如图 1.14 所示。

（1）国家代码：EAN 总会分配给国家或地区组织之国家会员代号，一般为 2 或 3 码；

（2）厂商号码：由各国或地区条码推广专责机构分配管理的，一般为 4 或 6 码；

图 1.14　EAN－13 码

（3）商品代码：注册取得厂商号码之厂商可自由设定商品或位址代码，一般为 5 或 3 码；

（4）检核码：经由前 12 位数通过固定的公式计算而产生。

一维条形码只是在一个方向（一般是水平方向）表达信息，而在垂直方向则不表达任何信息，其一定的高度通常是为了方便阅读器的对准。一维条形码的应用可以提高信息录入的速度，减少差错率，但是一维条形码也存在一些不足之处：

（1）数据容量较小：只能存储 30 个左右字符；

（2）只能包含字母和数字；

（3）条形码尺寸相对较大（空间利用率较低）；

（4）条形码遭到损坏后不能阅读。

3. 二维码

在水平和垂直方向的二维空间存储信息的条形码，称为二维码（2 - Dimensional Bar Code）。与一维码相比，二维码有着明显的优势，归纳起来主要有以下几个方面：数据容量更大；超越了字母数字的限制；条形码相对尺寸小；具有抗损毁能力。

国外对二维码的研究始于 20 世纪 80 年代末，在二维码符号表示技术研究方面已研制出多种码制，常见的有 PDF417、QR Code、Code 49、Code 16K、Code One 等。二维码作为一种全新的信息存储、传递和识别技术，自诞生之日起就得到了世界上许多国家的关注。美国、德国、日本等国家，不仅已将二维码技术应用于公安、外交、军事等部门对各类证件的管理，而且也将二维码应用于海关、税务等部门对各类报表和票据的管理，商业、交通运输等部门对商品及货物运输的管理，邮政部门对邮政包裹的管理，工业生产领域对工业生产线的自动化管理。我国对二维码的研究开始于 1993 年。在消化国外相关技术资料的基础上，2017 年，国家标准委正式发布了 GB/T 33993—2017《商品二维码》，该标准对于逐步规范引导商品、产品二维码的健康发展，规范并促进市场良性发展具有重要意义。该标准规定了商品二维码编码的三种数据结构：编码数据结构、国家统一网址数据结构和厂商自定义网址数据结构。

与一维码一样，二维码也有许多不同的编码方法，或称码制。就这些码制的编码原理而言，通常可分为以下三种类型：

（1）线性堆叠式二维码。它是在一维码编码原理的基础上，将多个一维码在纵向堆叠而产生的。堆叠式二维码的编码原理是建立在一维条码基础之上，按需要堆积成二行或多行。它在编码设计、校验原理、识读方式等方面继承了一维码的一些特点，识读设备与条码印刷与一维码技术兼容。但由于行数的增加，需要对行进行判定，其译码算法与软件也与一维码不完全相同。有代表性的线性堆叠式二维码有 Code 16K、Code 49、PDF417、MicroP-DF417 等。

（2）矩阵式二维码。它是在一个矩形空间通过黑、白像素在矩阵中的不同分布进行编码。在矩阵相应元素位置上，用点（方点、圆点或其他形状）的出现表示二进制"1"，点的不出现表示二进制的"0"，点的排列组合确定了矩阵式二维条码所代表的意义。矩阵式二维码是建立在计算机图像处理技术、组合编码原理等基础上的一种新型图形符号自动识读处理码制。具有代表性的矩阵式二维码有 Code One、MaxiCode、QR Code、Data Matrix、Han Xin Code、Grid Matrix 等。

（3）邮政码。它是通过不同长度的条进行编码，主要用于邮件编码，如 Postnet、BPO 4 - State。

1.4　逻辑代数基础

目前使用的计算机是数字计算机。数字计算机是以表示成不连续形式的数据来进行运算的计算机，通常由运算器、控制器、内存储器和外部设备等部分构成。运算器的基本功能是实现算术运算和逻辑运算。在数字计算机这种典型的数字系统中，用以实现基本逻辑运算和复合逻辑运算功能的单元电路通称为逻辑门电路，逻辑门电路是数字逻辑电路最基本的组成单元。与本节所讲的基本逻辑运算和复合逻辑运算相对应，常用的逻辑门电路有与门电路、或门电路、非门电路及由其组合而成的与非门、或非门等复合逻辑门电路。本节主要介绍逻辑代数基础。

逻辑代数又称布尔代数，是 19 世纪中叶英国数学家乔治·布尔（George Boole）首先提出来的。它是分析和设计数字逻辑电路（计算机硬件的基础）的数学工具。

1.4.1　逻辑变量和逻辑函数

逻辑代数是用来处理逻辑运算的代数。参与逻辑运算的变量称为逻辑变量，用字母来表示。逻辑变量的取值只有 0 和 1 两种，而且在逻辑运算中 0 和 1 不再表示具体数量的大小，而只是表示两种不同的状态。逻辑函数是由若干逻辑变量 A，B，C，D，…经过有限的逻辑运算所决定的输出 F，即逻辑函数可表示为：$F = f(A, B, C, \cdots)$。

1. 逻辑值的概念

在计算机和数字系统中，通常用"逻辑真"和"逻辑假"来区分事物的两种对立的状态。逻辑真用 1 表示；逻辑假用 0 来表示。1 和 0 分别叫作逻辑真和逻辑假状态的值。这里，0、1 只有逻辑上的含义，已不再表示数量上的大小。

2. 高、低电平的概念

以两个不同确定范围的电位与逻辑真、逻辑假两个逻辑状态对应。这两个不同范围的电位称作逻辑电平，把其中一个相对电位较高者称为逻辑高电平，简称高电平，用 H 表示。而相对较低者称为逻辑低电平，简称低电平，用 L 表示。

3. 状态赋值和正、负逻辑的概念

数字电路中，经常用符号 1 和 0 表示高电平和低电平。把用符号 1、0 表示输入、输出电平高低的过程叫作状态赋值。

在状态赋值时，如果用1表示高电平，用0表示低电平，则称为正逻辑赋值，简称正逻辑。在状态赋值时，如果用0表示高电平，用1表示低电平，则称为负逻辑赋值，简称负逻辑。

1.4.2 基本逻辑门和基本运算

逻辑代数中的逻辑运算只有"与""或""非"三种基本逻辑运算。任何复杂的逻辑运算都可以通过这三种基本逻辑运算来实现。

1. "与"逻辑运算

"与"逻辑运算又叫逻辑乘。其定义是：当且仅当决定事件 F 发生的各种条件 A，B，C，…均具备时，这件事才发生，这种因果关系称为"与"逻辑关系，即"与"逻辑运算。

两个变量的"与"逻辑运算的逻辑关系可以用函数式表示为：

$$F = A \cdot B = AB \tag{1.8}$$

"与"逻辑运算的规则为：

$$0 \cdot 0 = 0 \qquad 0 \cdot 1 = 0 \qquad 1 \cdot 0 = 0 \qquad 1 \cdot 1 = 1$$

"与"门的逻辑符号如图1.15所示。"与"逻辑运算的真值见表1.9。

表1.9 "与"逻辑运算的真值表

A	B	F
0	0	0
0	1	0
1	0	0
1	1	1

"与"逻辑运算可以进行这样的逻辑判断："与"门的输入信号中是否有0，若输入有0，输出就是"0"；只有当输入全为1，输出才是1。

2. "或"逻辑运算

"或"逻辑运算又叫逻辑加。其定义是：在决定事件 F 发生的各种条件中只要有一个或一个以上条件具备时，这件事就发生，这种因果关系称为"或"逻辑运算关系。

两个变量的"或"逻辑运算可以用函数式表示为：

$$F = A + B \tag{1.9}$$

"或"逻辑运算的规则为：

$$0 + 0 = 0 \qquad 0 + 1 = 1 \qquad 1 + 0 = 1 \qquad 1 + 1 = 1$$

"或"门的逻辑符号如图1.16所示。

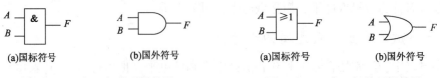

图1.15 "与"门的逻辑符号　　　图1.16 "或"门的逻辑符号

"或"逻辑运算的真值见表1.10。

表 1.10　"或"逻辑运算的真值表

A	B	F
0	0	0
0	1	1
1	0	1
1	1	1

3. "非"逻辑运算

"非"逻辑运算又称"反相"运算，或称"求补"运算。其定义是：当决定事件发生的条件 A 具备时，事件 F 不发生；条件 A 不具备时，事件 F 才发生。这种因果关系叫"非"逻辑运算。它的函数式为

$$F = \bar{A} \tag{1.10}$$

"非"逻辑运算的规则为：

$$\bar{0} = 1 \qquad \bar{1} = 0$$

"非"门的逻辑符号如图1.17所示。"非"逻辑运算的真值见表1.11。

表 1.11　"非"逻辑运算的真值表

A	F
0	1
1	0

4. 复合逻辑运算

"与""或""非"为三种基本逻辑运算。实际逻辑问题要比"与""或""非"复杂得多，但不管如何复杂都可以用简单的"与""或""非"逻辑组合来实现，从而构成复合逻辑。

复合逻辑常见的有"与非""或非""异或""同或"逻辑运算等。

1）"与非"逻辑运算

实现先"与"后"非"的逻辑运算就是"与非"逻辑运算。其逻辑函数式为：

$$F = \overline{AB} \tag{1.11}$$

"与非"门的逻辑符号如图1.18所示。

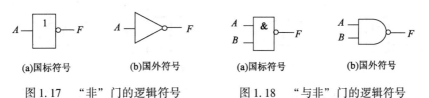

(a)国标符号　　　　(b)国外符号　　　　(a)国标符号　　　　(b)国外符号

图 1.17　"非"门的逻辑符号　　　　图 1.18　"与非"门的逻辑符号

"与非"逻辑运算的真值见表1.12。

表1.12　"与非"逻辑运算的真值表

A	B	F
0	0	1
0	1	1
1	0	1
1	1	0

"与非"逻辑运算可进行这样的逻辑判断："与非"门输入信号中是否有0，输入有0，输出就是1；只有当输入全为1时，输出才是0。

2）"或非"逻辑运算

实现先"或"后"非"的逻辑运算就是"或非"逻辑运算。其逻辑函数式为：

$$F = \overline{A + B} \tag{1.12}$$

"或非"门的逻辑符号如图1.19所示。"或非"逻辑运算的真值见表1.13。

表1.13　"或非"逻辑运算的真值表

A	B	F
0	0	1
0	1	0
1	0	0
1	1	0

"或非"逻辑运算可进行这样的逻辑判断："或非"门的输入信号中是否有1，若输入有1，输出就是0；只有当输入全为0时，输出才是1。

3）"异或"逻辑运算

用先"非"再"与"后"或"的逻辑运算就是"异或"逻辑运算。其逻辑函数式为：

$$F = A\overline{B} + \overline{A}B = A \oplus B \tag{1.13}$$

"异或"门的逻辑符号如图1.20所示。

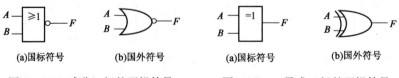

(a)国标符号　　(b)国外符号　　　　(a)国标符号　　　(b)国外符号

图1.19　"或非"门的逻辑符号　　图1.20　"异或"门的逻辑符号

"异或"逻辑运算的真值见表 1.14。

表 1.14　"异或"逻辑运算的真值表

A	B	F
0	0	0
0	1	1
1	0	1
1	1	0

"异或"逻辑运算可以进行这样的逻辑判断："异或"门的两个输入信号是否相同，若两个输入信号相同，输出为 0；若两个输入信号不相同，输出为 1。"异或"逻辑运算的结果与输入变量取值为 0 的个数无关，与输入变量取值为 1 的个数有关。变量取值为 1 的个数为奇数，则输出为 1；变量取值为 1 的个数为偶数，则输出为 0。

4）"同或"逻辑运算

"同或"即"异"或"非"。"同或"逻辑函数式为：

$$F = \overline{\overline{A}B + A\overline{B}} = A \odot B \qquad (1.14)$$

"同或"门的逻辑符号如图 1.21 所示。"同或"逻辑运算的真值见表 1.15。

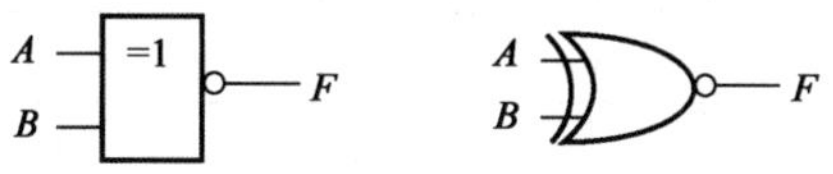

图 1.21　"同或"门的逻辑符号

表 1.15　"同或"逻辑运算的真值表

A	B	F
0	0	1
0	1	0
1	0	0
1	1	1

对于"同或"逻辑运算来说，它的输出结果与变量值为 1 的个数无关，而和变量值为 0 的个数有关。变量值为 0 的个数为偶数时，则输出为 1；变量值为 0 的个数为奇数时，则输出为 0。

1.4.3　逻辑函数的表示方法

在处理逻辑问题时，可用多种方法来表示逻辑函数，其常用表示方法有逻辑表达式、真值表、逻辑图、卡诺图、波形图和 VHDL 语言。

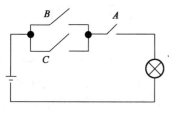

图 1.22　电路图

1. 逻辑表达式

逻辑表达式是由逻辑变量和"与""或""非"三种逻辑运算符号构成的式子。同一个逻辑函数可以有不同的逻辑表达式，它们之间是可以相互转换的。

例如，如图 1.22 所示的电路图，只有在 A 闭合的情况下，B 或者 C 闭合，指示灯才会亮。

B、C 中至少有一个合上，则表示为 $B + C$，同时 A 必须闭合，则表示为 $(B + C) \cdot A$，所以得到逻辑函数式为：$Y = A \cdot (B + C)$。

逻辑表达式简洁方便，而且能高度抽象、概括地表示各个变量之间的逻辑关系，便于利用逻辑代数的公式和定理进行运算、变换，便于利用逻辑图实现函数；缺点是难以直接从变量取值看出函数的值，不如真值表直观。

2. 真值表

真值表是由逻辑函数输入变量的所有可能取值组合及其对应的输出函数值所构成的表格。n 个输入变量有 2^n 种取值组合，在列真值表时，为避免遗漏和重复，变量取值按二进制数递增规律排列。一个逻辑函数的真值表是唯一的。

以图 1.22 为例，运算得到的真值表见表 1.16。

表 1.16 以图 1.22 为例运算得到的真值表

A	B	C	Y
0	0	0	0
0	0	1	0
0	1	0	0
0	1	1	0
1	0	0	0
1	0	1	1
1	1	0	1
1	1	1	1

真值表直观明了，把实际逻辑问题抽象为数学问题时，使用真值表很方便。当变量较多时，为避免烦琐可只列出那些使函数值为 1 的输入变量取值组合。

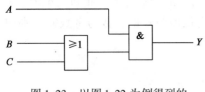

图 1.23 以图 1.22 为例得到的逻辑图

3. 逻辑图

将逻辑表达式中的逻辑运算关系，用对应的逻辑符号表示出来，就构成函数的逻辑图。逻辑图只反映电路的逻辑功能，而不反映电器性能。例如为了画出图 1.22 的逻辑图，只要用逻辑运算的图形符号代替式 $Y = A \cdot (B + C)$ 的代数符号便可得到图 1.23 表示的逻辑图。

1.5 计算科学体系结构：CC2005 与国家质量标准

在美国，自 1968 年以来，美国电气与电子工程师协会的计算机学组（Computer Society of Institute for Electrical and Electronic Engineers，IEEE - CS）和美国计算机学会（Association for Computing Machinery，ACM）一直密切关注计算学科的内涵变化和社会对计算学科人才的需求，探讨高等教育对计算学科人才的培养状况、发展和存在的问题。自 20 世纪 90 年代以来，为适应教育全球化的形势发展，IEEE–CS 和 ACM 多次提出了计算学科教程体系，用于指导美国和全世界的计算机学科专业教育，比较著名的有 CC1991 和 CC2001。CC1991 第一次对计算学科给出了透彻的定义："计算机科学与技术是对描述和交换信息的算法过程，包括其理论、分析、设计、效率分析、实现和应用的系统研究""全部计算机学科的基本问题是：什么能有效地自动进行，什么不能有效地自动进行"。CC1991 定义了九个核心的主干科目领域，作为基础的教学内容。

CC2001 将计算科学体系结构在内容上分为三个层次，即域（area）、单元（unit）和知识点（topics）。最高层是域，共有 14 个科目域，每个科目域用两个字母缩写表示，如 OS 表示操作系统（Operating System），PL 表示程序设计语言（Programming Language）。域向下分为单元（unit），单元表示了域中的各个模块，每个单元用域名后面添加数字后缀来表示，如 OS3 表示操作系统域的并发（concurrency）单元。单元有两种，核心单元（core）和选修单元（elective）。之所以称为核心，是指"由公认的对于大学生学位来说是基本的单元（包含在计算机科学、计算机工程和其他类似名称的课程中）组成"。CC2001 从知识体系的 132 个单元中，选出 64 个作为核心单元，总计约 280 个课时。最低层次是知识点。

下面列出 CC2001 教程的科目领域及其下属知识单元，其中括号内注明了核心单元所需的最少课时数（不含课外学时）。

DS，即离散结构（43 核心学时），包括函数、关系和集合（6）、基本逻辑（10）、证明方法（12）、计数基础（5）、图和树（4）、离散概率（6）。

PF，即程序设计基础（38 核心学时），包括基本程序设计结构（9）、算法和问题求解（6）、基本数据结构（14）、递归（5）、事件驱动程序设计（4）。

AL，即算法和复杂性（31 核心学时），包括基本算法分析（4）、算法策略（6）、基础计算算法（12）、分布式计算（3）、基本可计算性（6）、复杂性类 P 和 NP、自动机理论、高级算法分析、加密算法、几何算法、并行算法。

AR，即系统结构和组成（36 核心学时），包括数字逻辑和数字系统（6）、机器级数据表示（3）、汇编级机器组织（9）、存储系统组织和体系结构（5）、接口和通信（3）、功能组织（7）、多处理技术和多路转换结构（3）、性能提高技术、网络和分布式系统体系结构。

OS，即操作系统（18 核心学时），包括操作系统概论（2）、操作系统原理（2）、并发（6）、调度和发送（3）、存储器管理（5）、设备管理、安全和保护、文件系统、实时系统和嵌入式系统、容错、系统性能评价、原语操作。

NC，即网络计算（15 核心学时），包括网络计算导论（2）、通信和网络（7）、网络安全（3）、作为客户/服务器计算例子的 WEB（3）、建立 WEB 应用、网络管理、压缩和解压、多媒体数据技术、无线和移动计算。

PL，即程序设计语言（21 核心学时），包括程序设计语言概论（2）、虚拟机（1）、语言翻译导论（2）、声明和类型（3）、抽象机器（3）、面向对象程序设计（10）、函数程序设计、语言翻译系统、类型系统、程序设计语言语义学、程序设计语言系统设计。

HC，即人机交互（8 核心学时），包括人机交互基础（6）、创建简单的图形用户界面

（2）、以人为本的软件评价、以人为本的软件开发、图形用户界面设计、GUI 程序设计、多媒体系统的人机交互界面（HCI）、协作与通信方面的人机交互界面。

GV，即图形和可视化计算（3 核心学时），包括基本图形技术（2）、图形系统（1）、图形传输、几何模型、基本透视图、高级透视图、高级技术、计算机动画、可视化、虚拟现实、计算机视觉。

IS，即智能系统（10 核心学时），包括智能系统的基本论题（1）、搜索和约束满足（5）、知识表示和推理（4）、高级搜索、高级知识表示和推理、智能代理、自然语言处理、机器学习和神经网络、人工智能计划系统、机器人学。

IM，即信息管理（10 核心学时），包括信息模型和系统（3）、数据库系统（3）、数据建模（4）、关系数据库、数据查询语言、关系数据库设计、事务处理、分布式数据库、物理数据库设计、数据挖掘、信息存储和恢复、超文本和超媒体、多媒体信息和系统、数字图书馆。

SP，即社会和职业论题（16 核心学时），包括计算发展史（1）、计算的社会背景（3）、分析方法和工具（2）、职业和伦理职责（3）、基于计算机系统的风险和债务（2）、知识产权（3）、隐私和公民权（2）、计算机犯罪、计算中的经济论题、哲学结构。

SE，即软件工程（31 核心学时），包括软件设计（8）、使用应用编程接口 APIs（5）、软件工具和环境（3）、软件过程（2）、软件需求和规范（4）、软件认证（3）、软件发展（3）、软件项目管理（3）、基于组合的计算、形式方法、软件可靠性、专用系统发展。

CN，即计算科学和数值方法（无核心学时），包括数值分析、运算研究、建模和仿真、高性能计算。

CC2001 教程扩展了 CC1991 教程对计算科学定义的外延，认为之前定义的"计算"的范畴已经扩大到这样一个程度，即把它定义为单一的学科是很困难的。计算科学已经成为一个庞大的不断变化的领域，21 世纪的计算包含了许多学科，它们具有自身的完整性和教学传统。CC2001 认为它由四个部分，即计算机科学（Computer Science）、计算机工程（Computer Engineering）、软件工程（Software Engineering）和信息系统（Information System）交织组成。

2004 年 IEEE – CS 和 ACM 在总结前期工作的基础上，对 CC2001 给出的 4 个专业方向进行了修改和扩充，并给出了新的评述，联合公布了新的计算学科教程 CC2004。2005 年又对 CC2004 做了补充和完善，并于 2005 年 9 月 30 日发布了——Computing Curricula 2005（简称 CC2005）。

CC2005 对 CC2001 做了部分修改及优化。如在 CC2005 中将计算学科分为 5 个专业，分别是计算机科学（Computer Science，CS）、计算机工程（Computer Engineering，CE）、信息系统（Information System，IS）、软件工程（Software Engineering，SE）和信息技术（Information Technology，IT）。针对每个专业的特点和要求，CC2005 提出了支撑每个专业的知识构架，由底向上分别是计算机硬件与结构、系统基础、软件方法与技术、应用技术和信息系统结构 5 个层次。每一个层次又分"趋于理论"与"趋于应用"两个方向。基于上述层次，CC2005 对每个知识层次的课程体系、知识点进行了详细的规划。在 CC2005 中，计算机科学、计算机工程、信息系统、软件工程和信息技术这 5 个不同的专业对上面 5 个知识层次的要求是不一样的。

计算机科学方向的专业内容突出计算的理论和算法。在计算理论以及相关的数学领域为学生打下较好的基础，要求学生掌握求解计算问题的有效方法，擅长算法分析与设计，具有理性分析实际问题的能力。该学科注重计算机科学基础理论、计算机系统及应用方面的人才培养。该方向的专业知识课程主要包括计算机导论、程序设计基础、离散结构、算法与数据结构、社会与职业道德、操作系统、数据库系统原理、编译原理、软件工程、计算机图形学、计算机网络、人工智能、数字逻辑、计算机组成基础与计算机体系结构。

计算机工程是计算机科学和电子工程的交叉学科，是现代计算系统、计算机控制设备的软硬件设计、制造、实施和维护的科学与技术。计算机工程牢固建立在计算、数学、科学和工程学的基础上，并应用这些理论和原理解决在软硬件和网络的设计过程中面临的技术问题。计算机工程是研究计算机的理论、设计、实现、开发和应用的专业，主要的领域涉及数学、概率、逻辑、心理学等方面的概念，涉及了计算机、航空航天、通信、能源、制造业、国防和电子工业等绝大多数工业领域，设计从细小的微电子集成电路芯片到芯片的集成系统以及高效通信系统等高科技产品，擅长解决计算机系统的硬件（嵌入式系统）问题和应用系统开发、设计和构建计算机系统及基于计算机的系统方面的人才培养。该方向的专业知识课程主要包括算法与复杂度、程序设计基础、离散结构、概率与统计、社会与职业道德、操作系统、数据库系统原理、设计与构造、软件工程、人机交互、计算机网络、嵌入式系统、数字逻辑、计算机系统工程与计算机体系结构。

信息系统领域的专业主要是将信息技术的解决方案和商业流程结合起来以满足商业和其他企业的信息需求，使他们能够有效地达到他们的目的。这门专业在"信息技术"方面强调信息，而把技术看作是一种用来产生、处理、分配所需信息的工具。该专业培养的人才主要关注计算机系统能够提供的信息，以帮助一个企业确定和达到目的，并且推动企业实施和改进使用信息技术的过程。他们必须理解技术和组织的各方面因素，应该能够帮助一个机构确定具有怎样的信息和技术的商业流程才能够创造更强的竞争优势。该方向的专业知识课程主要包括计算机导论、程序设计基础、离散结构、算法与数据结构、电路与系统、操作系统、数据库系统原理、模拟与数字电路、软件工程、嵌入式系统、计算机网络、数字信号处理、数字逻辑、计算机组成基础与计算机体系结构。

软件工程是一个以计算机科学为基础的、充满活力的新兴交叉学科，信息化需要大批软件人才。软件工程是开发和维护软件系统，保证其可靠、有效运行的一个专业。近年来，由于软件安全越来越重要，在很多情形下，庞大而昂贵的软件系统的影响越来越大，促使了软件工程的发展。软件的难以捉摸和软件操作的不连续性，使软件工程具有与其他工程学科不同的特征。它把数学和计算机科学的理论知识与具体的实际工程开发实践结合在一起。该方向的专业知识课程主要包括软件工程导论、程序设计基础、面向对象方法学、软件工程与计算、算法与数据结构、操作系统、数据库系统原理、软件设计与构造、软件过程与管理、人机交互、计算机网络、软件质量保证与测试、软件需求分析、软件构造技术、计算机体系结构等。

信息技术作为大学人才培养的一个知识体系，其基本目标是围绕社会中各种组织机构或个人的需求，通过对计算技术的选择、应用和集成，创建优化的信息系统，并对其运行实行有效的技术维护和管理。它要求培养出来的学生能鉴别和评价当前流行的和新兴的技术，并根据用户需求来评估其适用性；能分析技术对个人、组织和社会带来的影响（包括伦理、法律和政策等方面）；善于总结成功经验与失败教训，并能用于指导后续实践；具有独立思考和解决问题的能力；能在队伍中融合个人行动与团队合作，发挥出相互协作的团队精神；能通过口头和书面的方式，运用恰当的专业词汇和客户、用户及同伴进行有效的交流和沟通；具有终身学习的意识等基本素质。该方向的专业知识课程主要包括信息技术基础、程序设计基础、信息保障和安全、算法与数据结构、信息管理、集成程序设计技术、平台技术、系统管理与维护、系统架构与集成、人机交互、计算机网络、社会信息学、社会知识与专业素质、面向对象方法、WEB 系统与技术。

读者可以下载 CC2005 报告，查阅不同专业的知识体系结构以及课程中的核心单元知识与非核心单元知识。

2018 年 1 月，教育部发布了《普通高等学校本科专业类教学质量国家标准》，这是向全国、全世界发布的第一个高等教育教学质量国家标准。该标准认为，计算机科学与技术、软件工程、网络空间信息安全等计算机类学科，统称为计算学科，它是从计算学科电子科学与工程和数学发展来的。计算学科已经成为基础技术学科。随着计算机和软件技术的发展，继理论和实验后计算成为第三大科学研究范型，从而使计算思维成为现代人类重要的思维方式之一。计算学科通过在计算机上建立模型与系统，模拟实际过程进行科学调查和研究，通过数据搜集、存储、传输与处理等进行问题求解，包括科学、工程、技术与应用。其科学部分的核心在于通过抽象建立模型实现对计算规律的研究；其工程部分的核心在于根据规律，低成本地构建从基本计算系统到大规模复杂计算应用系统的各类系统；其技术部分的核心在于研究和发明用计算进行科学调查与研究中使用的基本方法和手段；其应用部分的核心在于构建、维护和使用计算系统实现特定问题的求解。其根本问题是"什么能、且如何被有效地实现自动计算"。学科呈现抽象、理论、设计三个学科形态，除了基本的知识体系，更有学科方法学的丰富内容。

由于不同类型人才将面向不同问题空间，需要强调不同学科形态的内容，计算学科"抽象第一"的基本原理在不同层面上得到体现。总体上，对绝大部分学生来说，计算机类专业更加强调工程技术应用能力的培养。有兴趣的读者可以通过互联网查阅该标准的详细内容。

1.6 计算机专业技术人员职业道德与计算机软件的知识产权保护

1.6.1 计算机专业技术人员职业道德

《公民道德建设实施纲要》指出："职业道德涵盖了从业人员与服务对象、职业与职工、职业与职业之间的关系，是所有从业人员在职业活动中应遵循的行为准则；要大力倡导职业道德，鼓励人们在工作中做一个好的建设者。"在整个道德体系中职业道德占据十分重要的地位，它是道德在职业活动中的具体表现，是人们在执业活动中形成的较为稳定的道德观念和行为规范，常以制度、条例、规定、承诺等方式表达着行业中的职业责任和义务。"提倡和普及职业道德，有利于各行各业的从业人员端正劳动态度，提高工作效率，成为一个道德高尚的人，由此提高整个社会的道德水平，促进社会各项事业的发展"，无论从事何种职业的工作人员都应在其自身职业活动中遵守职业道德。

信息科学的不断发展将计算机技术带入教育、科研、日常办公、家庭生活等领域的同时，还催生了一群专门从事计算机科学技术理论研究、软硬件应用研发、生产和销售及网络服务工作的技术人员，即计算机专业技术人员。他们负责系统分析、网络管理、数据库管理、技术文档书写、认证培训、程序设计、产品销售等工作。

计算机专业技术人员职业道德遵循一般职业道德的基本原则，涉及计算机行业中专业技术人员的思想意识、服务态度、利益得失、责任义务、公共道德等方面内容，涵盖计算机行业中专业技术人员的职业特征及作用，是该行业职业人员在长期的执业活动中总结出来并用以约束专业技术人员言行、指导其思想的道德规范。

计算机专业技术人员职业道德是在计算机类企业和非计算机类事业单位中从事网络服务、软硬件开发及设计、系统维护与优化、系统测试等技术类工作的计算机专业技术人员在执业活动中逐步形成和总结出来的，用以调整计算机专业技术人员个人与集体、社会之间关系，约束计算机专业技术人员技术行为的道德规范；它反映了该行业中从事技术类工作的专业技术人员所特有的职业性质，更是衡量计算机专业技术人员自律成效的根本。

计算机专业技术人员要自觉遵守国家政策法规和道德原则，对社会和人民承担应有的责任与义务；既要有高度的责任心，又必须随时掌握计算机行业的发展规律，努力学习新知识、刻苦钻研新业务，以公众利益为最高目标，维护劳动者的知识产权，保障计算机系统安全，合理、高效地做好本职工作。根据国内外现有的用以约束计算机专业技术人员执业行为的规范或章程，计算机专业技术人员职业道德的内容主要有：

（1）在相关法律法规和有关机关的内部规定及指引下开发、建立计算机信息系统，并以合法的用户身份进入，"绝不明知故犯使用通过非合理渠道获得的软件"。

（2）使用计算机软件或数据时应遵照国家有关法律规定，尊重其作品的版权，自觉维护并尊重他人的劳动成果，不非法复制由他人劳动完成的软件程序，坚决抵制盗版并使用正版软件，不为保护自己的软件资源而制造病毒保护程序。

（3）切实维护计算机系统的正常运行，确信软件是符合规格说明、经过安全测试且不会降低生活品质的；不为显示自身技术水平而制造计算机病毒程序，不使用带病毒的软件，不有意传播病毒给其他计算机系统；要采取积极预防措施，在计算机内安装防病毒软件并定期检查计算机系统内文件是否有病毒，如发现病毒，应及时用杀毒软件清除；保护计算机系统数据的安全，不擅自篡改他人计算机内信息资源。

（4）规范使用计算机和网络技术的行为，不利用计算机网络散布谣言、捏造或者歪曲事实，不煽动人民群众进行破坏法律法规、损害国家机关信誉等扰乱社会秩序的行为；"不宣传封建迷信、淫秽色情、赌博、暴力、凶杀、恐怖等信息"，不教唆犯罪。

（5）在收集、发布信息时尊重并保护他人的隐私及名誉；不蓄意破坏和损伤他人的计算机系统设备及资源，不利用计算机伤害他人，不擅自窥探他人计算机资源。

（6）计算机专业技术人员应持诚实和坦率的态度对工作承担完全责任，正视自己在工作经验与技能教育上的不足，用公益目标节制雇主、客户和用户的利益；当有理由相信有关的软件和文档可能对用户、公众或环境造成任何实际或潜在的危害时，应向适当的人或当局揭露；"致力于将自己的专业技能用于公益事业和公共教育的发展"。

（7）在维护公益目标的前提下依法、合理地追求雇主、客户及用户的利益，根据自身判断若项目有可能导致失败或存在费用过高、违反知识产权法规等问题，应立即确认、收集证据和报告客户或雇主，并拒绝接受不利于雇主和客户的外部工作。

总之，在职业活动中，计算机专业技术人员应熟知且遵守本行业的道德准则，正确处理个人与他人、集体的利益关系，以实事求是、严谨治学的态度和刻苦钻研、勇于创新的精神攻克工作中技术难关，提高劳动生产率。

1.6.2　计算机软件的知识产权保护

1969 年美国 IBM 公司首次将计算机软件和硬件分开出售，软件从硬件中分离出来成为商品并得到了迅速发展。1994 年签订的《与贸易有关的知识产权保护协议》（TRIPS 协议）明确规定了计算机程序以版权的方式受到保护。随着人们对软件工具性认识的深入，世界各国逐渐认识到计算机软件知识产权保护的重要性和迫切性，软件专利保护被提上日程。在专利制度建立之初，世界各国无一例外地将计算机软件归类为智力活动的规则或方法，划分在专利法保护的客体之外。现在美国专利商标局、欧洲专利局、日本特许厅等都调整了对计算机软件的审查标准，放宽了对软件专利审查的限制，使软件的专利权保护成为一种新趋势。

我国在 1990 年出台的《中华人民共和国著作权法》规定了计算机软件属于著作权客体。1991 年发布的《计算机软件保护条例》明确了计算机软件属于著作权客体的法律规定。2001 年国务院修订了《计算机软件保护条例》，使其与 TRIPS 协议相一致。此后国家推行了一系列进一步鼓励软件产业和集成电路产业发展的政策，旨在推动我国软件行业向纵深方向发展。这些政策对于增强科技创新能力，提高产业发展质量具有重要意义。我国《专利审查指南》中对可申请保护的软件做出了具体解释："计算机程序包括源程序和目标程序。计算机程序的发明是指为解决发明提出的问题，全部或部分以计算机程序处理流程为基础，计算机通过执行按上述流程编制的计算机程序，对计算机外部对象或内部对象进行控制或处理的解决方案。"即计算机程序一旦构成技术方案解决技术问题，其与其他领域的专利对象一样在知识产权保护体系中具有一般性。

在科技飞速发展的当下，受信息共享、传播便捷、侵权成本低等因素的影响，软件源代码的"再使用"和"逆向工程"等侵权行为屡见不鲜。目前普遍使用的著作权、商业秘密、专利法等保护模式，在各自领域作用的同时也接受着实践的检验。

计算机程序作为功能性作品在各国普遍被著作权法保护。著作权设定的合理使用范围服务于社会公益，保护期限较长，申请程序简单易行。然而著作权的软件使用制度，使得侵权成本低廉，导致计算机软件价值大打折扣。其他开发者使用类似的设计逻辑，用不同计算机语言开发出技术效果相同的软件，并不构成侵权。对于开发者而言，软件功能的确定和逻辑设计阶段同样重要，表达方式和设计方案本身都需要保护。版权法保护计算机软件效力有限，需要其他模式相互补充和配合。

《商业秘密法》依赖合同对签订双方的约束，包括软件开发过程的程序、文档、技术构思等。然而计算机软件开发环境特殊，研发人员广、开发周期长、传播介质多。商业秘密保护效力局限于甲乙双方，对第三方的约束效力较弱。尤其对于技术含量高、成熟度饱满、市场前景好的研究成果，这种全面覆盖的保护方法一定程度上阻碍了科技成果转化和社会推广。

《中华人民共和国专利法》要求软件对象以公开换保护，从设计思想到源代码以同领域技术人员实现为准。此外在众多学科中，计算机软件需作用于技术平台才能实现技术效果，对专利文案的申请角度提出了更高的要求。专利审查周期相对较长，2～3 年的授权时间与软件的保护时效相悖。计算机软件需求迅速、经济时效短、更新速度快等特点，考验着知识产权体系的适用性。

1.7　小　结

海量数据的处理、复杂系统的模拟、大型工程的组织，借助计算机实现了从想法到产品整个过程的自动化、精确化和可控化，大大拓展了人类认知世界和解决问题的能力和范围。机器替代人类的部分智力活动催发了对智力活动机械化的研究热潮，推进了对计算思维与计算机发展的深入探索。

影响计算机学科变化的大部分因素来自技术的进步。Intel 公司创造人戈登·摩尔在 1965 年预测微处理器芯片的密度将每十八个月翻一番，即"摩尔定律"。该定律目前继续成立。计算机系统的计算能力是以指数速度增加的，这使得几年前还无法解决的问题在近期得到解决成为可能，而且使用起来更加方便。计算机学科其他方面的变化更大，例如 WWW（万维网）出现后，网络技术迅速发展，给人们的工作和生活提供了新的方式。所有这些都要求计算机学科的研究者所需的知识体系能够紧跟技术的进步。

 习　题

一、单项选择题

1. 下列字符中，ASC II 码值最小的是（　　　）。

    A. Y　　　　　　　　B. A　　　　　　　　C. x　　　　　　　　D. a

2. 在计算机中，一个字节是由（　　　）位二进制码组成的。

    A. 8　　　　　　　　B. 2　　　　　　　　C. 4　　　　　　　　D. 16

3. 在计算机中汉字系统普遍采用存储一个汉字内码要用 2 个字节，并且每个字节的最高位是（　　）。

    A. 1 和 1　　　　　　　　B. 0 和 0　　　　　　　　C. 0 和 1　　　　　　　　D. 1 和 0

4. Word 字处理软件属于（　　）。

    A. 系统软件　　　　　　B. 语言处理程序　　　　C. 应用软件　　　　　　D. 服务程序

5. 能对计算机系统中各类资源进行统一控制、管理、调度和监督的系统软件是（　　）。

    A. Windows 7 和 Linux　　　　　　　　　　B. Unix 和 Office 2017

    C. Word 和 OS/2　　　　　　　　　　　　　D. Windows XP 和 Excel

6. 下列单位换算中正确的是（　　）。

    A. 1KB = 2048B　　　　　　　　　　　　　B. 1GB = 1024B

    C. 1MB = 1024GB　　　　　　　　　　　　D. 1MB = 1024KB

7. ASC II 码其实就是（　　）。

    A. 美国标准信息交换码　　　　　　　　　B. 国际标准信息交换码

    C. 欧洲标准信息交换码　　　　　　　　　D. 以上都不是

8. 客机、火车订票系统属于（　　）。

    A. 科学计算方面的计算机应用　　　　　　B. 数据处理方面的计算机应用

    C. 过程控制方面的计算机应用　　　　　　D. 人工智能方面的计算机应用

9. 按照计算机用途分类，可将计算机分为（　　）。

    A. 通用计算机、个人计算机　　　　　　　B. 数字计算机、模拟计算机

    C. 数字计算机、混合计算机　　　　　　　D. 通用计算机、专用计算机

10. 下列数中最大的数是（　　）。

    A. $(1000101)_2$　　　B. $(107)_8$　　　C. $(73)_{10}$　　　D. $(4B)_{16}$

11. 假设某计算机的字长为 8 位，则十进制数 $(+67)_{10}$ 的反码表示为（　　）。

    A. 01000011　　　　　　　　　　　　　　B. 00111100

    C. 00111101　　　　　　　　　　　　　　D. 10111100

12. 假设某计算机的字长为 8 位，则十进制数 $(-75)_{10}$ 的补码表示为（　　）。

    A. 01001011　　　　　　　　　　　　　　B. 11001011

    C. 10110100　　　　　　　　　　　　　　D. 10110101

13. 已知"B"的 ASC II 码值是 66，则码值为 1000100 的字符为（　　）。

    A. "C"　　　　　　　B. "D"　　　　　　　C. "E"　　　　　　　D. "F"

14. 在计算机系统内部，汉字的表示方法是采用（　　）。

    A. ASC II 码　　　　　B. 机内码　　　　　　C. 国标码　　　　　　D. 区位码

15. 在逻辑运算中有 $Y = A + B$，则表示逻辑变量 A 和 B 进行（　　）。

    A. 与运算　　　　　　B. 或运算　　　　　　C. 非运算　　　　　　D. 与非运算

16. 通常所说的 CPU 包括（　　）。

    A. 运算器　　　　　　　　　　　　　　　B. 控制器

    C. 运算器和控制器　　　　　　　　　　　D. 运算器、控制器和内存

17. 将 175 转换成十六进制, 结果为 (   )。

    A. AFH   B. 10FH   C. D0H   D. 98H

18. 如果 $(73)_x = (3B)_{16}$, 则 X 为 (   )。

    A. 2   B. 8   C. 10   D. 16

19. 数据处理的基本单位是 (   )。

    A. 位   B. 字节   C. 字   D. 双字

20. 假设某计算机的字长为 8 位, 则十进制数 $(-100)_{10}$ 的反码表示为 (   )。

    A. 11100100   B. 10011100

    C. 10011011   D. 10011001

21. 已知 $[X]_补 = 10111010$, 则 X (真值) 为 (   )。

    A. -1000110 B. -1000101

    C. 1000100   D. 1000110

22. 已知字母 "m" 的 ASC II 码为 6DH, 则字母 "p" 的 ASC II 码是 (   )。

    A. 68H   B. 69H   C. 70H   D. 71H

23. 对于以下真值表:

A	B	F
0	0	0
0	1	1
1	0	1
1	1	0

其 $F = f(A, B)$ 的逻辑关系是 (   )。

    A. 与运算   B. 或运算   C. 与非运算   D. 异或运算

24. 在计算机内部, 用来传送、存储、加工处理的数据实际上都是以 (   ) 形式进行的。

    A. 十进制码   B. 八进制码

    C. 十六进制码   D. 二进制码

25. 一个完整的计算机系统应包括 (   )。

    A. 运算器、控制器和存储器   B. 主机和应用程序

    C. 硬件系统和软件系统   D. 主机和外部设备

26. 运算器的主要功能是 (   )。

    A. 算术运算和逻辑运算   B. 逻辑运算

    C. 控制   D. 算术运算

二、计算题

1. 设字长为 8 位, 将下列十进制数转换成二进制数、十六进制数以及 8421BCD 数:

(1) 15; (2) 33; (3) 65; (4) 129。

2. 设字长为 8 位, 写出 x、y 的原码、反码和补码:

(1) $x = -78$; (2) $y = 35$; (3) $x = -64$; (4) $y = -66$。

3. 将下列十进制数转换成二进制数、八进制数、十六进制数：

（1）29；（2）40；（3）1021；（4）185；

（5）3.125；（6）8.125；（7）0.625；（8）0.5。

4. 将下列二进制数转换成十进制数、八进制数、十六进制数：

（1）1101；（2）101001；（3）110101；（4）11.101；

（5）101.101；（6）1001.11；（7）0.001。

5. 将下列十进制数用8421码和余3码表示：

（1）1987；（2）2361；（3）78.24；（4）13.01；（5）25.3；（6）0.785。

三、简答题

1. 计算机发展中各个阶段的主要特点是什么？

2. 电子计算机为什么要采用二值元件？

3. 为实现汉字的输入、存储、输出，计算机中采用了哪些编码？它们分别起到什么作用？

4. 一维码的主要不足在哪里？二维码有哪些特点？

5. 电子计算机的主要特点有哪些？

第 2 章
计算机硬件系统

硬件系统是指构成计算机的物理器件、部件和设备，即由机械、电子器件构成的具有输入、存储、计算、控制和输出功能的实体部件。

本章讲述计算机硬件系统结构和组成的基本知识，包括现代计算机常见体系结构及其工作原理；以微型计算机为例，介绍微型计算机的具体硬件系统组成、各部分的功能及工作原理；最后简要介绍嵌入式系统和移动终端的基本组成结构。

2.1　计算机硬件系统结构

计算机硬件系统结构是指构成计算机系统的主要部件的总体布局、部件的主要性能以及部件之间的连接方式。现代计算机虽然已经发展成由超级计算机、巨型计算机、大型计算机和微型计算机组成的庞大家族，每个成员的规模、性能、结构和应用都存在着较大的差别，但它们的体系结构基本是相同的。

2.1.1　冯·诺依曼体系结构

自 1946 年第一台计算机 ENIAC 发明以来，计算机系统的技术已经得到了很大的发展，但计算机硬件系统的基本结构没有发生变化，大多数仍然属于冯·诺依曼体系结构，如 PC 机上使用的 Intel 公司的 X86 架构微处理器、MIPS 公司的 MIPS 处理器等。

图 2.1 为冯·诺依曼体系结构图，计算机硬件系统由运算器、控制器、存储器、输入设备和输出设备 5 部分组成，其中虚线是控制信号流，实线是数据信号流。

冯·诺依曼体系结构的主要特点如下：

（1）冯·诺依曼体系结构计算机最重要的原理就是"程序存储"，即如果要让计算机工作，首先要把用指令编写好的程序存储在计算机的存储器中，然后计算机将存储的指令一条一条地从存储器中取出并执行。一条指令的执行过程又可以划分为 4 个基本操作：

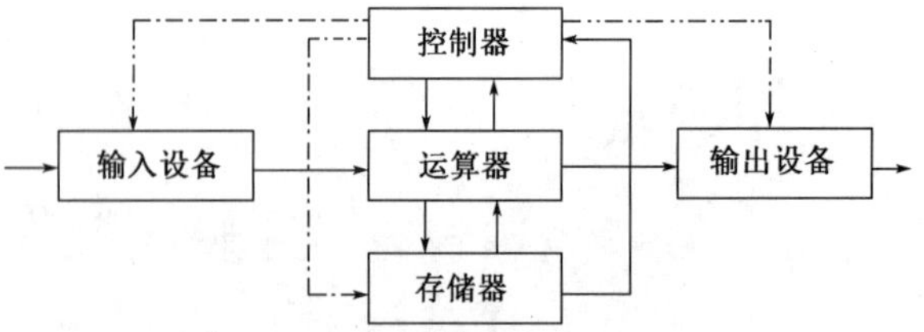

图2.1　冯·诺依曼体系结构图

①取指令：从存储器某个地址中取出将要执行的指令；

②指令译码：将取出的指令送入译码器中，译码器将指令转换为对应的操作；

③执行指令：向各个部件发出控制操作，完成指令功能；

④指令返回：将指令执行结果"写回"存储器，获取下一条指令的存储地址。

（2）数据和程序以二进制形式不加以区分地都存放在存储器中，存储器按照线性编址结构进行地址访问。

（3）计算机由运算器、控制器、存储器、输入设备和输出设备5部分组成。其中运算器和控制器是其核心部件，称为中央处理器（Center Process Unit，CPU）。

1. 运算器

运算器主要由算术逻辑单元、累加器、状态寄存器、通用寄存器组等部件组成。算术逻辑单元（Arithmetic Logic Unit，ALU）是计算机对数据进行加工处理的部件，主要功能是对二进制数据进行加、减、乘、除等算术运算和"与""或""非"等基本逻辑运算。累加器用于暂存操作数和运算结果。状态寄存器用于存储算术逻辑单元在工作过程中产生的状态信息。通用寄存器组是一组寄存器，运算时暂存操作数或数据地址。

运算器在控制器的控制下从存储器中取出数据并进行运算，最后的运算结果由控制器指挥写回到存储器中。

2. 控制器

控制器主要由指令寄存器、译码器、程序计数器和操作控制器等组成。指令寄存器用于存放当前要执行的指令。译码器对指令进行分析，确定指令类型和所要完成的操作，并确定指令操作的数据或数据存储的地址、操作结果的存放地址。程序计数器存放下一条将要执行的指令的地址。操作控制器产生一定的时序节拍去控制计算机有顺序地完成指令所要完成的操作。

控制器控制计算机各部件协调工作，并使整个处理过程有条不紊地进行。它的基本功能就是从存储器中取指令和执行指令，即控制器按程序计数器指出的指令地址从存储器中取出指令进行译码，然后根据该指令功能向有关部件发出控制命令，执行该指令。控制器在工作过程中，还要接受各部件反馈回来的信息。

3. 存储器

存储器用于保存程序和数据。存储器分为内部存储器和外部存储器两大类。

冯·诺依曼体系结构中的存储器是内部存储器（又叫内存或主存），它直接与CPU相连接，存储容量小但存取速度快，用于保存当前运行程序的指令和数据。存储器由成千上万个存储单元组成，每个存储单元存放8位二进制数据，称为字节。存储器以线性结构按顺序对每个存储单元（字节）编号，称为存储地址。如果要访问存储器中的指令或数据，就必须知道该指令或数据的存储地址。

外部存储器（又叫外存或辅存）存储容量大但存取速度慢，一般用于存储暂时不用的程序或数据，需要时成批地与内部存储器交换存储的信息。常见的硬盘、优盘、光盘等都属于外部存储器。

4．输入/输出设备

输入设备的功能一是将程序和数据输入到计算机中，二是帮助用户对计算机进行操作控制。常用的输入设备有鼠标、键盘、扫描仪、数字摄像机等。

输出设备将计算机处理的结果以用户熟悉的形式展现出来。常见的输出设备有显示器、音箱、打印机、投影仪、绘图仪等。

2.1.2　哈佛模型与并行结构

哈佛结构是一种将程序指令和数据分开存储的存储器结构，是一种并行体系结构。它的主要特点是将程序和数据分别存储在不同的存储空间中，即程序存储器和数据存储器是两个独立的存储器，每个存储器内独立编址、独立访问。

如图 2.2 所示，哈佛结构的计算机由 CPU、程序存储器和数据存储器组成，程序存储器和数据存储器分别采用不同的总线，能够提供较大的存储器带宽，使数据的移动和交换更加方便。哈佛结构解决取指令和取数据的冲突问题，所以该结构的微处理器通常具有较高的执行效率。

与两个存储器相对应的是系统的 4 条总线：程序和数据的数据总线与地址总线。这种分离的程序总线和数据总线可允许在一个机器周期内同时获得来自程序存储器的指令字和来自数据存储器的操作数，从而提高了执行速度，提高了数据的吞吐率。又因为程序和数据存储在两个分开的物理空间中，因此数据取址和指令执行能同时进行。CPU 首先到程序指令存储器中读取程序指令内容，解码后得到数据地址，再到相应的数据存储器中读取数据，并进行下一步的操作（通常是执行）。

市场上使用哈佛结构的微处理器和微控制器也有很多，微处理器如 ARM 公司的 ARM9、ARM10 和 ARM11，微控制器如 Intel 51 系列单片机、ATMEL 公司的 AVR 系列、ARM 公司的 Cortex – M 系列、大多数 DSP（数字信号处理器）等。

冯·诺依曼体系结构与哈佛结构的区别见视频 2.1。

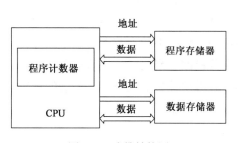

视频2.1　冯·诺依曼体系结构与哈佛结构的区别

图 2.2　哈佛结构图

2.1.3 计算机集群系统

计算机集群系统简称集群，它通过相应的软件、硬件和网络将一组计算机连接起来，组成一个超级计算机群，高度紧密地协作完成并行计算任务。在某种意义上，整个集群从外部看来就像是一个计算机系统。集群系统中的单个计算机称为节点，通常通过网络相互连接。将大型集群计算机专门放置在一个建筑物或房间中，称为数据中心。

计算机集群系统由集群硬件系统、集群软件系统和互联通信系统组成：

（1）集群硬件系统由计算机、输入/输出系统、监控诊断系统、存储系统等组成。

（2）集群软件系统包括系统软件（如集群操作系统、集群管理软件、编译系统、并行开发环境等）和应用软件。

（3）互联通信系统一般是由高速网络芯片和高性能的路由芯片组成的高速网络。

根据集群系统的使用目的可以将其分为三类：高性能计算集群、负载均衡集群和高可用性集群。

（1）高性能计算集群（HPC）：通常利用专门开发的并行计算软件将计算任务分配到集群的不同计算节点中，利用集群所有计算机的资源来完成计算任务，以提高计算能力，所以主要应用在科学计算领域。比较流行的 HPC 采用 Linux 操作系统和其他一些免费软件来完成并行运算。

（2）负载均衡集群（LBC）：主要用于高负载业务，可使负载在计算机集群中尽可能平均地分摊处理。负载通常包括应用程序处理负载和网络流量负载。这样的系统非常适合向使用同一组应用程序的大量用户提供服务。每个节点都可以承担一定的处理负载，并且可以实现处理负载在节点之间的动态分配，以实现负载均衡。对于网络流量负载，若网络服务程序接受了高入网流量，以致无法迅速处理，这时网络流量就会发送给在其他节点上运行的网络服务程序。同时，还可以根据每个节点上不同的可用资源或网络的特殊环境来进行优化。与高性能计算集群一样，负载均衡集群也在多节点之间分发计算处理负载。它们之间的最大区别在于负载均衡集群缺少跨节点运行的单并行程序。大多数情况下，负载均衡集群中的每个节点都是运行单独软件的独立系统。但是，不管是在节点之间进行直接通信，还是通过中央负载均衡服务器来控制每个节点的负载，在节点之间都有一种公共关系。通常，使用特定的算法来分发该负载。

（3）高可用性集群（HA）：主要用于不可间断的服务环境，具有高容错性和备份机制。当集群中的一个系统发生故障时，集群软件迅速做出反应，将该系统的任务分配到集群中其他正在工作的系统上执行。考虑到计算机硬件和软件的易错性，高可用性集群的主要目的是使集群的整体服务尽可能可用。如果高可用性集群中的主节点发生了故障，那么这段时间内将由次节点代替它。次节点通常是主节点的镜像，当它代替主节点时，它可以完全接管其身份，因此使系统环境对于用户是一致的。高可用性集群使服务器系统的运行速度和响应速度尽可能快。它们经常利用在多台机器上运行的冗余节点和服务，相互跟踪。如果某个节点失败，它的替补者将在几秒钟或更短时间内接管它的职责。因此，对于用户而言，集群永远不会停机。

2.1.4 网格体系结构

网格是构筑在因特网上的一组新兴技术，它利用互联网把地理上广泛分布的高性能计算机、大型数据库、传感器、远程设备等融为一体，为科技人员和普通老百姓提供更多的资源、功能和交互性。其最终目的是希望用户在使用网格时就像使用电力一样方便地使用分布在网络上强大而丰富的各种资源，如计算资源、存储资源、数据资源、信息资源、软件资源、通信资源、知识资源和专家资源等。

网格体系结构主要研究网格系统的基本功能结构及各功能实体间的接口关系，即网格体系结构是关于如何建造网格的技术，包括对网格基本组成部分和各部分功能的定义及描述，对网格各部分相互关系与集成方法的规定，以及对网格有效运行机制的刻画。显然，网格体系结构是网格最核心的技术，只有建立合理的网格体系结构，才能够设计和建造好网格，才能使网格有效地发挥作用。

现在比较常见的网格体系结构有五层沙漏结构、开放网格服务结构 OGSA 和 WEB 服务资源框架（WSRF）等。

2.2 微型计算机的硬件组成

微型计算机的硬件系统结构与冯·诺依曼体系结构在本质上并无差异，是在冯·诺依曼体系结构基础上的发展。由于现代集成电路的发展，原有的运算器和控制器被集成到了一个芯片的内部。微型计算机内部各部分之间通过一组公共信号线连接，每条信号线可以传输一位二进制的 0 或 1 信号，这组信号线称为系统总线。采用系统总线结构形式的计算机具有结构简单、可靠性高、系统扩展和更新方便的优点。

如图 2.3 所示，系统总线分为三种类型：

（1）数据总线（DB）：用于传输数据和指令的信号线，它们是双向传输的。

（2）地址总线（AB）：传输 CPU 所要访问的存储单元或输入输出接口地址的信号线，一般是单向传输。

（3）控制总线（CB）：用来实现 CPU 对外部部件或设备的控制、状态等信号的传输以及中断信号的传送等，大多数是双向传输。

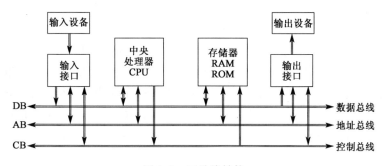

图 2.3 三总线结构

2.2.1 硬件系统

微型计算机的硬件系统由外设和主机组成。外设主要是显示器、鼠标、键盘等用于交互的输入输出设备。主机一般是指机箱内部的部件或设备，主要有 CPU（中央处理器）、主板、内存、GPU（图形处理器）、硬盘、网络适配器（网卡）、光盘驱动器等。

目前的微型计算机硬件系统采用以 CPU 为核心的控制中心结构，遵循"1－3－5－7"规则。控制中心结构如图 2.4 所示。

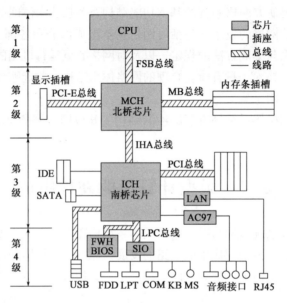

图 2.4　控制中心结构

（1）1 个 CPU。CPU 处于系统结构的顶层（第 1 级），控制着系统运行状态，下面的数据必须逐级上传到 CPU 进行处理。从系统性能考察，CPU 的运行速度大大高于其他设备，下面各个总线上的设备性能越往下，性能越低；从系统组成考察，CPU 的更新换代将导致南北桥芯片组的改变和内存类型发生改变；从指令系统进行考察，指令系统进行改变时，必然引起 CPU 结构的变化，而内存系统不一定改变。因此，目前微型计算机系统仍然是以 CPU 为中心进行设计的。

（2）3 个芯片。在北桥芯片（MCH）、南桥芯片（ICH）和 BIOS 芯片（FWH）3 大芯片中，北桥芯片主要负责内存与 CPU 的数据交换及显示数据与 CPU 数据的交换，南桥芯片负责数据的上传与下送。北桥芯片虽然功能较少，但是担负数据传输的任务繁重，对主板而言，北桥芯片的好坏，决定了主板性能的高低。南桥芯片连接着多种低速外部设备，它提供的接口越多，微机的功能扩展性越强。BIOS 芯片则关系到硬件系统与软件系统的兼容性。

（3）5 大接口。5 大接口包括 SATA（Serial Advanced Technology Attachment，串行 ATA 接口）、eSATA（外部硬盘接口）、SIO（超级输入输出接口）、LAN（以太网接口）、HAD（音频接口）等。

（4）7 大总线。7 大总线包括 FSB（Front Side，前端总线）、MB（Memory Bus，内存总

线）、PCI（Peripheral Component Interconnect，外部设备互连总线）、IHA（Inter Hub Architecture，南北桥连接总线）、PCI－E（PCI Express，外部设备互连扩展总线）、LPC（Low Pin Count，少针脚总线）、USB（Universal Serial Bus，通用串行总线）。

注意："1－3－5－7"规则是指主要结构，实际产品会有一些增减。

2.2.2　中央处理器

中央处理器（CPU）是微型计算机系统的控制中心，主要功能是执行程序指令和进行数据运算。它严格按照规定的脉冲频率工作，工作频率越高，运算速度越快，能够处理的数据量就越大，性能就越强。CPU 在技术和市场上以 X86 系列占主导地位，同时也存在着一些非 X86 结构的 CPU。

1. CISC 和 RISC

在计算机指令系统的优化发展过程中，出现过两个截然不同的优化方向：CISC（Complex Instruction Set Computer，复杂指令集计算机）和 RISC（Reduced Instruction Set Computer，精简指令集计算机）技术，相应出现了两种不同架构类型的处理器芯片：

（1）CISC 芯片：CISC 的指令系统复杂，通常有多达几百条指令，寻址方式多、灵活，指令执行速度慢，且程序难以优化。X86 结构的 CPU 就是典型的 CISC 芯片。

（2）RISC 芯片：RISC 的指令系统精简，只有一些简单但有用的指令，且大多数指令格式、长度固定，执行只需要一个指令周期，执行效率较高。缺点是功能不及 CISC 芯片强大，寻址方式少、不灵活，常用于对体积、功耗、执行效率要求较高的计算机系统中，如微控制器（单片机）以及现在手机上广泛采用的 ARM 结构的 CPU。

2. CPU 组成

CPU 的外观封装及基本结构如图 2.5 所示。CPU 外观是一个矩形块状物，中间凸起部分是 CPU 核心部分的金属封装外壳，在封装外壳下是一片指甲大小的、薄薄的硅晶片，它是 CPU 核心（die）。在这个硅晶片上密布着数亿个晶体管，它们互相配合、协调工作，完成复杂的运算和操作。金属封装外壳周围是基板，将 CPU 内部的信号引接到外部引脚上。基板下面布满密密麻麻的镀金引脚，它是 CPU 与外部电路的连接通道。

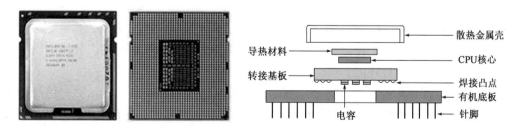

图 2.5　CPU 外观封装及基本结构图

3. CPU 的技术指标

衡量 CPU 性能好坏的主要技术指标有主频、内核数量、字长、高速缓存容量、制程等。

（1）主频（工作频率）。CPU 的主频是衡量 CPU 性能的最重要的技术指标，单位是 Hz。对于同系列的 CPU，主频越高就代表 CPU 的性能越强，运算速度也越快。但对于不同类型的 CPU，它就只能作为一个参考。另外 CPU 的运算速度还要看 CPU 流水线的各方面的性能指标，所以主频并不直接代表运算速度。在一定情况下，很可能会出现主频较高的 CPU 实际运算速度较低的现象。因此主频仅仅是 CPU 性能表现的一个方面，而不代表 CPU 的整体性能。与主频相关的还有外频和倍频两个概念，三者的关系是主频 = 外频 × 倍频。外频是 CPU 的基准频率，单位也是 Hz。它是 CPU 与主板之间同步运行的速度，而且绝大部分计算机中外频也是内存与主板之间的同步运行的速度，在这种方式下，可以理解为 CPU 的外频直接与内存相连通，实现两者的同步运行。早期的 CPU 并没有倍频这个概念，那时主频和系统总线的速度是一样的。随着技术的发展，CPU 速度越来越快，内存、硬盘等配件逐渐跟不上 CPU 的速度了，而倍频的出现解决了这个问题，它可使内存等部件仍然工作在相对较低的系统总线频率下，而 CPU 的主频可以通过倍频来提升。

（2）内核数量。多核 CPU 是指在一个 CPU 芯片内部集成多个 CPU 处理内核。多核 CPU 有着更强的并行处理能力，同时大大减小了 CPU 的发热和功耗。每个处理内核都有独立的 L1 缓存，共享 L2 缓存、内存子系统、中断子系统和外设。目前大多数 CPU 厂商的产品中，多核 CPU 都占主要地位。要充分发挥多核处理器的能力也需要软件的支持，但现在大多数软件都是基于单线程开发的，多核 CPU 运行这类软件时并不会带来效率上的提高。

（3）字长。字长是指 CPU 内部运算单元一次处理的二进制数据的位数。同系列 CPU 是向下兼容的，因此 16 位、32 位的软件可以运行在 32 位或 64 位的 CPU 中。

（4）高速缓存容量。高速缓冲存储器（Cache）是存在于主存与 CPU 之间的一级存储器，由静态存储芯片（SRAM）组成，容量比较小但速度比主存高得多，接近于 CPU 的速度。它利用数据存储的局部性原理大大提高了 CPU 的性能。目前高速缓冲存储器从一级发展到了三级（L1 Cache ~ L3 Cache）。

（5）制程。CPU 制程也叫线宽，是指 CPU 内部各元件之间连接线的宽度，以 nm 为单位。制程越小集成电路工艺越先进，同一面积下晶体管数量越多，芯片功耗、发热量越小。

2.2.3　图形处理器

图形处理器（Graphics Processing Unit，GPU），又称显示核心、视觉处理器、显示芯片，是一种专门在个人电脑、工作站、游戏机和一些移动设备（如平板电脑、智能手机等）上进行图像运算工作的微处理器。

图形处理器将计算机系统所需的显示信息进行转换驱动，并向显示器提供行扫描信号，控制显示器的正确显示。它是连接显示器和主板的重要元件，也是人机交互的重要设备之一。

图形处理器是显卡的核心，而显卡是主机里的一个重要组成部分。显卡主要由图形处理器、显存芯片、供电电路、总线接口 PCI - E、信号输出接口（DVI、VGA 等）、散热部件及其他元件组成，如图 2.6 所示。

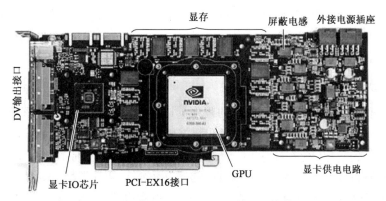

图 2.6　显卡主要部件

显卡分为独立显卡和集成显卡两类：

（1）独立显卡是通过 PCI – Express、PCI 或 AGP 等扩展槽界面与主板相连接，而通常它们可以相对容易地被取代或升级。

（2）集成显卡是图形处理器集成在主板或 CPU 中，图形处理器工作时需要消耗一定数量的存储器，但它不像独立显卡上有独立的存储器，只能借用系统内存，而且系统内存的速度比高级独立显卡上的存储器要慢。所以，相比使用独立显卡的方案，这种方案可能较为便宜，但性能也相对较低。

2.2.4　存储器

存储器主要功能是存放程序和数据。存储器采用按地址存取的工作方式。一个存储设备由许多个存储单元组成，一个存储单元存放 8 位（bit）0 或 1，即一个字节（Byte）。所有的存储单元按顺序从 0 开始编号，这就是存储器地址。

现代的存储设备存储容量都较大，多以 MB 或 GB 为单位表示。2 的 10 次等于 1024，所以 1024B = 1KB，1024KB = 1MB，1024MB = 1GB，1024GB = 1TB。

注意：存储设备生产厂家 1K 按照 1000 计算，所以存储设备的实际容量比厂家标称容量要小。

为了满足计算机系统对存储容量大、存取速度快、价格低的要求，现代计算机系统采用了三级存储体系，第一级是高速缓冲存储器，第二级是主存储器（又称主存、内存），第三级是外部存储器，如图 2.7 所示。

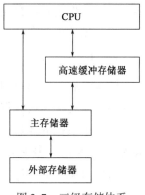

图 2.7　三级存储体系

1. 高速缓冲存储器（Cache）

在微型计算机中，由于 CPU 执行指令的速度远远高于内存的读写速度，而且在指令的执行过程中需要多次访问内存，所以以内存制约了 CPU 指令执行的效率。为了解决这个矛盾，在微型计算机中引入了高速缓存技术。

由于程序执行具有局部性，即程序的执行在一段时间内总是集中于代码段的一个小范围内，如果一次性将这段代码从内存调入高速缓冲存储器中，便能满足 CPU 执行速度的要求。

高速缓冲存储器介于内存与 CPU 之间，一般制作在 CPU 芯片的内部，存取速度比内存快，但成本高，所以一般容量不会太大。目前高速缓冲存储器从一级发展到了三级（L1 Cache ~ L3 Cache）。

2. 主存储器

主存储器简称主存，保存需要执行的程序，以及计算机进行数据处理所必需的原始数据、中间结果、最后结果。它存储的程序和数据能够被 CPU 直接读出或写入。主存是微机的主要技术指标之一，其容量大小和性能直接影响系统运行的情况。

主存分为随机存储器（RAM）和只读存储器（ROM）两种类型：

（1）随机存储器。随机存储器又分为动态随机存储器（DRAM）和静态随机存储器（SRAM）。动态随机存储器保存 CPU 正在执行的程序和数据，由半导体材料制作而成，速度快，但是需要进行刷新，掉电后数据会丢失。将动态随机存储器芯片安装在专用的电路板上面，称为内存条。静态随机存储器一般用于 CPU 内部，作为缓存（Cache）。

（2）只读存储器。只读存储器内部保存的数据可以长期保存，系统断电后也不会丢失，即能够一次写入、多次读取。微型计算机中的只读存储器一般用于保存系统引导程序、自检程序和初始化数据，如主板上的 BIOS 芯片。常用的只读存储器有可编程只读存储器（PROM）、可删除编程只读存储器（EPROM）以及电可删除编程存储器（EEPROM），闪存（FLASH）也是只读存储器的一种。

3. 外部存储器（外存）

外部存储器一般用于保存暂时不执行或需要长期存储的程序和数据，外部存储器中存储的信息需要被调入主存后才能够执行或处理。外部存储器一般容量很大，价格也比内存低很多，适合于作为长期存储备份。但是外部存储器一般都是机电设备，它的存取速度远比内存要低。常见的外部存储器有闪存、硬盘、光盘等。

1）闪存

闪存具有 DRAM 快速存储的优点，也具备硬盘长期存储的特性；缺点是读写速度要比内存慢，而且擦写次数有限。

闪存中数据的擦除与写入不是以字节为单位，而是以固定的区块为单位，区块的大小一般为 8 ~ 128KB。由于不能以字节为单位进行数据的随机写入，因此闪存不能替代内存，但可以替代机械硬盘，如现在广泛使用的固态硬盘。

2）硬盘

硬盘是一种大容量的外部存储器，具有存储容量大、数据存取方便、价格低廉等优点，是现在常用的数据存储设备。但是硬盘是一种机电设备，通过电动机带动磁头的运动，所以数据读写速度远比内存要慢得多；因为利用磁介质存储数据，在外部强磁场的作用下也容易丢失数据。

一个硬盘一般由多个盘片组成，盘片的每一面都有一个读写磁头。盘片的每一面又划分为若干个同心圆，称为磁道。每一面相同位置上的磁道组成柱面。每个磁道再划分为若干个

扇区。所以,硬盘的存储容量计算公式为:

$$存储容量 = 磁头数 \times 柱面数 \times 扇区数 \times 每扇区字节数(512B)$$

硬盘按照尺寸大小分为 3.5 英寸和 2.5 英寸规格两种规格,2.5 英寸一般用于笔记本电脑和移动硬盘。硬盘的接口有并行 IDE 接口(已经淘汰)、串行 SATA 接口、SCSI 接口和 USB 接口,串行 SATA 接口用于台式电脑和笔记本电脑,SCSI 接口用于服务器,USB 接口主要用于移动存储设备。

3)光盘

光盘是一种利用激光技术存储信息的设备,光盘用于记录数据,光盘驱动器用于读取数据。用于计算机系统的光盘主要有三种类型:只读光盘(DVD - ROM)、一次性写入光盘(DVD - R)和可擦写光盘(DVD - RW)。

2.2.5 主板与总线

1. 主板

主板是计算机主机内部的重要部件,是各种部件的载体。主板的主要功能是在各个部件之间传输电子信号,主板上的部分芯片还要负责一些外围数据的初步处理。主板上的专用芯片和南桥芯片决定了主板功能是否丰富。表 2.1 列出了主板主要部件。

表 2.1 主板主要部件

部件类型	主要部件
集成电路	北桥、南桥、BIOS、系统时钟、SIO、音频、网络、电源、稳压、桥接等
电子元件	电阻、电容、电感、晶振、二极管、三极管、场效应管、电池、PCB 板等
电气线路	信号线(数据、地址、控制)、电源线、地线等
总线插座	Socket CPU、DIMM 内存、PCI - E 显卡、PCI 外设、USB 等
I/O 接口	SATA、eSATA、KB、MS、音频、LAN、DVI、VGA、1394、IDE、COM、FDD 等
其他插座	主板 ATX 电源、CPU - 12V 电源、前置面板按键和指示灯、前置音频、CMOS 电池清除、CPU 风扇、机箱风扇等

主板芯片组(Chipset)是主板的核心组成部分,它负责将微处理器和计算机的其他部分相连接,几乎决定着主板的全部功能。主板芯片组由北桥芯片和南桥芯片组成:

(1)北桥芯片提供对 CPU 类型和主频、系统高速缓存、主板的系统总线频率、内存管理(内存类型、容量和性能)、显卡插槽规格,ISA/PCI/AGP 插槽、ECC 纠错等的支持。

(2)南桥芯片提供了对 I/O 接口的支持,提供对 KBC(键盘控制器)、RTC(实时时钟控制器)、USB(通用串行总线)、Ultra DMA/33(66)EIDE 数据传输方式和 ACPI(高级能源管理)等的支持,以及决定扩展槽的种类与数量、扩展接口的类型和数量(如 USB3.0/2.0/1.1、IEEE1394、串口、并口、笔记本的 VGA 输出接口)等。

2. 总线

主板上各个主要部件之间通过总线相连接。总线的性能可以通过总线宽度和总线频率来描述。总线宽度为一次并行传输的二进制位数，总线的宽度有 8 位、16 位、32 位、64 位等。总线频率则用来描述总线的速度，常见的总线频率有 66MHz、100MHz、133MHz、200MHz、400MHz、800MHz 等。

主板上有 7 大总线，它们是 FSB、MB、PCI－E、PCI 总线、USB、IHA、LPC 总线。

（1）前端总线 FSB。FSB 负责 CPU 与北桥芯片之间的通信与数据传输。

（2）内存总线 MB。主板上一般有 4 个内存总线插槽（Dual Inline Memory Module，DIMM），它们用于安装内存条。MB 负责北桥芯片与内存总线插槽之间的通信与数据传输。新型 CPU 将内存控制器从北桥芯片内部搬移到 CPU 中，此时 MB 负责 CPU 与内存总线插槽之间的通信与数据传输。

（3）PCI－E。PCI－E 是目前微机上流行的一种高速串行总线。PCI－E 采用点对点串行连接方式，它允许和每个设备之间建立独立的数据传输通道，不用再向整个系统请求带宽，这样也就轻松地提高了总线带宽。

（4）PCI 总线。主板上一般有 3～5 个 PCI 总线插槽，主要用于安装一些功能扩展卡，如独立声卡、网卡、电视卡、视频采集卡等。

（5）USB。USB 是一个通用串行总线，一般在主板后部，它支持热插拔。

（6）南北桥连接总线 IHA。该总线负责南北桥的连接。

（7）LPC 总线。该总线在 IBM PC 兼容机中用于把低带宽设备如 BIOS、串口、并口、PS/2 键盘和鼠标等连接到 CPU 上。LPC 总线通常和主板上的南桥物理相连。

2.2.6 I/O 接口

接口是计算机系统中两个硬件设备之间起到连接作用的逻辑电路。主机与外部设备之间的接口称为输入/输出接口，简称 I/O 接口。

由于计算机的外部设备种类较多且结构各异，而且外部设备的数据处理速度与 CPU 的速度相差很大，所以在系统总线与 I/O 设备之间通过接口连接，用来完成数据缓冲、工作速度匹配、数据转换、过程控制、程序中断和地址译码等工作。

计算机的 I/O 接口主要集中在主机背部，如图 2.8 所示，每个插座采用不同的颜色标识，将插头插入对应颜色的插座即可，而且绝大多数接口都有防反插装置。

2.2.7 外部设备

主机以外的硬件设备都称为外部设备或外围设备，简称外设。外部设备种类繁多、功能各异，有的设备兼有多种功能。按照功能的不同，外部设备大致可以分为输入设备、显示设备、打印机和网络设备四大类。

（1）输入设备。输入设备是人或外部与计算机进行交互的一种装置，用于把原始数据和处理这些数据的程序输入计算机中。现在的计算机能够接收各种各样的数据，既可以是数值型的数据，也可以是各种非数值型的数据，如图形、图像、声音等都可以通过不同类型的输入设备输入计算机中，进行存储、处理和输出。常见的输入设备有鼠标、键盘、麦克风、

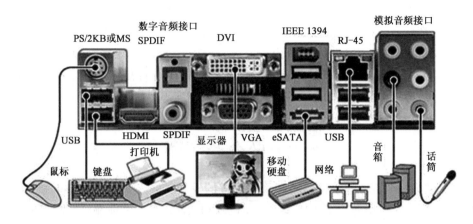

图 2.8　计算机 I/O 接口

摄像头、触摸屏、扫描仪等。

（2）显示设备。显示设备用于显示输入的程序、数据或程序的运行结果，它能以数字、字符、图形和图像等形式显示运行结果或信息处理的状态。常见的显示设备有阴极射线管显示器（CRT 显示器）、液晶显示器、等离子显示器、投影仪等。

（3）打印机。打印机是计算机的输出设备之一，将计算机的运行结果或中间结果以人所能识别的数字、字母、符号和图形等形式，依照规定的格式打印在纸上。

常见的打印机种类有针式打印机、热转印打印机、喷墨打印机、激光打印机、绘图仪和 3D 打印机等。

（4）网络设备。为了高速、准确地进行信息传送，达到资源共享，提高计算机的利用率，往往需要把许多计算机系统通过专门的设备和通信线路连成计算机网络。网络设备可以帮助计算机连接到网络中。常见的网络设备有路由器、交换机、调制解调器、外置无线（有线）网卡等。

2.2.8　计算机的主要性能指标

计算机的性能主要指计算机的运算速度与存储容量。计算机运行速度越快，在某一时间内处理的数据就越多，性能也就越好。存储容量也是衡量计算机性能的一个重要指标，大容量的存储器一方面是由于海量数据存储的需要，另一方面是为了保证计算机的处理速度，需要对将要运行的程序和将要处理的数据进行预存放。计算机的主要性能可以通过专用的基准测试软件进行测试。衡量计算机性能好坏的主要指标有：

（1）CPU 字长。CPU 字长是指 CPU 能够同时处理的二进制数据的位数，它直接关系到计算机的运算速度、精度和性能。

（2）时钟频率。时钟频率指在单位时间（s）内发出的脉冲数，通常以 MHz 为单位。计算机的时钟频率主要有 CPU 时钟频率（即 CPU 工作频率）和总线时钟频率两种。CPU 时钟频率越高，计算机的运行速度越快；总线时钟频率越高，CPU 与外部设备数据交换能力越强。

（3）内存容量。计算机的内存容量越大，运行速度越快。一些操作系统和大型应用软件对内存容量都有最低要求，如 Windows7 操作系统的最低内存配置为 512MB，建议内存配置为 2GB；Windows10 操作系统的最低内存配置为 1GB，建议内存配置为 2GB。

（4）外部设备配置。计算机外部设备的性能对系统也有直接影响，如硬盘的配置、硬盘接口的类型与容量、显示器的分辨率、路由器接口速度等。

2.3　嵌入式系统

进入 21 世纪，随着各种手持终端和移动设备的发展，嵌入式系统（Embedded System）的应用已从早期的科学研究、军事技术、工业控制和医疗设备等专业领域逐渐扩展到日常生活的各个领域，已经成功应用在工业控制、交通管理、信息家电、家庭智能管理系统、互联网及电子商务、环境监测和机器人等方面。

在日常生活中，人们不仅拥有那种放在桌上处理文档、进行工作管理和生产控制的计算机，而且一个普通人也会拥有从大到小的各种使用嵌入式技术的电子产品，如 MP3、PDA、手机、智能玩具、电子病历、智能血压仪、无线收费、超市物流、网络家电、智能车载电子设备、安全监控、GPS、倒车雷达等。实际上在涉及计算机应用的各行各业中，几乎 90％ 的开发都涉及嵌入式系统的开发。

物联网（Internet of Things）技术已成为当前各国科技和产业竞争的热点，代表了未来的发展方向之一，许多发达国家都加大了对物联网技术的投入与研发力度，力图抢占科技制高点。物联网就是利用局部网络或互联网等通信技术把传感器、控制器、机器、人员和物等通过新的方式联在一起，形成人与物、物与物相联，实现信息化、远程管理控制和智能化的网络。而嵌入式技术是物联网的重要基础技术和支撑，物联网系统的控制操作、数据处理操作等，都是通过嵌入式的技术实现的，可以说物联网就是嵌入式技术的网络化。

2.3.1　嵌入式系统概述

电子数字计算机诞生于 1946 年。在随后的漫长历史进程中，计算机始终是供养在特殊机房中、实现数值计算的大型昂贵设备。直到 20 世纪 70 年代，随着微处理器的出现，计算机才出现了历史性的变化，以微处理器为核心的微型计算机以其小型、廉价、高可靠性等特点，迅速走出机房，演变成大众化的通用计算装置。

另外，基于高速数值计算能力的微型计算机表现出的智能化水平引起了控制专业人士的兴趣，要求将微型机嵌入一个对象体系中，实现对对象体系的智能化控制。例如，将微型计算机经电气、机械加固，并配置各种外围接口电路，安装到大型舰船中构成自动驾驶仪或轮机状态监测系统。于是，现代计算机技术的发展，便出现了两大分支：以高速、海量的数值计算为主的计算机系统和嵌入对象体系中、以控制对象为主的计算机系统。为了加以区别，人们把前者称为通用计算机系统，而把后者称为嵌入式计算机系统。

通用计算机系统以数值计算和处理为主，包括巨型计算机、大型计算机、中型计算机、小型计算机、微型计算机等，其技术要求是高速、海量的数值计算，技术方向是总线速度的无限提升、存储容量的无限扩大。

嵌入式计算机系统以对象的控制为主，其技术要求是对对象的智能化控制能力，技术发展方向是与对象系统密切相关的嵌入性能、控制能力与控制的可靠性。

1. 嵌入式系统的定义

目前，国际国内对嵌入式系统的定义有很多。如国际电气和电子工程师协会对嵌入式系统的定义为：嵌入式系统是用来控制、监视或者辅助机器、设备或装置运行的装置。而国内普遍认同的嵌入式系统的定义为：嵌入式系统是以应用为中心、以计算机技术为基础，软、硬件可裁剪，适用于应用系统对功能、可靠性、成本、体积、功耗等方面有特殊要求的专用计算机系统。

国际上对嵌入式系统的定义是一种广泛意义上的理解，偏重于嵌入，将所有嵌入机器、设备或装置中，对宿主起控制、监视或辅助作用的装置都归类为嵌入式系统。而国内则对嵌入式系统的含义进行了收缩，明确指出嵌入式系统其实是一种计算机系统，围绕"嵌入对象体系中的专用计算机系统"加以展开，使其更加符合嵌入式系统的本质含义。嵌入性、专用性与计算机系统是嵌入式系统的三个基本要素，对象体系则是指嵌入式系统所嵌入的宿主系统。

2. 嵌入式系统的特点

嵌入式系统的特点与定义不同，它是由定义中的三个基本要素衍生出来的。不同的嵌入式系统其特点会有所差异。

与嵌入性相关的特点：由于是嵌入对象系统中，因此必须满足对象系统的环境要求，如物理环境（小型）、电气环境（可靠）、成本（价廉）等要求。

与专用性的相关特点：软、硬件的裁剪性；满足对象要求的最小软、硬件配置等。

与计算机系统相关的特点：嵌入式系统必须是能满足对象系统控制要求的计算机系统。与上两个特点相呼应，这样的计算机必须配置有与对象系统相适应的接口电路。

2.3.2　ARM 处理器

嵌入式微处理器有许多不同的体系，即使在同一体系中也可能具有不同的时钟速度和总线数据宽度、集成不同的外部接口和设备，因而形成了不同品种的嵌入式微处理器。据不完全统计，目前全世界嵌入式微处理器的品种总量已经超过千种，有几十种嵌入式微处理器体系。

ARM（Advanced RISC Machines）处理器是一种 RISC（精简指令集）结构的高性价比、低功耗处理器，广泛用于各种嵌入式系统设计中。目前，各种采用 ARM 技术知识产权（IP核）的 ARM 微处理器，已遍及工业控制、消费类电子产品、通信系统、网络系统、无线系统等各类产品市场，基于 ARM 技术的微处理器应用约占据了 RISC 微处理器 80% 以上的市场份额。例如手机处理器中高通公司的骁龙系列和华为公司的麒麟系列，Cortex – M 系列微控制器在 32 位单片机应用中也占主导地位。

1991 年成立于英国剑桥的 ARM 公司是专门从事基于 RISC 技术芯片设计开发的公司，

作为知识产权供应商主要出售ARM芯片的设计许可（IP core），本身不直接从事芯片生产。从ARM公司购买了IP核的半导体生产商再根据各自不同应用领域，加入合适的外围设备和电路，生产出基于ARM处理器核的各种微控制器和中央处理器投入市场。全世界有几十家大的半导体公司都使用ARM公司的授权，因此既使得ARM技术获得更多的第三方工具、制造、软件的支持，又使整个系统成本降低，使产品更容易进入市场被消费者所接受，更具有竞争力。

到目前为止，ARM处理器的体系结构发展了v1～v8共10个版本，ARM体系结构及对应的内核见表2.2。

表2.2　ARM体系结构及对应的内核

体系结构	ARM内核版本
v1	ARM1
v2	ARM2
v2a	ARM2aS、ARM3
v3	ARM6、ARM600、ARM610、ARM7、ARM700、ARM710
v4	Strong ARM、ARM8、ARM810
v4T	ARM7TDMI、ARM720T、ARM740T、ARM9TDMI、ARM920T、ARM940T
v5TE	ARM9E－S、ARM10TDMI、ARM1020E
v6	ARM11、ARM1156T2－S、ARM1156T2F－S、ARM1176JZF－S、ARM11JZF－S
v7	ARM Cortex－M、ARM Cortex－R、ARM Cortex－A
v8	Cortex－A53/57、Cortex－A72等

Cortex系列是ARM公司目前最新内核系列，该架构定义了三大系列：

（1）Cortex－A系列：面向基于虚拟内存的操作系统和用户应用，主要用于运行各种嵌入式操作系统（Linux、WindowsCE、Android、Symbian等）的消费娱乐和无线产品；

（2）Cortex－M系列：主要面向微控制器领域，用于对成本和功耗敏感的终端设备，如智能仪器仪表、汽车和工业控制系统、家用电器、传感器、医疗器械等；

（3）Cortex－R系列：主要用于具有严格的实时响应限制的深层嵌入式实时系统。

2.3.3　嵌入式系统的典型组成

嵌入式系统的典型组成自底向上分别为嵌入式硬件系统、硬件抽象层、操作系统层以及应用软件层。

（1）嵌入式硬件系统是嵌入式系统的底层实体设备，主要包括嵌入式微处理器、外围电路和外部设备。这里的外围电路主要指和嵌入式微处理器有较紧密关系的设备，如时钟、复位电路、电源以及存储器（NAND FLASH、NOR FLASH、SDRAM等）等。在工程设计上往往将处理器和外围电路设计成核心板的形式，通过扩展接口与系统其他硬件部分相连接。外部设备形式多种多样，如USB、液晶显示器、键盘、触摸屏等设备及其接口电路。外部设备及其接口在工程实践中通常设计成系统板（扩展板）的形式与核心板相连，向核心板提供如电源供应、接口功能扩展、外部设备使用等功能。

（2）硬件抽象层是设备制造商完成的与操作系统适配结合的硬件设备层。该层包括引导程序 bootloader、驱动程序、配置文件等组成部分。硬件抽象层最常见的表现形式是板级支持包 BSP（Board Support Package）。板级支持包是一个包括启动程序、硬件抽象层程序、标准开发板和相关硬件设备驱动程序的软件包，是由一些源码和二进制文件组成的。对于嵌入式系统来说，它没有像 PC 机那样具有广泛使用的各种工业标准，各种嵌入式系统的不同应用需求决定了它选用的各自定制的硬件环境，这种多变的硬件环境决定了无法完全由操作系统来实现上层软件与底层硬件之间的无关性。而板级支持包的主要功能就在于配置系统硬件使其工作在正常状态，并且完成硬件与软件之间的数据交互，为操作系统及上层应用程序提供一个与硬件无关的软件平台。板级支持包对于用户（开发者）是开放的，用户可以根据不同的硬件需求对其做改动或二次开发。

（3）操作系统是嵌入式系统的重要组成部分，提供进程管理、内存管理、文件管理、图形界面程序、网络管理等重要系统功能。与通用计算机相比，嵌入式系统具有明显的硬件局限性，这也要求嵌入式操作系统具有编码体积小、面向应用、可裁剪和易移植、实时性强、可靠性高和特定性强等特点。嵌入式操作系统与嵌入式应用软件常组合起来对目标对象进行作用。

（4）应用软件层是嵌入式系统的最顶层，开发者开发的众多嵌入式应用软件构成了目前数量庞大的应用市场。应用软件层一般作用在操作系统层次之上，但是针对某些运算频率较低、实时性不高、所需硬件资源较少、处理任务较为简单的对象（如某些单片机运用）时可以不依赖嵌入式操作系统。这个时候该应用软件往往通过一个无限循环结合中断调用来实现特定功能。

2.4 小 结

本章介绍了计算机的硬件，即组成计算机的各种物理设备，也就是人们所看得见、摸得着的实际物理设备。随着计算机技术在制造工艺方面的迅猛发展，各种类型的计算机近年来都有了突飞猛进的进步。各种与软件系统深度结合的硬件设备也应时而生，反过来计算机硬件技术的发展也推动了软件设计特别是人工智能、云计算、大数据等领域的蓬勃兴起。掌握相关计算机硬件知识，是学好计算机系统的重要基础和前提。

习 题

1. 什么是计算机体系结构？
2. 简述冯·诺依曼结构中的"程序存储"概念。
3. 冯·诺依曼结构的主要特点有哪些？
4. 哈佛结构和冯·诺依曼结构的主要区别是什么？
5. 什么是计算机集群系统？它由哪几部分组成？

6. 简述微型计算机硬件系统的"1 – 3 – 5 – 7"规则。

7. 衡量 CPU 性能的主要指标有哪些？

8. 简述计算机的三级存储体系。

9. 计算机主板上主要有哪几种总线？

10. 衡量计算机性能的主要指标有哪些？

11. 简述嵌入式系统的概念以及物联网和嵌入式技术之间的关系。

12. 一个完整的嵌入式系统由哪些部分组成？简述每个部分的功能。

第3章
操作系统与常用工具软件

　　操作系统（Operating System，OS）是用户和计算机的接口，同时也是计算机硬件和其他软件的接口。操作系统的功能包括管理计算机系统的硬件、软件及数据资源，控制程序运行，改善人机界面，为其他应用软件提供支持等，使计算机系统所有资源最大限度地发挥作用，提供各种形式的用户界面，使用户有一个好的工作环境，也为其他软件的开发提供必要的服务和相应的接口。操作系统是计算机系统中最重要的系统软件，是其他软件的支撑。没有操作系统，用户将无法方便地使用计算机。本章将介绍一些操作系统的基础知识，使读者对操作系统有个初步的了解。

3.1　操作系统的概念

　　大部分计算机用户都知道，没有安装任何软件的计算机是无法操作的，只有安装了操作系统才能够使用。那么操作系统是什么呢？大部分用户都无法完整地回答这个问题。在回答这个问题之前，首先要先了解计算机的组成。在第一章中已经讲过，现代计算机是一个十分复杂的系统，由硬件系统和软件系统两大部分构成。硬件系统指的是组成计算机的物理设备，包括处理器、存储器、输入输出设备、系统总线等，是计算机运行的物质基础。软件系统是指为了运行、管理和维护计算机系统所编制的各种程序及其相关文档。在计算机系统中，硬件与软件相互依赖，硬件执行计算和输入输出操作，软件使用硬件完成特定的任务。

　　计算机系统庞大而复杂，包含各种各样的资源，用户很难直接管理和控制这些资源使之协调工作。操作系统就是能够有效管理并操纵计算机系统内各种软、硬件资源，合理组织计算机工作流程，控制程序的执行，并为用户提供交互操作界面的系统软件的集合。它是计算机系统的关键组成部分，能够完成系统资源的分配、操纵与回收和网络操作等基本任务，使整个系统高效地运行。

3.1.1　操作系统的地位

计算机系统结构如图 3.1 所示，是个层次结构，自下而上分为四层，底层是计算机硬件，之上三层都是软件层。操作系统是配置在硬件上的第一层软件，是对硬件系统的首次扩充，其他软件只有通过操作系统才可以使用计算机硬件资源。语言处理程序、数据库软件等软件是支撑应用软件编制和维护的软件，是操作系统·的扩充。

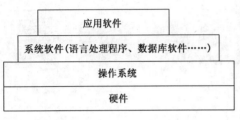

图 3.1　计算机系统结构

可以看出，操作系统是最重要的系统软件，是硬件和其他软件之间的接口，没有操作系统，其他任何软件都无法运行。

3.1.2　操作系统的作用

操作系统的作用，可以从以下几个方面进行理解：

1. 操作系统实现了对计算机资源的抽象

一台没有配备任何软件的计算机称为裸机，它只为用户提供硬件接口，用户只有熟练掌握了这些硬件接口，才能熟练使用它，这对用户来说十分不方便。例如，如果要从磁盘读取数据，用户必须首先理解磁盘的底层接口，编写许多底层指令，以便将读写磁头移动到恰当的位置，读取合适数目的数据块并控制其数据传输，在整个过程中还要处理可能出现的大量错误。为了简化用户的操作，可以在裸机上配置一层管理 I/O 操作的设备管理软件，所有的读写操作都可以抽象为 I/O 操作命令来实现，如 read（）和 write（）。用户无需关心 I/O 操作命令在硬件上是如何实现的，只需要通过调用 read（）和 write（）就可以实现数据的输入和输出，即 I/O 设备管理软件实现了对计算机硬件的第一个层次的抽象。

抽象的方法可以使用户从底层细节的复杂性中解脱出来，其基本思想是把底层的指令序列打包成函数，以便作为单一的高级操作被调用。操作系统在很多层次上都充分使用了抽象的方法。随着抽象层次的提高，抽象接口提供的功能就越强，用户使用就越方便。如此，可以在上述设备管理层软件上再覆盖一层文件管理软件，然后再覆盖一层面向用户的窗口软件，用户就可以在窗口环境下方便地使用计算机完成文件操作。

2. 操作系统是整个系统资源的管理者

一台计算机就是一组资源，操作系统通过与硬件、设备驱动程序和应用程序的交互来管理计算机资源。现代的操作系统大多都支持多任务、多用户，而一旦涉及多个任务的执行，就可能会发生系统资源的争抢。操作系统的主要任务之一就是协调系统资源，使相互竞争的运行程序合理有序地分配到系统资源，使整个系统有条不紊地工作，使系统资源得到高效利用。

作为系统资源的管理者，操作系统应该完成以下工作：

（1）标记资源使用状态：记录系统资源的全部种类、数量及其使用状态，比如哪些设备空闲、哪些设备已经被分配出去正在被使用。

（2）资源分配：确定资源分配算法，处理资源请求，协调资源请求冲突。

（3）资源回收：及时回收用户作业不再使用的资源，以便下次重新分配。

通常计算机系统的资源主要分为处理器、存储器、I/O 设备和文件（程序和数据）四类资源，操作系统作为资源管理者其内容应包括分配和控制处理器的处理器管理；负责内存分配和回收的存储器管理；负责 I/O 分配、操纵与回收的设备管理；负责文件存取、共享与保护的文件管理。

3. 操作系统是用户和计算机硬件之间的接口

操作系统作为用户和计算机硬件之间沟通的桥梁，为用户使用计算机提供了良好的工作环境和用户界面。操作系统通常提供命令接口、图形用户接口和程序接口三种接口方式，以满足用户的不同需求，前两种供用户在终端使用，后一种供程序员编程时使用。

3.1.3　操作系统的特征

为了合理管理计算机系统资源，提高系统资源利用率，现代操作系统广泛采用多道程序技术，使多种硬件能够并行工作，以增强系统的处理能力，从而提高系统的整体效率。多道程序技术是指在某一个时间间隔内，有多个程序同时驻留在内存中，它们共享处理器和系统中的各种资源，当某个正在执行的程序因 I/O 请求得不到满足而不得不暂停执行时，处理器可以调度另外一个程序接着执行，这样多道程序便可以交替执行，使处理器始终处于忙碌状态，从而提高了系统的吞吐量。下面介绍以多道程序为基础的现代操作系统的主要特征。

1. 并发性

并发性是理解操作系统的一个非常重要的概念。并发性通常指在一段时间间隔内两个或多个程序同时被执行。在单处理器系统中，因为某一时刻仅有一个程序能被执行，因此并发执行的程序在宏观上是并行的，但在微观上仍然串行（这些程序只能分时地交替执行）。如果是多处理器环境，多个程序并可以分配给多个处理器，多个处理器便可以并行工作，这多个程序便可以同时被执行。并行性和并发性是相对的两个概念，并行性是指多个程序在同一时刻同时被执行。

程序的并发执行，使操作系统的处理能力和资源利用率得到极大的提高，但也产生了许多新的问题，导致操作系统的复杂化。例如，如何保证交替执行的程序接着上次暂停的执行状态接着执行，多个程序如何调度等。

2. 共享性

共享是指多个并发执行的程序共同使用系统中的资源。系统中的资源数目是有限的，多道程序并发执行就必须要解决资源的合理分配问题。由于资源属性的不同，不同资源的共享方式也有不同，目前资源共享主要有互斥共享和同时访问共享两种方式。

互斥共享是指这类资源分配时，应规定一段时间之内只允许一个用户程序访问该资源，在其未使用完之前，其他用户程序不得访问使用。只有当前用户程序访问完毕释放该资源之后，其他用户程序才能提出申请。打印机、磁带、以及字符设备采用的都是此类共享方式。

系统中的某些资源，允许在一个时间段内由多个用户程序同时对他们进行访问，此即同时访问共享方式。这里的同时往往是宏观上的，而微观上，这些用户程序可能是交替地访问该资源。处理器、存储器、磁盘都是此类共享方式。

3. 虚拟性

操作系统中的虚拟指的是采用技术手段将一个物理实体映射为若干个逻辑上的对应物，物理实体是实际存在的，而逻辑上的对应物则是用户感受到的。

操作系统中采用了多种虚拟技术，用来虚拟处理器、虚拟内存和虚拟设备等。例如，在多道程序系统中，如果只有一个处理器，那么只能执行一道程序，采用多道程序技术后，可以多个程序并发执行，在用户看来就好像多个应用程序在多个处理器上运行一样，一个处理器就被虚拟成为多个处理器。

4. 异步性

异步性是指操作系统控制下多个并发执行程序的执行顺序和每个程序的执行时间是不确定的。单道程序环境下，系统中只有一个处理器，所有的程序只能顺序执行，当某一个程序执行时，其余程序只能等待，程序执行时独占系统的全部资源，资源的状态只有运行的本程序才能改变，程序从开始执行到结束，其执行结果不受外界因素的干扰。多道程序环境下，所有的程序并发执行，共享系统资源，由于系统资源有限，程序的执行通常不能一气呵成，而是以停停走走的方式执行，即程序的执行受外部条件的制约，其执行顺序和执行时间是不确定的。例如有 3 个程序 A、B、C 等待执行，A 单独运行需要 2 分钟，B 单独运行需要 3 分钟，C 单独运行需要 5 分钟。在单道程序环境系下，无论执行多少次，其执行顺序都是 ABC，每个程序的执行时间不变；多道程序环境下，每次执行，其执行完成顺序不确定，上次为 BAC，下次可能为 CAB，也可能是其他，且每个程序的周转时间不确定（周转时间为程序执行结束时间减去程序开始执行时间）。

程序执行的异步性是多道程序环境下程序并发执行的必然结果，但只要在系统中配置完善的同步机制，且运行环境相同，则程序无论经过多少次运行，其运行结果保持不变。

3.1.4 中断

计算机系统中高速的处理器和低速的 I/O 设备在数据处理方面存在巨大的差异，为了平衡二者之间数据处理的效率，加快运算速度，便产生了中断技术。中断指的是当计算机系统中某个紧急事件发生时，处理器暂停正在执行的程序，转去执行相应的事件处理程序，处理完毕后再返回中断处继续执行原来程序的过程。

中断技术出现之前，处理器启动设备进行 I/O 操作之后，需要不停测试 I/O 设备状态寄存器的"忙/闲"状态，直到设备 I/O 结束，此时处理机和 I/O 设备串行工作，处理器的绝大部分时间都处于忙等状态，造成处理器的极大浪费。引入中断之后，处理器启动 I/O 设备之后可以继续其他的处理工作，I/O 设备完成数据处理后，只需向处理机发送一个中断信号，处理器就会暂停正在处理的程序，转去执行相应的事件处理程序。在此过程中，处理器与 I/O 设备并行工作，极大提高了处理器的利用率。因而中断是设备管理的基础，它实现了处理器和 I/O 设备并行工作。

中断技术不仅应用于 I/O 传输过程，它还是实现多道程序并发执行的关键技术。单处理器环境下要实现多道程序并发执行，关键在于处理器能在这些程序之间不停地切换，使得每道程序都有机会在处理器上运行。这时可以把处理器的处理时间划分为时间片，时间片划分很短，为微秒级，系统中设置时钟寄存器用以计时，当在处理器上运行的程序的"时间片"到期后，处理器自动切换给下一个程序执行，这就是时钟中断。它可以使多个程序按时间片轮转方式交替地使用处理器，从而实现多道程序的并发执行。

现在，中断技术的应用已非常广泛，凡是需要处理器干涉或处理的随机事件都可以采用中断技术进行处理，如键盘命令的输入、文件操作、系统调用、系统硬件异常等。因此，中断是操作系统的重要驱动，是操作系统最基本的技术。

引起中断发生的事件被称为中断源。根据中断源的不同，中断可以分为多种，如 I/O 中断、时钟中断、溢出中断、越界中断等。每个中断都有相应的中断处理程序，因而系统中会有很多的中断处理程序。通常系统中会设有一个中断向量表用以记录各个中断处理程序的入口地址，当某个中断发生时，处理器可以根据中断类型号查找中断向量表，找到相应的中断处理程序然后进行中断处理。

中断处理程序的执行过程大致相同，主要有以下几个步骤：

（1）现场保护。处理器收到中断源发出的中断请求后，在把控制权移交中断处理程序之前，需先保存被中断程序的处理器环境，以便中断结束后被中断程序能正确返回断点继续执行。

（2）中断应答。分析中断原因，转入相应的中断处理程序，同时发送应答信号给中断源使之停止发送中断请求。

（3）中断处理。执行中断处理程序完成中断请求。

（4）现场恢复。中断完成后，将被中断程序的处理器现场恢复，使之能够继续执行。

3.2　操作系统的主要功能

操作系统作为计算机系统资源的管理者，它的主要功能是管理和控制系统资源。所以，典型的操作系统除了应具有处理器管理、存储器管理、设备管理、文件管理等各种资源管理的功能外，还应该方便用户使用，为用户提供用户接口和网络服务。

3.2.1　处理器管理

1. 引入进程

一般情况下，每个程序都有输入、计算、输出三个环节的操作。在单道程序环境下，一次只能运行一道用户程序，同属某个用户程序的三个操作逻辑上必须顺序执行，即 I/O 设备执行数据输入之后，才允许处理器进行计算，计算完成之后 I/O 设备才能进行数据输出。在用户程序运行过程中，I/O设备工作时，处理器处于等待状态，处理器工作时，I/O设备处于等待状态，造成了系统资源的极大浪费。在多道程序环境下，为输入程序、计算程序和输出程序分别建立了一个进程，多个用户程序则可以建立多个进程，没有前趋关系的不同进程可以并发执行，使输入/输出设备、处理器同时处于工作状态，这样便大大提高了资源的利用率和系统的吞吐量。

进程是由一组机器指令、数据、堆栈等组成的能独立运行的活动实体，在操作系统中作为资源分配的基本单位。程序和进程不一定一一对应，一个程序运行时可以创建为一个或多个进程，一个进程可以执行一个或多个程序。

2. 进程管理

在多道程序环境下，处理器的运行和调度都是以进程为基本单位的，所以对处理器的管理主要归结于对进程的管理。进程的管理主要有几个方面：

（1）进程的创建和撤销：对新提交的作业创建对应的一个或多个进程；对运行结束的进程进行撤销，回收其占用的系统资源。

（2）进程同步：如果多个进程同属于一个运行程序，需协调其执行先后顺序，保证任务顺利进行。例如从键盘上输入任意10个数据求和，边输入边计算并输出结果。输入进程、计算进程、输出进程协调工作来完成任务，虽然三个进程并发执行，但是需保证先执行输入进程，再执行计算进程，然后输出进程输出数据，进程同步机制可以保证其顺利执行。

（3）进程通信：相互协作的进程需交换信息即进程通信，如输入进程读取数据发送给计算进程，计算进程计算之后将数据发送给输出进程。

（4）进程调度：一般情况下系统中处理机的数目往往小于运行进程的数目，多个进程的并发执行就会出现处理机的竞争问题，这就需要系统对进程进行合理的调度。所谓调度指的是多个进程执行时先后顺序应如何安排，通常有先来先服务、短作业优先等多种调度策略，调度策略的选择会直接影响整个系统的运行效率。

3.2.2 存储器管理

存储器管理指的是内存的管理。在单道程序环境下，内存中只驻留一道用户程序，其运行结束，第一个程序调出内存之后，下一个程序才被允许装入内存，存储器管理比较简单。多道程序环境下，多个用户程序驻留在内存中并发执行，共享内存资源，要保证各个用户程序互不干扰，存储器管理不仅要为每个用户程序分配合理的内存空间，还要完成内存保护、地址映射和虚拟存储等功能。

1. 内存分配

内存分配方式有连续分配方式和离散分配方式两种。连续分配方式是用户程序占用连续的内存地址空间，优点是地址访问速度快，缺点是容易产生"空间碎片"造成内存空间的浪费。

离散分配方式又分为分页存储管理方式和分段存储管理方式。分页存储管理方式是把内存空间分为多个大小相同的物理块，用户程序按其逻辑地址分为多个页面，页面和物理块大小相等，这样用户程序的任一页面就可以放入任一物理块中，再用页表记录页面和物理快的映射关系以便地址转换，从而实现离散存储。分段存储管理方式是为了方便用户编程和使用，把用户程序按照逻辑划分为多个段，如主程序段、子程序段、数据段等，不同的段离散存储在内存中，再使用段表记录段号、段长及存储位置的映射关系，达到离散存储的目的。离散分配方式站在系统管理的角度，极大减少了"空间碎片"，提高了内存空间的利用率。

2. 内存保护

调入内存的应用程序才能被执行，多道程序环境下，由于系统中有多个任务运行，内存保护既需要保护操作系统不受用户进程的影响，还需保护当前执行的用户进程不受其他进程的影响，即必须确保当前运行的进程只在存储它的内存空间取指令。技术上主要采用重定位寄存器—界地址寄存器方式。

3. 地址映射

用户程序经过编译和链接形成二进制的目标代码，目标代码装入内存之后才能够运行。目标代码的数据和指令从 0 到 N 进行编址，目标代码中的其他地址都是相对于首地址 0 而确定的，这些相对地址称为逻辑地址，逻辑地址不是内存中的物理地址。目标代码装入内存后运行时的实际内存地址称为物理地址。地址映射是将执行时的程序的逻辑地址转换为实际物理地址的过程。这个过程比较复杂，不同的内存分配方式有不同的映射计算方法，且需软硬件相互配合才能完成。

4. 虚拟存储

在早期的操作系统中，用户程序运行时必须一次性地全部装入内存，在程序的运行期间，一直驻留在内存之中，直至运行结束，如果用户程序所需容量大于内存空间则无法运行。另外多道程序环境下，多道程序的并发程序度（即系统允许并发执行的程序数目）也往往受内存空间所限。虚拟存储技术允许系统先将用户程序的一部分调入内存运行起来，如果运行时所需的指令或数据不在内存，则向操作系统发出请求，由操作系统把所需部分由外存调入内存接着运行，如果内存已无空闲空间，操作系统可以将内存中暂时不用的程序或数据调出至外存，然后再将所需部分调入内存。虚拟存储技术借助外存从逻辑上扩充了内存容量，极大提高了系统的性能。

3.2.3　I/O 设备管理

计算机系统中的 I/O 设备多种多样，多道程序环境下，设备管理应能够记录系统中所有设备的数量及状态信息，当用户进程提出 I/O 请求时，应根据不同的设备类型，采用不同的分配方式和分配策略，如独占设备分配时应考虑是否可能引起死锁，如果不会产生死锁则直接分配，如果可能产生死锁则让用户进程延时等待。设备分配完成应调用设备驱动程序驱动 I/O 设备工作，完成指定的 I/O 操作。设备使用完毕，应及时回收设备以便下次分配。如果发生错误，则调用相应的中断处理程序进行处理。

I/O 设备和处理器的数据处理存在巨大的速度差异，I/O 设备通过缓冲技术和中断技术使二者协调工作，增强了二者并行工作的能力，提高了整个系统的资源利用率及吞吐量。

I/O 设备多种多样，且物理特性差异很大，有些是低速设备，有些是高速设备，有些是独占设备，有些是共享设备等。为了对这些千差万别的设备进行管理，方便用户的使用，设备管理采用了与设备无关的功能，或者称之设备独立性，隐藏了 I/O 设备的操作细节，使用户无需了解设备的具体特性，使用逻辑设备就可以完成设备的 I/O 请求。实现设备独立性后，不仅设备分配时更加灵活，而且易于实现 I/O 重定向。

3.2.4　文件管理

通常现代计算机系统中的信息（数据和程序）以文件的形式存放在磁盘上供用户使用，因此，文件管理的任务是有效地组织、管理和存储文件，为用户提供对文件进行存取、共享及保护的手段。其主要功能如下：

（1）存储空间的分配和回收：记录存储空间的使用情况，创建文件时为其分配合理的外存空间，删除文件时回收空间。

（2）文件和目录管理：实现文件的建立、删除、读写、修改和复制等操作；实现文件目录的操作，如为文件创建目录，对目录进行有效组织，方便用户按名存取。

（3）文件的共享和保护：文件共享是允许不同的用户（进程）使用同一份文件，以节省存储空间。如果系统不能提供共享功能，就意味着所有使用该文件的用户就必须保留一份该文件的副本，从而造成存储空间的浪费。文件保护就是避免错误操作使文件受到破坏，大都采用限定文件访问权限的方法。如某个文件有些用户可以读，有些用户可以写，有些用户既可以读又可以写，用户只允许使用限定的方式访问文件，否则访问错误。

3.2.5　接口功能

操作系统是用户与计算机之间的桥梁，方便用户通过操作系统使用计算机。为了向用户提供有效的服务，操作系统提供了用户接口用以支持其与用户之间的通信。用户接口通常分为命令接口、图形接口和程序接口。

（1）命令接口：用户通过命令形式直接或间接控制自己的作业执行。命令接口又可以分为联机命令接口、脱机命令接口两种。联机命令接口又称为交互式用户接口，用于联机作业控制，它由一组联机命令、终端处理程序和命令解释程序组成，用户通过键盘在字符显示的命令行界面输入命令（如 DOS 的 dir 命令），终端处理程序接收命令，命令解释程序解释运行命令。脱机命令接口是为处理批处理作业提供的，用户使用作业控制语言把自身对作业的控制干预信息写到作业说明书上，运行时把作业和作业说明书一起提交给系统，由系统按照作业说明书的命令自行运行作业，无需用户的干预。命令接口方式操作起来比较繁琐，必须记忆大量的命令，对于新用户使用起来比较麻烦，但是对有经验的用户而言，使用起来十分灵活、快捷，反而乐于使用。

（2）图形用户接口（Graphical User Interface，GUI）：用户通过键盘、鼠标操作屏幕上的窗口、菜单、图标和按钮等界面元素来向操作系统请求服务。这种操作方式简单、直接、方便，使用户从烦琐单调的操作中解脱出来，深受用户欢迎。现代的绝大部分操作系统都是具有 GUI 的操作系统，如 Windows 系统、ubuntu 系统 Mac OS 等。操作系统图形用户接口的出现，对于计算机的普及和信息技术的发展起到了巨大的推动作用。

（3）程序接口：专门为用户程序设置的，提供给程序员编程时使用，是用户程序取得操作系统服务的唯一途径。程序接口由一组系统调用组成，每一个系统调用都是一个能完成特定功能的子程序。例如，有一个用户进程，需要从一个文件读数据，用户进程不能直接读取文件，文件管理是操作系统的功能，因此，用户进程必须先执行一个系统调用指令，将控制权转移给操纵系统，然后操作系统通过参数检查找出相应的文件操作进程，由它执行文件操作，完成文件数据读取。

3.2.6　网络服务功能

现代的操作系统大多具有强大的网络功能，为用户提供各种网络服务：

（1）网络通信：在源主机和目标主机之间实现可靠的数据传输。主要包括建立和删除通信链路、传输控制、差错控制、数据计数、路由选择。

（2）共享资源管理：对网络中的共享资源实施有效管理，协调多个用户对共享资源的使用。网络中典型的共享资源有硬盘、打印机和文件。

（3）网络服务：为网络用户提供多种有效的网络服务，如电子邮件服务、文件传输服务、远程登录服务、共享打印服务等。

（4）网络管理：基本任务是安全管理。通过存取控制保证数据存取的安全性；通过容错技术保障系统的可靠性。

（5）互操作：互联网环境下使不同网络间的客户机不仅能互相通信，还可以访问其他网络中的文件服务器。

3.3　操作系统的主要类型

操作系统种类繁多，很难用单一标准统一分类。

3.3.1　根据应用领域分类

根据应用领域，可分为桌面操作系统、服务器操作系统、嵌入式操作系统。

桌面操作系统一般指的是安装在 PC 上的图形界面操作系统软件。

服务器操作系统一般指的是安装在大型计算机上的操作系统，是企业 IT 系统的基础架构平台。同时，服务器操作系统也可以安装在 PC 上。相比桌面操作系统，在一个具体的网络中，服务器操作系统要承担额外的管理、配置、稳定、安全等功能，处于每个网络中的心脏部位。服务器操作系统目前主要有 Windows Server、Netware、Unix 和 Linux 等。

嵌入式操作系统（Embedded Operating System，EOS）是指用于嵌入式系统的操作系统。嵌入式操作系统是一种用途广泛的系统软件，通常包括与硬件相关的底层驱动软件、系统内核、设备驱动接口、通信协议、图形界面、标准化浏览器等。嵌入式操作系统负责嵌入式系统的全部软、硬件资源的分配、任务调度，控制、协调并发活动。它必须体现其所在系统的特征，能够通过装卸某些模块来达到系统所要求的功能。嵌入式操作系统被广泛应用于工业控制、交通管理、信息家电等制造和管理行业中。

3.3.2 根据源码开放程度分类

根据源码开放程度，可分为开源操作系统（如 Linux、FreeBSD）和闭源操作系统（如 Mac OS X、Windows）。

3.3.3 根据硬件结构分类

根据硬件结构，可分为网络操作系统、多媒体操作系统和分布式操作系统等。

网络操作系统通常是运行在服务器上的操作系统，是基于计算机网络的，是在各种计算机操作系统上按网络体系结构协议标准开发的软件，包括网络管理、通信、安全、资源共享和各种网络应用。在网络操作系统支持下，网络中的各台计算机能互相通信和共享资源。流行的网络操作系统有 Linux、UNIX、BSD、Windows Server、Mac OS X Server、Novell NetWare 等。

多媒体操作系统是指除具有一般操作系统的功能外，还具有多媒体底层扩充模块，支持高层多媒体信息的采集、编辑、播放和传输等处理功能的系统。多媒体系统大致可分为三类：具有编辑和播放双重功能的开发系统；以具备交互播放功能为主的教育、培训系统；用于家庭娱乐和学习的家用多媒体系统。

分布式操作系统是为分布计算系统配置的操作系统。大量的计算机通过网络被连接在一起，可以获得极高的运算能力及广泛的数据共享。这种系统被称为分布式操作系统，它在资源管理、通信控制和操作系统的结构等方面都与其他操作系统有较大的区别。由于分布式操作系统的资源分布于系统的不同计算机上，对用户的资源需求不能像一般的操作系统那样等待有资源时直接分配的简单做法而是要在系统的各台计算机上搜索，找到所需资源后才可进行分配。对于有些资源，如具有多个副本的文件，还必须考虑一致性。所谓一致性是指若干个用户对同一个文件同时读出的数据是一致的。为了保证一致性，操作系统必须控制文件的读、写、操作，使得多个用户可同时读一个文件，而任一时刻最多只能有一个用户在修改文件。分布式操作系统的通信功能类似于网络操作系统。由于分布式操作系统不像网络分布得很广，同时分布式操作系统还要支持并行处理，因此它提供的通信机制和网络操作系统提供的有所不同，它要求通信速度高。分布式操作系统的结构也不同于其他操作系统，它分布于系统的各台计算机上，能并行地处理用户的各种需求，有较强的容错能力。

分布式操作系统是网络操作系统的更高形式，它保持了网络操作系统的全部功能，而且还具有透明性、可靠性和高性能等。网络操作系统和分布式操作系统虽然都用于管理分布在不同地理位置的计算机，但最大的差别是：网络操作系统知道确切的网址，而分布式操作系统则不知道计算机的确切地址；分布式操作系统负责整个的资源分配，能很好地隐藏系统内部的实现细节，如对象的物理位置等。这些都是对用户透明的。

3.3.4 根据操作系统的使用环境和对作业的处理方式分类

根据操作系统的使用环境和对作业的处理方式来考虑，可分为批处理操作系统（如

MVX、DOS/VSE)、分时操作系统（如 Linux、UNIX、XENIX、Mac OS X）、实时操作系统（如 iEMX、VRTX、RTOS，RT WINDOWS）。

批处理操作系统的工作方式是用户将作业交给系统操作员，系统操作员将许多用户的作业组成一批作业，之后输入计算机中，在系统中形成一个自动转接的连续的作业流，然后启动操作系统，系统自动、依次执行每个作业，最后由操作员将作业结果交给用户。批处理操作系统的特点是多道和成批处理。

分时操作系统的工作方式是一台主机连接了若干个终端，每个终端有一个用户在使用。用户交互式地向系统提出命令请求，系统接受每个用户的命令，采用时间片轮转方式处理服务请求，并通过交互方式在终端上向用户显示结果，用户根据上步结果发出下道命令。分时操作系统将 CPU 的时间划分成若干个片段，称为时间片。操作系统以时间片为单位，轮流为每个终端用户服务，每个用户轮流使用一个时间片而使每个用户并不感到有别的用户存在。

常见的通用操作系统是分时系统与批处理系统的结合。其原则是分时优先，批处理在后。前台响应需频繁交互的作业，如终端的要求；后台处理时间性要求不强的作业。

实时操作系统是指使计算机能及时响应外部事件的请求在规定的严格时间内完成对该事件的处理，并控制所有实时设备和实时任务协调一致地工作的操作系统。实时操作系统追求的目标是对外部请求在严格时间范围内做出反应，有高可靠性和完整性。其主要特点是资源的分配和调度首先要考虑实时性然后才是效率。此外，实时操作系统应有较强的容错能力。

3.3.5 根据存储器寻址的宽度分类

根据存储器寻址的宽度可以将操作系统分为 8 位、16 位、32 位、64 位、128 位操作系统。现代的操作系统如 Linux 和 Windows 7 都支持 32 位和 64 位。

3.4 Linux 操作系统

Linux 操作系统自从 1991 年诞生以来，秉持自由与开放的理念，以网络为核心，从一个非常简单的操作系统发展成一个多用户、多任务、支持多线程和多处理机的操作系统。由于其安全、高效和免费的特点，Linux 操作系统正在为越来越多的人了解和使用，已成为当前最具有发展潜力的操作系统。

3.4.1 Linux 操作系统的发展背景和历史

Linux 操作系统作为一种类 UNIX 的操作系统，它的诞生和 UNIX 有着莫大的联系。1964 年美国麻省理工学院（MIT）、通用电器公司（GE）和 AT&T 的贝尔实验室（BELL）合作，共同开发 Multics（Multiplexed Information and Computing System）项目，其开发目的是使大型主机可供 300 台以上的终端机连接使用。Multics 是一个早期的分时操作系统，提出了大量的新概念新技术，如分时、动态链接、结构化程序设计、文件分层等，因此被认为是现代操作系统的基础。

1969 年，贝尔退出 Multics 项目。同年，AT&T 贝尔实验室的软件工程师，Multics 项目的参与者 Ken Thompson 结合 Multics 的一些新概念，如进程、树状目录、命令解释器等，用汇编语言编写了 UNIX 的雏形即 Unics。1973 年 Dennis Ritchie 用 C 语言对 UNIX 进行了重写，使 UNIX 操作系统的可移植性大大增加。随后 UNIX 操作系统发行了正式的版本，其凭借自身的开放性和可移植性大受欢迎，UNIX 操作系统正式诞生了。UNIX 操作系统从版本 1 到版本 6 采用分发许可证的方法，允许各个大学和研究机构获得 UNIX 操作系统的源代码进行研究发展，这就使得 UNIX 操作系统很快流行起来，并被广泛移植到各种硬件平台上。现在 UNIX 操作系统因其安全可靠、高效的特点，已经被广泛应用在人中小型计算机、工作站及服务器上，并且一直是现代工作站的主流操作系统。

现在的 UNIX 操作系统比起早期的版本已发生了很大的变化，但是通常都具有以下特点：

（1）UNIX 操作系统基本上是用 C 语言编写的，这使系统易于理解、修改和扩充，且使系统具有良好的可移植性和较高的执行效率。

（2）UNIX 操作系统技术成熟，可靠性高，能达到大型主机的可靠性指标。

（3）UNIX 操作系统在结构上分为操作系统内核和系统外壳两部分，且这两部分可根据不同系统的设计要求作相应的修改，使其具有极强的可伸缩性。

（4）UNIX 操作系统不仅支持 TCP/IP 协议，还支持所有常用的网络通信协议，使得 UNIX 系统能够与各种局域网和广域网相连，使其具有强大的网络功能。

（5）UNIX 操作系统支持各种数据库，特别是关系数据库，使其具有强大的数据库支持能力。

（6）UNIX 操作系统向用户提供了图形接口、命令接口和供编程使用的系统调用。

UNIX 操作系统是一种多用户多任务的分时操作系统，其设计思想和设计理念先进，当前许多流行的技术和方法如进程通信、客户机/服务器模式、微内核技术等都来源于 UNIX，UNIX 对近代的操作系统设计产生了深远的影响。

1979 年由于商业的原因，AT&T 收回了 UNIX 操作系统的版权，特别在推出的第七版（System V）中声明"不可对学生提供源代码"。由于其高昂的许可证费用，使普通用户望而却步，这就限制了它在教学和研究中的使用。

1987 年，荷兰 Vrije 大学计算机科学教授 Andrew S. Tanenbaum 为了操作系统研究教学的需要，编写出基于 X86 架构的与 UNIX 操作系统兼容的 MINIX 操作系统。MINIX 是开源的，除了启动部分使用汇编语言编写，其余大部分都是用 C 语言写的，它分为内核、内存管理、文件管理三部分。Linux 操作系统的作者 Linus Torvalds，芬兰赫尔辛基大学（University of Helsinki）的学生，在大学学习操作系统课程时，学习的就是 MINIX 操作系统，受 MINIX 操作系统的启发，Linus 才开发了最初的 Linux 内核。

1991 年 9 月 Linus Torvalds 在赫尔辛基大学的一台 FTP 服务器上正式发布了 Linux 操作系统的公开版本和源代码，并邀请所有编程爱好者发表评论或共同修改代码。随后在众多热心程序员的帮助下，Linux 操作系统发展迅速，很快成为一个性能稳定可靠、功能完善的操作系统。随着研究的不断深入，Linux 操作系统的功能日趋完善，已成为目前三大主流操作系统之一。

3.4.2 自由软件

Linux 操作系统的产生和发展离不开自由软件的兴起。自由软件是指可以不受限制地自由使用、复制、研究、修改、和分发但必须公开源代码的软件。自由软件不仅有利于开发者更好的学习，还可以吸引更多的开发者参与其中，更有助于软件的进一步完善和发展。自由软件的发展离不开自由软件基金会（FSF）的支持，自由软件基金会是 1984 年麻省理工学院的研究员 Richard Stallman 创建的一个非营利组织，旨在实施 GUN 自由软件计划，开发自由软件。

GUN（GUN's Not Unix）计划的目标是建立一套与 UNIX 操作系统兼容且免费的操作系统和应用软件，GUN 的软件都是自由软件。20 世纪 90 年代初，GUN 已经开发出许多高质量的免费软件，其中包括 bash shell 程序、GCC 编译程序、gdb 调试程序等。Linux 操作系统的开发过程中用到了众多的 GUN 软件，这些软件为 Linux 操作系统的诞生创造了有利的环境。GUN 的标志如图 3.2 所示。

自由软件最常见的授权方式是 GPL（GUNGeneral Public License，GUN 通用公共许可证）开源协议。所有的 GUN 软件都

图 3.2 GUN 标志

附有一份 GPL 协议，GPL 的软件必须以开放源代码的形式发布，并允许任何用户都能够以源代码的形式将软件复制或发布给别的用户。只要软件在整体上或者其某个部分来源于遵循 GPL 的程序，则该软件整体就必须按照 GPL 流通，不仅该软件源代码必须向社会公开，而且对于这种软件的流通不准许附加修改者自己的限制。GPL 保证了软件的自由性，是 GUN 计划的重要保障。

POSIX（Portable Operating System Interface，可移植操作系统接口）标准定义了操作系统应该为应用程序提供的接口标准，是电气和电子工程师协会为要在各种 UNIX 操作系统上运行的软件而定义的一系列 API 标准的总称，符合 POSIX 标准的软件可以在任何 POSIX 操作系统上编译执行。在 20 世纪 90 年代初，Linux 操作系统就是以此标准为指导进行开发的，这使其能够与绝大多数 UNIX 操作系统兼容。

3.4.3 Linux 操作系统的特点

Linux 操作系统作为一个多用户多任务的自由操作系统，受到多方的青睐，是由其良好的特性决定的。它具有以下显著特点：

（1）源代码开放且免费。Linux 作为一个免费的操作系统，获取十分方便。源代码的开放，使得用户可以根据自己的需要对系统进行改进。

（2）多用户多任务。作为一个类 UNIX 操作系统，Linux 操作系统继承了 UNIX 优秀的设计思想，支持多个用户或不同的终端使用同一台计算机，每个用户都有自己的资源（如文件、设备等），不会互相影响。

（3）良好的兼容性。Linux 操作系统符合 POSIX 标准，也就是说，所有基于 POSIX 编写的软件程序，只要在 UNIX 操作系统下可以执行，几乎都可以在 Linux 操作系统上运行，反之亦然。

（4）良好的可移植性。除了少部分代码是由汇编编写，绝大部分的代码均采用 C 语言编写，使其具有良好的可移植性。目前，Linux 操作系统在个人计算机、掌上电脑、小型计算机，甚至大型计算机上都可以运行，是支持最多硬件平台的操作系统。

（5）强大的网络功能。Linux 操作系统是因互联网而发展起来的，所以它对互联网的支持功能十分强大，比大部分的操作系统都出色。Linux 操作系统支持所有通用的网络协议，如 TCP/IP 协议、FTP、E-mail、NFS、DNS、WEB、TELNET、NTP 等，支持众多的网络设备，如调制解调器、网卡等，可以轻松地与各种网络集成在一起。

（6）高度的稳定性。Linux 操作系统继承了 UNIX 的优良特性，可以长时间不停机运行，而且不会有任何问题。

（7）很高的系统安全性。Linux 操作系统在设计之初就充分考虑了系统的安全性，内核中采用了文件权限授权、核心授权、审计跟踪等多种措施以保证系统资源的安全。Linux 操作系统是一个多用户操作系统，即使受到破坏，底层文件系统依然会受到保护。另外，Linux 操作系统具有卓越的补丁管理工具，系统更新较快，漏洞可以及时修补，抵御病毒的能力自然也就很强。

3.4.4　linux 操作系统的组成

Linux 操作系统的结构如图 3.3 所示，分为内核、shell 和应用程序三大部分。

1. 内核

Linux 操作系统最内层紧靠硬件设备的是内核，它是操作系统的核心，管理着整个系统的软硬件资源。内核主要包括六大模块：进程管理、内存管理、设备驱动程序、文件系统、网络接口和与系统结构相关的代码，它为上层提供服务，通过系统调用为用户程序使用。内核除了与驱动相关的部分代码是采用汇编编写，其余采用 C 语言编写。内核的开发和更新由 Linus Torvalds 领导的内核开发小组管理和控制的，用户可以通过网络免费得到。内核的结构如图 3.4 所示。

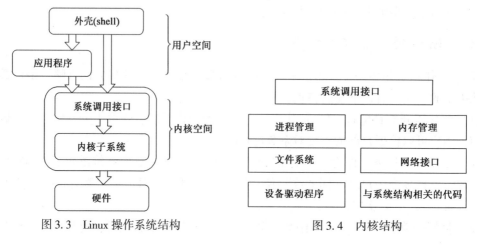

图 3.3　Linux 操作系统结构　　　　图 3.4　内核结构

2. Shell

Shell 是 Linux 操作系统的用户界面，提供了用户和内核交互的接口。内核并不能直接接受来自终端的用户命令，用户通过 Shell 和内核交互。Shell 是一个命令解释器程序，它接收用户输入的命令并送给内核去执行，并把执行结果反馈给用户。Shell 还是一种解释型的程序设计语言，允许用户编写由 Shell 命令组成的程序。Shell 的版本有多种，但基本功能相同，只有细微的差别。常用的版本有：

（1）Bourne Shell：它是 UNIX 操作系统的默认 Shell，由贝尔实验室 Steven Bourne 为 AT&T 的 UNIX 操作系统开发的，它在编程方面相当出色，但在与用户交互方面做得不如其他 Shell。

（2）BASH：是 GNU 的 Bourne Again Shell。它是专为 Linux 操作系统开发的，是 Bourne Shell 的扩展。

（3）C Shell：是由加利福尼亚大学伯克利分校的 Bill Joy 开发的，语法与 C 语言类似，易于使用且交互性很强。

（4）Korn Shell：是由 David Korn 开发，集合了 Bourne Shell 和 C Shell 的优点，且与 Bourne Shell 向下兼容。

3. 应用程序

应用程序是程序员开发的各种软件，如办公软件、游戏、文本编辑器、浏览器等。

出于系统安全性的考虑，Linux 操作系统空间分为内核空间和用户空间两部分，将内核程序和基于之上的用户程序分开，分别运行在内核空间和用户空间。用户空间的应用程序不允许直接访问和使用内核空间的资源，如果想要使用，必须通过系统调用来实现，这样可以有效避免内核数据遭到破坏，使系统运行得更加稳定可靠。

3.4.5　Linux 操作系统的主要版本

Linux 操作系统的版本有两类，即内核版本和系统版本。内核版本是由 Linus Torvalds 领导的内核开发小组发布的版本；系统版本也称为发行版本，是由各个 Linux 操作系统商业公司或社会社区以 Linux 操作系统内核为基础开发的 Linux 操作系统。

Linux 操作系统的发行版本也两种，一类是商业公司推出的，以提供技术和服务获得收益的 Linux 发行版本，如 RedHat 系列；另一类是社会团体本着自由软件精神发行和维护的版本，如 Debian 系列。

1. RedHat 系列

（1）RedHat Linux 操作系统最早的版本由 RedHat 公司发布于 1994 年，最终版本结束于 2004 年，并衍生了其他版本。RedHat Linux 操作系统功能强大，性能稳定，拥有庞大的用户群，对推进 Linux 操作系统发展起了巨大的推动作用。

（2）RedHat Enterprise Linux（RHEL）衍生于 RedHat，主要应用于企业服务器，由 RedHat 公司提供收费的技术服务和更新。

（3）Fedro 是由 RedHat 提供的免费的桌面版本，源代码开放。

（4）CentOS 是将 RHEL 的源代码重新编译的"克隆"版本，免费且源代码公开，主要作为 RHEL 的技术测试平台。

2. Debian 系列

（1）Debian 系列发布于 1994 年，是一个真正的自由软件发行版，完全由世界各地的 Linux 操作系统爱好者自愿开发和维护，在 Linux 操作系统占有重要的位置，版本更新周期较长。

（2）Ubuntu 是 Debian 的衍生版，发布于 2004 年，根据一般用户和企业用户的需求设计，易于使用。

3. 国产 Linux 操作系统

（1）RedFlag Linux 红旗操作系统最早由中国科学院软件研究所开发，经过多年发展推出了系列产品，包括桌面版、工作站版、数据中心服务器版和红旗嵌入式 Linux 等产品。红旗操作系统是中国较大、较成熟的 Linux 操作系统发行版之一。

（2）Deepin Linux 深度操作系统是由武汉深之度科技有限公司开发，是中国第一个基于 Debian 的本地化衍生版，专注于用户对日常办公、学习、生活和娱乐的使用需求。

3.5　Windows 操作系统家族

Windows 是为人们所熟知的一类操作系统，由微软公司开发和维护，采用图形化用户界面，操作简单使用方便，自从推出以来，深受用户的欢迎，在操作系统市场占有极大的比重。

从 1983 年微软公司开始研发 Windows 操作系统到现在，Windows 操作系统有各种不同的版本，下面按时间顺序介绍一下 Windows 的主要发展过程。

3.5.1　Windows 1.0、Windows 2.0 和 Windows 3.X

Windows 1.0 是微软公司在 1985 年发布的第一个 Windows 操作系统版本，是微软公司在个人电脑图形化用户界面的尝试。Windows 1.0 引入了鼠标操作，允许用户同时执行多个程序，并在各个程序间切换。

1987 年微软公司发布了 Windows 2.0。Windows 2.0 增强了对图形功能的支持，实现了图标及多个窗口的同时显示。

1990 年发布的 Windows 3.0 及其后续的 Windows 3.X 在界面、人性化、内存管理等多方面做了巨大的改进，得到了用户的肯定，使 Windows 操作系统在个人计算机操作系统领域获得了极大的成功。

Windows 3.X 及其之前的版本都必须运行于 MS－DOS 之上，与 MS－DOS 一起管理硬件资源和文件系统，因此并不能算是完整的操作系统。

3.5.2　Windows 95 和 Windows 98

1995 年微软公司发布了 Windows 95，它可以脱离 MS – DOS 而独立运行，是 Windows 操作系统发展史上的划时代产品。Windows 95 除了采用混合的 16/32 位处理技术，还增加了"即插即用"的软硬件集成系统，设计了更友好的图形用户界面，支持抢占式多任务和多线程，内置了对 Internet 的支持等特性。

Windows 98 发布于 1998 年 6 月，相比 Windows 95 增加了许多新的功能，如整合浏览器使用户更好地访问 Internet 资源、采用 FAT32 技术改进了对大容量硬盘的支持、Win32 驱动程序模型、对更多硬件的支持等。

这两种操作系统继承了 Windows 3. X 的诸多优点，又添加了许多新的功能，如多任务技术、更友好的界面、更好的网络和多媒体支持、采用 32 位的处理器系统、允许文件用较长的文件名命名等，系统性能得到极大的改进。

3.5.3　Windows NT、Windows 2000 和 Windows XP

自 1985 年开始微软和 IBM 合作共同开发多任务操作系统 OS/2，1987 年二者分道扬镳，之后微软公司把自己的 OS/2 NT 改名为 Windows NT 于 1993 年正式发布。Windows NT 是主要在网络服务器、工作站和大型计算机上运行的网络操作系统，它引入了许多新概念、新技术，如 NTFS、共享、用户账户、域、工作群组、权限等。Windows NT 采用了全新的微内核结构设计思想，使系统变得更模块化维护更加方便。Windows NT 支持对称处理器、多线程程序、多个可装卸文件系统，还支持多种常用 API、内置网络和分布式计算等。在 2000 年之前，Windows NT 有多个版本，如 NT3. 1、NT3. 5、NT3. 5X、NT4. 0，其中 NT4. 0 相比之前的版本，操作界面更友好，性能更稳定，安全性更高，功能也更完备、成熟，是 NT 系列的一个里程碑。从 2001 年开始微软公司发布的操作系统都是以 NT 技术为核心而构建的。

Windows 2000 采用 Windows NT 技术构建，内核版本号是 NT5. 0，于 2000 年上市。Windows 2000 继承了 Windows NT 的诸多优点又增加了许多新的特性，如活动目录、加密文件系统、安全配置编辑程序分布式文件服务等。针对不同的用户和环境，Windows 2000 有四个版本，分别是 Professional、Server、Advanced Server 和 Datacenter Server。Professional 面向普通个人用户；Server 面向中小企业的工作组级服务器用户；Advanced Server 支持 4 路对称多处理器（SMP）系统和 8G 内存，面向企业级的高级服务器用户；Datacenter Serve 性能更为强大，最多可以支持 32 路对称多处理器（SMP）系统和 64G 内存，通常用于大型数据库、经济分析、科学计算及工程模拟等方面，面向大型数据仓库的数据中心服务器用户。

Windows XP 是一个结合家庭版的易用性和商业版的稳定性于一体的操作系统。微软于 2001 年发布了 32 位的家庭版（Home Edition）和专业版（Professional）两个版本，之后于 2003 年又发布了 64 位的专业版。家庭版支持 1 个处理器，面向家庭用户和游戏爱好者；专业版在家庭版的基础上增加了网络认证、双处理器的特性，有高级别的可扩展性和可靠性，适合商业用户；64 位专业版满足专业技术工作站用户的需要。Windows XP 整合了 Windows 其他版本的一些特性，又增加了一些新的特性，如新型 Windows 引擎、系统还原、设备驱动程序回滚、增强的设备驱动程序检验器等，使其一上市就大受欢迎，成为一款经典的 Windows 操作系统。Windows XP 服役时间长达 13 年，2014 年微软公司宣布停止了对它的技术支持。

Windows NT、Windows 2000 和 Windows XP 采用不同于 Windows 3.X、Windows 95 和 Windows 98 的系统架构，均以 NT 核心为基础，在安全性方面有了较好的设计。

3.5.4 Windows Vista、Windows 7 和 Windows 8

Windows Vista 内核版本号为 NT6.0，发布于 2007 年。相对 Windows XP，Windows Vista 采用了大量新设计给用户带来了全新的用户界面和大量新功能，在界面、安全性、软件驱动等方面有了重大的改进，但是其过高的硬件配置要求以及不完善的优化和用户对于新功能的不适应使其广受批评。通常人们也把 Windows Vista 认为是 Windows 7 的过渡性产品。

Windows 7 发布于 2009 年。它并不是一个全新的设计，是建立在 Windows Vista 基础之上采用和 Windows Vista 相似内核的一个操作系统，内核版本号是 NT6.1。Windows 7 继承了 Windows Vista 华丽的界面和强大的功能，并在此基础上进一步完善，大大提高了系统的安全性和易操作性。相比于 Windows Vista，Windows 7 做了不少的改进：支持触控技术，优化了磁盘性能，增强了界面美观性和多任务切换使用体验，提升了互联网的搜索功能，轻松实现家庭组共享等。整个系统快捷高效、功能强大、运行稳定、支持度高，一经问世就广受好评，到了 2012 年 Windows 7 已经超越了 Windows XP，成为市场占有率最高的操作系统。

Windows 8 发布于 2012 年，内核版本号 NT6.2，和 Windows Vista 以及 Windows 7 一脉相承，兼容性不存在问题。Windows 8 采用独特的 Metro 界面和交互式触控系统，为用户提供了极佳的使用环境。Windows 8 支持 X86、X86-64、ARM 三种芯片架构，适用性极为广泛，是一款具有革命性变化的操作系统。同 Windows 7 相比，Windows 8 功能上增加了许多新的特性，如采用 Metro 界面操作更加方便直接，支持智能手机和平板电脑，实现混合启动大幅缩短开机时间，实现 Refresh 功能使用户在无需事前备份数据的情况下进行系统重装，集成了虚拟光驱，内置了 Windows 商店等。Windows 8 去掉了开始菜单功能，使有些用户极为不习惯，得到了不少的负面评价。

3.5.5 Windows 10

Windows 10 发布于 2015 年，初期版本内核为 NT6.4，不久升级为 NT10.0。Windows 10 是微软公司最新的一代操作系统，在继承前期版本优秀设计的基础上，又加强了硬件的支持，优化了系统内核，使用全新的界面，使其大受欢迎。Windows 10 支持跨平台运行，可以运行在台式机、平板、手机等多种平台上。与 Windows 8 相比，Windows 10 增加了许多新的功能：开始菜单重新启用并与动态磁贴相结合使操作更加方便；增加了一个强大的搜索功能——个人语音助手 Cortana；新增的虚拟桌面使程序切换及关闭更加方便；添加了指纹扫描和虹膜扫描的生物识别技术等。Windows 10 细分为七个不同的版本以适用于不同的用户和环境。

3.6　Andriod 系统与 iOS 系统

随着通信技术的快速发展和移动互联网时代的到来，智能手机开始逐步影响着我们娱乐、生活的方方面面。智能手机的发展离不开手机操作系统的支持，目前市场上有 Android、iOS、Symbian、WindowsPhone、BlackBerry、Bada 等多种手机操作系统，它们各有各的特点。其中 Android、iOS 是主流的两大手机操作系统，下面就对它们进行一一介绍。

3.6.1　Android 系统

Android 系统是一个基于 Linux 核心的移动操作系统，它最初由 Android 公司开发，Google 公司 2005 年 7 月收购了这家公司及其研发团队。2007 年 11 月，Google 公司联合其他手机制造商、手机芯片供应商、软件开发商、电信运营商共同组建了开放手机联盟（Open Handset Alliance，OHA），该联盟是一个全球性的组织，旨在共同开发与改进 Android 系统。随后 Google 以免费开源许可证（ASL）的授权方式公开了 Android 的源代码。2008 年 9 月，Google 正式发布了 Android 1.0 系统，从此 Android 进入了快速发展时期。据研究公司 Gartner 统计，截至 2018 年 Android 系统的市场占有率高达 85.9%，除了苹果手机，几乎所有的智能手机都采用 Android 系统。

1. Android 的系统结构

Android 系统采用了分层的系统架构，如图 3.5 所示，共分四层，从下到上依次是 Linux Kernel（核心层）、Android Runtime And Libraries（系统运行库层）、Application Framework（应用框架层）、Applications（应用层），下面逐一进行简单的介绍。

（1）核心层。核心层主要提供核心的系统服务，包括进程管理、内存管理、文件管理、网络堆栈等操作系统的基本服务，同时，也为各种硬件提供底层的驱动，如 Display Driver（显示驱动）、Camera Driver（照相机驱动）、Bluetooth Driver（蓝牙驱动）、Audio Driver（音频驱动）、Power Management（电源管理）等。

（2）系统运行库层。系统运行库层主要由类库（Libraries）和运行时库（Android Runtime）两部分组成。类库通常用使用 C/C++ 开发，所以又称为 C/C++ 核心库，主要为 Android 系统提供特性支持，比如 Surface Manager 负责显示与多媒体的互动；Media Frameworks 支持播放和录制手机平台上主流的音频视频格式；SQLite 提供数据库支持；OpenGL ES 提供 3D 绘图支持等。运行时库由 Java 核心类库（Core Libraries）和虚拟机（Dalvik Virtual Machine）共同构成。Java 核心类库提供了 JAVA 编程语言核心库的大多数功能。虚拟机使得每一个应用程序都运行在 Dalvik 虚拟机之上，且每一个应用程序都有自己独立运行的进程空间，Dalvik 虚拟机执行 .dex 的可执行文件，该格式文件针对小内存使用做了优化。虚拟机的进程同步、内存管理等功能的实现依赖于底层的 Linux 操作系统。

（3）应用框架层。应用框架层是 Android 系统应用开发的核心，开发者可以使用 Java 语言利用这些 API 开发自己的应用程序。框架层由多个系统服务组成，如 View System（视图）

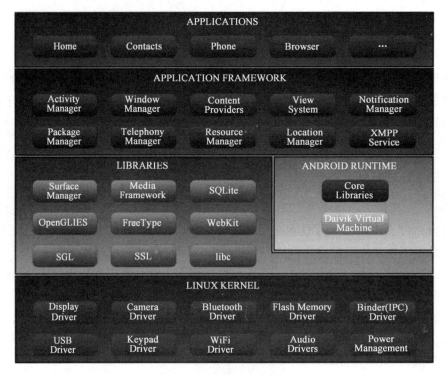

图 3.5　Android 系统结构图

主要用于 UI 设计，包括列表、文本框、按钮等界面控件；Location Manager（定位管理器）提供定位功能管理；Notification Manager（通知管理器）用户管理手机状态栏中显示的自定义提示信息等。

（4）应用层。应用层由运行在手机上的所有应用程序构成，这些应用程序大部分使用 Java 开发并运行在虚拟机（Dalvik）上，少部分是由 C/C＋＋编写的本地应用。

2. Android 系统的特点

Android 系统最大的特点就是它的开放性。由于 Google 以免费开源许可证的授权方式公开了 Android 的源代码，软件开发商和硬件厂商很容易开发出丰富的应用产品，吸引众多消费者，从而间接推动了 Android 系统的快速发展，创建出庞大的生态环境，进而使 Android 系统的发展进入良性循环。

3.6.2　iOS 系统

2007 年苹果公司发布了第一代 iPhone 手机，它采用全新的外形设计和操作方式，重新定义了智能手机，所以一经发布就市场上引起了极大的轰动，获得了巨大的成功，甚至有人评价苹果手机开启了一个全新的时代。苹果手机的成功离不开 iOS 系统强大的支持，苹果 iOS 系统是苹果公司开发的手持设备操作系统。苹果公司最早于 2007 年 1 月 9 日的 Macworld 大会上公布了这个系统，它最初是设计给 iPhone 使用，后来广泛应用于苹果公司的系列产品 iPad 和 iTouch 以及 Apple TV 中。

1. iOS 系统结构

iOS 系统的系统架构同样分四层，如图 3.6 所示，从下到上依次是 Core OS（核心操作系统层）、Core Services（核心服务层）、Media（媒体层）和 Cocoa Touch（可触摸层）。四层结构中低层次框架提供 iOS 系统基本的服务和技术，较高层的框架实现了对较低层的抽象，高层次建立在低层次框架之上提供更加复杂的服务和技术。

（1）核心操作系统层。核心操作系统层提供核心的系统服务和一些设备驱动，包含大多数低级别接近硬件的功能，它所包含的框架常常被其他框架所使用。如 Accelerate（加速框架），包含执行数字信号处理、线性代数、图像处理计算的接口；Core Bluetooth（核心蓝牙框架）允许开发者与蓝牙设备交互；Security（安全框架）用来保证应用管理的数据的安全；External Accessory（外部附件框架）提供与连接到 iOS 设备的硬件附件通信的支持等。

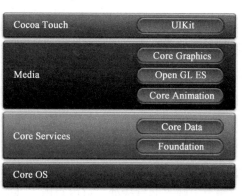

图 3.6　iOS 系统结构图

（2）核心服务层。核心服务层提供给应用程序所需的基础的系统服务。如 Accounts（账户框架）为确定的用户账号提供单点登录模式；Address Book（地址本框架）提供可编程存取用户的联系人数据库的方式；CoreData（数据访问框架）为 MVC 应用中的数据模式提供支持；CoreLocation（用户定位框架）为应用提供位置信息等。

（3）媒体层。媒体层提供图形和多媒体服务，如与图形图像相关的 CoreGraphics、CoreImage、GLKit、OpenGL ES、CoreText、ImageIO 等；与声音技术相关的 CoreAudio、OpenAL、AVFoundation；与视频相关的 CoreMedia、Media Player 框架；音视频传输的 AirPlay 框架等。

（4）可触摸层。可触摸层为用户提供触摸交互操作相关的服务，如触摸事件、照相机管理、通知中心等。

2. iOS 系统的特点

从 2007 年第一代 iOS 系统发布到现在，iOS 系统的功能越来越丰富，性能越来越卓越，深受用户欢迎，主要在于 iOS 具有以下特点：

（1）界面美观操作简单。iOS 系统不仅界面设计美观，还将多点触控技术应用到界面操作中，给用户带来极佳的使用体验。

（2）系统安全性高。iOS 提供了内置的安全性，专门设计了低层级的硬件和固件功能，用以防止恶意软件和病毒；同时还设计有高层级的 OS 功能，有助于在访问个人信息和企业数据时确保安全性。

（3）多语言支持。iOS 设备支持 30 多种语言，方便各地区用户使用。

（4）系统与硬件整合度高。与 Android 系统相比在同等性能的硬件配置下，iOS 系统优化好，运行更为流畅，效率更高，也更省电。

（5）众多的应用软件支持。App Store 提供 200 多万个应用软件供用户选择。

与 Android 系统相比，iOS 系统是一个封闭的生态环境，程序员只能使用苹果公司提供的 API 进行开发，然后由苹果公司审核发布，因而质量可以得到保证，用户的隐私也能得到很好的保护。

3.7　PC 端常用工具软件

工具软件一般指用于计算机系统管理和维护的软件，诸如文件备份软件、数据恢复软件、文件加密软件、系统诊断软件、病毒检测软件等。下面简单介绍几个常用的 PC 端工具软件。

3.7.1　鲁大师

鲁大师（视频 3.1）是一款功能强大的系统工具软件，操作简单，使用方便，适用于各种品牌计算机，它能够对计算机的关键性部件进行实时的监控预警，优化清理系统，提升计算机运行速度。它的主要功能模块有硬件监测、温度检测、性能测试、驱动检测、清理优化等。鲁大师是共享软件，可以自由下载和使用，有电脑板和安卓版两个版本以满足不同用户的需求。鲁大师的操作界面如图 3.7 所示。

视频 3.1　鲁大师

图 3.7　鲁大师操作界面

3.7.2　分区助手

硬盘分区可以方便用户管理和使用硬盘空间。在某些情况下，安装好系统之后在使用系统的过程中，原有分区并不能使用户满意，这时可以使用分区助手进行重新调整。分区助手是一款稳定的磁盘分区管理软件，用户可以使用它在无损数据信息的情况下实现调整分区大小、合并与拆分分区、快速分区、恢复分区等操作，另外它还能实现操作系统从普通机械硬盘到固态硬盘的迁移。它简单易用且免费，是一个不可多得分区工具。分区助手操作界面如图 3.8 所示。

图 3.8　分区助手操作界面

3.7.3　EasyRecovery

在使用计算机的过程，当存储介质出现问题或误操作删除一些文件，就会造成数据的不可见或不可读，可能会给用户造成无法挽回的损失。这时可以通过数据恢复软件对丢失的数据进行抢救和恢复。EasyRecovery（视频 3.2）是一款操作安全、恢复性比较高的数据恢复工具，能恢复包括文档、表格、图片、音频、视频等各种数据文件。使用时应注意的是数据恢复之前不要向被恢复数据所在分区写入内容，也不能对被恢复数据进行整理磁盘，否则的话很可能造成数据被覆盖而无法恢复。EasyRecovery 操作界面如图 3.9 所示。

视频 3.2　EasyRecovery

图 3.9　EasyRecovery 操作界面

3.7.4　FastCopy

文件拷贝是计算机使用过程中经常执行的一种操作，如果文件较小，通常使用系统自带的复制粘贴就可以了，如果文件较多、数据量很大，系统自带的复制功能就会很耗时。这时通常使用专业的文件拷贝工具来实现。FastCopy（视频 3.3）是一款速度非常快的文件拷贝软件，它性能卓越、操作简单、使用方便，能满足大部分用户的需求。FastCopy 操作界面如图 3.10 所示。

视频 3.3 FastCopy

图 3.10 FastCopy 操作界面

3.7.5 WinRAR

文件压缩软件可以把文件压缩存储以节省磁盘存储空间，常用于压缩图形文件、音频文件、视频文件或较大的文档，有时也用于系统备份。同时文件压缩之后也便于在网络上传输。WinRAR（视频 3.4）是一个功能强大的文件压缩管理软件，它界面友好，压缩算法优秀，压缩率高，同时支持对 CAB、ARJ、TAR 等十几种格式的文件包括镜像文件的解压缩。WinRAR 适用于多种主流操作系统平台，对受损的压缩文件修复能力也较强，同时对压缩文件还可以加密。WinRAR 操作界面如图 3.11 所示。

视频 3.4 WinRAR

图 3.11 WinRAR 操作界面

3.8　移动端常用工具软件

如今智能手机已成为人们生活中的必需品,给人们带来了极大的便利,各大手机软件公司给人们提供了琳琅满目的应用软件以满足人们的各色需求。下面介绍几款常用的移动端工具软件。

3.8.1　WPS Office

有时候旅途之中有紧急文件需要处理,可是身边又没有电脑可用,这时可用 WPS Office (视频 3.5)实现移动办公。WPS Office 分为 Android 版和 iOS 版,兼容 Word、PPT、Excel,支持多种文件格式的查看,提供免费大容量在线存储空间和精致的各式各样文档模板,支持阅读和输出 PDF 文件。WPS office 运行速度快,占用手机内存较小。图 3.12 是 WPS Office for Android 的启动界面,向右滑动会显示其他操作界面。

视频 3.5　WPS Office

图 3.12　WPS Office for Android 的启动界面

3.8.2　猎豹清理大师

很多手机用户都会感觉到,手机越用越慢,特别是 Android 手机,随着使用时间的延长性能下降得更是厉害。原因主要有两个,一是大多数软件在使用过程中都会在本地产生很多的垃圾文件,而 Android 手机又没有自动优化的功能,二是有些软件有自启或联合启动的功能从而占用了大量内存。猎豹清理大师(视频 3.6)是一款性能良好的手机清理软件,它不仅可以清理智能手机上的应用缓存、残余程序文件、历史痕迹以及应用程序安装包,还能随时清理后台偷偷运行的进程,极大地释放手机内存空间,提高运行速度。图 3.13 是猎豹清理大师启动界面,向右滑动会显示其他操作界面。

视频3.6　猎豹清理大师

图 3.13　猎豹清理大师的启动界面

3.8.3　ES 文件浏览器

　　Android 系统一般自带文件管理器，但是功能较弱，又操作不便，通常用户可以使用专用的文件管理器来实现文件管理。ES 文件浏览器（视频 3.7）是一款协助 Android 设备实现本地、网盘、局域网、远程 FTP 多功能管理的系统工具类软件。无论是手机、平板，还是计算机、云端网盘，使用 ES 文件浏览器，都可以轻松实现文件管理，而且它还可以播放音乐、播放视频、阅读文档、查看压缩文件、更改视图等，非常便捷。另外，需要注意的是 ES 文件浏览器只发布了手机版客户端，如果想在电脑上使用需先下载安装 Android 模拟器。图 3.14 是 ES 文件浏览器的启动界面，左右滑动会显示其他操作界面。

视频3.7　ES文件浏览器

图 3.14　ES 文件浏览器的启动界面

3.8.4　扫描全能王

扫描全能王（视频 3.8）是一款可以帮助用户方便快速记录文档、数据以及笔记的手机扫描软件，扫描内容清晰可读，使手机成为一款移动的智能扫描仪。它方便易用，有多种图像处理模式，可手动调节图像参数，用手机扫描时不仅能自动切除文件背景，生成高清的 PDF、JPEG、TXT 文件，还可以发传真、连接打印机、上传云端、分享给微信好友或 QQ 好友，支持多设备查看。图 3.15 是扫描全能王的启动界面，向右滑动会显示其他操作界面。

视频 3.8　扫描全能王

图 3.15　扫描全能王的启动界面

3.9　小　结

操作系统是配置在计算机上的第一层软件，是计算机系统的核心，它不仅能够有效管理并控制计算机系统内的软硬件资源，合理组织计算机系统的工作流程，使系统高效运行，还给用户提供了方便易用的使用接口。

操作系统具有并发、共享、虚拟、异步的特征。中断是操纵系统的重要驱动，不仅是设备管理的基础，还是程序并发执行的关键技术。操作系统主要有处理器管理、存储管理、设备管理、文件管理、用户接口、网络服务等功能。

目前常用的计算机操作系统有 Windows 操作系统和 Linux 操作系统，手机操作系统有 Android 系统和 iOS 系统。

 习 题

1. 计算机系统由哪些部分组成？它们之间什么关系？

2. 简述系统软件和应用软件的区别。

3. 什么是操作系统？它有什么特征？

4. 什么是并发？并发和并行的区别是什么？

5. 什么是进程？引入进程后系统有什么变化？

6. 操作系统有哪些基本功能？

7. 操作系统通常有哪几种类型？各有什么特点？

8. 内存分配方式有几种？各有什么特点？

9. 简述多道程序技术。

10. 用户接口通常有几种？分别是什么？

11. 何为中断？中断处理过程一般分几个阶段？各是什么？

12. Linux 操作系统主要有哪几部分组成？

13. Linux 操作系统有哪些特点？

第 4 章
计算思维

计算思维是当前一个颇受关注的涉及计算机科学本质问题和未来走向的基础性概念。这一概念最早是由麻省理工学院（MIT）西蒙·派珀特（Seymour Papert）教授在 1996 年提出的，但是把这一个概念提到前台来，成为现在受到广泛关注的代表人物是美国卡内基梅隆大学的周以真教授（Jeannette M. Wing）。

计算思维提出了面向问题解决的系列观点和方法，这些观点和方法有助于人们更加深刻地理解计算的本质和计算机求解问题的核心思想，特别是有利于解决计算机科学家与领域专家之间的知识鸿沟所带来的困惑。图灵奖获得者理查德·卡普（Richard Karp）认为，自然问题和社会问题自身的内部就蕴含丰富的属于计算的演化规律，这些演化规律伴随着物质的变换、能量的变换以及信息的变换。因此正确提取这些信息变换，并通过恰当的方式表达出来，使之成为能够利用计算机处理的形式，这就是基于计算思维概念的解决自然问题和社会问题的基本原理理论和方法论。计算机不能解决物质变换或者能量变换这样的问题，但是可以借助抽象的符号变换来计算，模拟甚至预测自然系统和社会系统的演化。

本章对从现代科学思维体系的角度，阐述了计算思维的内涵与概念、发展历史、用途以及与计算机之间的关系等。

4.1　科学思维

人类在认识世界和改造世界的科学活动过程中离不开科学思维活动。科学思维的作用不仅是作为个人产生了对于物质世界的理解和洞察，更重要的是科学思维活动促进了人类之间的交流，从而可以使人类获得知识交流和传承的能力，这个意义的重要性是不言而喻的。科学思维，也叫科学逻辑，即形成并运用于科学认识活动、对感性认识材料进行加工处理的方式与途径的理论体系，它是真理在认识的统一过程中，对各种科学的思维方法的有机整合，是人类实践活动的产物。

4.1.1 科学思维的基本原则

在科学认识活动中，科学思维必须遵守三个基本原则：

（1）逻辑性原则。逻辑性原则就是遵循逻辑法则，达到归纳和演绎的统一。科学认识活动的逻辑性规则，既包括以归纳推理为主要内容的归纳逻辑，也包括以演绎推理为主要内容的演绎逻辑。科学认识是一个由个别到一般，又由一般到个别的反复过程，它是归纳和演绎的统一。

（2）方法论原则。方法论原则就是掌握方法准则，实行分析与综合的结合。分析与综合是抽象思维的基础方法，分析是把事物的整体或过程分解为各个要素，分别加以研究的思维方法和思维过程。只有对各要素首先做出周密的分析，才可能从整体上进行正确的综合，从而真正地认识事物。综合就是把分解开来的各个要素结合起来，组成一个整体的思维方法和思维过程。只有对事物各种要素从内在联系上加以综合，才能正确地认识整个客观对象。

（3）历史性原则。历史性原则就是符合历史观点，实现逻辑与历史的一致。历史是指事物发展的历史和认识发展的历史，逻辑是指人的思维对客观事物发展规律的概括反映，也就是历史的东西在理性思维中的再现。历史是第一性的，是逻辑的客观基础；逻辑是第二性的，是对历史的抽象概括。历史的东西决定逻辑的东西，逻辑的东西是从历史中派生出来的。逻辑和历史统一的原则，在科学思维中，特别是在科学理论体系的建立中，有着重要意义。

这三条原则对于人类文化传承和知识积累是十分重要的，只有遵从这三条原则，人类文化才可以在一个可靠的背景下发展，人类的知识沟通才可以具备一种相互信任的基础。

4.1.2 科学思维的种类

到目前为止，符合这样三条原则的思维模式大体上可以分为三种：

1. 归纳自然（包括人类社会活动）规律为特征的实证思维

实证思维起源于物理学的研究，集大成者的代表是伽利略、开普勒和牛顿。开普勒是现代科学中第一个有意识地将自然观察总结成规律，并把这种规律表示出来的人。伽利略建立了现代实证主义的科学体系，强调通过观察和实验（实验是把自然现象单纯化，以保证可以仔细研究其中的一个局部）获取自然规律的法则。牛顿把观察、归纳和推理完美地结合起来，形成了现代科学大厦的整体框架。

现代普遍认为，实证思维要符合三点原则：第一是可以解释以往的实验现象；第二是逻辑上自洽，即不能自相矛盾；第三是能够预见新的现象，即思维结论必须经得起实验的验证。

这三点是比较苛刻的，比如爱因斯坦的狭义相对论和广义相对论发表以后，尽管理论上十分完美，而且也能够解释当时物理学的一些困惑，但是由于其预言的现象未能观测到，因此在很长一段时间，没有成为一个真正公认的物理学理论。而量子理论尽管在逻辑上还有一些不够严密的地方（但没有矛盾），但是它的结论经得起实验的检验，并且预言的一些重要现象得到了证实，因此被看作是一种普遍公认的物理学理论。

2. 以推理和演绎为特征的逻辑思维

逻辑思维的研究起源于希腊时期，集大成者是苏格拉底、柏拉图、亚里士多德，他们基本构建了现代逻辑学的体系。以后又经过众多逻辑学家的贡献，例如莱布尼茨、希尔伯特等，使得逻辑学成为人类科学思维的模式和工具。

逻辑思维也要符合一些原则：第一是有作为推理基础的公理集合；第二是有一个可靠和协调的推演系统（推演规则）。任何结论都要从公理集合出发，经过推演系统的合法推理，得出结论。这些推理的过程必须是可验证的。逻辑思维的结论正确性来源于公理的正确性和推理规则的可靠性，因此结论的正确性是相对的。

3. 以抽象化和自动化为特征的计算思维

计算思维中的抽象化与数学（逻辑思维）的抽象化有不同的含义。计算思维的抽象化不仅表现为研究对象的形式化表示，也隐含这种表示应具备有限性、确定性和机械性。

尽管与前两个思维一样，计算思维也是与人类思维活动同步发展的思维模式，但是计算思维概念的明确和建立却经历了较长的时间。

从人类思维产生的时候，形式、结构、可行这些意识就已经存在于思维之中，而且是人类经常使用和熟悉的内容，但是作为一种科学概念的提出应该是在莱布尼茨、希尔伯特之后。莱布尼茨提出了机械计算的概念，而希尔伯特更是建立了机械化推理的基础。这些工作把原来思维中属于形式主义和构造主义的部分明晰地表达出来，使之明确成为人类思维的一种模式。希尔伯特给出了现在称为"希尔伯特纲领"的数学构造框架，试图把数学还原为一种有限过程。尽管这个纲领并没有最终实现，但是与此相关的工作却真正弄清楚了什么是计算、什么是算法、什么是证明、什么是推理，这就把计算思维里面所涵盖的主要成分逐一进行了深入的揭示，计算思维一些主要特征从实证思维和逻辑思维中独立出来，不再是前两者的附属，而成为与前两者齐驱并驾的第三种思维模式。

计算思维的标志是有限性、确定性和机械性，因此计算思维表达结论的方式必须是一种有限的形式（思考一下，数学中表示一个极限经常用一种潜无限的方式，这种方式在计算思维中是不允许的）；而且语义必须是确定的，在理解上不会出现因人而异、因环境而异的歧义性；同时又必须是一种机械的方式，可以通过机械的步骤来实现。这三种标志是计算思维区别于其他两种思维的关键。计算思维的结论应该是构造性的、可操作的、能行的。大约到了 20 世纪，关于思维的三个方面才真正形成了相互支撑的科学体系，关于科学研究也明确提出了理论、实验和计算三大手段。另外，这三种思维基本涵盖了目前为止科学思维的全部内容，因此尽管计算思维冠以计算两个字，但绝不是只与计算机科学有关的思维，而是人类科学思维的一个远早于计算机的出现的组成部分。计算思维也可以叫作构造思维或者其他什么思维，只是由于计算机的发展极大促进了这种思维的研究和应用，并且在计算机科学的研究和工程应用中得到广泛的认同，所以人们习惯地称为计算思维。这只是一个名称而已，这种名称反映了人类文化发展的痕迹。

人类科学活动还包含其他的思维模式，例如类比、联想和猜测（灵感），这些思维不仅伴随着科学活动的全过程，而且还是很多创新思想的源泉，在科学活动中也占据着重要地位。但是这几种思维不具备前面说的关于科学思维的三条原则，这种思维的过程很难通过具体形式表达出来，使得别人能够相信你的思维结论，除非结论可以使用实证思维、逻辑思维或者计算思维的方式表达出来，因此这三种思维现在还不能称为科学思维。也许将来随着人们对于思维过程的研究深入，找到一种很好的表达方式，可以把这种思维清晰地加以描述，进行交流与沟通，那么或许这些思维模式也可以称为科学思维。

4.2　计算思维

4.2.1　计算思维的发展阶段

计算思维不是今天才有的，它早就存在于中国的古代数学之中，只不过周以真教授使之更清晰化和系统化。谭良教授认为，计算思维的发展可分为计算思维的萌芽时期、奠基时期和争鸣时期（图 4.1）。

图 4.1　计算思维的发展阶段

1. 计算思维的萌芽时期

计算是人类文明最古老而又最时新的成就之一。从远古的手指计数，经结绳计数，到中国古代的算筹计算、算盘计算，再到近代西方的耐普尔骨牌计算及巴斯卡计算器等机械计算，直至现代的电子计算机计算，计算方法及计算工具的无限发展与巨大作用，使计算创新在人类科技史上占有异常重要的地位。众所周知的高科技医疗器械 CT，就是 X 射线技术与计算技术相结合的创新，其理论的首创者和器械的首创者共同获得了 1979 年诺贝尔医学和生理学奖。其他与计算有关的诺贝尔奖获得者还有：威尔逊因重正化群方法获 1982 年物理学奖，克鲁格因生物分子结构理论获 1982 年化学奖，豪普曼因 X 光晶体结构分析方法获 1985 年化学奖，科恩与波普尔因计算量子化学方法获 1998 年化学奖。而闻名遐迩的中国科学大师华罗庚的华—王方法、冯康的有限元方法，以及吴文俊的吴方法，也均是与计算有关的重大科学创新。但是，尽管取得了如此巨大的成绩，此时的计算并没有上升到思维科学的高度，没有思维科学指导的计算具有一定的盲目性，且缺乏系统性和指导性。

思维方式也是人类认识论研究的重要内容，已有无数的哲学家、思想家和科学家对人类思维方式进行过各具特色的研究，并提出过不少深刻的见解。在思维的纵向历史性方面，恩格斯曾有精辟的论述："每一时代的理论思维，包括我们时代的理论思维，都是一种历史的产物，在不同的时代具有非常不同的形式，并因而具有非常不同的内容。因此，关于思维的科学，和其他任何科学一样，是一种历史的科学，关于人的思维的历史发展的科学。"而在思维方式横向分类方面，也有不少普遍认可的成果：抽象（逻辑）思维与形象思维、辩证思维与机械思维、创造性思维与非创造性思维、社会（群体）思维与个体思维、艺术思维与科学思维、原始思维与现代思维、灵感思维与顿悟思维，等等。但是，此时的思维方式仅仅是认识论的一个分支，没有提升到学科的高度，缺少完整的学科体系。

20 世纪 80 年代，钱学森在总结前人的基础上，将思维科学列为 11 大科学技术门类之一，与自然科学、社会科学、数学科学、系统科学、人体科学、行为科学、军事科学、地理科学、建筑科学、文学艺术并列在一起。经过 20 余年的实践证明，在钱学森思维科学的倡导和影响下，各种学科思维逐步开始形成和发展，如数学思维、物理思维等，这一理论体系的建立和发展也为计算思维的萌芽和形成奠定了基础。因此，将这一时期称为计算思维的萌芽时期。

2. 计算思维的奠基时期

自从钱学森提出思维科学以来，各种学科在思维科学的指导下逐渐发展起来，计算学科也不例外。1992 年，黄崇福给出了计算思维的定义："计算思维就是思维过程或功能的计算模拟方法论，其研究的目的是提供适当的方法，使人们能借助现代和将来的计算机，逐步达到人工智能的较高目标。"2002 年，童荣胜、古天龙提出并构建了计算机科学与技术方法论，指出计算思维与计算机方法论虽有各自的研究内容与特色，但它们的互补性很强，可以相互促进，计算机方法论可以对计算思维研究方面取得的成果进行再研究和吸收，最终丰富计算机方法论的内容；反过来，计算思维能力也可以通过计算机方法论的学习得到更大的提高。童荣胜这样描述计算思维能力："它是形式化描述和抽象思维能力以及逻辑思维方法，它在形式语言与自动机课程中得到集中体现。"

在这一时期，尽管出现了计算思维，但它并没有引起国内外计算机学者的广泛关注。直到 2006 年，周以真教授对计算思维进行详细分析，阐明其原理，并将其命名为 "Computational Thinking" 发表在 ACM 的期刊上，从而使这一概念一举得到了各国专家学者，乃至包括微软公司在内的一些跨国机构的极大关注。与前面的成果相比较，周以真教授提出的计算思维更加清晰化和系统化，并具有可操作性，为国内外计算思维发展起到了奠基和参考的作用。因此，将这一时期称为计算思维的奠基时期。

3. 计算思维的争鸣时期

2006 年以后，国内外计算机教育界、社会学界以及哲学界的广大学者围绕周以真教授的计算思维进行了积极的探讨和争论。学者们依据自己的知识背景，从不同的视角提出了一些新的观点。2008 年 1 月，周以真教授针对计算领域提出了 "$P = NP$？什么是可计算的？什么是智能？什么是信息？我们如何简单地建立复杂系统？" 等 5 个深层次的问题，并进行了详细的叙述。她认为计算机科学是计算的学问，即什么是可计算的？怎样去计算？同年 7月，她在《计算思维和关于思维的计算》文章中指出："计算思维将影响每一个奋斗领域的每一个人，这一设想为我们的社会，特别是为我们的青少年提供了一个新的教育挑战。关于思维的计算，我们需要结合三大驱动力领域：科学、科技和社会。社会的巨大发展和科技的进步迫切要求我们重新思考最基本的科学的问题"。

董荣胜支持周以真教授的这种观点，他指出计算机方法论中最原始的概念"抽象、理论、设计"与计算思维最基本的概念"抽象和自动化"反映的都是计算最根本的问题：什么能被有效地自动执行。王飞跃认为，计算思维是一种以抽象、算法和规模为特征的解决问题的思维方式。陈国良认为，计算思维是通过约简、嵌入、转化和仿真等方法，把一个看起来困难的问题重新阐释成一个人们已知其解决方案的问题。这些观点共同说明了计算思维是一种面向问题求解的思维方式，并且它是运用计算的方法来进行问题求解的，而计算方法是自然科学领域公认的三大科学方法之一。

2012 年，美国麻省理工学院媒体实验室的 lifelong kindergarten group 提出了计算思维的三维框架，包括计算概念、计算实践和计算观念三个维度，引发了计算思维实践层面的研究和评价。计算思维的研究和实践已经受到不少国际组织和团体的重视，包括国际教育技术学会（ISTE）、美国国家计算机科学技术教师协会（CSTA）、美国师生创新技术体验机构（IT-EST）的计算思维工作小组、英国计算机在校工作组（CAS）、谷歌计算思维探索团体（ECT）等。其中，ISTE 和 CSTA 两家联合给出了计算思维的操作性定义，对计算思维进行问题解决的过程进行了表述；CAS 作为信息技术的学科协会，与其他机构合作设计信息技术课程，阐述了计算思维的人机交互特点和综合能力体现；ITEST 在分析大量计算思维培养案例后，提出的"使用—修正—创造"培养框架被广泛推行。

目前，对于计算思维的许多观点和概念仍然尚未有统一的意见。各国学者对计算思维概念理解的视角不一，主要集中在从问题解决、概念框架、构造思维、过程计算等四个方面来对计算思维进行界定。整体而言，学界对计算思维的内涵理解多倾向于问题解决说；即便是概念框架说、构造思维说、过程计算说，它们聚焦于各自的研究点的同时，也大多认同计算思维是问题求解过程中产生的思维活动这一观点。

4.2.2　计算思维的定义

2006 年 3 月，周以真教授在美国计算机权威杂志 ACM 上发表并定义了计算思维。她指出，计算思维是运用计算机科学的基础概念进行问题求解、系统设计及人类行为理解等涵盖计算机科学之广度的一系列思维活动。

以上是关于计算思维的一个总定义，周以真教授为了让人们更易于理解，又将它更进一步地定义为：

（1）通过约简、嵌入、转化和仿真等方法，把一个看来困难的问题重新阐释成一个我们知道问题怎样解决的方法；

（2）是一种递归思维，是一种并行处理，能把代码译成数据又能把数据译成代码，是一种多维分析推广的类型检查方法；

（3）是一种采用抽象和分解来控制庞杂的任务或进行巨大复杂系统设计的方法，是基于关注分离的方法；

（4）是一种选择合适的方式去陈述一个问题，或对一个问题的相关方面建模使其易于处理的思维方法；

（5）是按照预防、保护及通过冗余、容错、纠错的方式，并从最坏情况进行系统恢复的一种思维方法；

（6）是利用启发式推理寻求解答，也即在不确定情况下的规划、学习和调度的思维方法；

（7）是利用海量数据来加快计算，在时间和空间之间，在处理能力和存储容量之间进行折中的思维方法。

周以真教授对计算思维的特征进行了总结，给出了计算思维的以下 6 个特征：

（1）概念化，不是程序化。计算机科学不是计算机编程。像计算机科学家那样去思维意味着远远不止能为计算机编程，还要求能够在抽象的多个层次上思维。为便于理解周教授的意思，可以更进一步地说，计算机科学不只是关于计算机，就像音乐产业不只是关于麦克风一样。

（2）根本的，不是刻板的技能。根本技能是每一个人为了在现代社会中发挥职能所必须掌握的。刻板技能意味着机械地重复。具有讽刺意味的是，只有当计算机科学解决了人工智能的大挑战——使计算机像人类一样思考之后，思维才可以真的变成机械的。就时间而言，所有已发生的智力，其过程都是确定的，因此，智力无非也是一种计算，我们应当将精力集中在"好的"计算上，即采用计算思维来造福人类。

（3）人的，不是计算机的思维。计算思维是人类求解问题的一条途径，但绝非要使人类像计算机那样思考。计算机枯燥且沉闷，人类聪颖且富有想象力。是人类赋予计算机激情，配置了计算设备，人类就能用自己的智慧去解决那些计算时代之前不敢尝试的问题，实现"只有想不到，没有做不到"的境界。计算机赋予人类强大的计算能力，人类应该好好利用这种力量去解决各种需要大量计算的问题。

（4）数学和工程思维的互补与融合。计算机科学在本质上源自数学思维，因为像所有的科学一样，它的形式化基础建筑于数学之上。计算机科学又从本质上源自工程思维，因为我们建造的是能够与实际世界互动的系统，基本计算设备的限制迫使计算机科学家必须计算性地思考，而不能只是数学性地思考。构建虚拟世界的自由使我们能够超越物理世界的各种系统。数学和工程思维的互补与融合很好地体现在抽象、理论和设计 3 个学科形态（或过程）上。

（5）是思想，不是人造品。不只是生产的软硬件等人造物将以物理形式到处呈现并时时刻刻触及我们的生活，更重要的是计算的概念，这种概念被人们用于问题求解、日常生活的管理，以及与他人进行交流和互动。

（6）面向所有人、所有地方。当计算思维真正融入人类活动的整体以致不再表现为一种显式哲学的时候，它就将成为现实。就教学而言，计算思维作为一个问题解决的有效工具，应当在所有地方、所有学校的课堂教学中得到应用。

董荣胜等就"思想与方法"更改了周以真教授定义的计算思维中的基础概念，得出了计算思维新的定义：计算思维是运用计算机科学的思想与方法去求解问题、设计系统和理解人类的行为，它包括了涵盖计算机科学广度的一系列思维活动。他认为，计算思维与计算机方法论的研究，与现代数学思维和数学方法论的研究有很多相似之处。计算思维从学科思维这个层面直接讨论学科的根本问题和思维方式，计算机方法论则是从方法论的角度去讨论学科的根本问题和学科形态。二者之间互补性很强，可以相互促进。计算机方法论中最原始的概念为抽象、理论和设计，与计算思维最基本的概念抽象和自动化反映的都是计算思维最根本的问题：什么能被有效地自动进行。

4.2.3　计算思维的层次关系

周以真教授指出，计算思维指的是一种能力，这种能力通过熟练地掌握计算机科学的基础概念而得到提高。周以真教授将这些基础概念用外延的形式给出：约简、嵌入、转化、仿真、递归、并行、抽象、分解、建模、预防、保护、恢复、冗余、容错、纠错、启发式推理、规划、学习、调度等。在计算思维提出之初，周以真教授倡导不要过于纠结计算思维的定义，而应积极开展计算思维实践，促进科学发现与技术创新，并通过概括计算思维的外延来加深人们对计算思维的理解。

依托美国 CPATH 计划，美国计算机协会前主席皮特·J·邓宁（Peter J. Denning）针对计算思维的基本原理提出了 8 个概念，这 8 个伟大的计算原理分别是计算、抽象、通信、协作、记忆、自动化、评估和设计。"计算"是一个中心词，是第一层次的概念，其他 7 个概念以"计算"为中心并服务于"计算"；"抽象、自动化和设计"为第二层次的概念，是从不同方面对"计算"进行的描述；"通信、协作、记忆、评估"蕴含在"抽象、自动化和设计"三个概念中，是计算机科学中仅次于"抽象、自动化和设计"的基础概念，属框架中第三层次的概念（图 4.2）。对这些概念的理解，有助于加深人们对"计算"的认知。下面，分别对这些概念进行描述。

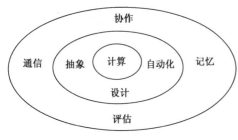

图 4.2　计算思维基本概念的层次关系图

（1）计算（Computation）是执行一个算法的过程。从一个包含算法本身的初始状态开始，输入数据，然后经过一系列中间级状态，直到达到最终也即目标状态。计算不仅仅是数据分析的工具，它还是思想与发现的原动力。可以认为，计算学科及其所有相关学科的任务归根结底都是"计算"，甚至还可以进一步地认为，都是符号串的转换。效率是计算问题的核心。一般来说，掌握一个概念往往需要举出反映该概念本质的 3 个经典案例和 3 个反例。计算包含的核心概念有大问题的复杂性、效率、演化、按空间排序、按时间排序；计算的表示、表示的转换、状态和状态转换；可计算性、计算复杂性理论等。

（2）抽象（Abstraction）是计算的"精神"工具。周以真教授认为，计算思维的本质是抽象化。至少在两个方面，计算学科中的抽象往往比数学和物理学更加丰富和复杂。第一，计算学科中的抽象并不一定具有整洁、优美或轻松的可定义的数学抽象的代数性质，如物理世界中的实数或集合。例如，两个元素堆栈就不能像物理世界中的两个整数那样进行相加，算法也是如此，不能将两个串行执行的算法"交织在一起"实现并行算法。第二，计算学科中的抽象最终需要在物理世界的限制下进行工作，因此，必须考虑各种的边缘情况和可能的失败情况。抽象包含的核心概念有概念模型与形式模型、抽象层次；约简、嵌入、转化、分解、数据结构（如队列、栈、表和图等）、虚拟机等。

（3）自动化（Automation）是计算在物理系统自身运作过程中的表现形式（镜像）。什么能被（有效地）自动化是计算学科的根本问题。这里的"什么"通常是指人工任务，尤其是认知任务，可以用计算来执行的任务。我们能够使用计算机来下棋吗？能够解决数学问题吗？给出关键字能够在因特网上搜索到我们头脑中想要的东西吗？能够实时地将汉语和英语互译吗？能够指引我们开车穿过偏僻地形的地区吗？能够准确地标记图像吗？能够看到我们眼睛看到的东西吗？在周以真教授的论文中，她认为，计算是抽象的自动化。自动化意味着需要某种计算机来解释抽象。这种计算机是一个具有处理、存储和通信能力的设备。计算机可以被认为是一台机器，也可以是一个人，还可以是人类和机器的组合。自动化包含的核心概念有算法到物理计算系统的映射，人的认识到人工智能算法的映射；形式化（定义、定理和证明）、程序、算法、迭代、递归、搜索、推理；强人工智能、弱人工智能等。

（4）设计（Design）是利用学科中的抽象、模块化、聚合和分解等方法对一个系统、程序或者对象等进行组织。在软件开发中，设计这个词意味着两件事：体系结构和处理过程。一个系统的体系结构可以划分为组件以及组件之间的交互活动和它们的布局。处理过程意味着根据一系列步骤来构建一个体系结构。好的设计有正确性、速度、容错性、适应性等4个标准。正确性意味着软件能符合精确的规格。软件的正确性是一项挑战，因为对一个复杂系统来说精确的规格是很难达到的，而证明本身就是一个棘手的问题。速度意味着我们能够预测系统在我们所期望的时间内完成任务。容错性意味着尽管有一些小错误但软件和它的主系统仍然能够正确地运行。适应性意味着一个系统的动态行为符合其环境的使用。设计包含的核心概念有一致性和完备性、重用、安全性、折中与结论；模块化、信息隐藏、类、结构、聚合等。

（5）通信（Communication）是指信息从一个过程或者对象传输到另一个过程或者对象。通信包含的核心概念有信息及其表示、香农定理、信息压缩、信息加密、校验与纠错、编码与解码等。

（6）协作（Coordination）是为确保多方参与的计算过程（如多人会话）最终能够得到确切的结论而对整个过程中各步骤序列先后顺序进行的时序控制。协作包含的核心概念有同步、并发、死锁、仲裁；事件以及处理、流和共享依赖，协同策略与机制；网络协议、人机交互、群体智能。

（7）记忆（Recollection）是指通过实现有效搜索数据的方法或者执行其他操作对数据进行编码和组织。计算思维表述体系中的记忆是人们讨论大数据背后的原理所在，没有记忆这个伟大原理，大数据就是空谈。记忆包含的核心概念有绑定；存储体系、动态绑定（names、Handles、addresses、locations）、命名（层次、树状）、检索（名字和内容检索、倒排索引）；局部性与缓存、trashing 抖动、数据挖掘、推荐系统等。

（8）评估（Evaluation）是对数据进行统计分析、数值分析或者实验分析。评估包含的核心概念有可视化建模与仿真、数据分析、统计、计算实验；模型方法、模拟方法、benchmark；预测与评价、服务网络模型；负载、吞吐率、反应时间、瓶颈、容量规划等。

4.2.4　计算思维与计算机的关系

计算思维虽然有着计算机科学的许多特征，但是计算思维本身却并不是计算机科学的专属。实际上，即使没有计算机，计算思维也在逐步地发展，并且有些内容与计算机也没有关系。但是，正是计算机的出现，给计算思维的研究和发展带来了根本性的变化。由于计算机对于信息和符号的快速处理能力，使得许多原本只是理论可以实现的过程变成了实际可以实现的过程。

海量数据的处理、复杂系统的模拟、大型工程的组织，借助计算机实现了从想法到产品整个过程的自动化、精确化和可控化，大大拓展了人类认知世界和解决问题的能力和范围。机器替代人类的部分智力活动催发了对于智力活动机械化的研究热潮，凸显了计算思维的重要性，推进了对计算思维的形式、内容和表述的深入探索。在这样的背景下，作为人类思维活动中以形式化、程序化和机械化为特征的计算思维受到前所未有的重视，并且本身作为研究对象被广泛和仔细地研究。

研究一个问题如何变换成为能够用计算机求解的方式以及如何利用计算机解决问题，计算机科学在这样的要求背景下快速发展。不到 100 年的时间，计算机从一个理论上的装置图灵机，变成了几乎人手一台的极其普及的机器。这种情况得益于人们对于计算机科学的持续深入的研究和探讨。什么是计算，什么是可计算，什么是可行计算等，计算思维的这些根本性质得到了前所未有地彻底研究。由此不仅推进了计算机科学和工程的发展，也推进了计算思维本身的发展。在这个过程中，一些属于计算思维的特点被逐步揭示出来，计算思维与逻辑思维和实证思维的差别越来越清晰化。计算思维的概念、结构、格式等变得越来越明确，计算思维的内容得到不断丰富。

例如在对指令和数据的研究中，层次性、迭代表述、循环表述以及各种组织结构（树结构、图结构等）被明确提出来，这些研究成果清晰化了计算思维的具体形式和表达方式，使得原来存在于头脑中模模糊糊的东西成为一种科学而明确的概念。

计算机的出现丰富了人类改造世界的手段，同时也强化了原本存在于人类思维中的计算思维的意义和作用。从思维的角度看，计算机科学主要研究计算思维的概念、方法和内容，并发展成为解决问题的一种思维模式，这极大地推动了计算思维的发展。例如，计算机的出现，催生了计算机程序的兴起和发展。计算机程序就是对所要解决的问题，用一种计算机可以理解的方式来进行描述。由于计算机是一个机械的执行机构，因此要想把一个计算过程描述清楚，使计算机可以实现期望的输出结果，就需要对这个过程进行十分清楚和准确的描述。这个描述不仅要对过程的本身表述清晰，还要考虑出现各种意外情况时如何响应和处理。这种人机交流的方式逐步发展和完善起来，而这一点正是人类自身在使用计算思维进行思考、交流和沟通的特征，这些特征在计算机发展的过程中被强化和凸显出来。人们用于与计算机进行交流的技术和手段也适用于人类自身的交流。

作为一种表达思维的方式，计算机程序中采用了各种技术和手段，例如在描述语句方面，采用了递归结构、循环语句、中断和跳出等。在数据组织方面，采用了队列、栈、树等，并且为此发展出一整套形式语言理论、编译理论、检验理论以及优化理论，这些理论和技术都是计算思维中的核心概念，原本就是人类交流中已经存在的表达方式，随着计算机程序的研究而逐步得到清晰化和准确化。计算机程序科学中所发展起来的各种技术不仅为编写程序所采用，而且已经广泛应用到其他领域，只要是需要精确描述一种工程组织或者工艺过程，都采取了类似于计算机程序那样的表达方法。这样的例子还可以在计算机科学的其他方面找到，如递归描述、并行处理、类型检查、分治算法、关注分离、冗余设计、容错纠错、度量折中等。这些内容原来都存在于计算思维之中，但由于计算机科学的发展而得到明确的定义和解释，从而使计算思维本身得到了非常深入的研究和发展，这既推进了计算机科学的发展，也促进了人类对于这些属于计算思维重要内容的进一步理解。因此可以说，计算机的出现和发展强化了计算思维的意义和作用。

4.2.5　计算思维的典型案例

1. 图灵机

从前述可知，可计算性是计算思维的重要标志。可计算是指在可以预先确定的时间和步骤之内能够具体进行的计算。例如，当 A 是"请猜出我现在所想的那个数，但你只能猜一次"，则在预先确定的时间之内不能保证得到 B。那么该描述呈现的即不可计算。什么样的任务才是可计算的任务？这是计算机科学必须要回答的一个最基本的问题。这是关系到计算机能做什么、不能做什么的根本问题。

在电子数字计算机出现之前，数理逻辑学家们就开始研究可计算问题了。他们的思路是：为计算建立一个数学模型，称为计算模型，然后证明，凡是这个计算模型能够完成的任务，就是可计算的任务。图灵机就是这样的一个抽象的计算模型。比如给定符号序列 A，如果用图灵机能够得出对应的符号序列 B，那么从 A 到 B 就是可计算的。

已经证明：图灵机、递归函数、λ 演算和 Post 系统这四种计算模型是等价的。这意味着，人们可以选择最合适的计算模型来确定一个任务是否可计算。图灵机，又称图灵计算、图灵计算机，是由数学家艾伦·图灵（Alan Turing）提出的一种抽象计算模型，即将人们使用纸笔进行数学运算的过程进行抽象，由一个虚拟的机器替代人们进行数学运算。

图灵的基本思想是用机器来模拟人们用纸笔进行数学运算的过程，他把这样的过程看作下列两种简单的动作：在纸上写上或擦除某个符号；把注意力从纸的一个位置移动到另一个位置。而在每个阶段，人要决定的下一步的动作，依赖于此人当前所关注的纸上某个位置的符号和此人当前思维的状态。

为了模拟人的这种运算过程，图灵构造出一台假想的机器，该机器由以下几个部分组成：

（1）一条无限长的带：带上划上格子，每个格子中可以写一个符号；所有允许出现的符号属于一个预先规定好的字母表。

（2）一个读写头：每次可以从带上读出一个符号，也可以擦去或改写这个符号；读写头可以左移一格、右移一格或者保持不动。

（3）一个控制器：控制器里存有一个程序（Program）［程序就是指令（Instructions）的

序列]；控制器在每个时刻处于一定的状态，叫作机器状态；当读写头从带上读出一个符号后，控制器就根据这个符号和当时的机器状态，参照程序做出反应，即指挥读写头进行书写或者移动，并决定是否改变机器状态。图灵机模型中的读写头和带如图4.3所示。

图4.3　图灵机模型中的读写头和带

注意这个机器的每一部分都是有限的，但它有一个潜在的无限长的纸带，因此这种机器只是一个理想的设备。图灵认为这样的一台机器就能模拟人类所能进行的任何计算过程。

下面定义一个字母表 {1，b}，b 表示空白；定义了机器状态 {Q1，Q2，Q3}，定义了读写头的动作（R：右移；L：左移；H 不动），表4.1列举了该图灵机模型中参数情况。在表中，共有六条指令。指令各部分的合作是这样设定的：（1）在当前机器状态下；（2）判断读入的符号；（3）写一个符号；（4）控制读写头动作；（5）设置下一机器状态。

表4.1　图灵机模型参数表

指令序列编号	当前机器状态	当前读入的符号	当前应写入的符号	读写头的动作	下一机器的状态
1	$Q1$	1	1	R	$Q1$
2	$Q1$	b	1	R	$Q2$
3	$Q2$	1	1	R	$Q2$
4	$Q2$	b	b	L	$Q3$
5	$Q3$	1	b	H	$Q3$
6	$Q3$	b	b	H	$Q3$

假设开始时在带上输入 x 个 1 和 y 个 1，如图4.4所示，那么经过该图灵机处理后，会得到什么样的结果？很明显，这是在进行任意两个大于0的整数的相加。

图灵机在一定程度上反映了人类最基本的、最原始的计算能力，它的基本动作非常简单、机械、确定。因此，有条件用真正的机器来实现图灵机。图4.5为一个图灵机的示意装置。

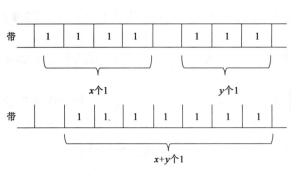

图4.4　图灵机处理举例

图4.5　一个图灵机的示意装置

依据程序，可以对符合字母表要求的任意符号序列进行计算。因此，同一个图灵机可以进行规则相同、对象不同的计算，具有数学概念上的函数 $f(x)$ 的计算能力。

如果开始的状态（读写头的位置、机器状态）不同，那么计算的含义与计算的结果就可能不同。在按照每条指令进行计算时，都要参照当前的机器状态，计算后也可能改变当前的机器状态。

程序并非必须顺序执行，因为指令中关于下一状态的指定，实际上表明指令可以不按程序中所表示的顺序执行。这意味着，虽然程序只能按线性顺序来表示指令序列，但程序的实际执行轨迹可以与表示的顺序不同。与之相对应的是，读者在学习 C 语言程序设计时将看到，程序的基本结构有三种：顺序、选择（或分支）、循环。

从图灵机模型的构造与上面的例子可以发现，计算的对象、中间结果和最终结果都在带上，程序则在控制器中。这意味着什么？如果把这样的图灵机做成一台计算机，由于程序是固定的，那么这样的计算机就只能完成规则固定的计算（但输入可以多样化），因此它是一台专用计算机，只完成固定计算。如果把计算用的程序也放在带上，则控制器中的程序能够从带上把计算用的程序中的指令逐条地读进来，再按照其要求进行计算（该过程叫作解释）。具有这种能力的图灵机叫作通用图灵机，这也就是冯·诺依曼结构的基本思想。

从上面的例子中进一步发现，字母表 {1，b} 中的符号 b 表示空白（在计算机领域中通常叫空格）。显然它是被加数、加数、和的边界符号，表示计算对象和计算结果的边界。也就是说真正用来表示被加数、加数与和的数值的，只有符号 1。那么，数值 1，000，000 就应当由一百万个 1 来表示。读入这一个数，读写头就要移动一百万次。在设计真正的计算机时，这显然是不合理、不实际的。

如果这个字母表中一共有 11 个符号：{0，1，…，9，b}，那么就可以用十进制来表示数值。但是，这时的程序要长得多，确定当前指令也要花更多的时间。也就是说字母表中的符号越多，用机器表示的困难一般就越大。例如，制造一个有十个状态（每个状态表示一个符号）的波段开关，就远比只有两个状态（开、关）的一般开关要复杂，对应机器的可靠性会大大降低。显然，在计算机里采用十进制是不切实际的。实际上，冯·诺依曼机器采用了二进制数据表示方法。

2. 递归算法

算法和数论中很多内容涉及计算与计算思维，如递归就是一种典型的计算思维。什么是递归？比如你打开面前这扇门，看到屋里面还有一扇门。你走过去，发现手中的钥匙还可以打开它，你推开门，发现里面还有一扇门，你继续打开它。若干次之后，你打开面前的门后，发现只有一间屋子，没有门了。然后，你开始原路返回，每走回一间屋子，你数一次，走到入口的时候，你可以回答出你到底用这这把钥匙打开了几扇门。这个过程就是递归。

在数学与计算机科学中，递归（Recursion）是指在函数的定义中使用函数自身的方法。实际上，递归，顾名思义，包含了两个意思：递和归，这正是递归思想的精华所在。

正如上面所描述的场景，递归就是有去（递去）有回（归来）。"有去"是指：递归问题必须可以分解为若干个规模较小、与原问题形式相同的子问题，这些子问题可以用相同的解题思路来解决，就像上面例子中的钥匙可以打开后面所有门上的锁一样；"有回"是指：这些问题的演化过程是一个从大到小、由近及远的过程，并且会有一个明确的终点（临界点），一旦到达了这个临界点，就不用再往更小、更远的地方走下去。最后，从这个临界点开始，原路返回到原点，原问题解决。递归的基本思路如图 4.6 所示。

更直接地说，递归的基本思想就是把规模大的问题转化为规模小的相似的子问题来解决。特别地，在函数实现时，因为解决大问题的方法和解决小问题的方法往往是同一个方法，所以就产生了函数调用它自身的情况，这也正是递归的定义所在。格外重要的是，这个解决问题的函数必须有明确的结束条件，否则就会导致无限递归的情况。

生活中递归的典型例子有很多，比如德罗斯特效应（图 4.7）。德罗斯特效应（Droste Effect）是一个来自荷兰的术语，它是一种年代久远的视觉艺术，指在照片中还有一个更小的同样的照片，依次包含下去。理论上这种延伸会无限进行下去，但实际受限于分辨率，只能看到开始的几张照片，只是会给人一种无限深入的错觉。

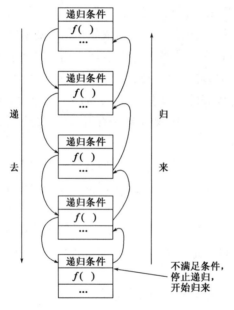

图 4.6　递归的基本思路　　　　　图 4.7　德罗斯特效应

再比如电影"盗梦空间"，从现实走入一层又一层有意构建的梦境，而后又克服重重困难走出层层梦境回归现实，这部电影充斥着典型的递归思想。

3. 程序设计中的计算思维

计算思维也可以体现在程序设计中，如经典的证比求易算法——"国王的婚姻"。这是一个很有意思的故事：一个酷爱数学的年轻国王向邻国一位聪明美丽的公主求婚，公主出了这样一道题：求出 48770428433377171 的一个真因子。若国王能在一天之内求出答案，公主便接受他的求婚。国王回去后立即开始逐个数地进行计算，他从早到晚共算了 3 万多个数，最终还是没有结果。国王向公主求情，公主告知 223092827 是其中的一个真因子，并说"我再给你一次机会,如果还求不出将来,你只好做我的证婚人了"。国王立即回国并向时任宰相的大数学家求教,大数学家在仔细地思考后认为,这个数为 17 位,则最小的一个真因子不会超过 9 位。于是他给国王出了一个主意,按自然数的顺序给全国的老百姓每人编一个号发下去,等公主给出数目后立即将它们通报全国,让每个老百姓用自己的编号去除这个数,除尽了立即上报赏金万两。最后国王用这个办法求婚成功。实际上这是一个求大数真因子的问题,由于数字很大,国王一个人采用顺序算法求解,时间消耗非常大。当然,如果国王生活在拥有超高速计算能力的计算机的现在,这个问题就不是什么难题了,而在当时,国王只有将可能的数字分发给百姓,才能在有限的时间内求取结果。该方法增加了空间复杂度,但大大降低了时间的消耗,这就是非常典型的分治法,将复杂的问题分而治之,这也是我们面临很多复杂问题时经常会采用的解决方法,这种方法也可作为并行的思想看待,而这种思想在计算机中的应用比比皆是,如现在 CPU 的发展就是如此。

在程序设计中,这些经典的算法需要通过一种具体的程序设计语言将算法转换为计算机可以执行的程序,了解如何将具体问题抽象化后由计算机实现的过程,并从程序的执行效率中判断出算法的好坏,从而对各种算法进行评价分析。这种体现出在时间和空间之间,在计算机处理能力和存储容量之间需要进行折中的思维方法,可以加深学习者对相关软件实现的理解,从而进一步理解计算科学的本质——抽象和自动化。

4.2.6 计算思维的意义和用途

随着现代科学的形成和发展,人们对于计算思维的意义和用途的认识也越来越提升。在目前的社会,使用计算思维考虑和陈述问题,已经成了越来越熟悉和普遍的事实。计算思维成为一个现代人所必须具备的素质。周以真教授认为,计算思维是 21 世纪中叶每一个人都要用的基本工具,它将会像数学和物理那样成为人类学习知识和应用知识的基本组成和基本技能。陈国良教授认为,当计算思维真正融入人类活动的整体时,它作为一个解决问题的有效工具,人人都应当掌握,处处都会被使用。徐志伟教授认为,计算思维是无处不在的,它提供了理解世界的智力工具,在人类社会中具有永久的价值。这些都肯定了计算思维在人类思维活动中的地位以及在当前科学发展中的重要意义。

计算作为一门学科存在的时间不长,但人们已经认识到计算在科学界的影响力。1982年,诺贝尔物理学奖得主 Ken Wilson 在他的获奖演讲中就提到计算在他的工作中扮演的重要角色。2013 年的诺贝尔物理学奖、生理学或医学奖都与计算有关,化学奖的主要成果"复杂化学系统多尺度模型的创立",这更是一个典型的用计算思维的方式——结构和算法的过程得到科学新发现的实例。在分子生物学领域取得的研究进展中,计算和计算思维已经成为其核心内容。如今在研究许多复杂的物理过程(如群鸟行为)时,最佳方式也是将其理解为一个计算过程,然后运用算法和复杂的计算工具对其进行分析。

从计算金融学到电子贸易,计算思维已经渗透到整个经济学领域。随着越来越多的档案文件归入各种数据库中,计算思维正在改变社会科学的研究方式。甚至音乐家和其他艺术家也纷纷将计算视为提升创造力和生产力的有效途径。

总的来说,计算思维为人们提供了理解自然、社会以及其他现象的一个新视角,给出了解决问题的一种新方法，强调了创造知识而非使用信息，提高了人们的创造和创新能力。

1. 理解自然、社会等现象的新视角

在许多不同的科学领域，无论是自然科学还是社会科学，底层的基本过程都是可计算的，可以从计算思维的新视角进行分析。人类基因组计划就是一个典型案例。用数字编码技术来解析 DNA 串结构的研究是计算思维的一个经典实例，为分子生物学带来了一场革命。将有机化学的复杂结构抽象成 4 个字符组合而成的序列后，研究人员就可以将 DNA 看作一长串信息编码。DNA 串结构实际就是控制有机体发育过程的指令集，而编码是这一指令集的数据结构，基因突变就类似于随机计算，细胞发育和细胞间的相互作用可视为协同通信的一种形式。沿着这一思路，研究人员已经在分子生物学领域取得了长足的进展，最具代表性成绩就是人类基因组计划中包括的人体内全部 DNA 解码、基因测序并绘制人类基因图谱、开发基因信息分析工具等一系列任务的圆满完成。图 4.8 是人类基因组 DNA 草图。

2. 解决问题的新方法

计算思维强调知识的创造而不是信息的使用，它提供了问题解决方法创新的无限可能，并强化了已经传授的解决问题的技术。下面以日本折纸为例进行说明。折纸又称工艺折纸，是一种以纸张折成各种不同形状的艺术活动。折纸发源于中国，在日本得到了很大的发展，历经若干世纪，现在的日本折纸已成为一项集艺术审美、数学和计算机科学于一身的新艺术，而且还催生了名为"计算折纸"的新领域。图 4.9 即日本折纸。该领域通过与折纸算法有关的理论来解答折纸过程中遇到的问题。如在折出某个物品之前事先将这一物品的外形抽象成一张图，这就用到了图论。一旦将某个物体抽象为图的形式就可以得到描述整个折叠顺序的算法，这就意味着该物品对应的折纸过程完全可以实现自动化，运用计算思维的这种抽象和自动化方法还可以做出更多更为复杂的折纸。折纸艺术家可以在完成折纸工序自动化的过程中，从折纸创新的角度向人们更为具体地介绍折纸的基本概念。在美国德保罗大学基于计算思维的教学改革中，已成功地将这种解决问题的新方法及其案例融入课程，特别是在用于人文类课程的教学中。

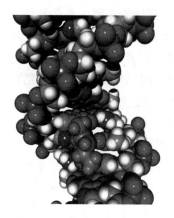

图 4.8　人类基因组 DNA 草图

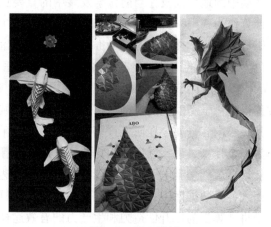

图 4.9　日本折纸

3. 创造知识

计算思维还可以创造大量的新知识。比如，亚马逊公司的网上购物推荐系统创造的新知识。亚马逊公司成立时间并不长，但通过客户浏览网站的痕迹和购物的历史记录，该公司已经积累了大量的客户信息。传统的统计方法成为亚马逊公司手中的有力杠杆，借力这些信息，公司得以及时跟踪客户的喜好和兴趣以及公司的库存产品。但是这些累积信息中可能包含一些无法基于视觉或者手动检测的数据模式，而知识的创造过程就是发现并且明确地表述出那些藏而不露但意义深远的数据模式。亚马逊公司利用各种方法对这些数据进行深入挖掘并用于各项决策中，比如给某位顾客推荐某些书。亚马逊公司的网上购物推荐系统正是建立在这些客户留下的数据信息的基础上，比如该客户的历史购物记录以及购买了同一件商品的其他客户的购物记录。这些规则构成了该推荐系统，它是该公司商业模式的核心部分，也是 Netflix prize 算法竞赛中列举的在线商务系统的核心。

又比如 2018 年 1 月 11 日，今日头条在总部举办了一场推荐算法交流会，介绍了今日头条的推荐系统，公布了今日头条使用的五种推荐算法。该推荐系统如果用形式化的方式去描述实际上是拟合一个用户对内容满意度的函数 $y = F(X_i, X_u, X_c)$，这个函数需要输入三个维度的变量。图 4.10 为今日头条的推荐系统。

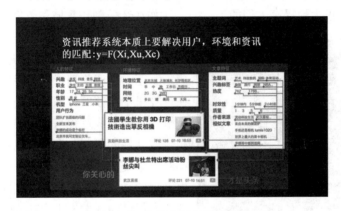

图 4.10　今日头条的推荐系统

该推荐系统的第一个维度是内容。今日头条是一个综合内容平台，图文、视频、UGC 小视频、问答、微头条，每种内容有很多自己的特征，需要考虑怎样提取不同内容类型的特征做好推荐。第二个维度是用户特征，包括各种兴趣标签，如职业、年龄、性别等，还有很多模型刻画出的隐式用户兴趣等。第三个维度是环境特征，这是移动互联网时代推荐的特点，用户随时随地移动，在工作场合、通勤、旅游等不同的场景，信息偏好有所偏移。

结合三方面的维度，模型会给出一个预估，即推测推荐内容在这一场景下对这一用户是否合适。

今日头条的推荐如何工作呢？主要有四类最重要的用户特征，将会输入给算法，影响推荐算法的工作。

第一类是相关性特征，就是评估内容的属性和维度与用户是否匹配。显性的匹配包括关键词匹配、分类匹配、来源匹配、主题匹配等。FM 模型中也有一些隐性匹配，从用户向量与内容向量的核心距离可以得出。

第二类是环境特征，包括地理位置、时间。这些既是基础特征，也能以此构建一些匹配特征。

第三类是热度特征，包括全局热度、分类热度、主题热度，以及关键词热度等。热度信息在大的推荐系统特别在冷启动的时候非常有效。

第四类是协同特征，它可以在部分程度上帮助解决所谓算法越推越窄的问题。协同特征并非考虑用户已有历史，而是通过用户行为分析不同用户间相似性，比如点击相似、兴趣分类相似、主题相似、兴趣词相似，甚至向量相似，从而扩展模型的探索能力。

4. 提高创造力和创新力

计算思维具有强大的创新能力，而培养计算思维能力的最高目标是创新。计算思维是分析性思维、创造性思维和实用性思维的综合体现，故培养学生的计算思维，实际上就是要培养学生的分析能力、创新能力和应用能力。创造性思维是培养学生创新能力所必不可少的一个前提要素，只有去发现、去想象、去创造，才有可能进行真正的创新。科学思维是创新的灵魂，而以计算机科学为基础的计算思维作为三大科学思维之一，对于培养学生的创新能力十分重要。学会计算思维，是信息社会中创新的一种需要。

计算思维可以极大地提高人们的创造力。比如在音乐制作领域，依靠计算机的软硬件可

图 4.11　DarkWave Studio 界面

以产生大量的合成声音，创作音乐。从最简单到最复杂的任何声音都可以通过计算机软件来合成。基于对声音物理特性的理解以及对这种特性在计算机中存储的认识，人们可以采用计算思维了解声音的合成过程与音乐的制作过程。通过音乐合成软件的研制，人们可以很自然地将编程和作曲思维变成一种平行关系，并采用这些软件产生大量的高质量音乐作品。实际上，鉴于这个目的，人们已经开发出不少功能强大的音乐制作编程语言，如 Nyquist、JFugue、DarkWave Studio 等。图 4.11 为 DarkWave Studio 的界面。

4.3　小　结

以问题求解为核心的计算思维自 2006 年提出以后，便成为人们十分关注的热点。计算思维的出现顺应了信息社会的需求，使人们清醒地认识到计算的强大魅力——采用计算的方法，可以有效地解决问题、实现创新。计算思维兼具计算和思维的特质，不仅是信息社会中人们所应具备的一种基本能力，而且也是创新人才选择的重要指标。正如《计算思维教学改革宣言》所说："一个人若不具备计算思维的能力，将在从业竞争中处于劣势；一个国家若不使它的公民得到计算思维的培养，将在竞争激烈的国际环境中处于落后地位。"计算思

维是信息化时代赋予人类的一种特殊能力，如何正确地理解计算思维，关系到计算思维培养、计算思维教育等诸多方面的问题。

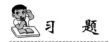 习　题

1. 什么是科学思维？科学思维的重要原则有哪些？

2. 实证思维、逻辑思维和计算思维的主要区别在哪里？

3. 计算思维的特征是什么？

4. 计算思维与计算机的关系如何描述？

5. 计算思维的应用领域有哪些？

6. 除了文中提到的亚马逊与今日头条的推荐系统，你还能在生活学习中看到哪些推荐？尝试描述推荐系统对你的画像。

7. 抽象是计算思维的重要步骤，请举几个学习、生活中抽象的例子。

8. 本章介绍了几个经典的计算思维的例子，你还能举出其他的例子吗？

9. 请简述图灵机与冯·诺依曼机器的共同点。

第 5 章
数据结构与算法

在计算机科学中，数据结构是一门研究非数值计算的程序设计问题中计算机的操作对象（数据元素）以及它们之间的关系和运算等的学科。数据结构的研究不仅涉及计算机硬件，更是与计算机软件的研究更有着密不可分的关系，无论是编译程序还是操作系统，都涉及数据元素在存储器中的存储及分配问题。在研究信息检索时，也必须考虑如何组织数据，以便查找和存取数据元素。

随着计算机技术的发展，非数值计算问题显得越来越重要。据统计，当今处理非数值计算性问题占用了90%以上的机器时间。这类问题涉及的数据结构更为复杂，数据元素之间的相互关系一般无法用数学方程式加以描述。因此，解决这类问题的关键不再是数学分析和计算方法，而是要设计出合适的数据结构。学习数据结构的目的就是了解计算机处理对象的特性，并将实际问题中所涉及的处理对象在计算机中表示出来并对它们进行存储与处理。

本章阐述了数据结构的基础知识与算法的基础知识，并对常见算法做了介绍。

5.1 数据结构基础

5.1.1 数据结构的基本概念

（1）数据。数据（Data）是描述客观事物的符号，能输入计算机中并能被计算机程序处理的符号集合。它是计算机程序加工的"原料"。例如，一个文字处理程序（如 Microsoft Word）的处理对象就是字符串，一个数值计算程序的处理对象就是整型和浮点型数据。因此，数据的含义非常广泛，如整型、浮点型等数值类型及字符、声音、图像、视频等非数值数据都属于数据范畴。

（2）数据元素。数据元素（Data Element）是数据的基本单位，在计算机程序中通常作为一个整体考虑和处理，也就是计算机处理的数据的基本单位。一个数据元素可由若干个数据项（data item）组成，数据项是数据不可分割的最小单位。例如，一个学校的教职工基本情况表包括编号、姓名、性别、籍贯、所在院系、出生年月及职称等数据项。这里的数据元素也称为记录。教职工基本情况见表 5.1。

表 5.1　教职工基本情况

编号	姓名	性别	籍贯	所在单位	出生年月	职称
200301	张燕	女	湖北	文学院	1971.02	副教授
200506	夏沫	男	天津	计科院	1968.10	教授
200704	朱丹	女	福建	外语学院	1980.12	讲师

（3）数据对象。数据对象（Data Object）是性质相同的数据元素的集合，是数据的一个子集。例如，正整数数据对象是集合 $N = \{1, 2, 3, \cdots\}$，字母字符数据对象是集合 $C = \{\text{'A'}, \text{'B'}, \text{'C'}, \cdots\}$。

（4）数据结构。数据结构（Data Structure）即数据的组织形式，它是数据元素之间存在的一种或多种特定关系的数据元素集合。在现实世界中，任何事物都是有内在联系的，而不是孤立存在的，同样在计算机中，数据元素不是孤立的、杂乱无序的，而是具有内在联系的数据集合。例如，表 5.1 的教职工基本情况表是一种表结构，学校组织机构是一种层次结构，城市之间的交通路线属于图结构，分别如图 5.1 和图 5.2 所示。

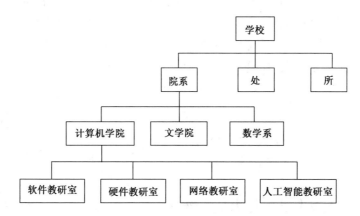

图 5.1　学校组织机构图

（5）数据类型。数据类型（Data Type）用来刻画一组性质相同的数据及其上的操作。数据类型是按照值的不同进行划分的。在高级语言中，每个变量、常量和表达式都有各自的取值范围，数据类型就说明了变量或表达式的取值范围和所能进行的操作。

5.1.2　常见的数据结构

　　数据的逻辑结构（Logical Structure）是指在数据对象中数据元素之间的相互关系。根据数据元素之间不同的逻辑关系构成了以下 4 种不同的逻辑结构类型。

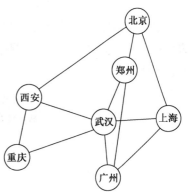

图 5.2　城市之间的交通路线图

（1）集合结构。集合结构中的数据元素除了同属于一个集合外，数据元素之间没有其他关系（图5.3）。这就像数学中的自然数集合，集合中的所有元素都属于该集合，除此之外，没有其他特性。例如，数学中的正整数集合 {50，67，20，98，18}，集合中的数除了属于正整数外，元素之间没有其他关系。数据结构中的集合关系就类似于数学中的集合。

（2）线性结构。线性结构中的数据元素之间是一对一的关系（图5.4）。数据元素之间有一种先后的次序关系，a、b、c、d、e、f是一个线性表，其中，除了第一个元素 a 没有前驱，最后一个元素 f 没有后继，中间每个元素都有唯一前驱与后继。

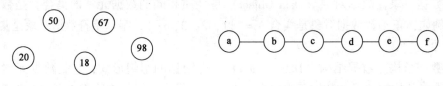

图5.3　集合结构　　　　　　　　　　图5.4　线性结构

（3）树形结构。树形结构中的数据元素之间存在一种一对多的层次关系（图5.5）。这就像学校的组织结构图，学校下面是教学的院系、行政机构及一些研究所。

（4）图结构。图结构中的数据元素是多对多的关系，任何元素间都可能有关系。图5.6就是一个图结构，用来表示 a、b、c、d、e、f 六个城市之间的交通路线图，如城市 a 和城市 b、e 都存在一条直达路线，而城市 b 也和城市 a、e、c 存在一条直达路线……还有很多条直达路线（也就是图中顶点间的直线段）。

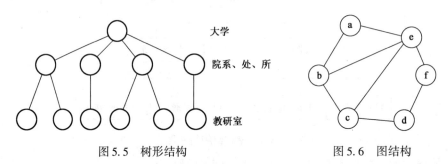

图5.5　树形结构　　　　　　　　　　图5.6　图结构

数据逻辑结构在计算机中的表示称为数据的物理结构，又称存储结构（包含数据元素的表示和关系的表示），常见的存储结构有链式存储结构与顺序存储结构，分别如图5.7与图5.8所示。

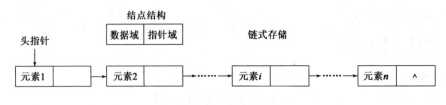

图5.7　链式存储结构

常见的数据结构有以下几种：

1. 线性表

线性表是最常用且最简单的一种数据结构，它是 n 个数据元素的有限序列。实现线性表的方式一般有两种，一种是使用数组存储线性表的元素，即用一组连续的存储单元依次存储线性表的数据元素，也就是顺序表；另一种是使用链表存储线性表的元素，即用一组任意的存储单元存储线性表的数据元素（存储单元可以是连续的，也可以是不连续的），也就是链表。线性表的存储单元地址必须是连续的。

2. 栈与队列

栈和队列也是比较常见的数据结构，它们是一种在操作上受到限制的比较特殊的线性表，因为对于栈来说，允许访问、插入和删除元素只能在栈顶进行；对于队列来说，元素只能从队列尾插入，从队列头访问和删除。

栈（图 5.9）是限制插入和删除只能在一个位置上进行的线性表，该位置是表的末端，叫作栈顶。对栈的基本操作有 push（进栈）和 pop（出栈），前者相当于插入，后者相当于删除最后一个元素。栈有时又叫作 LIFO（Last In First Out）表，即后进先出。

队列（图 5.10）也是一种特殊的线性表，特殊之处在于它只允许在表的前端（front）进行删除操作，而在表的后端（rear）进行插入操作。和栈一样，队列是一种操作受限制的线性表。进行插入操作的端称为队尾，进行删除操作的端称为队头。

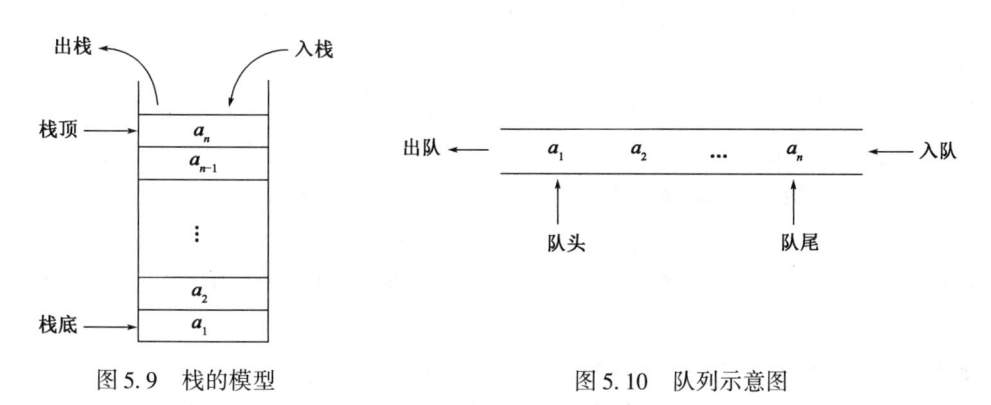

图 5.9　栈的模型　　　　图 5.10　队列示意图

普通的队列是一种先进先出的数据结构，还有一种优先队列，其中的元素都被赋予优先级。当访问元素的时候，具有最高优先级的元素最先被操作。优先队列在生活中的应用还是比较多的，比如医院的急症室为病人赋予优先级，具有最高优先级的病人最先得到治疗。在 Java 集合框架中，类 PriorityQueue 就是优先队列的实现类，有兴趣的话可以去查阅一下相关源代码。

3. 树与二叉树

树形结构是一类非常重要的非线性数据结构，其中以树和二叉树最为常用。

树是由 n（$n \geq 1$）个有限结点构成的一个具有层次关系的集合。它具有以下特点：其中仅有一个结点没有直接前驱结点，该结点就叫树根结点，其余结点有且仅有一个唯一的直接前驱结点（即双亲结点）；每个结点有零个或多个直接后继结点（也就是孩子结点），其中具有零个直接后继结点的结点叫叶子结点；除根结点外，其余结点可分为多个不相交的子集（也就是根结点的多颗子树）。如图 5.11 所示，该树的根结点 A 具有三颗子树。

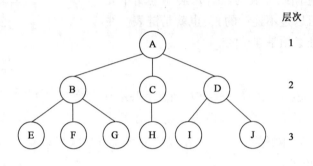

图 5.11　树的结构

二叉树是每个结点最多有两棵子树的树结构。通常子树被称作左子树和右子树。二叉树常被用于实现二叉查找树和二叉堆。

二叉树的每个结点至多只有 2 棵子树（不存在度大于 2 的结点），二叉树的子树有左右之分，它是左右次序不能颠倒的有序树。其性质如下：

性质 1　在二叉树的第 i 层上至多有 $2i-1$ 个结点。

性质 2　一棵深度为 k 的二叉树至多有个结点（$k \geq 1$）。有 $2k-1$ 个节点的二叉树称为满二叉树。

性质 3　对任何一棵二叉树 T，如果其叶结点数为 n_0，度为 2 的结点数为 n_2，则 $n_0 = n_2 + 1$；深度为 k，有 n 个结点的二叉树，当且仅当其每一个结点都与深度为 k 的满二叉树中，序号为 1 至 n 的结点对应时，称为完全二叉树，如图 5.12 所示。

性质 4　具有 n（$n \geq 0$）个结点的完全二叉树的深度为 $\lfloor \log_2 n \rfloor + 1$。

性质 5　如果对一棵有 n 个结点的完全二叉树的结点按层次顺序编号，则对任一结点有：

如果 $i=1$，则结点 i 是二叉树的根，无双亲；如果 $i>1$，则其双亲是结点 $i/2$；

如果 $2i>n$，则结点 i 无左孩子；否则其左孩子是结点 $2i$；

如果 $2i+1>n$，则结点 i 无右孩子；否则其右孩子是结点 $2i+1$。

4. 图

图是一种较线性表和树更为复杂的数据结构。在线性表中，数据元素之间具有一对一的线性关系；树形结构中，数据元素之间是一对多且有着明显的层次关系；而在图结构中，顶

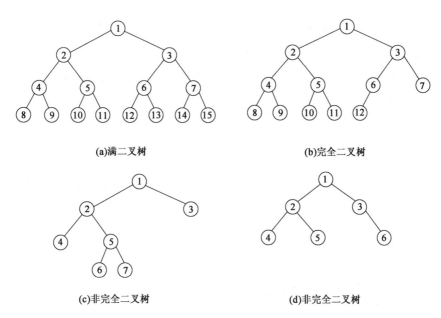

(a)满二叉树　　　　　　　　　　　　(b)完全二叉树

(c)非完全二叉树　　　　　　　　　　(d)非完全二叉树

图 5.12　特殊形态的二叉树

点（也就是数据元素）之间是一种多对多的关系，图中任意两个数据元素之间都可能有关系。图的应用相当广泛，特别是近年来发展迅速，已经渗入诸如语言学、逻辑学、物理、化学、电讯工程、计算机科学以及数学的其他分支中。

5.2　算法基础

在数据类型建立起来之后，就要对该类型的数据进行操作，建立起运算的集合即程序。运算的建立、方法好坏直接决定着计算机程序运行效率的高低。如何建立一个比较好的运算集合就是算法要研究的问题。

算法与数据结构关系密切，两者既有联系又有区别。数据结构与算法的联系可用一个公式描述，即程序 = 算法 + 数据结构。数据结构是算法实现的基础，算法总是要依赖于某种数据结构来实现的。算法的操作对象是数据结构，算法的设计和选择要同时结合数据结构，简单地说，数据结构的设计就是选择存储方式。算法设计的实质就是对实际问题中要处理的数据选择一种恰当的存储结构，并在选定的存储结构上设计一个好的算法。数据结构是算法设计的基础。

算法设计必须要考虑数据结构的构造，算法设计是不可能独立于数据结构存在的。另外，数据结构的设计和选择需要为算法服务，如果某种数据结构不利于算法实现它将没有太大的实际意义。知道某种数据结构的典型操作才能设计出好的算法。总之，算法的设计同时伴有数据结构的设计，两者都是为最终解决问题服务的。数据结构与算法的区别在于数据结构关注的是数据的逻辑结构、存储结构以及基本操作，而算法更多的是关注如何在数据结构的基础上解决实际问题。算法是编程思想，数据结构则是这些思想的基础。

5.2.1 算法的定义和要素

算法（algorithm）是解决特定问题求解步骤的描述，在计算机中表现为有限的操作序列。操作序列包括了一组操作，每一个操作都完成特定的功能。例如求 n 个数中最大者的问题，其算法描述如下。

定义一个变量 max 和一个数组 a [ ]，分别用来存放最大数和数组的元素，并假定第一个数最大，赋给 max，即

max = a [0]；

依次把数组 a 中其余的 $n-1$ 个数与 max 进行比较，遇到较大的数时，将其赋给 max，即

```
for (i = 1; i < n; i + +)
    if (max < a [i])
        max = a [i];
```

最后，max 中的数就是 n 个数中的最大者。

算法具有以下 5 个特性：

（1）有穷性。算法在执行有限的步骤之后，自动结束而不会出现无限循环，并且每一个步骤在可接受的时间内完成。

（2）确定性。算法的每一步骤都具有确定的含义，不会出现二义性。算法在一定条件下只有一条执行路径，也就是相同的输入只能有一个唯一的输出结果。

（3）可行性。算法的每一步都必须是可行的，也就是说，每一步都能够通过执行有限次数完成。

（4）输入。算法具有零个或多个输入。

（5）输出。算法至少有一个或多个输出。输出的形式可以是打印输出也可以是返回一个或多个值。

算法的描述方式有多种，如自然语言、伪代码（或称为类语言）、程序流程图及程序设计语言（如 C 语言）等。其中，自然语言描述可以是汉语或英语等文字描述；伪代码形式类似于程序设计语言形式，但是不能直接运行；程序流程图的优点是直观，但是不易直接转化为可运行的程序，移植性不好；程序设计语言形式是完全采用如 C、C + +、Java 等语言描述，可以直接在计算机上运行。

例如判断正整数 m 是否为质数，算法可采用以下几种方式描述。

1. 自然语言描述法

利用自然语言描述"判断 m 是否为质数"的算法如下。

（1）输入正整数 m，令 i = 2；

（2）如果 $i \leqslant \sqrt{m}$，则令 m 对 i 求余，将余数送入中间变量 r；否则输出"m 是质数"，算法结束；

（3）判断 r 是否为零。如果为零，输出"m 不是质数"，算法结束；如果 r 不为零，则令 i 增加 1，转到步骤（2）执行。

2. 程序流程图法

"判断 m 是否为质数"的程序流程图如图 5.13 所示。表 5.2 给出了程序流程图中出现的常用符号的说明。

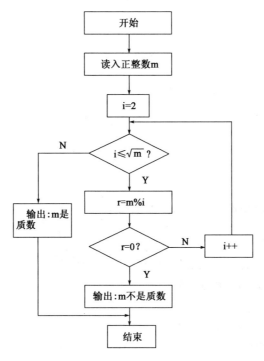

图 5.13   判断 m 是否为质数的程序流程图

表 5.2   程序流程图中符号的说明

图　形	名　称	说　明
⇒	流向线	表示算法流程方向；箭头方向为入口，相背方向为出口
▭	开始、结束框	开始框仅有流向线从其流出，而结束框仅有流向线流入
▭	处理框	也称矩形框，表示确定的处理、步骤
▱	输入输出框	表示原始数据的输入和处理结果的输出
◇	判断框	允许有一个入口，两个或两个以上的可选择的出口

3. 类语言法（或者伪代码法）

用类 C 语言描述"判断 m 是否为质数"如下：

```
void IsPrime ()
/＊判断 m 是否为质数＊/
{ scanf (m);                /＊输入正整数 m＊/
    for (i＝2; i＜＝sqrt (m); i＋＋)
    {
        r＝m％i;                    /＊求余数＊/
        if (r＝＝0)                 /＊如果 m 能被整除＊/
        {
            printf (" m 不是质数!");
            break;
        }
    }
    printf (" m 是质数!");
}
```

类语言可以直接转化为直接运行的计算机程序。

4. 程序设计语言法

C 语言描述"判断 m 是否为质数"如下：

```
void IsPrime () /＊判断 m 是否为质数＊/
{
    printf (" 请输入一个正整数:");
    scanf ("％d", &m);                    /＊输入正整数 m＊/
    for (i＝2; i＜＝sqrt (m); i＋＋)
    {
        r＝m％i;                    /＊求余数＊/
        if (r＝＝0)                 /＊如果 m 能被整除＊/
        {
            printf (" m 不是质数! ＼n");
            break;
        }
    }
    printf (" m 是质数! ＼n");
}
```

可以看出，类语言描述除了没有变量的定义、输入和输出的写法之外，与程序设计语言的描述很接近了，为了方便读者学习和上机操作，除 Scratch 这一小节外，本章节算法均采用 C 程序设计语言描述，方便直接上机运行。

5.2.2　算法分析

一个好的算法往往可以使程序运行得更快，衡量一个算法的好坏往往将算法效率和存储空间作为重要依据。算法的效率需要通过算法编制的程序在计算机上的运行时间来衡量，存储空间需求通过算法在执行过程中所占用的最大存储空间来衡量。本节主要介绍算法设计的要求、算法效率评价、算法的时间复杂度及算法的空间复杂度。

一个好的算法应该具备以下几点：

1. 算法的正确性

算法的正确性（Correctness）是指算法至少应该包括对于输入、输出和加工处理无歧义性的描述，能正确反映问题的需求，且能够得到问题的正确答案。通常算法的正确性应包括以下 4 个层次。

（1）算法对应的程序没有语法错误。

（2）对于几组输入数据能得到满足规格要求的结果。

（3）对于精心选择的典型的、苛刻的带有刁难性的几组输入数据能得到满足规格要求的结果。

（4）对于一切合法的输入都能得到产生满足要求的结果。

对于这 4 层算法正确性的含义，达到第 4 层意义上的正确是极为困难的，所有不同输入数据的数量大得惊人，逐一验证的方法是不现实的。一般情况下，把达到三个层次正确性作为衡量一个程序是否正确的标准。

2. 可读性

算法主要是为了人们方便阅读和交流，其次才是计算机执行。可读性（Readability）好有助于人们对算法的理解，晦涩难懂的程序往往隐含错误不易被发现，难以调试和修改。

3. 健壮性

当输入数据不合法时，算法也应该能做出反应或进行处理，而不会产生异常或莫名其妙的输出结果。例如，求一元二次方程 $ax^2 + bx + c = 0$ 根的算法，需要考虑多种情况，先判断 $b^2 - 4ac$ 的正负，如果为正数，则该方程有两个不同的实根；如果为负，表明该方程无实根；如果为零，表明该方程只有一个实根；如果 $a = 0$，则该方程又变成了一元一次方程，此时若 $b = 0$，还要处理除数为零的情况。如果输入的 a、b、c 不是数值型，还要提示用户输入错误。

4. 高效率和低存储量需求

效率指的是算法的执行时间。对于同一个问题如果有多个算法能够解决，执行时间短的算法效率高，执行时间长的效率低。存储量需求指算法在执行过程中需要的最大存储空间。效率与存储量需求都与问题的规模有关，求 100 个人的平均分与求 1000 个人的平均分所花的执行时间和运行空间显然有一定差别。设计算法时应尽量选择高效率和低存储量需求的算法。

5.2.3 算法的复杂度与评估

算法执行时间需通过依据该算法编制的程序在计算机上运行时所耗费的时间来度量，而度量一个算法在计算机上的执行时间通常有如下两种方法。

（1）事后统计方法。目前计算机内部大都有计时功能，有的甚至可精确到毫秒级，不同算法的程序可通过一组或若干组相同的测试程序和数据来分辨优劣。但是，这种方法有两个缺陷，一是必须依据算法事先编制好程序，这通常需要花费大量的时间与精力；二是时间的长短依赖计算机硬件和软件等环境因素，有时会掩盖算法本身的优劣。因此，人们常常采用事前分析估算的方法评价算法的好坏。

（2）事前分析估算方法。这主要是在计算机程序编制前，对算法依据数学中的统计方法进行估算。算法的程序在计算机上的运行时间取决于以下因素：算法采用的策略、方法；编译产生的代码质量；问题的规模；书写的程序语言级别（级别越高，效率越低）；机器执行指令的速度。在以上5个因素中，算法采用的不同的策略、不同的编译系统、不同的语言实现或在不同的机器运行，其效率都不相同。抛开以上因素，算法效率则可以通过问题的规模来衡量。

一个算法由控制结构（顺序、分支和循环结构）和基本语句（赋值语句、声明语句和输入输出语句）构成，算法的运行时间取决于两者执行时间的总和。所有语句的执行次数可以作为语句执行时间的度量。语句的重复执行次数称为语句频度。

例如，斐波那契数列的算法和语句的频度如下（左边为算法，右边为每一条语句的频度）。

```
f0 = 0;                                          1
f1 = 1;                                          1
printf ("%d,%d", f0, f1);                        1
for (i = 2; i < n; i + +)                        n
{
        fn = f0 + f1;                            n - 1
        printf (",%d", fn);                      n - 1
        f0 = f1;                                 n - 1
        f1 = fn;                                 n - 1
}
```

上面算法总的执行次数为 $f(n) = 1 + 1 + 1 + n + 4(n-1) = 5n - 1$，它表示随问题规模 n 的增大，算法执行时间的增长率和 $f(n)$ 的增长率相同，其中，$f(n)$ 是问题规模 n 的某个函数。则该算法复杂度（Time Complexity）记为 $O(n)$，渐进时间复杂度（Asymptotic Time Complexity）就是当 n 趋于无穷大时，$O(n)$ 得到的极限值。在进行算法分析时，分析 $f(n)$ 随 n 的变化情况并确定 $f(n)$ 的数量级，也就是算法的时间复杂度，记作 $T(n) = O(f(n))$。一般情况下，随着 n 的增大，$T(n)$ 增长较慢的算法为最优的算法。

上面的斐波那契数列的时间复杂度 $T(n) = O(n)$。常用的时间复杂度所耗费的时间从小到大依次是 $O(1) < O(\lg n) < O(n) < O(n^2) < O(n^3) < O(2n) < O(n!)$。算法的时间复杂度是衡量一个算法好坏的重要指标。一般情况下，具有指数级的时间复杂度的算法，只有当 n 足够小时才是可使用的算法。具有常量阶、线性阶、对数阶、平方阶和立方阶的时间复杂度的算法是常用的算法。

对算法的分析，第一种方法是计算所有情况下时间复杂度的平均值，称为平均时间复杂度；第二种方法是计算最坏情况下的时间复杂度，称为最坏时间复杂度。然而，在很多情况下，各种输入数据集出现的概率难以确定，算法的平均复杂度也就难以确定。因此，第三种更可行也更为常用的办法是讨论算法在最坏情况下的时间复杂度，即分析最坏情况以估算算法执行时间的上界。一般情况下，讨论时间复杂度，在没有特殊说明情况下，指的都是最坏情况下的时间复杂度。

除了时间复杂度，算法的空间复杂度也是值得关注的方面。空间复杂度（Space Complexity）作为算法所需存储空间的量度，记做 $S(n) = O(f(n))$。其中，n 为问题的规模，$f(n)$ 为语句关于 n 的所占存储空间的函数。一般情况下，一个程序在机器上执行时，除了需要存储程序本身的指令、常数、变量和输入数据外，还需要存储对数据操作的存储单元。若输入数据所占空间只取决于问题本身，和算法无关，这样只需要分析该算法在实现时所需的辅助单元即可。若算法执行时所需的辅助空间相对于输入数据量而言是个常数，则称此算法为原地工作，空间复杂度为 $O(1)$。

5.3　常见算法

5.3.1　递归与迭代

在数据结构与算法实践的过程中，经常会遇到利用递归实现算法的情况。递归是一种分而治之、将复杂问题转换为简单问题的求解方法。使用递归可以使编写的程序简洁、结构清晰，程序的正确性很容易证明，不需要了解递归调用的具体细节。使用递归可以巧妙解决看上去比较复杂的问题。通过将复杂的问题化解为比原有问题更简单、规模更小的问题，最后把复杂问题变成一个基本问题，而基本问题的答案是已知的，基本问题解决后，比基本问题大一点的问题也得到解决，直到原有问题得到解决。

例如，利用递归求 n 的阶乘 $n!$。n 的阶乘递归定义为 $n! = n * (n-1)!$，当 $n = 4$ 时，则有：

$4! = 4 * 3!$　　　$3! = 3 * 2!$　　　$2! = 2 * 1!$　　　$1! = 1 * 0!$　　　$0! = 1$

递归计算 $4!$ 的过程如图 5.14 所示。因为 $4! = 4 * (4-1)!$，因此，如果能求出 $(4-1)!$，也就能求出 $4!$；又因为 $(4-1)! = (4-1) * (4-2)!$，因此，如果能求出 $(4-2)!$，则也就能求出 $(4-1)!$；……最后一直递归到 $1! = 1 * 0!$，因此，如果能求出 $0!$，也就能求出 $1!$；$0!$ 值是 1。按上述分析过程逆向推回去，最后便可求得 $4!$。这样就把求解 $4!$ 分解为求 4 这个基本问题与求 $3!$ 这个比较复杂的问题，接着继续把求解 $3!$ 分解为求 3 这个基本问题与求 $2!$ 比较复杂的问题，直到把原问题变成求解 $0! = 1$ 这个最基本的已知问题为止。

根据上述分析可知，求解可分成两个阶段，第一阶段是由未知逐步推得已知的过程，称为回推；第二阶段是与回推过程相反的过程，即由已知逐步推得最后结果的过程，称为递推。其中，左半部分是回推过程，回推过程在计算出 $0! = 1$ 时停止调用；右半部分是递推过程，直到计算出 $4! = 24$ 为止。

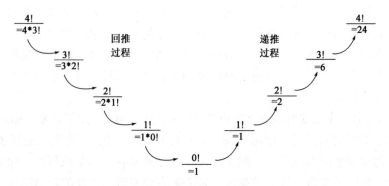

图 5.14　递归计算 4!

【例 5.1】　利用递归求 $n!$。

分析　前面已经分析了递归实现 $n!$ 的整个过程，只需要做到以下两点就可完成求 $n!$：

（1）当 $n = 0$（递归调用结束，即递归的出口）时，返回 1。

（2）当 $n \neq 0$ 时，需要把复杂问题分解成较为简单的问题，直到分解成最简单的问题 $0! = 1$ 为止。

递归求 $n!$ 的算法实现如下。

```
#include < stdio. h >
long factorial（int n）;
void main（）
{
    int num;
    for（num = 0; num < 10; num + +）
    printf（"% d!  = % ld \ n", num, factorial（num））;
}
long factorial（int n）           /＊递归求 n! 函数实现＊/
{
    if（n = = 0）                 /＊当 n = 0 时，递归调用出口＊/
    return 1;                     /＊0! = 1 是最基本问题的解＊/
    else                         /＊否则＊/
        return n ＊ factorial（n – 1）;/＊递归调用将问题分解成较为简单的问题＊/
}
```

迭代与递归是程序设计中最常用的两种结构。任何能使用递归解决的问题都能使用迭代解决。迭代和递归的区别是，迭代使用的是循环结构，递归使用的是选择结构。使用递归能够使程序的结构更清晰，设计出的程序更简洁，程序更容易让人理解。但是，递归也有许多不利之处，大量的递归调用会耗费大量的时间和内存。每次递归调用都会建立函数的一个备份，会占用大量的内存空间。迭代则不需要反复调用函数和占用额外的内存。通过分析递归求 $n!$ 的计算过程，发现可以把它转化为非递归实现，其非递归实现如下。

```
int NonRecFact（int n）              /＊非递归方法求 n! ＊/
{
```

```
        int i, s = 1;
        for (i = 1; i < = n; i + + )        / * 利用迭代求 n 的阶乘 * /
            s * = i;
          return s;
      }
```

对于较为简单的递归问题，可以利用简单的迭代将其转化为非递归。而对于较为复杂的递归问题，则需要通过利用数据结构中的栈来消除递归。

5.3.2　排序

排序（Sorting）是计算机程序设计中的一种重要操作，它的功能是对一个数据元素的任意序列，重新排列成一个按关键字递增（或递减）的序列。

关键字是要排序的数据元素集合中的一个域，排序是以关键字为基准进行的。主关键字是能够唯一区分各个不同数据元素的关键字；不满足主关键字定义的关键字称为次关键字。

由于待排序的记录数量不同，使得排序过程中涉及的存储器不同，可将排序方法分为两大类：一类是内部排序，是把待排数据元素全部调入内存中进行的排序；另一类是外部排序，是因数量太大，把数据元素分批导入内存，排好序后再分批导出到磁盘和磁带外存介质上的排序方法。下面介绍几种常用的内部排序算法。

1. 插入排序

插入排序的基本思想是每步将一个待排序的数据元素，按其关键值大小，插入前面已经排好序的一组数据元素的适当位置上，直到数据元素全部插入为止。常用的插入排序有直接插入排序（视频5.1）和希尔排序两种。

视频5.1　直接插入排序

【例 5.2】　用直接插入排序算法对数组 a [ ] 进行由小到大的排序。

解　void InsertSort (DataType a [ ], int n)
//用直接插入法对 a [0] ~ a [n-1] n 个数据元素排序

```
{
        int i, j;
        DataType temp;        //DataType 代表任意的数据元素类型
        for (i = 0;    i < n - 1; i + + )
        {        temp = a [i + 1];
                j = i;
                while (j > - 1 && temp < = a [j])
                {        a [j + 1] = a [j];
                    j——;
                }
                a [j + 1] = temp;
        }
}
```

2. 交换排序

交换排序的基本思想是利用交换数据元素的位置进行排序。常用的交换排序方法主要有冒泡排序（视频5.2）与快速排序（视频5.3）。

视频5.2　冒泡排序

视频5.3　快速排序

【例5.3】　采用冒泡排序算法对数组 a［］进行由小到大的排序。

解　void BubbleSort（DataType a［］, int n）
//用冒泡法对 a［0］~a［n-1］n 个数据元素排序

```
{
    int i, j, flag;
    DataType temp;        //DataType 代表任意的数据元素类型
flag = 1;
for (i = 1; i < n && flag = = 1; i + + )
{
    flag = 0;
    for (j = 0; j < n  - i; j + + )
    {
        if (a [j] > a [j+1])
        {
            flag = 1;
            temp = a [j];
            a [j] = a [j+1];
            a [j+1] = temp;
        }
    }
}
}
```

视频5.4　选择排序

3. 选择排序

选择排序（视频5.4）的基本思想每次从待排序的数据元素集合中选取关键字最小（或最大）的数据元素放到数据元素集合的最前（或最后），数据元素集合不断缩小，当数据元素集合为空时选择排序结束。常用的选择排序算法有直接选择排序与堆排序。

【例 5.4】　采用直接选择排序算法对数组 a［］进行由小到大的排序。

解　void SelectSort（DataType a［］, int n）

//用直接选择排序法对 a［0］～a［n–1］n 个数据元素排序

```
{
        int i, j, small;
        DataType temp;
        for（i = 0; i < n–1; i++）
        {       small = i;          //设第 i 个数据元素关键字最小
                for（j = i+1; j < n; j++）           //寻找关键字最小的数据元素
                if（a［j］＜ a［small］）small =j;
                if（small！= i）
                {
                temp = a［i］;
                a［i］= a［small］;
                a［small］= temp;
                }
        }
}
```

各种排序算法的比较见视频 5.5。

排序算法优劣的评价标准为：

（1）时间复杂度：它主要是分析记录关键字的比较次数和记录的移动次数。

（2）空间复杂度：算法中使用的内存辅助空间的多少。

（3）稳定性：若两个记录 A 和 B 的关键字值相等，但排序后 A、B 的先后次序保持不变，则称这种排序算法是稳定的。

在实际排序过程中可根据实际需求选用合适的排序算法。

视频 5.5　排序算法比较

5.3.3　查找

查找算法需要先弄清楚什么是查找表。查找表是一种在实际应用中大量使用的数据结构，是由同一类型的数据元素（或记录）构成的集合。由于集合中数据元素之间存在着松散的关系，因此查找表是一种非常灵便的数据结构。

对查找表经常进行的操作有：查询某个特定的数据元素是否在查找表中；检索某个特定的数据元素的各种属性；在查找表中插入一个数据元素；在查找表中删除某个数据元素。

若对查找表只作前两种统称为查找的操作，则称此类查找表为静态查找表（Static Search Table）。若在查找过程中同时插入查找表中不存在的数据元素，或者从查找表中删除已存在的某个数据元素，则称此类查找表为动态查找表（Dynamic Search Table）。

由上述可知，所谓查找（Searching）即在一个含有众多的数据元素（或记录）的查找表中找出某个特定的数据元素（或记录），是根据给定的某个值，在查找表中确定一个其关键字等于给定值的记录或数据元素。若表中存在这样的一个记录，则称查找是成功的，此时查找的结果为给出整个记录的信息，或指示该记录在查找表中的位置；若表中不存在关键字等于给定值的记录，则称查找不成功，此时查找的结果可给出一个空记录或空指针。

对查找表进行查找的算法取决于表中数据元素是依何种关系组织在一起的。根据查找表的特征选用不同的查找算法，比如顺序查找、折半查找等。查找算法中的基本操作是"将记录的关键字和给定值进行比较"，因此，通常以"其关键字与给定值进行过比较的记录个数的平均值"作为衡量查找算法好坏的依据，也就是用平均查找长度值（Average Search Length）的大小来度量算法的优劣。

为确定记录在查找表中的位置，需和给定值进行比较的关键字个数的期望值称为查找算法在查找成功时的平均查找长度，简称 ASL。

对于含有 n 个记录的表，查找成功时的平均查找长度为：$ASL = \sum_{i=1}^{n} P_i C_i$。其中，$P_i$ 为查找表中第 i 个记录的概率，C_i 为找到表中其关键字与给定值相等的第 i 个记录时和给定值已进行过比较的关键字个数。

5.3.4　回溯

复杂问题常常有很多的可能解，这些可能解构成了问题的解空间。解空间也就是进行穷举的搜索空间，所以解空间中应该包括所有的可能解。确定正确的解空间很重要，如果没有确定正确的解空间就开始搜索，可能会增加很多重复解，或者根本就搜索不到正确的解。

问题的解空间一般用解空间树（Solution Space Trees，也称状态空间树）的方式组织，树的根结点位于第 1 层，表示搜索的初始状态，第 2 层的结点表示对解向量的第一个分量做出选择后到达的状态，第 1 层到第 2 层的边上标出对第一个分量选择的结果，依此类推，从树的根结点到叶子结点的路径就构成了解空间的一个可能解。

回溯即从根结点出发，按照深度优先策略遍历解空间树，搜索满足约束条件的解。在搜索至树中任一结点时，先判断该结点对应的部分解是否满足约束条件，或者是否超出目标函数的界，也就是判断该结点是否包含问题的（最优）解，如果肯定不包含，则跳过对以该结点为根的子树的搜索，即剪枝（Pruning）；否则，进入以该结点为根的子树，继续按照深度优先策略搜索。

1. 回溯法的一般框架——递归形式

主算法：

①X = { }；

②flag = false；

③advance（1）；

④if（flag）输出解 X；

else 输出"无解"；

advance（int k）

对每一个 x ∈ Sk 循环执行下列操作

```
xk = x;
将 xk 加入 X;
if (X 是最终解) flag = true; return;
else if (X 是部分解) advance (k + 1);
```

2. 回溯法的一般框架——迭代形式

主算法：

①X = ｛ ｝;

②flag = false;

③k = 1;

④while (k > = 1)

当 (Sk 没有被穷举) 循环执行下列操作

　　　　　　　　xk = Sk 中的下一个元素;

　　　　　　　　将 xk 加入 X;

　　　　　　　　if (X 为最终解) flag = true; 转步骤 ⑤;

　　　　　　　　else if (X 为部分解) k = k + 1; 转步骤 ④;

重置 Sk, 使得下一个元素排在第 1 位;

　　　　k = k - 1;　　　//回溯

⑤if flag 输出解 X;

　else 输出 "无解";

3. 用回溯法求解背包问题

有 N 件物品和一个容量为 V 的背包（每种物品均只有一件）。第 i 件物品的重量是 $c[i]$，价值是 $w[i]$。求解将哪些物品装入背包可使价值总和最大。每种物品仅有一件，可以选择放或不放。所有从根到叶子节点的路径就构成了解空间的一个可能解。

例如：三个物品重量分别 20kg、15kg、10kg，三个物品价值分别为 20 元、30 元、20 元。求背包重量不超过 25kg 但价值达到最大的解。0 表示不选第 i（i 表示层数）个物品，1 表示选择。其解空间树如图 5.15 所示。

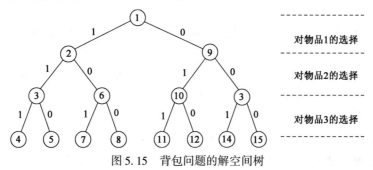

图 5.15　背包问题的解空间树

在搜索至树中的任意一个结点时，先判断该结点对应的部分是否满足约束条件，或者是否超出目标函数的值，也就是判断该结点是否包含问题的（最优）解，如果肯定不包含，则跳过对以该结点为根的子树的搜索，也就是剪枝。图 5.16 就是对已经超出背包重量 25kg 这个约束条件的解进行剪枝操作之后的解空间树。

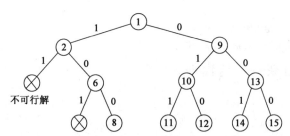

不可行解　价值=20元　价值=55元　价值=30元　价值=25元　价值=0元

图 5.16　被剪枝的解空间树

5.3.5　贪心法

贪心法在解决问题的策略上目光短浅，只是根据当前已有的信息就做出选择，而且一旦做出了选择，不管将来有什么结果，这个选择都不会改变。换言之，贪心法并不是从整体最优考虑，它所做出的选择只是在某种意义上的局部最优。这种局部最优选择并不总能获得整体最优解（Optimal Solution），但通常能获得近似最优解（Near-Optimal Solution）。

贪心法求解的问题的特征有：

（1）最优子结构性质。当一个问题的最优解包含其子问题的最优解时，称此问题具有最优子结构性质，也称此问题满足最优性原理。

（2）贪心选择性质。贪心选择性质是指问题的整体最优解可以通过一系列局部最优的选择，即贪心选择来得到。

用贪心法求解问题应该考虑如下几个方面：

（1）候选集合 C：为了构造问题的解决方案，有一个候选集合 C 作为问题的可能解，即问题的最终解均取自于候选集合 C。例如，在付款问题中，各种面值的货币构成候选集合。

（2）解集合 S：随着贪心选择的进行，解集合 S 不断扩展，直到构成一个满足问题的完整解。

（3）解决函数（Solution）：检查解集合 S 是否构成问题的完整解。例如，在付款问题中，解决函数是已付出的货币金额恰好等于应付款。

（4）选择函数（Select）：即贪心策略，这是贪心法的关键，它指出哪个候选对象最有希望构成问题的解，选择函数通常和目标函数有关。例如，在付款问题中，选择函数就是在候选集合中选择面值最大的货币。

（5）可行函数（Feasible）：检查解集合中加入一个候选对象是否可行，即解集合扩展后是否满足约束条件。例如，在付款问题中，可行函数是每一步选择的货币和已付出的货币相加不超过应付款。

贪心法的一般过程为：

```
Greedy（C）    //C 是问题的输入集合即候选集合
{
    S = { } ;    //初始解集合为空集
    while（not solution（S））    //集合 S 没有构成问题的一个解
      {
        x = select（C） ;        //在候选集合 C 中做贪心选择
        if feasible（S, x）    //判断集合 S 中加入 x 后的解是否可行
          S = S + { x } ;
          C = C - { x } ;
      }
    return S ;
}
```

5.4　进阶算法实例及应用

5.4.1　文本压缩

　　文本的压缩常采用的编码有哈夫曼（Huffman）编码、字典 ZLW 编码、算数编码。下面运用哈夫曼编码进行文本的压缩。

　　哈夫曼编码是由哈夫曼树（HT）发展来的。哈夫曼树是由 n 个带权叶子结点构成的所有二叉树中带权路径长度最短的二叉树，又叫最优二叉树。树的带权路径长度是指树中所有叶子结点的带权路径之和。对一棵具有 n 个叶子的哈夫曼树，若对树中的每个左分支赋予0，右分支赋予1，则从根到每个叶子的通路上，各分支的赋值分别构成一个二进制串，该二进制串就称为哈夫曼编码。

　　利用哈夫曼编码实现对文本的压缩的过程大致为：打开要压缩的文本文件，读取文件中的字符，统计文件中不同字符出现的频率，构建哈夫曼树，通过哈夫曼树对出现的互不相同的字符进行编码，建立编码表（HC）。重新读取文件中的字符，对每个字符通过查阅编码表确定对应的编码，将该字符的哈夫曼编码写入压缩文件。

```
// ---------------------------- 压缩文件 ----------------------------
bool xj_ Compress（char * ifilename, char * ofilename, const HuffmanPCode HC, const HuffmanTree HT, int n）
{
    ifstream ifs（ifilename） ;
    ofstream ofs（ofilename, ios:: binary） ;
    int bit_ size = 0 ;
    int position1, position2 ;
    int internal_ code1, internal_ code2 ;
    char ch ;
    char code = 0 ;
```

```
char * code_ address;
DecodePList decode_ list = (DecodePList) malloc ( (HC [n] . count * 2) * sizeof (DecodeList));
if (ifs. fail () || ofs. fail ())
{
    cout < <" Can't open the file!" < <endl;
    return false;
}

ofs. write ( (char *) &HC [n] . count, sizeof (int));    //写入解码表
for (int i = 1; i < = 2 * HC [n] . count - 1; + +i)
{
    strcpy (decode_ list [i] . ch, HT [i] . ch);
    decode_ list [i] . lchild = HT [i] . lchild;
    decode_ list [i] . rchild = HT [i] . rchild;
    ofs. write ( (char *) &decode_ list [i], sizeof (DecodeList));
}
while ( (ch = ifs. get ()) ! = EOF)
{
    internal_ code1 = int (ch & 0xFF);
    position1 = xj_ Search_ Bin (internal_ code1, HC, 1, n);
    if (internal_ code1 < 128)
    {
        internal_ code2 = 0;
        position2 = 1;
    }
    else
    {
        internal_ code2 = int (ifs. get () & 0xFF);
        position2 = xj_ Search_ Bin (internal_ code2, HC [position1] . internal_ code_ address,
1, HC [position1] . count - HC [position1 - 1] . count);
    }
    code_ address = HC [position1] . internal_ code_ address [position2] . code;
    while ( * code_ address)
    {
        code | = ( * code_ address + + - 48) * mask [bit_ size % 8];
        + +bit_ size;
        if (bit_ size % 8 = = 0)
        {
            ofs < <code;
            code = 0;
        }
    }
```

```
            }
        }
        if (bit_ size % 8 ! = 0)
        {
            ofs < < code;
            ofs < < char (bit_ size % 8);
        }
        else
        {
            ofs < < char (8);
        }
        ifs. clear ();
        ifs. seekg (0, ios:: end);
        cout < < " 压缩完成!" < < endl;
        cout < < " 原始文件大小: " < < ifs. tellg () < < " B" < < endl;
        cout < < " 压缩文件大小:" < < ofs. tellp () < < " B" < < endl;
        cout < < " 压缩率: " < < float (ofs. tellp ()) /float (ifs. tellg ()) * 100 < < " % nn";
        free (decode_ list);
        free (HT);
        free (HC);
        ifs. close ();
        ofs. close ();
        return true;
    }
```

5.4.2　数据挖掘

数据挖掘（Data Mining）是近年来数据库应用领域中相当热门的议题之一。数据挖掘一般是指在数据库中，利用各种分析方法与技术，对过去所累积的大量繁杂的历史数据进行分析、归纳与整合等，以萃取出有用的信息，找出有意义且用户有兴趣的模式（Interesting Patterns），为企业管理层做决策提供参考依据。数据挖掘的过程就是寻找隐藏在数据中的信息的过程，如趋势（Trend）、特征（Pattern）及相关性（Relationship），也就是从数据中发掘信息或知识（有人称为 Knowledge Discovery in Databases，KDD），也有人称之为数据考古学（Data Archaeology）、数据模型分析（Data Pattern Analysis）或功能相依分析（Functional Dependency Analysis）。数据挖掘目前已被许多研究人员视为数据库系统与机器学习技术相结合的重要领域，这个领域被许多产业界人士认为是增加企业潜能的一项重要指标。

事实上，数据挖掘不只是一种技术或是一套软件，而是一种结合了数种专业技术的应用。但也应对数据挖掘有一个正确的认知，它并不是一个无所不能的魔法。数据挖掘工具只是从数据中发掘出各种假设（Hypothesis），并不能帮你查证、确认这些假设，也不能帮你判断这些假设的价值。

其中最大期望算法（Exception Maximization Algorithm，后文简称 EM 算法）是一种启发式的迭代算法，用于实现用样本对含有隐变量的模型的参数做极大似然估计。已知的概率模型内部存在隐含的变量，导致不能直接用极大似然法来估计参数，EM 算法就是通过迭代逼近的方式用实际的值带入求解模型内部参数的算法。其算法描述的形式如下：

随机对参数赋予初值；

While（求解参数不稳定）

{

E 步骤：求在当前参数值和样本下的期望函数 Q；

M 步骤：利用期望函数重新计算模型中新的估计值；

}

上面的伪代码形式可能过于抽象，那就结合一个实际的例子来说明一下。

存在 3 枚硬币 A、B 和 C，抛出正面的概率是 π、p 和 q。进行如下抛硬币的试验：先抛硬币 A，如果 A 是正面则需要抛硬币 B，否则就抛硬币 C。如果 B 或 C 是正面则结果为 1，否则结果为 0；独立进行 n 次试验。取 $n = 10$，得到的观测结果为：1，1，0，1，0，0，1，0，1，1。每一枚硬币的分布都是一个二项分布，而 A、B、C 三个硬币对应的事件之间又潜在有某种联系。用 Y 表示观测变量，对于第 i 次观测结果的值记作 y_i，用向量 θ 来表示整个模型中的未知参数 π、p 和 q，则整个三币模型的概率可以表示为：

$$P(Y \mid \theta) = \pi p^y (1-p)^{1-y} + (1-\pi) q^y (1-q)^{1-y} \tag{5.1}$$

采用最大似然估计法来求解公式（5.1），以此来估计模型中的参数，即求解下式：

$$\max L(\theta) = \max \lg \Pi_r P(Y \mid \theta) \Rightarrow \hat{\theta} = \mathrm{argmax}_\theta \sum_r \lg P(Y \mid \theta) \tag{5.2}$$

由于公式（5.1）内部包含了"+"，很难直接求偏导求解得到参数的估计值，必须寻求其他的办法解决这个问题。现引入一个隐含变量 Z，表示在试验中抛掷 A 硬币的结果（1 代表正面，0 代表反面），就可以将原先的似然函数转换成下式：

$$L(\theta) = \sum_z \lg P(Z \mid \theta) P(Y \mid Z, \theta) \tag{5.3}$$

给出 E 步骤中期望函数 Q 的定义：

$$Q(\theta, \theta^{(i)}) = \sum_z \lg P(Y, Z \mid \theta) P(Z \mid Y, \theta^{(i)}) \tag{5.4}$$

对于上面的例子，$P(Z \mid Y, \theta(i)) = (z\pi p^y(1-p)^{1-y} + (1-z)(1-\pi) q^y(1-q)^{1-y})/P(Y \mid \theta)$，上式中没有未知的参数（$Z$ 的值在每次累加时被确定），所以可以直接算出具体的值。将计算出的结果带入公式（5.4）就得到了期望函数。

在 M 步骤中，分别对 θ 向量的每一个分量求偏导，令偏导数的值等于零求出极大值得到新的参数估计值，重复以上两个步骤，直到收敛。

5.4.3 网络爬虫

网络爬虫（又被称为网页蜘蛛、网络机器人，在 FOAF 社区中间，更被经常称为网页追逐者），是按照一定的规则，自动地抓取万维网信息的程序或者脚本。它另外一些不常使用的名字还有蚂蚁、自动索引、模拟程序或者蠕虫等。

网络爬虫按照系统结构和实现技术，大致可以分为以下几种类型：通用网络爬虫（General Purpose Web Crawler）、聚焦网络爬虫（Focused Web Crawler）、增量式网络爬虫（Incremental Web Crawler）、深层网络爬虫（Deep Web Crawler）。实际的网络爬虫系统通常是几种爬虫技术相结合实现的。图 5.17 就是一个典型的通用网络爬虫框架描述图。

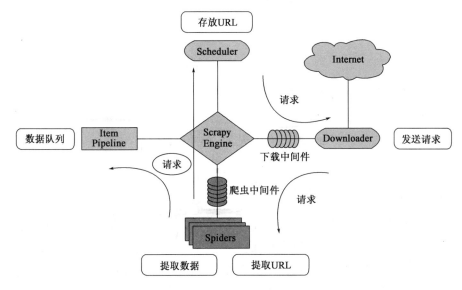

图 5.17　通用爬虫框架描述图

在通用网络爬虫的系统框架中，主过程由控制器、解析器、资源库三部分组成。控制器是网络爬虫的中央控制器，它主要是负责根据系统传过来的 URL 链接，分配一线程，然后启动线程调用爬虫爬取网页的过程。解析器是负责网络爬虫的主要部分，它负责的工作主要是下载网页，对网页的文本进行处理，如过滤、抽取特殊 HTML 标签、分析数据。资源库主要是用来存储网页中下载下来的数据记录的容器，并提供生成索引的目标源。

【例 5.5】　百度、360 中搜索关键词"Python"并提交。

解　百度的关键词接口为：http：//www. baidu. com/s? wd = keyword

360 的关键词接口为：http：//www. so. com/s? q = keyword

其中 keyword 就是需要查找的关键词，只需要想办法替换它，构造 URL 链接。

```
import requests
keyword = " Python"
try：
kv = ｛'wd'：keyword｝
r = requests. get（" http：//www. baidu. com/s"，params = kv）
print（r. request. url）
r. raise_ for_ status（）
print（len（r. text））
except：
print（" 爬取失败"）
```

```
import requests
keyword = " Python"
try：
kv = ｛´q´: keyword｝
r = requests. get（" http：//www. so. com/s"，params = kv）
print（r. request. url）
r. raise_ for_ status（）
print（len（r. text））
except：
print（" 爬取失败"）
```

5.5　可视化程序设计

5.5.1　可视化程序设计的特点

可视化编程工具采用图形化的编程环境，以各种直观的图标代替传统的代码语句，图标模块通过拖、拉和搭积木的方式使多种指令按照某种方式排列组合在一起，真正做到了"所见即所得"。程序的执行过程是基于数据流的，模块结构和前后衔接关系直观地展示了解决问题的流程。通过这种方式来学习程序设计，大大降低了学生学习的难度，使得学生能够将学习的重点回归到用计算机去解决问题，即计算思维。

5.5.2　可视化编程工具 Scratch 及示例

Scratch（视频5.6）是麻省理工学院开发的一套可视化编程工具，该工具利用图形化界面，把编程需要的基本技巧囊括其中，包括建模、控制、动画、事件、逻辑、运算等；也可以用于创造互动式故事、动画、游戏、音乐和艺术，由此使学习者加强对程序设计的认知。Scratch 可以从麻省理工学院的网站免费下载，官方网站是 http：//scratch. mit. edu/。已经开发了 Windows 系统、iOS 系统，Linux 系统下运行的各种版本。

Scratch 采用的是类似于积木组合的方式，只要用鼠标从140 多个不同功能的指令积木中选择和拖曳，把不同的指令积木按照某种逻辑关系拼搭在一起，就能得到一个可以执行的程序。Scratch 直接插入排序算法见视频5.7。图5.18 是 Scratch 的主界面。

视频5.6　Scratch介绍

视频5.7　Scratch直接
插入排序

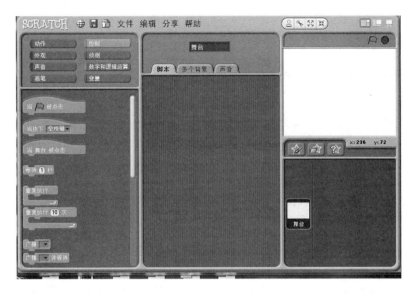

图 5.18　Scratch 主界面

下面通过 3 个例子展示 Scratch 实现程序设计的方法。

【例 5.6】　在例 5.2 中介绍了插入排序算法的 C 语言实现方法，下面使用 Scratch 用图形化的方式实现该算法（注意：Scratch 中数组的下标是从 1 开始的。）

　　解　Scratch 实现插入排序如图 5.19 所示。

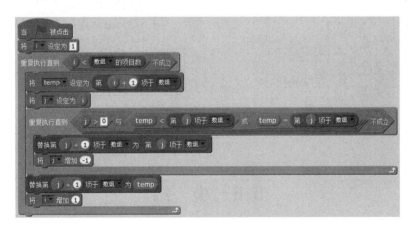

图 5.19　Scratch 实现插入排序

【例 5.7】　使用 Scratch 用图形化的方式实现例 5.3 中的冒泡排序算法（将元素交换定义为一个过程，在主流程中调用）。

　　解　Scratch 实现冒泡排序如图 5.20 所示。

【例 5.8】　使用 Scratch 用图形化的方式实现例 5.4 中的选择排序算法。（将元素交换定义为一个过程，在主流程中调用。）

　　解　Scratch 实现选择排序如图 5.21 所示。

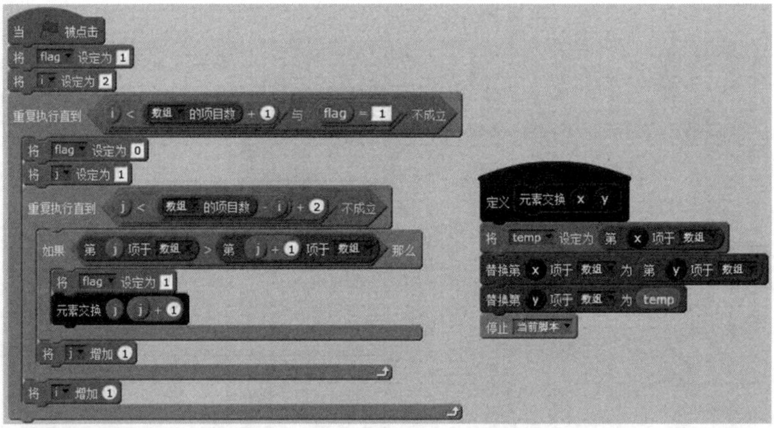

图 5.20 Scratch 实现冒泡排序

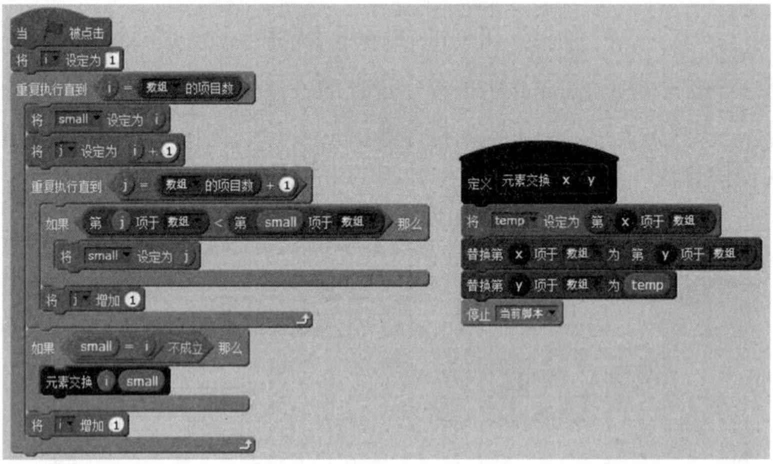

图 5.21 Scratch 实现选择排序

5.6 小 结

数据结构是计算机存储、组织数据的方式。数据结构是指相互之间存在一种或多种特定关系的数据元素的集合。通常情况下，精心选择的数据结构可以带来更高的运行或者存储效率。数据结构往往同高效的检索算法和索引技术有关。学好数据结构必须至少熟练掌握一门程序设计语言。数据结构是一项把实际问题抽象化和进行复杂程序设计的工程，要求学生在学习过程中会结合生活实际，变抽象为具体；同时它也是一门理论性与实践性都很强的学科，平时学习过程中要多思考多上机实践。

 习　题

1. 研究数据结构就是研究（　　　）。

    A. 数据的逻辑结构

    B. 数据的存储结构

    C. 数据的逻辑结构和存储结构

    D. 数据的逻辑结构、存储结构及其基本操作

2. 算法分析的两个主要方面是（　　　）。

    A. 空间复杂度和时间复杂度　　　　　　B. 正确性和简单性

    C. 可读性和文档性　　　　　　　　　　D. 数据复杂性和程序复杂性

3. 具有线性的数据结构是（　　　）。

    A. 图　　　　　　　　　　　　　　　　B. 树

    C. 广义表　　　　　　　　　　　　　　D. 栈

4. 计算机中的算法指的是解决某一个问题的有限运算序列，它必须具备输入、输出、（　　　）等 5 个特性。

    A. 可执行性、可移植性和可扩充性　　　B. 可执行性、有穷性和确定性

    C. 确定性、有穷性和稳定性　　　　　　D. 易读性、稳定性和确定性

5. 下面程序段的时间复杂度是（　　　）。

    for（i=0；i<m；i++）

    for（j=0；j<n；j++）

    a［i］［j］=i*j；

    A. $O(m^2)$　　　　B. $O(n^2)$　　　　C. $O(m \times n)$　　　　D. $O(m+n)$

6. 算法是（　　　）。

    A. 计算机程序　　　　　　　　　　　　B. 解决问题的计算方法

    C. 排序算法　　　　　　　　　　　　　D. 解决问题的有限运算序列

7. 某算法的语句执行频度为（$3n+n\lg 2n+8$），其时间复杂度表示（　　　）。

    A. $O(n)$　　　　B. $O(n\lg 2n)$　　　　C. $O(n^2)$　　　　D. $O(\lg 2n)$

8. 下面程序段的时间复杂度为（　　　）。

    i=1；

    while（i<=n）

      i=i*3；

    A. $O(n)$　　　　B. $O(3n)$　　　　C. $O(\lg 3n)$　　　　D. $O(n^3)$

9. 数据结构是一门研究非数值计算的程序设计问题中计算机的数据元素以及它们之间的（　　　）和运算等的学科。

    A. 结构　　　　　　　　　　　　　　　B. 关系

    C. 运算　　　　　　　　　　　　　　　D. 算法

10. 下面程序段的时间复杂度是（　　　）。

```
i = s = 0;
while (s < n)
{
        i + + ; s + = i;
}
```

A. $O(n)$ 　　　　　B. $O(n^2)$ 　　　　　C. $O(\lg 2n)$ 　　　　　D. $O(n^3)$

11. 通常从正确性、易读性、健壮性、高效性等 4 个方面评价算法的质量，以下解释错误的是（　　　）。

A. 正确性算法应能正确地实现预定的功能

B. 易读性算法应易于阅读和理解，以便调试、修改和扩充

C. 健壮性当环境发生变化时，算法能适当地做出反应或进行处理，不会产生不需要的运行结果

D. 高效性即达到所需要的时间性能

第6章
程序设计与软件工程

随着计算机科学技术的迅速发展，如何更有效地开发软件产品越来越受到人们的重视。同时，由于软件复杂程度的不断增加，软件开发与维护的一系列问题随之产生。软件工程正是致力于解决软件危机，研究如何更有效地开发和维护计算机软件的一门学科。

程序设计是给出解决特定问题程序的过程，是软件构造活动中重要的组成部分。程序设计往往以某种具体的程序设计语言为工具，并给出这种语言下的程序。整个程序设计过程应当包括问题分析、算法设计、程序编写、程序运行并分析结果、程序文档编写等不同阶段。

计算机软件是计算机系统中与硬件相互依存的另一部分，包括程序、数据及相关文档的完整集合。软件由两个部分组成：一是机器可以执行的程序和数据；二是机器不可执行的、与软件开发、运行、维护、使用等相关的文档。软件工程的核心思想是把软件产品看作是一个工程产品来处理。把需求计划、可行性研究、工程审核、质量监督等工程化的概念引入软件生产当中，以期达到工程项目的三个基本要素：进度、经费和质量的目标。同时，软件工程也注重研究不同于其他工业产品生产的一些独特特性，并针对软件的特点提出了许多有别于一般工业工程技术的一些技术方法，代表性的有结构化的方法、面向对象方法和软件开发模型及软件开发过程等。可以说程序设计是整个软件工程中一个重要的环节。

本章介绍了程序设计语言的基本知识以及软件开发的方法，并对软件工程的相关概念做了阐述。

6.1　程序设计语言

程序设计语言是用于书写计算机程序的语言。语言的基础是一组记号和一组规则，根据规则由记号构成的记号串的总体就是语言。在程序设计语言中，这些记号串就是程序。程序设计语言有3个方面的因素，即语法、语义和语用。语法表示程序的结构或形式，即表示构成语言的各个记号之间的组合规律，但不涉及这些记号的特定含义，也不涉及使用者。语义表示程序的含义，即表示按照各种方法所表示的各个记号的特定含义，但不涉及使用者。语用表示程序与使用的关系。

6.1.1　程序设计语言的特征与分类

程序设计语言具有心理、工程及技术等特性。

（1）心理特性：歧义性、简洁性、局部性、顺序性、传统性。

（2）工程特性：可移植性，开发工具的可利用性，软件的可重用性、可维护性。

（3）技术特性：支持结构化构造的语言有利于减少程序环路的复杂性，使程序易测试、易维护。

自 20 世纪 60 年代以来，世界上公布的程序设计语言已有上千种之多，但是只有很少一部分得到了广泛的应用。从发展历程来看，程序设计语言可以分为 4 代。

第一代：机器语言

机器语言是由 0、1 代码的二进制指令构成，不同的 CPU 具有不同的指令系统。机器语言程序难编写、难修改、难维护，需要用户直接对存储空间进行分配，编程效率极低。这种语言已经被渐渐淘汰了。

第二代：汇编语言

汇编语言指令是机器指令的符号化，与机器指令存在着直接的对应关系，所以汇编语言同样存在着难学难用、容易出错、维护困难等缺点。但是汇编语言也有自己的优点：可直接访问系统接口，汇编程序翻译成的机器语言程序的效率高。从软件工程角度来看，只有在高级语言不能满足设计要求，或不具备支持某种特定功能的技术性能（如特殊的输入输出）时，汇编语言才被使用。

第三代：高级语言

高级语言是面向用户的、基本上独立于计算机种类和结构的语言。其最大的优点是形式上接近于算术语言和自然语言，概念上接近于人们通常使用的概念。高级语言的一个命令可以代替几条、几十条甚至几百条汇编语言的指令。因此，高级语言易学易用，通用性强，应用广泛。

高级语言种类繁多，又可以从应用角度和对客观系统的描述两个方面对其进一步分类。从应用角度来看，高级语言可以分为基础语言、结构化语言和专用语言。

（1）基础语言。基础语言也称通用语言。它历史悠久，流传很广，有大量的已开发的软件库，拥有众多的用户，为人们所熟悉和接受。属于这类语言的有 FORTRAN、COBOL、BASIC、ALGOL 语言等。FORTRAN 语言是目前国际上广为流行、也是使用得最早的一种高级语言，从 20 世纪 90 年代起，在工程与科学计算中一直占有重要地位，备受科技人员的欢迎。BASIC 语言是在 20 世纪 60 年代初为适应分时系统而研制的一种交互式语言，可用于一般的数值计算与事务处理。BASIC 语言结构简单，易学易用，并且具有交互能力，成为许多初学者学习程序设计的入门语言。

（2）结构化语言。20 世纪 70 年代以来，结构化程序设计和软件工程的思想日益为人们所接受和欣赏。在它们的影响下，先后出现了一些很有影响的结构化语言，这些结构化语言直接支持结构化的控制结构，具有很强的过程结构和数据结构能力。PASCAL、C、Ada 语言就是它们的突出代表。PASCAL 语言是第一个系统地体现结构化程序设计概念的现代高级语言，软件开发的最初目标是把它作为结构化程序设计的教学工具。由于它模块清晰、控制结构完备、有丰富的数据类型和数据结构、语言表达能力强、移植容易，不仅被国内外许多高等院校定为教学语言，而且在科学计算、数据处理及系统软件开发中都有较广泛的应用。C 语言具有高级语言的优点：功能丰富，表达能力强，有丰富的运算符和数据类型，使用灵活方便，应用面广，移植能力强，编译质量高，目标程序效率高，同时，C 语言还具有低级语言的许多特点，如允许直接访问物理地址，能进行位操作，能实现汇编语言的大部分功能，可以直接对硬件进行操作等。用 C 语言编译程序产生的目标程序，其质量可以与汇编语言产生的目标程序相媲美，具有 "可移植的汇编语言" 的美称，成为编写应用软件、操作系统和编译程序的重要语言之一。

（3）专用语言。专用语言是为某种特殊应用而专门设计的语言，通常具有特殊的语法形式。一般来说，这种语言的应用范围狭窄，移植性和可维护性不如结构化程序设计语言。随着时间的推移，被使用的专业语言已有数百种，应用比较广泛的有 APL、Forth、LISP 语言。

从描述客观系统来看，程序设计语言可以分为面向过程语言和面向对象语言。

（1）面向过程语言。以 "数据结构＋算法" 程序设计范式构成的程序设计语言，称为面向过程语言。前面介绍的程序设计语言大多为面向过程语言。

（2）面向对象语言。以 "对象＋消息" 程序设计范式构成的程序设计语言，称为面向对象语言。比较流行的面向对象语言有 Delphi、Visual Basic、Java、C＋＋语言等。Delphi 语言具有可视化开发环境，提供面向对象的编程方法，可以设计各种具有 Windows 风格的应用程序（如数据库应用系统、通信软件和三维虚拟现实等），也可以开发多媒体应用系统。Visual Basic 语言简称 VB 语言，是为开发应用程序而提供的开发环境与工具。它具有很好的图形用户界面，采用面向对象和事件驱动的新机制，把过程化和结构化编程集合在一起。它在应用程序开发中的图形化构思，无须编写任何程序，就可以方便地创建应用程序界面，且与 Windows 界面非常相似，甚至是一致的。Java 语言是一种面向对象的、不依赖于特定平台的程序设计语言，简单、可靠、可编译、可扩展、多线程、结构中立、类型显示说明、动态存储管理、易于理解，是一种理想的、用于开发 Internet 应用软件的程序设计语言。

第四代：非过程化语言

非过程化语言是面向应用，为最终用户设计的一类程序设计语言，具有缩短应用开发过程、降低维护代价、最大限度地减少调试过程中出现的问题以及对用户友好等优点。非过程化语言在编码时只需说明做什么，不需描述算法细节。数据库查询和应用程序生成器是非过程化语言的两个典型应用。用户可以用数据库查询语言（SQL）对数据库中的信息进行复杂的操作，用户只需将要查找的内容在什么地方、根据什么条件进行查找等信息告诉 SQL，SQL 将自动完成查找过程。应用程序生成器则是根据用户的需求自动生成满足需求的高级语言程序。真正的非过程化语言应该说还没有真正出现，所谓的非过程化语言大多是指基于某种语言环境上具有非过程化语言特征的软件工具产品，如 System Z、PowerBuilder、

FOCUS 等。

下面举一个用不同编程语言对同一个任务进行描述的例子。

【例 6.1】 用不同编程语言对 2+6 进行描述。

解 （1）用机器指令对 2+6 进行描述：

```
1011000000000110      /*把 2 存放到累加器 A 中*/
0000010000000010      /*将 6 与累加器中的 8 相加，结果存在 A 中*/
101000100101000000000000      /*程序结束*/
```

（2）用汇编语言对 2+6 进行描述：

```
MOV   AL, 6
ADD   AL, 2
MOV   VC, AL
```

（3）用高级语言对 2+6 进行描述：

```
A=2+6
```

6.1.2 常见的程序语言

虽然程序语言有上千种之多，但流传下来仍被使用的并不多，以下介绍比较有代表性的常用程序语言。

（1）C 语言：结构化程序设计语言的经典，它能完成你想要的一切。

（2）C++：C++是一种面向对象的计算机程序设计语言，最初这种语言被称作带类的 C。它是一种静态数据类型检查的、支持多重编程范式的通用程序设计语言，支持过程化程序设计、数据抽象、面向对象程序设计、泛型程序设计等多种程序设计风格。

（3）Perl：广泛应用于 UNIX/Linux 系统管理的脚本语言。

（4）FORTRAN（Formula Translation，公式翻译程序设计语言）：第一个广泛使用的高级语言，为广大科学和工程技术人员使用计算机创造了条件。

（5）PHP（Hypertext Preprocessor，超文本预处理器）：是一种通用开源脚本语言，其语法吸收了 C 语言、Java 和 Perl 的特点，利于学习，使用广泛，主要适用于 Web 开发领域。

（6）C#：一种安全的、稳定的、简单的、优雅的，由 C 语言和 C++衍生出来的面向对象的编程语言。它在继承 C 语言和 C++强大功能的同时去掉了一些它们的复杂特性。

（7）Objective-C：一种通用、高级、面向对象的编程语言。它扩展了标准的 ANSI C 编程语言，将 Smalltalk 式的消息传递机制加入 ANSI C 中。它是苹果的 OSX 和 iOS 操作系统，及其相关 API、Cocoa 和 Cocoa Touch 的主要编程语言。

（8）COBOL（COmmon Business Oriented Language，面向商业的通用语言）：使用最广泛的商用语言，适用于数据处理的高级程序设计语言。

（9）Javascript：一种高级编程语言，通过解释执行。它是一门动态类型、面向对象（基于原型）的直译语言。它已经由欧洲电脑制造商协会通过 ECMAScript 实现语言的标准化，被世界上的绝大多数网站所使用，也被世界主流浏览器（Chrome、IE、FireFox 等）支持。

（10）表处理语言（LISt Proceessing，LISP）：引进函数式程序设计概念和表处理设施，在人工智能的领域内广泛使用。

（11）JOVIAL（Jules Own Version of IAL，国际算法语言的朱尔斯文本）：第一个具有处理科学计算、输入输出逻辑信息、数据存储和处理等综合功能的语言。多数 JOVIAL 编译程序都是用 JOVIAL 书写的。

（12）GPSS（General‐purpose Systems Simulator，通用系统模拟语言）：第一个使模拟成为实用工具的语言。

（13）JOSS（Johnniac Open‐Shop System）：第一个交互式语言，它有很多方言，曾使分时成为实用。

（14）FORMAC（FORmula MAnipulation Compiler，公式翻译程序设计语言、公式处理编译程序）：第一个广泛用于需要形式代数处理的数学问题领域内的语言。

（15）SIMULA（SIMUlation LAnguage，模拟语言）：主要用于模拟的语言，SIMULA67 是 1967 年 SIMULA 的改进。其中引进的"类"概念，是现代程序设计语言中"模块"概念的先声。

（16）APL/360（A Programming Language，程序设计语言 360）。一种提供很多高级运算符的语言，可使程序人员写出甚为紧凑的程序，特别是涉及矩阵计算的程序。

（17）PROLOG（PROgrammingin LOGic）：一种处理逻辑问题的语言。它已经广泛应用于关系数据库、数理逻辑、抽象问题求解、自然语言理解等多个领域中。

（18）Ada：一种现代模块化语言，属于 ALGOLPASCAL 语言族，但有较大变动。其主要特征是强类型化和模块化，便于实现个别编译，提供类属设施，提供异常处理，适用于嵌入式应用。

（19）Python：最好的字符串处理脚本语言。

（20）Ruby：日本人设计的一种被广泛学习使用的动态语言。

（21）HTML：超文本标记语言，标准通用标记语言下的一个应用。超文本就是指页面内可以包含图片、链接，甚至音乐、程序等非文字元素。

（22）Scratch：美国麻省理工学院开发的编程软件，不需要编写任何程序代码，用鼠标拖拽图形模块就可以对动画进行编程。

（23）易语言：易语言中所有程序代码都采用汉字。支持中文程序语句的快速录入。

表 6.1 给出了 9 种常见语言的主要用途和优缺点。

表 6.1　9 种常见语言的比较

语言名称	诞生时间	主要用途	优点	缺点
C#	2000 年	Windows 应用，企业级业务应用，软件开发	全面集成 .net 库，提供出色的功能与支持库访问能力；C#结构可以移至 Java、C++、PHP 等；需求旺盛	学习曲线陡峭；由于集成 .net 库，因而不能跨平台
Ruby	1995 年	图形用户界面，Web 应用，Web 开发	易于学习，工具广泛以及库功能强大，社区庞大而且发展迅速	运行速度表现不佳，说明文档不多

续表

语言名称	诞生时间	主要用途	优点	缺点
PHP	1994 年	Web 开发，Wordpress 插件，创建包含数据库的页面	适合 Web 开发，易于上手且功能丰富；社区庞大；	解释型语言的特征导致运行速度表现不佳，错误处理机制表现糟糕
Objective - C	1983 年	iOS 应用程序	库功能强大，动态程度高；	学习曲线陡峭，闭源
Javascript	1995 年	网站前端，过程分析与功能控件，Web 交互	运行速度出色，易于学习，与其他语言可顺利协作	安全性有待加强，最终用户依赖性较强
C++	1983 年	软件开发，搜索引擎，操作系统，视频游戏	功能强大，调整空间灵活	学习曲线极为陡峭，功能交互方式复杂
C	1972 年	操作系统，软件开发，硬件	移植性好；体型小巧，可嵌入；编程语言的基础	不具备运行时的检查机制，不支持面向对象编程，学习曲线陡峭
Java	1995 年	Android 与 iOS 应用开发，视频游戏开发，图形用户界面，软件开发	需求旺盛；发展势头优异；JVM 功能强大，跨平台性好；非常适合 Android 开发	内存占用大，启动时间较长
Python	1991 年	Web 开发，视频游戏开发，图形用户界面，软件开发	易于学习，库功能极为强大，适用于物联网	速度表现不佳，移动计算领域有待加强

6.1.3　程序设计语言处理系统

除了机器语言外，其他用任何软件语言书写的程序都不能直接在计算机上执行，都需要对它们进行适当的处理。语言处理系统的作用是把用软件语言书写的各种程序处理成可在计算机上执行的程序，或最终的计算结果，或其他中间形式。

不同级别的软件语言有不同的处理方法和处理过程。程序设计语言的处理方法和处理过程发展较早，技术较为成熟，其处理系统是基本软件系统之一。一般而言，程序设计语言的处理由语言处理系统负责。语言处理系统通常包括正文编辑程序、宏加工程序、翻译程序、连接编辑程序和装入程序等部分。其中翻译程序是语言处理系统的核心。按照不同的源语言、目标语言和翻译处理方法，可把翻译程序分成汇编程序、编译程序和解释程序。从汇编语言到机器语言的翻译程序称为汇编程序；从高级语言到机器语言或汇编语言的翻译程序称为编译程序；按源程序中指令或语句的动态执行顺序，逐条翻译并立即解释执行相应功能的处理程序称为解释程序。除了翻译程序外，语言处理系统通常还包括正文编辑程序、宏加工程序、连接编辑程序和装入程序等其他部分。图 6.1、图 6.2、图 6.3 分别是汇编程序、编译程序、解释程序的工作流程。

图 6.1　汇编程序的工作流程

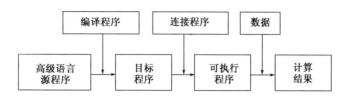

图 6.2 编译程序的工作流程

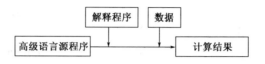

图 6.3 解释程序的工作流程

编译程序的执行速度快，但是占用内存多、如 C、C++语言。这里举一个 GUN 编译器的例子。作为 GUN 的一种编译器，GCC 的编译要经历四个相互关联的步骤：预处理（也称预编译，Preprocessing）、编译（Compilation）、汇编（Assembly）和链接（Linking）。源代码（这里以 file.c 为例）经过四个步骤后产生一个可执行文件，各部分对应不同的文件类型，具体如下：

file.c	C 程序源文件
file.i	C 程序预处理后文件
file.cxx	C++程序源文件，也可以是 file.cc / file.cpp / file.c++
file.ii	C++程序预处理后文件
file.h	C/C++头文件
file.s	汇编程序文件
file.o	目标代码文件

6.1.4 程序设计语言的选择依据和开发环境

程序设计的第一步是程序设计语言的选择。根据程序设计语言特点不同，适用的领域也不同，下面先从不同角度介绍如何选择程序设计语言。

（1）根据项目的应用领域：

①科学工程计算。科学工程计算需要大量的标准库函数，以便处理复杂的数值计算，可供选用的语言有 FORTRAN 语言、C 语言等。

②数据处理与数据库应用。如 SQL 为 IBM 公司开发的数据库查询语言。

③实时处理。实时处理软件一般对性能的要求很高，可选用的语言有汇编语言、Ada 语言等。

④系统软件。如果编写操作系统、编译系统等系统软件，可选用汇编语言、C 语言等。

⑤人工智能。如果要完成知识库系统、专家系统、决策支持系统、推理工程、语言识别、模式识别等人工智能领域内的系统，应选择 Prolog、LISP 语言等。

（2）根据软件开发的方法：有时编程语言的选择依赖于开发的方法，如果要用快速原型模型来开发，要求能快速实现原型，因此宜采用非过程化语言。如果是面向对象方法，宜采用面向对象的语言编程。

（3）根据软件执行的环境：良好的编程环境不但能有效提高软件生产率，同时能减少错误，有效提高软件质量。

（4）根据算法和数据结构的复杂性：科学计算、实时处理和人工智能领域中的问题算法较复杂，而数据处理、数据库应用、系统软件领域的问题，数据结构比较复杂，因此选择语言时可考虑是否有完成复杂算法的能力，或者有构造复杂数据结构的能力。

（5）根据软件开发人员的知识：编写语言的选择与软件开发人员的知识水平及心理因素有关，开发人员应仔细地分析软件项目的类型，敢于学习新知识，掌握新技术。

视频6.1　用VC++6.0
写一个程序的过程

视频6.1给出了用VC++6.0写一个程序的过程。

程序设计离不开开发环境的支持。较早期程序设计的各个阶段都要用不同的软件来进行处理，如先用文字处理软件编辑源程序，然后用链接程序进行函数、模块连接，再用编译程序进行编译，开发者必须在几种软件间来回切换操作。如今的编程开发软件将编辑、编译、调试等功能集成在一个桌面环境中，大大方便了用户。

集成开发环境（Integrated Development Environment，IDE）是用于提供程序开发环境的应用程序，一般包括代码编辑器、编译器、调试器和图形用户界面工具，集成了代码编写功能、分析功能、编译功能、调试功能等一体化的开发软件服务套。所有具备这一特性的软件或者软件套（组）都可以叫集成开发环境。IDE为用户使用Visual Basic、Java和PowerBuilder等现代编程语言提供了方便。不同的技术体系有不同的IDE。比如visual studio. Net可以称为C++、VB、C#等语言的集成开发环境，所以visual studio. Net可以叫作IDE。同样，Borland的JBuilder也是一个IDE，它是Java的IDE。zend studio、editplus、ultraedit等这些，每一个都具备基本的编码、调试功能，所以每一个都可以称作IDE。

IDE也多被用于开发HTML应用软件。例如，许多人在设计网站时使用IDE（如HomeSite、DreamWeaver、FrontPage等），因为很多项任务会自动生成。图6.4是Microsoft Visual Studio集成开发环境（for C/VC++/C#）。图6.5为EditPlus集成开发环境（for HTML）。

6.1.5　程序设计的标准化

程序设计的标准化是指按统一的标准设计程序。其目的是便于程序员编写和调试程序的同时，也便于程序的阅读和维护。

程序设计标准化的内容有：

（1）程序处理逻辑描述标准化。常用的处理逻辑描述方法有程序流程图、结构化英语、判定树和判定表等。

（2）共同处理标准化。共同处理标准化是指在系统中所用的共用模块，要求用标准格

图 6.4　Microsoft Visual Studio 集成开发环境（for C/VC + +/C#）

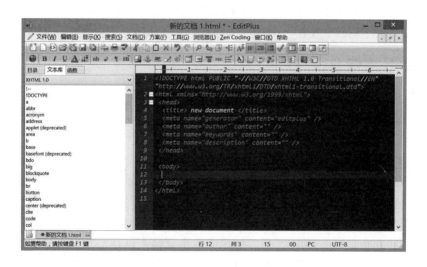

图 6.5　EditPlus 集成开发环境（for HTML）

式统一编码，当系统用到类似的处理过程时，就可以直接调用此共用模块，以提高程序效率。

（3）程序代码标准化。程序代码标准化是指上述共同模块，按子程序或程序库的形式以统一的规定符号和统一的描述方法来编写程序模块。

（4）程序模块说明书标准化。程序模块说明书标准化是指对每个程序模块编写的说明书要标准化，这是编写程序的依据。

6.2　软件开发的方法

软件设计中选择好的程序设计方法有助于提高软件设计的效率，保证软件的可靠性、可扩充性，改进软件的可维护性。随着时代的发展及科技的进步，软件开发也相应产生许多不同的方法，以下按时间的顺序把具有代表性的开发方法及实用的领域做介绍。

6.2.1　Parnas 方法

最早的软件开发方法，是由 D. Parnas 在 1972 年提出的。由于当时软件在可维护性和可靠性方面存在着严重问题，因此 Parnas 提出的方法是针对这两个问题的。首先，Parnas 提出了信息隐蔽原则：在概要设计时列出将来可能发生变化的因素，并在模块划分时将这些因素放到个别模块的内部。这样，在将来由于这些因素变化而需修改软件时，只需修改这些个别的模块，其他模块不受影响。信息隐蔽不仅提高了软件的可维护性，而且也避免了错误的蔓延，改善了软件的可靠性。现在信息隐蔽原则已成为软件工程学中的一条重要原则。

Parnas 提出的第二条原则是在软件设计时对可能发生的种种意外故障要有应对措施。软件是很脆弱的，很可能因为一个微小的错误而引发严重的事故，所以必须加强防范。如在分配使用设备前，应该取设备状态字，检查设备是否正常。此外，模块之间也要加强检查，防止错误蔓延。Parnas 对软件开发提出了深刻的见解。遗憾的是，他没有给出明确的工作流程。所以这一方法不能独立使用，只能作为其他方法的补充。

6.2.2　SASD 方法

1978 年，E. Yourdon 和 L. L. Constantine 提出了结构化软件开发方法，即 SASD 方法，也称为面向功能的软件开发方法或面向数据流的软件开发方法。1979 年 TomDeMarco 对此方法做了进一步的完善，首先用结构化分析（SA）对软件进行需求分析，然后用结构化设计（SD）方法进行总体设计，最后是结构化程序设计（SP）。这一方法不仅开发步骤明确，SA、SD、SP 相辅相成，一气呵成，而且给出了两类典型的软件结构（变换型和事务型），便于参照，使软件开发的成功率大大提高，从而深受软件开发人员的青睐。

结构化程序设计（Structured Programming，SP）是以模块功能和处理过程设计为主的开发软件方法。其设计思想是采用"自顶向下，逐步求精，模块分解，分而治之"的解决问题方法。自顶向下、逐步求精是指将分析问题的过程划分成若干个层次，每一个新的层次都是上一个层次的细化，即步步深入，逐层细分。模块分解、分而治之是将整个系统分解成若干个易于控制、处理、完成一定功能的子任务或子模块，每分解一次都是对问题的进一步的细化，直到最低层次模块所对应的问题足够简单为止。每个模块功能可由结构化程序设计语言的子程序（函数）来实现。

结构化程序设计方法实现程序设计需要经过两个过程：模块分解和组装，如图 6.6 所示。

结构化程序设计的基本特点是按层次组织模块；每个模块只有一个入口，一个出口；程序与数据相分离，即程序 = 算法 + 数据结构。

结构化程序设计的基本结构有三种：顺序结构、选择结构和循环结构。顺序结构（图 6.7）是按照程序语句的书写顺序一条一条的执行，是最基本、最常用的结构。

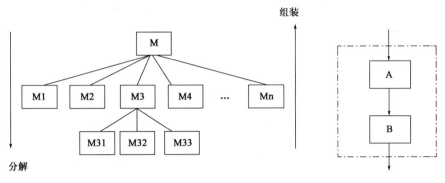

图 6.6　结构化程序设计的模块组装与分解　　　　图 6.7　顺序结构

选择结构（分支结构）是根据设定的条件，判断应该执行哪一条语句。选择结构可以分为单分支结构、双分支结构和多分支结构（图 6.8）。

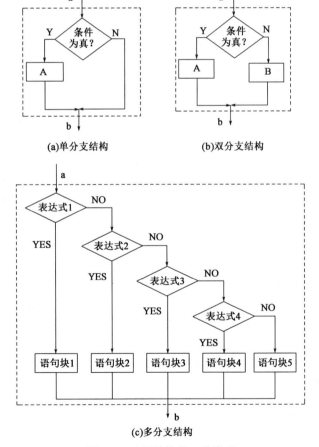

图 6.8　选择结构的三种类型

循环结构（重复结构）是根据给定的条件，判断是否需要重复执行相同的程序段。它分为当型循环结构（while）和直到型循环结构（until）两种（图 6.9）。

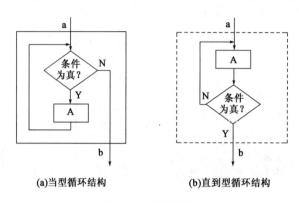

(a)当型循环结构　　　　　　　　(b)直到型循环结构

图 6.9　循环结构

在面向过程的结构化程序设计中，由于用来完成模块功能的函数是面向过程的，即它关注如何根据规定的条件完成指定的任务。在多函数程序中，许多重要的数据被放置在全局数据区，它们可以被所有的函数访问。这样就将数据和处理数据的过程（函数）分离为两个独立的实体。因而结构化程序设计模型当数据结构改变时，会引起操作该数据的函数（过程）的修改。同时，若某个函数意外修改了全局数据，也会引起程序数据和结果的混乱。

由于这种方法实质上的依赖与形式上的分离使得大型程序不仅难以编写，也难以调试、修改和维护，代码的可重用性和共享性差，因此它适用于小型系统或者不复杂系统的开发。

6.2.3　Jackson 方法

1975 年，M. A. Jackson 提出了一种至今仍广泛使用的软件开发方法——Jackson 方法，也叫面向数据结构的软件开发方法。这一方法从目标系统的输入、输出数据结构入手，导出程序框架结构，再补充其他细节，就可得到完整的程序结构图。这一方法对输入、输出数据结构明确的中小型系统特别有效，如商业应用中的文件表格处理。该方法也可与其他方法结合，用于模块的详细设计。

6.2.4　Warnier 方法

1974 年，J. D. Warnier 提出的 Warnier 方法与 Jackson 方法类似，差别有三点：一是它们使用的图形工具不同，分别使用 Warnier 图和 Jackson 图；二是使用的伪代码不同；最主要的差别是在构造程序框架时，Warnier 方法仅考虑输入数据结构，而 Jackson 方法不仅考虑输入数据结构，而且还考虑输出数据结构。

6.2.5　问题分析法

问题分析法（Problem Analysis Method，PAM）是 20 世纪 80 年代末日立公司提出的一种软件开发方法。PAM 希望能兼顾 SASD 方法、Jackson 方法和自底向上的软件开发方法的优点，而避免它们的缺陷。它的基本思想是：考虑输入、输出数据结构，指导系统的分解，在系统分析指导下再逐步综合。

PAM 方法的优点是使用 PAD 图。PAD 图是一种二维树形结构图，是目前为止最好的详细设计表示方法之一，远远优于 NS 图（结构化编程中的一种可视化建模）和 PDL 语言（打印语言，或称结构化语言）。这一方法在日本较为流行，软件开发的成功率也很高。由于在输入、输出数据结构与整个系统之间同样存在着鸿沟，这一方法仍只适用于中小型问题。

6.2.6 面向对象的软件开发方法

面向对象技术是软件技术的一次革命，在软件开发史上具有里程碑的意义。

1. 面向对象的程序设计方法

面向对象的程序设计方法（Object Oriented Programming，OOP）将数据及对数据操作的方法（函数）放在一起，形成一个相互依存，不可分离的整体——对象，从同类对象中抽象出共性，形成类。类有两个成员：数据成员和成员函数。对象之间通过消息进行通信。面向对象程序设计模型如图 6.10 所示。

面向对象的程序设计方法采用与客观世界一致的方法设计软件，其设计方法是模拟人类习惯的思维方式。面向对象的程序设计方法的主要特点是：程序 = 对象 + 消息。每个对象都具有特定的属性（数据结构）和行为（操作自身数据的函数），它们是一个整体。整个程序由不同类的对象构成，各对象是一个独立的实体，对象之间通过消息传递发生相互作用。

结构化的程序设计数据和程序代码是分离的，而面向对象的程序设计则将数据和操作数据的程序代码绑在一起构成对象。面向对象程序设计方法使得开发的软件产品易重用、易修改、易测试、易维护、易扩

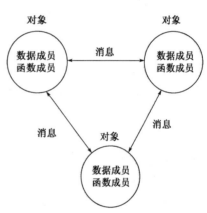

图 6.10　面向对象程序设计模型

充，降低了软件开发的复杂度。面向对象的程序设计方法达到了软件工程的三个主要目标：重用性、灵活性和扩展性，适合大型的、复杂的软件开发。

面向对象的程序设计方法是当今普遍使用并大力推广的一种程序设计方法，它是计算机软件开发人员必须掌握的基本技术。目前，面向对象的程序设计语言广泛使用的有 C＋＋、Visual Basic、PowerBuilder、Delphi、C# 、Java 等。

面向对象的程序设计的基本术语主要有：

1）对象

在现实世界中，一切事物都可以看作一个对象。对象既可以是一个有形的具体事物，如一个人、一棵树、一台计算机；也可以是无形的、抽象的事件，如一场演出、一场球赛。一个对象既可以是简单对象，也可以是由多个对象构成的复杂对象。现实世界中的对象可以认为是：对象 = 属性 + 行为。

现实世界中的对象具有如下特性：有一个名字以区别于其他对象；有一个状态用来描述它的某些特征，这个状态称为属性；有一组操作，每一个操作决定对象的一种功能或者行为，操作包括自身所承受的操作和施加其他对象的操作。

在面向对象的程序设计中，对象是描述其属性的数据及对这些数据施加的一组操作封装在一起构成的一个独立整体。面向对象的程序中对象可以认为是：对象＝数据＋操作，对象中的数据表示对象的状态，对象中的操作可以改变对象的状态。

2）类

在现实世界中，类是一组具有共同属性和行为的对象的抽象。例如，李星、王晓、陈悦等是不同的学生对象，但他们有共同的特征：有姓名、班级、学号等属性；有能选课、听课、做作业等行为。将所有同学都共有的这些属性和行为抽象出来，就构成一个学生类。

在面向对象的程序设计中，类是一组具有相同数据和相同操作的一组对象的集合。同一个类的不同对象具有其自身的数据，处于不同的状态中。面向对象的程序设计中，总是先申明一个类，再由类生成一个具体对象。

类和对象的关系是抽象和具体的关系：类是多个对象进行综合抽象的结果，一个对象是类的一个实例。图6.11表示一个学生类和其中一个对象的关系。

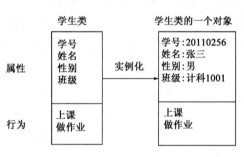

图6.11　一个学生类与其中一个对象的关系

3）实例

实例就是由某个特定的类所描述的一个具体的对象，比如汽车就是交通工具的一个实例。实际上类是建立对象时使用的模板，按照这个模板所建立的一个个具体的对象，就是类的实际例子，简称实例。在图6.11中，学生张三是学生类的一个实例。

4）属性

属性是类中所定义的数据，它是对客观世界实体所具有的性质的抽象。类的每个实例都有自己特有的属性值。从图6.11中可以发现学生张三的属性值。

5）消息

在面向对象的程序设计中，对象之间的联系是通过消息传递来实现的。一个对象向另一个对象发出的请求或命令被称为消息。当对象收到消息时，就调用有关的方法，执行相应的操作。消息是一个对象要求另一个对象执行某个功能操作的规格说明。通过消息传递完成对象间相互请求和相互协作。

6）方法

方法就是对象所能执行的操作或所具有的行为，即类中定义的服务。例如，图6.11中学生张三能执行的操作有上课、做作业等，实现这些操作的过程就是方法。一个方法有方法名参数、方法体、用来描述对象执行操作的算法、响应消息等。在 C＋＋语言中方法是通过成员函数来实现的。

面向对象程序设计的基本特征主要有：抽象性、封装性、继承性和多态性。

1）抽象性

面向对象程序设计的基本要素是抽象。抽象就是从众多事物中抽取出共同的、本质的特征，而忽略次要的和非本质的特征。例如，一个长方形是一个具体的对象，10 个不同尺寸的长方形是 10 个对象，这 10 个长方形有共同的属性（长和宽，只是具体值不同）与行为（计算周长、计算面积）。

将这 10 个长方形抽象出一种类型，称为长方形类型。在 C＋＋中，这种类型就称为类，这 10 个长方形属于同一类的对象。也就是说类是对象的抽象。

抽象包含两个方面：数据抽象和过程抽象。数据抽象是针对对象的属性，实现数据封装，在类外不可能被访问。如建立一个学生类，学生会有以下特征：学号、姓名、专业、性别、学费、成绩等，写成类时都应是学生的属性。过程抽象是针对对象的行为特征，实现信息隐藏，如学生上课、写作业、借书等，这些方面可以抽象为方法，写成类时都是学生的行为。

2）封装性

封装是将事物的属性和行为包装到对象的内部，形成一个独立模块单位。封装是一种信息隐藏技术，即对象的内部对用户是隐藏的，不可直接访问，使得用户只能见到对象封装界面上的信息即外特性（对象能接受哪些消息，具有哪些处理能力），而对象的内部特性（保存内部状态的私有数据和实现加工能力的算法）对用户是隐蔽的。

3）继承性

继承是面向对象程序设计方法的一个重要特征，是实现软件复用的一个重要手段。继承反映的是对象之间的相互关系，它允许一个新类从现有类派生而出，新类能够继承现有类的属性和行为，并且能够修改或增加新的属性和行为，成为一个功能更强大、更满足应用需求的类。

4）多态性

对象根据所接收的消息做出动作而呈现一定形态，从字面上解释，所谓多态性是指有许多种形态。在面向对象的程序设计中多态是指语言具有根据对象的类型以不同方式处理，即指同样的消息被不同类型的对象接收时导致完全不同的行为。

多态性与继承密切相关，利用类继承的层次关系，把具有通用功能的协议存放在类层次中尽可能高的地方，而将实现这一功能的不同方法置于较低层次，这样，在这些低层次上生成的对象就能给通用消息以不同的响应。

综合来看，面向对象的程序设计语言可以分为两大类：一类是混合型的面向对象的程序设计语言，典型的如 C＋＋，这类语言是在传统的过程化语言中加入了各种面向对象语言的成分；另一类是纯粹的面向对象的程序设计语言，这类语言中几乎所有的语言成分都是类和对象，典型的如 Java。

2. 面向对象的软件开发方法分析

OOP 向 OOD（面向对象设计）和 OOA（面向对象分析）发展，最终形成面向对象的软件开发方法（Object Modelling Technique，OMT）。这是一种自底向上和自顶向下相结合的方法，而且它以对象建模为基础，因而不仅考虑了输入、输出数据结构，实际上也包含了所有对象的数据结构。所以 OMT 彻底实现了 PAM 没有完全实现的目标。不仅如此，OOP 技术在需求分析、可维护性和可靠性这三个软件开发的关键环节和质量指标上有了实质性的突破，彻底地解决了在这些方面存在的严重问题，从而宣告了软件危机末日的来临。

OMT 的第一步是从问题的陈述入手，构造系统模型。从真实系统导出类的体系，即对象模型包括类的属性，与子类、父类的继承关系，以及类之间的关联。类是具有相似属性和行为的一组具体实例（客观对象）的抽象，父类是若干子类的归纳。因此这是一种自底向上的归纳过程。在自底向上的归纳过程中，为使子类能更合理地继承父类的属性和行为，可能需要自顶向下的修改，从而使整个类体系更加合理。由于这种类体系的构造是从具体到抽象，再从抽象到具体，符合人类的思维规律，因此能更快、更方便地完成任务。这与自顶向下的 SASD 方法构成鲜明的对照。在 SASD 方法中构造系统模型是最困难的一步，因为自顶向下的"顶"是一个空中楼阁，缺乏坚实的基础，而且功能分解有相当大的任意性，因此需要开发人员有丰富的软件开发经验。而在 OMT 中这一工作可由一般开发人员较快地完成。在对象模型建立后，很容易在这一基础上再导出动态模型和功能模型，这三个模型一起构成要求解的系统模型。

系统模型建立后的工作就是分解。与 SASD 方法按功能分解不同，在 OMT 中通常按服务（Service）来分解。服务是具有共同目标的相关功能的集合，如 I/O 处理、图形处理等。这一步的分解通常很明确，而这些子系统的进一步分解因有较具体的系统模型为依据，也相对容易。所以 OMT 也具有自顶向下方法的优点，即能有效地控制模块的复杂性，同时避免了 SASD 方法中功能分解的困难和不确定性。

每个对象类由数据结构（属性）和操作（行为）组成，有关的所有数据结构（包括输入、输出数据结构）都成了软件开发的依据。因此 Jackson 方法和 PAM 中输入、输出数据结构与整个系统之间的鸿沟在 OMT 中不再存在。OMT 不仅具有 Jackson 方法和 PAM 的优点，而且可以应用于大型系统。更重要的是，在 Jackson 方法和 PAM 方法中，当它们的出发点——输入、输出数据结构（即系统的边界）发生变化时，整个软件必须推倒重来。但在 OMT 中系统边界的改变只是增加或减少一些对象而已，整个系统改动极小。

需求分析不彻底是软件失败的主要原因之一。即使在目前，这一危险依然存在。传统的软件开发方法不允许在开发过程中用户的需求发生变化，从而导致种种问题。正是由于这一原因，人们提出了原型化方法，推出探索原型、实验原型和进化原型，积极鼓励用户改进需求。在每次改进需求后又形成新的进化原型供用户试用，直到用户基本满意，大大提高了软件的成功率。但是它要求软件开发人员能迅速生成这些原型，这就要求有自动生成代码的工具的支持。

OMT 彻底解决了这一问题。因为需求分析过程已与系统模型的形成过程一致，开发人员与用户的讨论是从用户熟悉的具体实例（实体）开始的。开发人员必须搞清现实系统才能导出系统模型，这就使用户与开发人员之间有了共同的语言，避免了传统需求分析中可能产生的种种问题。

在 OMT 之前的软件开发方法都是基于功能分解的。尽管软件工程学在可维护方面做出了极大的努力，使软件的可维护性有较大的改进。但从本质上讲，基于功能分解的软件是不易维护的。因为功能一旦有变化都会使开发的软件系统产生较大的变化，甚至推倒重来。更严重的是，在这种软件系统中，修改是困难的。由于种种原因，即使是微小的修改也可能引入新的错误。所以传统开发方法很可能会引起软件成本增长失控、软件质量得不到保证等一系列严重问题。正是 OMT 的出现才使软件的可维护性有了质的改善。

OMT 的基础是目标系统的对象模型，而不是功能的分解。功能是对象的使用，它依赖于应用的细节，并在开发过程中不断变化。由于对象是客观存在的，因此当需求变化时对象的性质要比对象的使用更为稳定，从而使建立在对象结构上的软件系统也更为稳定。

更重要的是 OMT 彻底解决了软件的可维护性。在面向对象语言中，子类不仅可以继承父类的属性和行为，而且也可以重载父类的某个行为（虚函数）。利用这一特点，可以方便地进行功能修改：引入某类的一个子类，对要修改的一些行为（即虚函数或虚方法）进行重载，也就是对它们重新定义。由于不再在原来的程序模块中引入修改，所以彻底解决了软件的可修改性，从而也彻底解决了软件的可维护性。面向对象技术还提高了软件的可靠性和健壮性。

6.2.7　可视化开发方法

可视化开发是 20 世纪 90 年代软件界最大的两个热点之一。随着图形用户界面的兴起，用户界面在软件系统中所占的比例也越来越大，有的甚至高达 60% ~ 70%。产生这一问题的原因是图形界面元素的生成很不方便。为此 Windows 提供了应用程序设计接口 API（Application Programming Interface），它包含了 600 多个函数，极大地方便了图形用户界面的开发。但是在这批函数中，大量的函数参数和使用数量更多的有关常量，使基于 Windows 的 API 的开发变得相当困难。为此 Borland C + + 推出了 Object Windows 编程。它将 API 的各部分用对象类进行封装，提供了大量预定义的类，并为这些定义了许多成员函数。利用子类对父类的继承性，以及实例对类的函数的引用，应用程序的开发可以省却大量类的定义、省却大量成员函数的定义或只需作少量修改来定义子类。Object Windows 还提供了许多标准的缺省处理，大大减少了应用程序开发的工作量。但要掌握它们，对非专业人员来说仍是一个沉重的负担。为此人们利用 Windows API 或 Borland C + + 的 Object Windows 开发了一批可视化开发工具。

可视化开发就是在可视化开发工具提供的图形用户界面上，通过操作界面元素，诸如菜单、按钮、对话框、编辑框、单选框、复选框、列表框和滚动条等，由可视化开发工具自动生成应用软件。这类应用软件的工作方式是事件驱动。对每一事件，由系统产生相应的消息，再传递给相应的消息响应函数。这些消息响应函数是由可视开发工具在生成软件时自动装入的。

由于要生成与各种应用相关的消息响应函数，因此，可视化开发只能用于相当成熟的应用领域，如目前流行的可视化开发工具基本上用于关系数据库的开发。对一般的应用，目前的可视化开发工具只能提供用户界面的可视化开发。至于消息响应函数（或称脚本），则仍需用通常的高级语言编写。只有在数据库领域才提供非过程化语言，使消息响应函数的开发大大简化。

从原理上讲，与图形有关的所有应用都可采用可视化开发方式，许多工程科学计算都与图形有关，从而都可以开发相应的可视化计算的应用软件。

6.2.8 ICASE 方法

随着软件开发工具的积累，自动化工具的增多，软件开发环境进入了第三代（Integrated Computer-Aided Software Engineering，ICASE）。系统集成方式经历了从数据交换（早期 CASE 采用的集成方式：点到点的数据转换），到公共用户界面（第二代 CASE：在一致的界面下调用众多不同的工具），再到目前的信息中心库方式。这是 ICASE 的主要集成方式，它不仅提供数据集成（1991 年 IEEE 为工具互连提出了标准 P1175）和控制集成（实现工具间的调用），还提供了一组用户界面管理设施和一大批工具，如垂直工具集（支持软件生存期各阶段，保证生成信息的完备性和一致性）、水平工具集（用于不同的软件开发方法）以及开放工具槽。

ICASE 的进一步发展则是与其他软件开发方法的结合，如与面向对象技术、软件重用技术结合，以及智能化的 ICASE。近几年已出现了能实现全自动软件开发的 ICASE。

ICASE 的最终目标是实现应用软件的全自动开发，即开发人员只要写好软件的需求规格说明书，软件开发环境就自动完成从需求分析开始的所有的软件开发工作，自动生成供用户直接使用的软件及有关文档。

在应用最成熟的数据库领域，目前已有能实现全部自动生成的应用软件，如 MSE 公司的 Magic 系统。它只要求软件开发人员填写一系列表格（相当于要求软件实现的各种功能），系统就会自动生成应用软件。它不仅能节省 90% 以上的软件开发和维护的工作量，而且还能将应用软件的开发工作转交给熟练的用户。

6.3 软件工程

6.3.1 软件工程的定义及软件生命周期

软件工程是从管理和技术两方面研究如何更好地开发和维护计算机软件的一门新兴学科，它采用工程的概念、原理、技术和方法来开发与维护软件，把经过时间考验而证明正确的管理技术和当前能够得到的最好的技术方法结合起来，以经济地开发出高质量的软件并有效地维护它。

同任何事物一样，软件也有其孕育、诞生、成长、成熟和衰亡的生存过程，一般称为软件生命周期。软件工程采用的生命周期方法学就是从时间角度对软件开发和维护的复杂问题进行分解，把软件生命周期划分为定义（软件计划）、开发和维护 3 个时期，每个时期又划分为若干个阶段。每个阶段的任务相对独立，而且比较简单，便于不同人员分工协作，从而降低了整个软件开发工程的困难程度。在软件生命周期的每个阶段都采用科学的管理技术和良好的技术方法，而且在每个阶段结束之前都从技术和管理两个角度进行严格的审查，合格之后才开始下一阶段的工作，这就使软件开发工程的全过程以一种有条不紊的方式进行，保证了软件的质量，特别是提高了软件的可维护性。

1. 定义时期

定义时期主要是确定待开发的软件系统要做什么；确定系统开发是否成功；弄清系统的关键需求；估算软件开发的成本；制定软件开发进度表。定义时期通常进一步划分成三个阶段，即问题定义、可行性研究和需求分析。

（1）问题定义：系统分析员通过对实际用户的调查，提出关于软件系统的性质、工程目标和规模的书面报告，同用户协商，达成共识。

（2）可行性研究：系统分析员需要制订软件项目计划，包括确定工作域、风险分析、资源规定、成本核算、工作任务和进度安排等。

（3）需求分析：对待开发的软件提出的需求进行分析并给出详细的定义，开发人员与用户共同讨论决定哪些需求是可以满足的，并对其加以确切的描述。这个阶段的一项重要任务是用正式文档准确地记录系统的需求，这份文档通常称为需求规格说明书。

2. 开发时期

开发时期主要是确定待开发的软件应怎样设计与实现，这个时期通常由概要设计、详细设计、编码和单元测试以及综合测试组成。概要设计与详细设计又称为系统设计，编码和单元测试与综合测试又称为系统实现。

（1）概要设计：概要设计又称为总体设计。这个阶段的主要任务是设计程序的体系结构，即确定程序由哪些模块组成以及模块间的关系。

（2）详细设计：详细设计又称为过程设计或模块设计。这个阶段的主要任务是设计出程序的详细规格说明，即确定实现模块功能所需要的算法和数据结构。

（3）编码和单元测试：在编码和单元测试阶段，程序员根据实际需要选取一种高级程序设计语言，把详细设计的结果翻译成用选定的语言书写的程序，并且仔细测试编写出的每一个模块。

（4）综合测试：这个阶段的主要任务是通过各种类型的测试及相应的调试，以发现功能、逻辑和实现上的缺陷，使软件达到预定的要求。

3. 维护时期

维护阶段的主要任务是进行各种修改，使系统能持久地满足用户的需要。维护时期要进行再定义和再开发，与之前所不同的是在软件已经存在的基础上进行。通常有 4 类维护活动：

（1）改正性维护：在软件交付使用后，由于开发测试时的不彻底、不完全，必然会有一部分隐藏的错误被带到运行阶段，这些隐藏的错误在某些特定的使用环境下就会暴露。

（2）适应性维护：是为适应环境的变化而修改软件的活动。

（3）完善性维护：是根据用户在使用过程中提出的一些建设性意见而进行的维护活动。

（4）预防性维护：为了进一步改善软件系统的可维护性和可靠性，并为以后的改进奠定基础。

6.3.2 常见的软件开发模型

1. 瀑布模型

1970 年温斯顿·罗伊斯（Winston Royce）提出了著名的瀑布模型，直到 20 世纪 80 年代早期，它一直是唯一被广泛采用的软件开发模型。瀑布模型将软件生命周期划分为制订计划、需求分析、软件设计、程序编写、软件测试和运行维护等六个阶段，并且规定了它们自上而下、相互衔接的固定次序，如同瀑布流水，逐级下落。从本质上来讲，它是一个软件开发架构，开发过程是通过一系列阶段顺序展开的，从系统需求分析开始直到产品发布和维护，每个阶段都会产生循环反馈，因此，如果有信息未被覆盖或者发现了问题，那么最好返回上一个阶段并进行适当的修改，开发进程从一个阶段"流动"到下一个阶段，这也是瀑布开发名称的由来。瀑布模型的核心思想是按工序将问题化简，将功能的实现与设计分开，便于分工协作，即采用结构化的分析与设计方法将逻辑实现与物理实现分开。

可以看出，瀑布模型中至关重要的一点是只有当一个阶段的文档已经编制好并获得认可后才可以进入下一个阶段。这样，瀑布模型通过强制性要求提供规约文档来确保每个阶段都能很好地完成任务。但是实际上往往难以办到，因为整个模型几乎都是以文档驱动的，这对于非专业用户来说是难以阅读和理解的。试着想象一下，当你去购买衣服时，售货员给你出示的是一本厚厚的服装规格说明书，你会有何感触。虽然瀑布模型有很多很好的思想可以借鉴，但是在过程能力上存在天生的缺陷。

然而轻易抛弃瀑布模型的观点也是非常错误的，因为瀑布模型是所有软件开发模型的基础，它体现了软件开发的本质过程。对于一些大型的软件项目，试图简化瀑布的前期需求和设计阶段，用一个简单的原型或者迭代来模拟未来的系统并试图帮助确认和挖掘客户的需求是不可能的，此时不仅离客户的最终需求如隔万千重山，系统的架构也会随着过程而有很大的被抛弃和大幅调整的可能，原型也就起不到原型的作用，反而浪费了成本和时间，所以前期的准备工作还是少不了的，尤其对于复杂系统。瀑布模型如图 6.12 所示。

2. 迭代式模型

迭代式模型是 RUP（Rational Unified Process，统一软件开发过程、统一软件过程）推荐的周期模型。在 RUP 中，迭代的定义为：迭代包括产生产品发布（稳定、可执行的产品版本）的全部开发活动和使用该发布必需的所有其他外围元素。所以，在某种程度上开发迭代是一次完整地经过所有工作流程的过程，至少包括需求工作流程、分析设计工作流程、实施工作流程和测试工作流程。实质上，它类似小型的瀑布式项目。RUP 认为，所有的阶段（需求及其他）都可以细分为迭代，每一次的迭代都会产生一个可以发布的产品，这个产品是最终产品的一个子集。

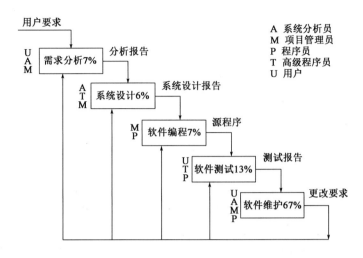

图 6.12　瀑布模型

　　迭代式模型和瀑布模型的最大的差别就在于风险的暴露时间上。任何项目都会涉及一定的风险。如果能在生命周期中尽早确保避免了风险，那么计划自然会更趋精确。有许多风险直到已准备集成系统时才被发现，不管开发团队经验如何，都绝不可能预知所有的风险。由于瀑布模型的特点（文档是主体），很多的问题在最后才会暴露出来，解决这些问题的风险是巨大的。在迭代式模型中，需要根据主要风险列表选择要在迭代中开发新的增量内容。每次迭代完成时都会生成一个经过测试的可执行文件，这样就可以核实是否已经降低了目标风险。

3. 增量模型

　　增量模型又叫演化模型。与建造大厦相同，软件也是一步一步建造起来的。在增量模型中，软件被作为一系列的增量构件来设计、实现、集成和测试，每一个构件是由多种相互作用的模块所形成的提供特定功能的代码片段构成。增量模型如图 6.13 所示。

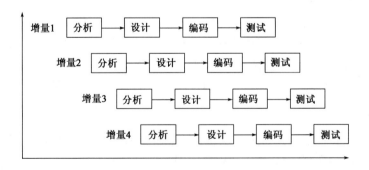

图 6.13　增量模型

　　增量模型在各个阶段并不交付一个可运行的完整产品，而是交付满足客户需求的一个子集的可运行产品。整个产品被分解成若干个构件，开发人员逐个构件交付产品，这样做的好处是软件开发可以较好地适应变化，客户可以不断地看到所开发的软件，从而降低开发风险。但是，增量模型也存在以下缺陷：

（1）由于各个构件是逐渐并入已有的软件体系结构中的，所以加入构件必须不破坏已构造好的系统部分，这需要软件具备开放式的体系结构。

（2）在开发过程中，需求的变化是不可避免的。增量模型的灵活性可以使其适应这种变化的能力大大优于瀑布模型和快速原型模型，但也很容易退化为边做边改模型，从而使软件过程的控制失去整体性。

在使用增量模型时，第一个增量往往是实现基本需求的核心产品。核心产品交付用户使用后，经过评价形成下一个增量的开发计划，它包括对核心产品的修改和一些新功能的发布。这个过程在每个增量发布后不断重复，直到产生最终的完善产品。

例如，使用增量模型开发字处理软件，可以考虑，第一个增量发布基本的文件管理、编辑和文档生成功能，第二个增量发布更加完善的编辑和文档生成功能，第三个增量实现拼写和文法检查功能，第四个增量完成高级的页面布局功能。

4. 快速原型模型

快速原型（Rapid Prototype）方法的第一步是建造一个快速原型，实现客户或未来的用户与系统的交互，用户或客户对原型进行评价，进一步细化待开发软件的需求，通过逐步调整原型使其满足客户的要求，开发人员可以确定客户的真正需求是什么；第二步则在第一步的基础上开发客户满意的软件产品。

显然，快速原型方法可以克服瀑布模型不够直观的缺点，减少由于软件需求不明确带来的开发风险，具有显著的效果。一般来说，要根据客户的需要在很短的时间内解决用户最迫切需要，完成一个可以演示的产品，这个产品只实现部分的功能（最重要的），它最重要的目的是为了确定用户的真正需求。在通常情况下，这种方法非常有效，原先对计算机没有丝毫概念的用户在你的快速原型面前往往口若悬河，有些观点让你都觉得非常吃惊。在得到用户的需求之后，快速原型将被抛弃。因为快速原型开发的速度很快，设计方面是几乎没有考虑的，如果保留快速原型的话，在随后的开发中会为此付出极大的代价。上面介绍的增量模型就保留了快速原型。

快速原型方法的关键在于尽可能快速地建造出快速原型，一旦确定了客户的真正需求，所建造的快速原型将被丢弃。因此，快速原型系统的内部结构并不重要，重要的是必须迅速建立快速原型，随之迅速修改快速原型，以反映客户的需求。快速原型模型如图6.14所示。

5. 螺旋模型

1988年，Barry Boehm正式发表了螺旋模型，它将瀑布模型和快速原型模型结合起来，强调了其他模型所忽视的风险分析，特别适用于大型复杂的系统。

螺旋模型由风险驱动，强调可选方案和约束条件，支持软件的重用，有助于将软件质量作为特殊目标融入产品开发中。但是，螺旋模型也有一定的限制条件，具体如下：

（1）螺旋模型强调风险分析，但要求许多客户接受和相信这种分析，并做出相关反应是不容易的，因此，这种模型往往适用于内部的大规模软件开发。

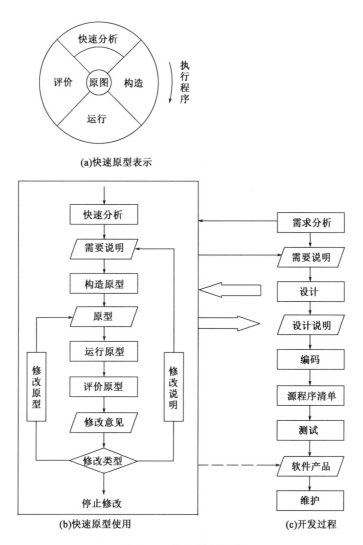

(a)快速原型表示

(b)快速原型使用　　　　(c)开发过程

图 6.14　快速原型模型

（2）如果执行风险分析大大影响项目的利润，那么进行风险分析就毫无意义。因此，螺旋模型只适用于大规模软件项目。

（3）软件开发人员应该擅长寻找可能的风险，准确地分析风险，否则将会带来更大的风险。

螺旋模型中软件开发的每一个阶段首先是确定该阶段的目标，以及完成这些目标的选择方案及其约束条件，然后从风险角度分析方案的开发策略，努力排除各种潜在的风险，有时需要通过建造快速原型来完成。如果某些风险不能排除，该方案立即终止，否则启动下一个开发步骤。最后，评价该阶段的结果，并设计下一个阶段。螺旋模型如图 6.15 所示。

不同的软件开发模型对软件开发过程有不同的理解和认识，支持不同的软件项目和开发组织。表 6.2 对比和分析了各个软件开发模型的特点及适用范围。

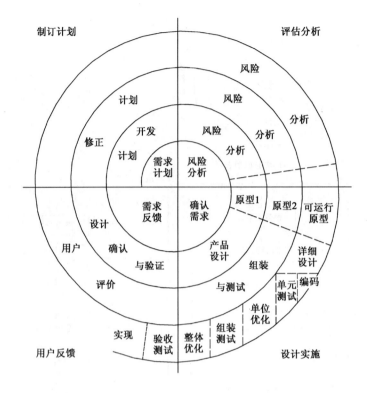

图 6.15　螺旋模型

表 6.2　各种软件开发模型的特点及适用范围

模型名称	技术特点	适用范围
瀑布模型	简单，分阶段，阶段间存在因果关系，各个阶段完成后都有评审，允许反馈，不支持用户参与，要求预先确定需求	需求易于完善定义且不易变更的软件系统
快速原型模型	不要求预先完备定义需求，支持用户参与，支持需求的渐进式完善和确认，能够适应用户需求的变化	需求复杂、难以确定、动态变化的软件系统
增量模型	软件产品是被增量式地一块块开发的，允许开发活动并行和重叠	技术风险较大、用户需求较为稳定的软件系统
迭代式模型	不要求一次性地开发出完整的软件系统，将软件开发视为一个逐步获取用广需求、完善软件产品的过程	需求难以确定、不断变更的软件系统
螺旋模型	结合瀑布模型、快速原型模型和迭代式模型的思想，并引进了风险分析活动	需求难以获取和确定、软件开发风险较大的软件系统

6.3.3　软件质量与测试

概括地说软件质量就是软件与明确地和隐含地定义的需求一致的程度。更具体地说，软件质量是软件与明确地叙述的功能和性能需求、文档中明确描述的开发标准以及任何专业开发的软件产品都应该具有的隐含特征一致的程度。

从管理角度对软件质量进行度量，可将影响软件质量的主要因素划分为三组，分别反应用户在使用软件产品时的三种不同倾向或观点：产品运行（正确性、健壮性、效率、完整性、可用性、风险）；产品修改（可理解性、可维修性、灵活性、可测试性）；产品转移（可移植性、可再用性、互运行性）。

1. 软件质量因素

（1）正确性（Correctness）：系统满足规格说明和用户目标的程度，即在预定环境下能正确地完成预期功能的程度。

（2）健壮性（Robustness）：在硬件发生故障、输入的数据无效或操作错误等意外环境下，系统能做出适当响应的程度。

（3）效率（Efficiency）：为了完成预定的功能，系统需要的计算资源的多少。

（4）完整性（Efficiency）或安全性（Security）：对未经授权的人使用软件或数据的企图，系统能够控制（禁止）的程度。

（5）可用性（Usability）：系统在完成预定应该完成的功能时令人满意的程度。

（6）风险（Risk）：按预定的成本和进度把系统开发出来，并且为用户所满意的概率。

（7）可理解性（Comprehensibility）：理解和使用该系统的容易程度。

（8）可维修性（Maintainability）：诊断和改正在运行现场发现的错误所需要的工作量的大小。

（9）灵活性（Maintainability）或适应性（Adaptability）：修改或改进正在运行的系统需要的工作量的多少。

（10）可测试性（Adaptability）：软件容易测试的程度。

（11）可移植性（Portability）：把程序从一种硬件配置和（或）软件系统环境转移到另一种配置和环境时，需要的工作量多少。有一种定量度量的方法是用原来程序设计和调试的成本除移植时需用的费用。

（12）可再用性（Reusability）：在其他应用中该程序可以被再次使用的程度（或范围）。

（13）互运行性（Interoperability）：把该系统和另一个系统结合起来需要的工作量的多少。

2. 软件测试（Software Testing）

软件测试是用来描述促进鉴定软件正确性、完整性、安全性和质量的过程。换句话说，软件测试是一种实际输出与预期输出之间的审核或者比较过程。软件测试的经典定义是：在规定的条件下对程序进行操作，以发现程序错误，衡量软件质量，并对其是否能满足设计要求进行评估的过程。

1）测试内容

软件测试的对象不仅仅是程序测试，软件测试还应该包括整个软件开发期间各个阶段所产生的文档，如需求规格说明、概要设计文档、详细设计文档，当然软件测试的主要对象还是源程序。

软件测试的主要工作内容是验证（verification）和确认（validation），下面分别给出其概念。

验证是保证软件正确地实现一些特定功能的一系列活动，即保证软件以正确的方式来做这个事件。验证包括以下三个方面：确定软件生命周期中的一个给定阶段的产品是否达到前阶段确立的需求的过程；程序正确性的形式证明，即采用形式理论证明程序符合设计规约规定的过程；评审、审查、测试、检查、审计等各类活动，或对某些项处理、服务或文件等是否和规定的需求一致进行判断和提出报告。

确认是一系列的活动和过程，目的是想证实在一个给定的外部环境中软件的逻辑正确性，即保证软件做了你所期望的事情。确认主要包括静态确认和动态确认。静态确认是不在计算机上实际执行程序，通过人工或程序分析来证明软件的正确性。动态确认是通过执行程序做分析，测试程序的动态行为，以证实软件是否存在问题。

2）测试流程

（1）制订测试计划；
（2）编辑测试用例；
（3）执行测试用例；
（4）发现并提交 BUG；
（5）开发组修正 BUG；
（6）对已修正 BUG 进行返测；
（7）修正完成的 BUG 将状态置为已关闭，未正确修正的 BUG 重新激活。

3）测试阶段

（1）单元测试。单元测试是对软件组成单元进行测试，其目的是检验软件基本组成单位的正确性，测试对象是软件设计的最小单位，即模块。

（2）集成测试。集成测试也称联合测试，是将程序模块采用适当的集成策略组装起来，对系统的接口及集成后的功能进行正确性检测的测试工作。其主要目的是检查软件单位之间的接口是否正确，测试对象是已经经过单元测试的模块。

（3）系统测试。系统测试主要包括功能测试、界面测试、可靠性测试、易用性测试、性能测试。功能测试主要针对包括功能可用性、功能实现程度（功能流程＆业务流程、数据处理＆业务数据处理）方面的测试。

（4）回归测试。回归测试指在软件维护阶段，为了检测代码修改而引入的错误所进行的测试活动。回归测试是软件维护阶段的重要工作，有研究表明，回归测试带来的耗费占软件生命周期的1/3总费用以上。与普通的测试不同，在回归测试过程开始的时候，测试者有一个完整的测试用例集可供使用，因此，如何根据代码的修改情况对已有测试用例集进行有效的复用是回归测试研究的重要方向。

6.4　小　结

程序设计是给出解决特定问题程序的过程，是软件构造活动中的重要组成部分。程序设计往往以某种程序设计语言为工具，给出这种语言下的程序。程序设计过程应当包括分析、设计、编码、测试、排错等不同阶段。

软件生命周期从时间角度划可分为定义、开发和维护三个时期，每个时期又划分为若干个阶段。每个阶段结束之前都从技术和管理两个角度进行严格的审查。通常通过快速建立一个能满足用户基本需求的原型系统，使用户通过这个原型初步表达出自己的要求，并通过反复修改、完善，逐步靠近用户的全部需求，最终形成一个完全满足用户需求的新系统。

 习　题

一、单项选择题

1. 软件是（　　）。

　　A. 处理对象和处理规则的描述　　　　　B. 程序

　　C. 程序、数据及文档　　　　　　　　　D. 计算机系统

2. 下列选项中，（　　）是软件开发中存在的不正确的观念、方法。

　　A. 重编程、轻需求　　　　　　　　　　B. 重开发、轻维护

　　C. 重技术、轻管理　　　　　　　　　　D. 以上三条都正确

3. 下列哪个阶段不属于软件生命周期的三大阶段?（　　）

　　A. 计划阶段　　　　B. 开发阶段　　　　C. 编码阶段　　　　D. 维护阶段

4. 以下对软件工程的解释正确的是（　　）。

　　A. 软件工程是研究软件开发和软件管理的一门工程科学

　　B. 软件工程是将系统化的、规范化的、可度量化的方法应用于软件开发、运行和维护的过程

　　C. 软件工程是把工程化的思想应用于软件开发

　　D. 以上三条都正确

5. 软件生命周期包括问题定义、可行性分析、需求分析、系统设计、编码和单元测试、（　　）、维护等活动。

　　A. 应用　　　　　　　　　　　　　　　B. 检测

　　C. 综合测试　　　　　　　　　　　　　D. 以上答案都不正确

6. 一个软件从开始计划到废弃为止，称为软件的（　　）。

　　A. 开发周期　　　B. 生命周期　　　C. 运行周期　　　D. 维护周期

7. 软件定义时期的主要任务是分析用户要求、新系统的主要目标以及（　　）。

　　A. 开发软件　　　B. 开发的可行性　　　C. 设计软件　　　D. 运行软件

二、简答题

1. 什么是软件？什么是软件工程？软件生命周期有哪几个时期？

2. 常用的软件开发模型有哪几个？各自的适用范围是什么？试比较瀑布模型和快速原型模型的优缺点。

第 7 章
数据库系统

随着信息管理水平的不断提高和应用范围的日益扩展，信息已经成为企业的重要财富和资源。建立一个满足内部各级部门信息处理和管理要求的信息管理系统，已经成为衡量企业的信息化、现代化的重要标志。数据库系统则是信息管理系统的核心与基础。

数据库技术的应用已经遍布各个领域，是计算机应用最广泛的技术之一，也是 21 世纪信息化社会的核心技术之一。数据库技术就是数据管理的技术，它研究的是如何科学地组织、存储和管理数据，以及如何高效地获取和处理数据。

数据库系统是指带有数据库，并利用数据库技术进行数据处理和管理的计算机系统。

本章将介绍数据库系统和数据库管理系统的基本知识；讲述当前主流数据库类型——关系数据库的结构和特点及结构化查询语言 SQL 的使用方法；最后介绍常用的数据库及数据库的未来发展趋势。

7.1 数据库概述

7.1.1 数据库系统的几个基本概念

1. 数据

数据（Data）是数据库中存储的基本对象。早期的计算机系统主要运用在科学计算领域，它所处理的数据基本都是数值型数据。因此人们简单地认为数据就是数字，但数字只是数据的一种最简单的形式。当前计算机系统的应用十分广泛，它所要处理的数据种类也非常丰富，比如文本、图形、图像、音频、视频、档案记录、商品的销售情况、货物的运输情况等，这些都是数据。

可以将数据定义为描述事物的符号记录。描述事物的符号可以是数字，也可以是文字、图形，图像，声音、音频等多种形式，它们经过数字化处理后保存在计算机中。

数据的表现形式并不一定能够完全表达其内容，需要经过解释才能够表示它当中的含义。比如数字 30，它可以代表某个商品的价格，也可以表示某个人的年龄，还可能是某一门课程的成绩。因此数据和对数据的解释是不可分的，数据的解释就是对数据含义的说明，数据的含义称为数据的语义。

日常生活中，人们可以直接用自然语言的形式来描述事物。例如描述校内一个学生的基本信息：张三，男，就读于计算机科学学院，2018 年入学。计算机中的描述方式：（张三，男，科学学院，2018）

把学生的相关信息按照一定的结构组织在一起，形成一个记录。这个记录就是描述学生的数据。记录是计算机中表示和存储数据的一种格式或方法。

2. 数据库

数据库就是存放数据的仓库，它是统一管理的相关数据的集合。这些数据按一定的格式存放在计算机存储设备（如磁盘）中。

早期人们把数据存放在文件柜中，以人工的方式对数据进行处理和管理。随着社会信息化的发展，人们对数据的需求越来越多，数据量也越来越大，现在人们可以借助计算机和数据库技术来科学地保存和处理、管理大量的复杂数据，以更方便、更好地保管数据资源。

严格地讲，数据库是长期存储在计算机中的有组织的、可共享的大量数据的集合。数据库中的数据按一定的数据模型组织、描述和存储，具有较小的数据冗余、较高的数据独立性和易扩展性，并可为多种用户共享。概括起来，数据库数据具有永久存储、有组织和可共享三个基本特点。

3. 数据库管理系统

在了解了数据和数据库的基本概念之后，下一个需要了解的就是如何科学有效地组织和存储数据，如何从大量的数据中快速地获得所需的数据以及如何对数据进行维护，这些都是数据库管理系统（Database Management System，DBMS）要完成的任务。

数据库管理系统是一个专门用于实现对数据进行管理和维护的系统软件。数据库管理系统位于用户应用程序与操作系统软件之间，如图 7.1 所示。

图 7.1　数据库管理系统在
计算机软件系统中的位置

4. 数据库管理员

数据库管理员是对数据库进行规划、设计、协调、维护和管理的工作人员，其主要职责是决定数据库的结构和信息内容，决定数据库的存储结构和存储策略，定义数据库的安全性要求和完整性约束条件，以及监控数据库的使用与运行。

5. 数据库应用程序

数据库应用程序是使用数据库语言开发的、能够满足数据处理需求的应用程序。

6. 用户

用户可以通过数据库管理系统或者数据库应用程序来操纵数据库。

7.1.2　数据管理技术的发展

随着计算机硬件、软件技术的发展，以及计算机应用的不断推广，计算机数据管理的方式也在不断改进，先后经历了人工管理阶段、文件系统阶段和数据库系统阶段的发展。

1. 人工管理阶段（20 世纪 50 年代以前）

早期的计算机应用主要是科学计算，一般不需要长期保存数据，计算时将数据输入，计算后将结果数据输出。数据一般由相应的应用程序处理并管理，数据和应用程序间不具有独立性，数据也不共享。

当时的硬件状况是外存只有纸带、卡片、磁带，没有类似磁盘等直接存取设备。软件状况是没有操作系统及管理数据的软件。

2. 文件系统阶段（20 世纪 50 年代后期到 60 年代中期）

此阶段，计算机的应用范围逐渐扩大，大量地应用于管理中。在硬件方面出现了磁鼓、磁盘等直接存取存储设备，数据可以长期保存。在软件方面，操作系统中已经有了专门的数据管理软件，一般称为文件系统。文件系统把数据组织成相互独立的数据文件，利用“按文件名访问，按记录进行存取”的管理技术，可以对文件进行修改、插入和删除的操作。文件系统实现了记录内的结构性，但整体无结构。程序和数据之间由文件系统提供存取方法进行转换，使应用程序与数据之间有了一定的独立性。在处理方式上，不仅有了文件批处理，而且能够联机实时处理。

3. 数据库系统阶段（20 世纪 60 年代末至今）

20 世纪 60 年代以来，计算机技术应用范围越来越广，计算机需要管理的数据规模越来越大，同时计算机的性能也在大幅度提高，更重要的是出现了大容量磁盘，存储容量大大增加且单价下降。

在此基础上，为了克服文件系统管理数据时的不足，满足和解决实际应用中多用户、多应用程序共享数据的要求，从而使数据能为尽可能多的应用程序服务，这就出现了数据库这样的数据管理技术。

数据库的特点是数据不再只针对某一特定应用，而是面向全组织，具有整体的结构性、共享性高、冗余度小，具有较高的程序与数据间的独立性，并且能够实现对数据的统一控制。数据库的出现，使数据处理系统的研制从围绕以加工数据的程序为中心转向围绕共享的数据来进行。

7.1.3　数据库系统组成

数据库系统（视频 7.1）一般由硬件、软件和人员等部分组成，如图 7.2 所示。

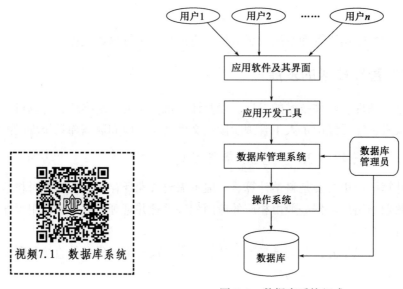

图 7.2   数据库系统组成

1. 硬件

由于数据库系统中存储的数据量一般都比较大，而且数据库管理系统丰富的功能使其自身的规模也很大，所以整个数据库系统对硬件资源的要求很高，计算机系统的硬件配置必须满足整个数据库系统运行的要求。必须要有足够的内存，存放操作系统、数据库管理系统、数据缓冲区和应用程序，而且还要有足够大的硬盘空间存放数据库，最好还有足够的存放备份数据的磁盘或光盘。

2. 软件

数据库系统的软件主要包括：

（1）数据库，它当中的数据是按照一定的数学模型组织、描述和存储，长期存储在计算机内按规定格式有组织、可共享的数据集合。

（2）数据库管理系统，它是整个数据库系统的核心，是建立、使用和维护数据库的系统软件。

（3）支持数据库管理系统运行的操作系统。数据库管理系统中的很多底层操作是靠操作系统来完成的，数据库中的安全控制等功能也是与操作系统共同实现的。因此，数据库管理系统要与操作系统协同工作来完成很多功能。不同的数据库管理系统需要的操作系统平台不尽相同，比如 SQL Server 只能够在 Windows 平台上运行，而 MySQL 则有支持 Windows 平台和 Linux 平台的不同版本。

（4）具有数据库访问接口的高级语言及其编程环境，以便于开发应用程序。

（5）以数据库管理系统为核心的实用工具，这些实用工具一般是数据库厂商提供的随数据库管理系统软件一起发行的应用程序。

3. 人员

数据库系统中包含的人员主要有：

（1）数据库管理员，负责维护整个系统的正常运行，负责保证数据库的安全和可靠。数据库管理员的职责包括：决定数据库中的信息内容和结构；决定数据库的存储结构和存取策略；定义数据库的安全性和完整性约束；监控数据库的使用和运行；数据库的性能改进、重组和重构，以提高系统的性能。

（2）系统分析人员，主要负责应用系统的需求分析和规范说明，这些人员要与最终用户以及数据库管理员配合，以确定系统的软硬件配置，并参与数据库系统的概要设计。

（3）数据库设计人员，主要负责确定数据库中的数据、设计数据库结构及各级模式等，数据库设计人员也必须参与用户需求调查和系统分析。在很多情况下，数据库设计员就由数据库管理员担任。

（4）应用程序编程人员，负责设计和编写访问数据库的应用程序，并对程序进行调试和安装。

（5）最终用户，他们是数据库应用程序的使用者，通过应用程序提供的操作界面操作数据库中数据。

7.1.4　数据库管理系统

1. 数据库管理系统的主要功能

数据库管理系统是一个非常复杂的大型系统软件，主要功能包括以下几个方面：

（1）数据库的建立与维护功能。包括创建数据库及对数据库空间的维护，初始数据的输入、转换，数据库的备份与恢复，数据库的重组织，数据库的性能监视、分析、调整等。这些功能一般是通过数据库管理系统中提供的一些实用程序或管理工具实现的。

（2）数据定义功能。通过数据库管理系统提供的数据定义语言（Data Definition Language，DDL）定义数据库中的对象，比如表、视图、存储过程等。

（3）数据组织、存储和管理功能。为提高数据的存取效率，数据库管理系统需要对数据进行分类组织、存储和管理，这些数据包括数据字典、用户数据和存取路径数据等。数据库管理系统要确定这些数据的存储结构、存取方法和存储位置，以及如何实现数据之间的联系。确定数据的组织和存储的主要目的是提高存储空间利用率和存取效率。一般的数据库管理系统都会根据数据的具体组织和存储方式提供多种数据存取方法，比如索引查找、Hash查找、顺序查找等。

（4）数据操纵功能。通过数据库管理系统提供的数据操作语言（Data Manipulation Language，DML）实现对数据库数据的查询、插入、删除和更改等操作。

（5）事务管理和运行功能。数据库中的数据是共享的，可供多个用户同时使用。为保证数据能够安全、完整、可靠地运行，数据库管理系统提供了事务管理和运行功能。这些功能保证数据能够并发使用并且不会相互干扰，而且在发生故障时（包括硬件故障和操作故障等）能够对数据库进行正确的恢复。

（6）其他功能。包括数据库管理系统与其他软件系统的网络通信功能，不同数据库管理系统之间的数据转换功能，异构数据库之间的互访和互操作功能等。

2. 数据库管理系统的组成

数据库管理系统由查询处理器和存储管理器两大部分组成。其中，查询处理器主要有 4 个部分：DDL 编译器、DML 编译器、嵌入式 DML 的预编译器及查询运行核心程序；存储管理器有 4 个部分：授权和完整性管理器、事务管理器、文件管理器及缓冲区管理器。

7.1.5 数据库的应用领域

数据库的应用领域非常广泛，不管是家庭、公司或大型企业，还是政府部门，都需要使用数据库来存储数据信息。传统数据库中的很大一部分用于商务领域，如证券行业、银行、销售部门、医院、公司或企业单位，以及国家政府部门、国防军工领域、科技发展领域等。

随着信息时代的发展，数据库也相应产生了一些新的应用领域。主要表现在下面 5 个方面：

（1）多媒体数据库。多媒体数据库是传统数据库与多媒体技术相结合的产物，主要存储与多媒体相关的数据，包括文字、图形、图像、音频、视频等。多媒体数据最大的特点是数据连续，而且数据量比较大，需要的存储空间较大。

（2）移动数据库。移动数据库是在移动计算机系统上发展起来的，如笔记本电脑、掌上计算机等，最大的特点是通过无线数字通信网络传输的。移动数据库可以随时随地地获取和访问数据，为一些商务应用和一些紧急情况带来了很大的便利。

（3）空间数据库。空间数据库目前发展比较迅速。它主要包括地理信息数据库（又称为地理信息系统，即 GIS）和计算机辅助设计（CAD）数据库。其中地理信息数据库一般存储与地图相关的信息数据；计算机辅助设计数据库一般存储设计信息的空间数据库，如机械、集成电路以及电子设备设计图等。

（4）信息检索系统。信息检索就是根据用户输入的信息，从数据库中查找相关的文档或信息，并把查找的信息反馈给用户。信息检索领域和数据库是同步发展的，它是一种典型的联机文档管理系统或者联机图书目录。

（5）专家决策系统。由于越来越多的数据可以联机获取，特别是企业，通过这些数据可以对企业的发展做出更好的决策，以使企业更好地运行。由于人工智能的发展，使得专家决策系统的应用更加广泛。

7.2 关系数据库与 SQL

早期流行的数据库有三种类型：层次数据库、网状数据库和关系数据库。这三种类型的数据库中，层次数据库查询速度最快，网状数据库建库最灵活，关系数据库是最简单、使用最广泛的数据库类型。层次数据库和网状数据库很容易与实际问题建立关联，可以很好地解决数据的集中和共享问题，但是用户对这两种数据库进行数据存取时，需要指出数据的存储结构和存取路径，而关系数据库则较好地解决了这些问题。

7.2.1　关系模型与关系数据库

关系数据库是建立在关系模型基础上的数据库，它借助集合代数的概念和方法来处理数据库中的数据。现实世界中的各种实体以及实体之间的各种联系都可以用关系模型来表示。

在关系数据库中采用二维表来组织数据，这个二维表在关系数据库中称为关系，所以关系数据库是表（关系）的集合。在关系数据库中，表是逻辑结构而不是物理结构，表是对物理存储数据的一种抽象表示，对很多存储细节的抽象。

用关系表示实体与实体之间联系的模型称为关系数据模型，简称为关系模型。表 7.1 是学生基本信息的关系模型。

表 7.1　学生基本信息的关系模型

学号	姓名	性别	年龄	院系
20160701	吴明	男	20	计算机科学学院
20160702	赵倩	女	21	计算机科学学院
20160703	李锐	男	22	机械工程学院
20160704	张敏	女	20	机械工程学院
20160705	王浩	男	19	电子信息学院

1. 基本概念

（1）关系（Relation）。关系在逻辑结构上就是一张二维表，由行和列组成，每一个关系都有一个关系名，即表名。

（2）元组（Tuple）。关系中的一行称为一个元组，它对应二维表中的一行（记录）。在关系模型中每一行记录都对应客观存在的一个实例或一个事实，例如，一个学号唯一确定一个学生。

（3）属性（Attribute）。二维表（关系）中的一列即一个属性，描述的是实体某一个方面的特征或性质，根据这些实体的特征来区分一个个实例。每一列就是一个属性值的集合，列的名称为属性名，例如表 7.1 中有 5 个属性。属性对应二维表中的字段，属性名就是字段名。关系是元组的集合，如果关系有 n 个列，则称该关系是 n 元关系。在数据库中有两套标准术语，一套用的是表、行、列；而另外一套是关系（对应表）、元组（对应行）和属性（对应列）。

（4）域（Domain）。属性的取值范围称为值域，简称域。例如性别只能取值"男"、"女"，因此性别的域就是（男，女）。

（5）主码（Primary Key）。主码也称为主键或主关键字，可以是一个属性，也可以是多个属性的集合。它是关系中用于唯一确定一个元组的一个属性或最小的属性组。由多个属性共同组成的主键称为复合主键。例如，表 7.1 中，学号就是"学生基本信息"关系的主码，因为它可以唯一地确定一个具体的学生（一个元组）。

（6）外码（Foreign Key）。如果表 A 中的一个属性不是表 A 的主键，而是另外一个表的 B 的主键，则这个属性就是表 A 的外码（外部关键字）。

（7）关系模式。关系模式是对关系的描述。二维表的结构称为关系模式，或者说关系模式就是二维表的框架或表头结构。关系模式的格式为：关系名（属性1，属性2，…，属性3）。例如表7.1的关系模式为：学生信息（学号，姓名，性别，年龄，院系）。如果把关系模式理解为数据类型，则关系就是该数据类型的一个具体值。关系模式是对关系的"型"或元组的结构共性的描述。

关系、元组、属性和关系模式之间的关系如图7.3所示。

图7.3　关系、元组、属性和关系模式之间的关系

（8）实体（Entity）。客观存在并可以相互区分的事物称为实体。实体是具体的，例如，某个老师、某个学生、某门课程都是实体。

（9）联系（Relationship）。现实世界中，事物内部或事物之间存在着联系，这些联系在信息世界放映为实体内部的联系和实体之间的联系。实体内部的联系是指实体（记录）内部各属性（字段）之间的联系。实体之间的联系是指不同实体之间的联系，可以分为三类：

①一对一联系（1:1），比如班级和班长、学院和院长都是一对一关系；

②一对多联系（1:n），比如一个班级可以有若干学生，这就是一对多关系；

③多对多联系（m:n），比如学生和选课，一个学生可以选修多门课程，一门课也可以被多个同学选修。

2. 关系的特点

在关系模型中，关系必须具有以下特点：

（1）关系必须规范化，关系模型中的每一个关系模式都必须满足一定的要求，最基本的要求就是关系中的每一列都是不可再分的基本属性。例如表7.2就不是关系，因为列"出生日期"又分为"年"、"月"、"日"三个子属性，所以它不是基本属性。

表7.2　包含复合属性的表

学号	姓名	性别	年龄	院系	出生日期		
					年	月	日
20160701	吴明	男	20	计算机科学学院	1998	5	6
20160702	赵倩	女	21	计算机科学学院	1997	10	4
20160703	李锐	男	22	机械工程学院	1996	12	20
20160704	张敏	女	20	机械工程学院	1998	3	2
20160705	王浩	男	19	电子信息学院	1999	1	5

（2）属性名必须唯一，即一个关系中的所有属性不能重名。

（3）关系中不允许出现完全相同的元组，即不能有冗余，因为值完全相同的两行或多行数据并没有实际意义。

（4）关系中的行、列次序并不重要，即交换列的前后顺序不影响其表达的语义。

3. 关系数据库

在关系模型中，实体以及实体间的联系都是用关系来表示的。在一个给定的应用领域中，所有实体及实体之间联系所对应的关系的集合构成一个关系数据库。

关系数据库也有型和值之分。关系数据库的型也称为关系数据库模式，是对关系数据库的描述。关系数据库的型包括：（1）若干域的定义；（2）在这些域上定义的若干关系模式。

一个关系数据库可以由一个或多个表组成，一个表由多条记录构成，一条记录有多个字段。

7.2.2　关系操作

关系模型是由关系数据结构、关系操作集合和关系完整性约束三部分组成，前面 7.2.1 介绍了关系数据，下面介绍关系操作的相关概念。

关系模型中常用的关系操作包括四种：查询（Query）、插入（Insert）、删除（Delete）、修改（Update）操作。关系的查询表达能力很强，是关系操作中最主要的部分。查询操作又可以分为：选择（Select）、投影（Project）、连接（Join）、除（Divide）、并（Union）、差（Except）、交（Intersection）、笛卡尔积等。其中选择、投影、并、差、笛卡尔积是 5 种基本操作，其他操作是可以用基本操作来定义和导出，就像乘法可以用加法来定义和导出一样。关系操作的特点是集合操作方式，即操作的对象和结果都是集合。

选择操作就是从关系中查找符合指定条件的元组的操作，即从二维表中根据指定的条件选择若干行组成新表。

【例 7.1】　在表 7.3 学生成绩表中选择成绩在 80 分以上的男同学。

表 7.3　学生成绩表

学号	姓名	性别	成绩
20160701	吴明	男	82
20160702	赵倩	女	79
20160703	李锐	男	90
20160704	张敏	女	95
20160705	王浩	男	70

解　选择的条件为：性别 = "男" and 成绩 > "80"，选择操作的结果见表 7.4。

表 7.4　选择操作结果

学号	姓名	性别	成绩
20160701	吴明	男	82
20160703	李锐	男	90

投影操作就是从关系中选取若干个属性的操作，即从二维表中选择若干列组成新表。

【例 7.2】　在表 7.3 学生成绩表中，在"姓名"和"成绩"两个属性上投影，得到新关系，命名为"成绩单"。

解 投影操作的结果见表7.5。

表7.5 成绩单

姓名	成绩	姓名	成绩
吴明	82	张敏	95
赵倩	79	王浩	70
李锐	90		

连接操作就是从两个关系中选择属性值满足一定条件的元组（记录），连接成一个新的关系，即将两个二维表中的若干列按指定的条件（同名等值）拼接成一个新表。

【例7.3】 将表7.1和表7.3进行连接，生成新表，命名为"学生成绩单"。

解 连接操作的结果见表7.6。

表7.6 学生成绩单

学号	姓名	性别	年龄	院系	成绩
20160701	吴明	男	20	计算机科学学院	82
20160702	赵倩	女	21	计算机科学学院	79
20160703	李锐	男	22	机械工程学院	90
20160704	张敏	女	20	机械工程学院	95
20160705	王浩	男	19	电子信息学院	70

7.2.3 关系的数据完整性约束

数据完整性是指数据库中存储的数据是有意义的或正确的，关系模型中的数据完整性规则是对关系的某种约束条件，也就是说关系的值随着时间变化时应该满足的一些约束条件。关系的数据完整性约束主要包括三大类：实体完整性、参照完整性和用户定义完整性。

1. 实体完整性

实体完整性指的是关系数据库中所有的表都必须有主码，而且表中不允许存在无主码值的记录或主码值相同的记录。

无主码值也就是空值，代表的是"不知道"或"不存在"的值，这种记录在表中一定是无意义的。例如，在表7.1中，如果存在没有学号的学生记录，则该学生一定不属于正常管理的学生。如果关系中存在主码值相等的两个或多个记录，则这两个或多个记录实际上对应同一个实例。

如果主码是由若干个属性组成，则所有的这些主码值都不能取空值。

2. 参照完整性

参照完整性有时也称为引用完整性。现实世界中的实体之间往往存在着某种联系，在关系模型中，实体以及实体之间的联系都是用关系表示的，这样就自然存在关系（表）与关系（表）之间的引用关系。参照完整性描述的就是实体与实体之间的联系。参照完整性一般是指多个实体或表之间的关联关系。

例如，在学生、选课和成绩之间的联系可以用以下三个关系表示：

（1）学生信息（学号，姓名，性别，年龄，院系）；

（2）课程（课程号，课程名，学分）；

（3）成绩（学号，课程号，成绩）。

成绩关系引用了学生关系中的主码"学号"和课程关系中的主码"课程号"，"学号"值必须是确实存在的学生（即学生表中应该有该学号的记录），同样的课程关系中的"课程号"值也必须是确实存在的课程号（即课程表中应该有该课程号的记录）。所以，成绩关系中"学号"和"课程号"的取值需要参考学生关系和课程关系中对应属性的取值。

这种限制一个关系中某属性的取值受另一个或多个关系的某属性取值范围约束的特点就称为参照完整性。

在关系数据库中用外码（外部关键字或外键）来实现参照完整性。例如，将成绩关系中的"学号"定义为引用学生关系中的"学号"的外码，就可以保证成绩关系中"学号"的取值在学生关系的"学号"取值范围以内。

外码一般出现在联系所对应的关系中，用于表示两个或多个实体之间的关联关系。外码实际上是关系中的一个（或多个）属性，它引用某个其他关系（特殊情况下，也可以是外码所在的关系）的主码。

3. 用户定义完整性

根据关系模型的要求，任何关系数据库都应该支持实体完整性和参照完整性，它们主要是针对关系的主关键字和外部关键字取值必须有效而进行的约束。

用户定义完整性是根据应用环境的要求和实际的需要，对某一具体应用所涉及的数据提出约束性条件。这一约束机制一般不应由应用程序提供，而应由关系模型提供定义并检验。

用户定义完整性主要包括字段有效性约束和记录有效性约束。例如，在学生关系中的性别属性，它的取值只能是"男""女"。

7.2.4　SQL 概述

数据存储到数据库以后，如果不对数据进行分析和处理，数据就没有价值。SQL 提供了对数据进行查询和修改等操作的功能。

SQL 是结构化查询语言（Structure Query Language）的英文缩写，它是一种基于关系运算的数据库语言，是通用的、功能强大的关系数据库标准语言。目前几乎所有的关系数据库都采用了 SQL。

SQL 不是独立的编程语言，它只需要告诉计算机"做什么"，而不需要告诉计算机"怎么做"。SQL 的主要特点有：

（1）功能一体化。SQL 集数据查询、数据操纵、数据定义和数据控制等功能于一体，能够实现定义关系模式、建立数据库、录入数据、查询、更新、维护、数据库重构和维护、数据库安全性和完整性控制等一系列操作，可完成数据库的全部工作。

（2）语法结构的统一性。SQL 有两种使用方式，一是直接以命令方式交互使用，二是嵌入 C/C++、Python、Java 等主流语言中使用。前一种方式适用于非计算机专业的人员，后一种方式适用于程序员。虽然使用方式不同，但其语法结构是统一的，以便于各类用户和程序设计人员使用和进行交流。

（3）高度的非过程化。对于过程化语言而言，用户不但要说明需要什么数据，而且要说明获得这些数据的过程。而 SQL 是一种高度非过程化的语言，用户只需了解数据的逻辑模式，不必关心数据具体的存储路径。用户只要指出"做什么"，而无须指出"怎么做"，从而免除了用户描述操作过程的麻烦，系统能够根据 SQL 语句提出的请求，确定一个有效的操作过程。

（4）语言的简洁性，易学易用。尽管 SQL 的功能十分强大，但其语言非常简洁，完成核心功能只需要很少的动词（如 SELECT、CREATE、INSERT、UPDATE、DELETE、GRANT 等），语法接近于英语口语，易于学习和使用。SQL 的核心操作见表 7.7。

表 7.7 SQL 的 9 个核心操作

操作类型	命令	说明	格式
数据定义	CREATE	定义表	CREATE TABLE 表名（字段 1，…，字段 n）
	DROP	删除表	DROP TABLE 表名
	ALTER	修改列	ALTER TABLE 表名 MODIFY 列名 类型
数据操作	SELECT	数据查询	SELECT 目标列 FROM 表［WHERE 条件表达式］
	INSERT	插入记录	INSERT INTO 表名［字段名］VALUE［常量］
	DELETE	删除数据	DELETE FROM 表名［WHERE 条件］
	UPDATE	修改数据	UPDATE 表名 SET 列名 = 表达式…［WHERE 条件］
数据控制	GRANT	权利授予	GRANT 权利［ON 对象类型 对象名］TO 用户名
	REVOKE	权利收回	REVOKE 权利［ON 对象类型 对象名］FROM 用户名

【例 7.4】 利用 SQL 查询表 7.1 中，计算机科学学院学生的学号、姓名和性别。

解 SELECE 学号，姓名，性别 FROM 学生基本信息表 WHERE 院系 = "计算机科学学院"；

【例 7.5】 利用 SQL 向表 7.1 中添加一个新记录。

解 INSERT INTO 学生基本信息表 VALUE（'20160706'，'陈俊'，'男'，'20'，'电子信息学院'）；

【例 7.6】 利用 SQL 删除表 7.1 中学生名为王浩的记录。

解 DELECE FROM 学生基本信息表 WHERE 姓名 = "王浩"；

【例 7.7】 利用 SQL 将表 7.1 中所有学生的年龄减 1。

解 UPDATE 学生基本信息表 SET 年龄 = 年龄 – 1；

7.3 常见数据库系统

7.3.1 Oracle

Oracle Database，又名 Oracle RDBMS，或简称 Oracle。它是甲骨文公司的一款关系数据库管理系统，在数据库领域一直处于领先地位的产品。Oracle 数据库系统可以说是目前世界上流行的关系数据库管理系统，它可移植性好、使用方便、功能强，适用于各类大、中、小、微型计算机环境，是一种高效率、可靠性好的适应高吞吐量的数据库解决方案。

Oracle 数据库的主要特点有：

（1）支持多用户、大事务量的事务处理。

（2）在保持数据安全性和完整性方面性能优越。

（3）支持分布式数据处理。将公布在不同物理位置的数据库用通信网络连接起来，组成一个逻辑上统一的数据库，完成数据处理任务。

（4）具有可移植性。Oracle 可以在 Windows、Linux 等多个操作系统平台上使用。

7.3.2　SQL server

SQL Server 数据库系统是美国 Microsoft 公司推出的一种关系型数据库系统，它是一个可扩展的、高性能的、为分布式客户机/服务器计算所设计的数据库管理系统，实现了与 Windows Server 的有机结合，提供了基于事务的企业级信息管理系统方案。

SQL Server 数据库的主要特点有：

（1）高性能设计，可充分利用 WindowsNT 的优势。

（2）系统管理先进，支持 Windows 图形化管理工具，支持本地和远程的系统管理和配置。

（3）强壮的事务处理功能，采用各种方法保证数据的完整性。

（4）支持对称多处理器结构、存储过程、ODBC，并具有自主的 SQL 语言。SQL Server 以其内置的数据复制功能、强大的管理工具、与 Internet 的紧密集成和开放的系统结构为广大的用户、开发人员和系统集成商提供了一个出众的数据库平台。

7.3.3　MySQL

MySQL 数据库系统是目前最流行的关系型数据库管理系统之一，由瑞典 MySQL AB 公司开发，目前属于 Oracle 公司旗下。在 Web 应用方面，MySQL 是最好的 RDBMS（Relational Database Management System，关系数据库管理系统）应用软件。

MySQL 数据库系统是多用户、多进程的 SQL 数据库系统。MySQL 既能够作为一个单独的应用程序应用在客户端服务器网络环境中，也能够作为一个库而嵌入其他的软件中；使用 C 和 C＋＋编写，并使用了多种编译器进行测试，保证了源代码的可移植性；为多种编程语言提供了 API，支持多线程，充分利用 CPU 资源。MySQL 数据库软件采用了双授权政策，分为社区版和商业版，由于其体积小、速度快、总体拥有成本低，尤其是开放源码这一特点，一般中小型网站的开发常选择 MySQL 作为网站数据库。

MySQL 数据库的优点有：

（1）它使用的核心线程是完全多线程，支持多处理器，可以工作在从 PC 到高级服务器的各种硬件平台上。

（2）MySQL 数据库可移植性好，运行在各种版本的 UNIX 以及其他非 UNIX 的系统（如

Windows 和 OS/2）上。

（3）数据类型丰富，有 1、2、3、4 和 8 字节长度的有符号（无符号）整数、FLOAT、DOUBLE、CHAR、VARCHAR、TEXT、BLOB、DATE、TIME、DATETIME 等类型。

（4）它通过一个高度优化的类库实现 SQL 函数库，运行速度快。MySQL 数据库的开发者称 MySQL 可能是目前能得到的最快的数据库。

（5）全面支持 SQL 的 GROUP BY 和 ORDER BY 子句，支持聚合函数（COUNT（）、COUNT（DISTINCT）、AVG（）、STD（）、SUM（）、MAX（）和 MIN（）等），支持 ANSI SQL 的 LEFT OUTER JOIN 和 ODBC。

（6）MySQL 数据库没有用户数的限制，多个客户机可同时使用同一个数据库。可利用几个输入查询并查看结果的界面来交互式地访问 MySQL。这些界面可以是命令行客户机程序、Web 浏览器或 X Window System 客户机程序等。此外，还有由各种语言（如 C、C++、Eiffel、Java、Perl、PHP、Python 等）编写的界面。

（7）所有列都有缺省值。可以用 INSERT 插入一个表列的子集，那些没用明确给定值的列设置为他们的缺省值。

7.3.4 SQLite

SQLite 数据库系统是一个十分优秀的开源嵌入式数据库系统，它是 D. Richard Hipp 采用 C 语言开发的完全独立的、不具有外部依赖性的嵌入式数据库引擎。SQLite 数据库支持绝大多数标准的 SQL92 语句，采用单文件存放数据库，速度优于 MySQL 数据库。

在 PHP5 中已经集成子 SQLite 的嵌入式数据库产品。SQLite 数据库也被用于很多航空电子设备、建模和仿真程序、工业控制、智能卡、决策支持包、医药信息系统等。

SQLite 数据库简单易用，同时提供了丰富的数据库接口。它的设计思想是小型、快速和最小化的管理。这对于需要一个数据库用于存储数据但又不想花太多时间来调整数据性能的开发人员很适用。实际上在很多情况下嵌入式系统的数据管理并不需要存储程序或复杂的表之间的关联。SQLite 在数据库容量大小和管理功能之间找到了理想的平衡点。而且 SQLite 的版权允许无任何限制的应用，包括商业性的产品。完全的开源代码这一特点更使其可以称得上是理想的嵌入式数据库。

SQLite 数据库的主要特点有：

（1）支持 ACID 事务。ACID 是数据库事务正确执行的四个基本要素的缩写，分别是原子性（Atomicity）、一致性（Consistency）、隔离性（Isolation）、持久性（Durability）。

（2）零配置，即无需安装和管理配置。

（3）是储存在单一磁盘文件中的一个完整的数据库。

（4）数据文件可在不同字节顺序的机器间自由共享。

（5）支持数据库大小至 2TB。

（6）程序体积小，全部 C 语言代码约 3 万行（核心软件，包括库和工具），只有 250KB 大小。

（7）相对于目前其他嵌入式数据库具有更快捷的数据操作。

（8）支持事务功能和并发处理。

（9）程序完全独立，不具有外部依赖性。

（10）支持多种硬件平台，如 ARM/Linux、SPARC/Solaris 等。

（11）能够运行在 Windows、Linux、UNIX 等各种操作系统上，同时支持多种编程语言，如 Java、PHP、TCL、Python 等。

7.3.5　OceanBase

OceanBase 数据库是阿里巴巴集团自主研发的分布式关系型数据库，融合传统关系型数据库强大功能与分布式系统的特点，具备持续可用、高度可扩展、高性能等优势，广泛应用于蚂蚁金服、网商银行等金融级核心系统。在 2017 年"双十一"承载了蚂蚁核心链路100% 的流量，创下了交易、支付、每秒支付峰值的新纪录，在功能、稳定性、可扩展性、性能方面都经历过严格的检验。

OceanBase 数据库在设计和实现过程结合了传统关系型数据库与分布式系统领域的经典技术，使用得 OceanBase 具备以下主要特点：

（1）支持 SQL92 以及高度兼容 MySQL。SQL 是数据库的核心语言，具有非常强的表现力，MySQL 是运用非常广泛的开源数据库，OceanBase 在这两方面给予了很好的支持，支持SQL92 常用功能，运行在 MySQL 的业务可以无缝切换，历史数据可以通过数据传输产品迁移到 OceanBase，可共用 MySQL 的生态系统。

（2）持续可用。底层分布式系统架构，数据保留多个副本，当一个副本失效后，其他副本还能继续提供服务。副本分布在同城多可用区，自动容错，可抵御单机、机架及机房故障。

（3）高性能。它是准内存数据库，通常只需要操作内存中的数据，为新硬件而设计，读写性能均远超传统关系型数据库。

（4）高度可扩展。底层采用分布式架构带来的另一大优点是，当性能或容量不足时，只需要向集群中加入机器即可，扩容操作对应用透明，应用无需重新分片或迁移数据。

（5）数据强一致。OceanBase 底层 Paxos 协议，通过 3 个（或者更多）节点的投票来保证数据的高度一致。从而避免传统数据可能出现的主备不一致等情况。

（6）支持完整的 ACID。和一般分布式系统不支持或仅支持单行事务不同，OceanBase支持完整的跨行跨表事务，极大地简化了业务设计。

（7）大容量。OceanBase 可以向用户提供高达上百 TB 的数据存储能力。OceanBase 实现了全分布式架构，随数据节点不断扩展，数据库容量也可以不断扩展。

7.3.6　NoSQL

NoSQL 数据库泛指非关系型数据库。在数据存储管理系统中，非关系型数据库和关系型数据库有很大的不同。

随着互联网 web2.0 网站的兴起，传统的关系数据库在应付 web2.0 网站，特别是超大规模和高并发的 SNS（社交网络服务）类型的 web2.0 纯动态网站已经显得力不从心，暴露了很多难以克服的问题。而非关系型数据库则由于其本身的特点得到了迅速发展。NoSQL 数据库的产生就是为了解决大规模数据集合多重数据种类带来的挑战，尤其是大数据应用难题。

NoSQL 并没有一个明确的范围和定义，但是他们都普遍存在下面一些共同特征：

（1）不需要预定义模式。不需要事先定义数据模式，预定义表结构。数据中的每条记录都可能有不同的属性和格式。当插入数据时，并不需要预先定义它们的模式。

（2）无共享架构。相对于将所有数据存储到存储区域网络中的全共享架构，NoSQL 往往将数据划分后存储在各个本地服务器上。因为从本地磁盘读取数据的性能往往好于通过网络传输读取数据的性能，从而提高了系统的性能。

（3）弹性可扩展。在系统运行的时候，可以动态增加或者删除结点。不需要停机维护，数据可以自动迁移。

（4）分区。相对于将数据存放于同一个节点，NoSQL 数据库需要将数据进行分区，将记录分散在多个节点上面，并且通常分区的同时还要做复制。这样既提高了并行性能，又能保证没有单点失效的问题。

（5）异步复制。NoSQL 中的复制往往是基于日志的异步复制，这样数据就可以尽快地写入一个节点，而不会被网络传输引起迟延。但缺点是并不总能保证一致性，这样的方式在出现故障的时候，可能会丢失少量的数据。

（6）BASE。相对于事务严格的 ACID 特性，NoSQL 数据库保证的是 BASE 特性。BASE 是最终一致性和软事务。

NoSQL 数据库并没有一个统一的架构，两种 NoSQL 数据库之间的不同，甚至远远超过两种关系型数据库的不同。可以说 NoSQL 各有所长，成功的 NoSQL 必然特别适用于某些场合或者某些应用，并在这些场合中远远胜过关系型数据库和其他的 NoSQL。

7.4　数据库技术的未来发展

7.4.1　数据库技术面临的挑战

20 世纪 60 年代，由于计算机的主要应用领域从科学计算转移到了数据事务处理，促使数据库技术应运而生，使数据管理技术出现一次飞跃，而关系数据库模型的出现对数据库技术和理论方面产生了深远的影响，如今数据库领域在理论和实践上取得了令人瞩目的成就。然而随着计算机技术的广泛应用和社会信息化的发展，数据库技术正面临着新的挑战：

1. 信息爆炸产生大量垃圾

随着社会信息化进程的加快和数据库技术在各个领域大量应用，信息量剧增，大量的信息来不及组织和处理。而现在还没有这样的数据库，可供存储、检索和处理如此大量的数据。

2. 数据类型的多样化和一体化要求

传统的数据库技术基本上是面向记录的，以字符表示的格式化数据为主。这远远不能满足多种多样的信息类型需求。现在，新的数据库系统也能支持各种静态和动态的数据，如图形、图像、语音、文本、视频、动画、音乐等。现代数据库需要能够支持对各种不同类型数据的存储、处理要求。

随着新型应用的增多，如地图、地质图、空间或平面布置图、机器人控制、人工视觉、无人驾驶、医学图像等，常涉及许多空间属性，如方向、位置、距离是否覆盖或重叠等。这种数据也必须由数据库系统来管理，这就需要发展相应的数据模型、数据语言和访问方法。

更为重要的是，人们对信息的使用常常是综合的，图形、图像、语音、文本、数据之间常常发生交叉调用，需要多种综合手段来进行存储、检索、管理，这是计算机系统和信息系统逐步走向多媒体化的自然要求，对数据库系统来说就要解决多媒体数据的管理问题。数据库管理系统虽然以支持多媒体数据作为其研制的主要目标之一，但是投入实际应用还有相当大的困难，尤其在性能上还很难满足多媒体数据一体化处理的要求。研制实用化的多媒体数据库对关系数据模型和单一数据类型提出了严峻的挑战。

3. 当前的数据库技术还不能处理不确定或不精确的模糊信息

目前，一般数据库的数据，除空值外都是确定的，而且认为是现实世界的真实反映。但是实际生活要求在数据库中能表示、处理不确定和不精确的数据，例如，值属于某一集合或某一范围；或者数据是随机性的，只知道它的不同值出现的概率；还有些数据是模糊的，它的值只是它的可能值，或者只能用自然语言表达。推而广之，一个元组、一个关系，甚至整个数据库都可能是模糊的。要支持这类数据，必须对确定数据模型做相应的扩展，甚至要对数据库理论进行一场革命。

4. 数据库安全

近年来，便携式计算机设备大量涌现，因特网扩展延伸，用户能够通过计算机网络随时随地访问数据库，这就出现了数据库严重的安全和保密问题，现有的数据库安全措施远不能满足这个要求。

在数据库安全模型、访问控制、授权、审计跟踪、数据加密、密钥管理、并发控制等方面都还没有形成明确的主流技术策略。数据库管理系统的安全机制还涉及对操作系统安全的要求。

5. 对数据库理解和知识获取的要求

奈斯比特在《大趋势》一书中说："我们正在被信息所淹没，但我们却由于缺乏知识而感到饥饿。"但是，目前对数据库的使用还停留在操作员查询一级，只能利用数据库查询已经存放在库中的一些具体的特定数据。即使这样，查询前用户还必须熟悉有关的数据模式及其语义，为了了解这方面的内容常常要向数据管理员请教。这样无法解决语义的歧义问题，更不能为决策者理解数据库的整体特性服务。高层决策者常常希望把自己的数据库作为知识源，从中提取一些中观的、宏观的知识，希望数据库具有推理类比、联想、预测能力，甚至能从中得到意想不到的发现，希望数据库能主动而不是被动地提供服务，如商品数据库能根据销售量主动提出调整价格的建议，或者提醒采购库存量已经很少的货物。

7.4.2　数据库技术的研究方向

近年来，计算机软硬件的发展为解决上述问题提供了技术基础。对数据库技术来说，大规模并行处理技术、光纤传输和高速网、高性能微处理器芯片、人工智能和逻辑程序设计、多媒体技术的发展和推广、面向对象的程序设计、开放系统和标准化等都促进了数据库技术的发展。在数据库技术方面也形成了一些新的研究方向：

1. 分布式数据库系统

分布式数据库的原理是将一整个数据库分为几个部分，将其在不同的计算机系统上进行管理，但是数据库的部分又能够通过计算机系统相互连接组成一个完整的数据库。这种数据库有很多看得见的优点：首先，很多对数据库的访问是针对局部数据库的，因此这种数据库在很大程度上降低了数据传送的代价；其次，分布式数据库提高了数据库的安全性，当一个或几个计算机系统发生故障时，并不会影响其他计算机系统的正常运作，还可以正常地对局部的数据库进行访问；最后，易于扩展新的系统，在这种数据库类型中，增加一个新的局部的数据库是比较容易的。

分布式数据库系统有两种：一种是物理上分布的，但逻辑上却是集中的，这种分布式数据库只适宜于用途比较单一的、规模不大的单位或部门；另一种是在物理上和逻辑上都是分布的，也就是所谓的联邦式分布数据库系统，由于组成联邦的各个子数据库系统是相对"自治"的，因此这种系统可以容纳多种不同用途的、差异较大的数据库，无全局数据模式概念，比较适宜于大范围内数据库的集成。

20世纪90年代，分布式数据库系统被普遍使用，形形色色的分布式数据库系统都可以看成是上述普遍结构的实例。

2. 实时数据库

实时数据库是一种事务和数据都有显示定时的数据库，因此实时数据库系统的正确性依赖于事务的逻辑结果以及这个逻辑结果产生时所需要的时间。实时数据库需要在理论、方法、概念、技术等方面进行不断的研发和改进，因此这种数据库并不是实时系统和数据库技术两者简单的结合。在实时数据库的早期，其应用的环境是相对简单的，对数据库系统的要求也相对简单，只是能够实现对数据库的调度和满足对限定时间的要求。目前的实时数据库有很多强大的功能，不仅能够满足对限定时间的要求，还能够对限定的操作给出可以预见的调度。

3. 多媒体数据库

多媒体数据库要解决三个难题：

第一是信息媒体的多样化，数据不仅仅有数值数据和字符数据，还包括图形、图像、语音、视频、动画、音乐数据等。当前市场没有较好的实现多媒体数据的存储组织、使用和管理的数据库，这就需要提出与之相关的一整套新的理论，作为关系数据库基石的关系代数理论已经远远不够了。

第二是要解决多媒体数据集成或表现集成，实现多媒体数据之间的交叉调用和融合的问题。集成粒度越细，多媒体一体化表现才越强，应用的价值也才越大。如果输入和输出的媒体形式是一样的，只能称之为记录和重放。

第三是多媒体数据与人之间的实时交互性。没有交互性就没有多媒体，要改变传统数据库查询的被动性，而以多媒体方式主动表现。通过交互特性使用户介入多媒体数据库中某个特定条件（范围）的信息过程中，甚至进入一个虚拟的现实世界（Virtual Reality），这才是多媒体数据库交互式应用的高级阶段。

4. 专用数据库系统

在地质、气象、科学、统计、工程等应用领域，需要适用于不同的环境，解决不同的问题，在这些领域应用的数据管理完全不同于商业事务管理，并且日益显示其重要性和迫切性。工程数据库、科学与统计数据库等近年来得到了很大的发展，这是由于常规的商用数据库系统不能有效地支持这些应用，而常规数据库的研究出发点又不是专业数据库必须支持的。在这些领域数据各具特色，必须专门地去研究和开发。正是计算机科学、数据库技术、网络、人工智能、多媒体技术等的发展和彼此渗透结合，不断扩展了数据库新的研究和应用领域。

5. 面向对象的数据库管理系统

数据库管理系统历来是数据库技术的凝聚点，也是数据库技术研究的排头兵，要迎接上述挑战，在现有数据库管理系统的基础上进行改进几乎是不可能的，但现在还没有到研制新一代数据库管理系统产品的时候，在此之前还需要新一轮的基础研究。

当前，在数据库管理系统方面，最活跃的研究是面向对象的数据库管理系统。1984 年班西仑等人发表的《面向对象数据库系统宣言》是一个重要标志。他们提出了将数据与操作方法一体化为对象、将数据和过程一起封装的概念。现已出现了一些借鉴面向对象程序设计思想和成果的数据库管理系统，这些可以看成是在数据库管理系统中革新数据模型的重要尝试和实践。在数据模型方面，对象、封装、对象有识别符、类层次、子类、继承概念和功能已初步形成；在数据库管理方面，提出了持久性对象、长的事务处理、版本管理、方案进化、一致性维护和分散环境的适应性问题；在数据库访问界面上，提出了消息扫描、持久性程序设计语言、计算完备性等概念。

7.5　小　结

在信息化社会，充分有效地管理和利用各类信息资源，是进行科学研究和决策管理的前提条件。数据库技术是管理信息系统、办公自动化系统、决策支持系统等各类信息系统的核心部分，是进行科学研究和决策管理的重要技术手段。

2017 年"双十一"支付宝支付峰值达到 25.6 万笔/秒，这对于数据库来说，意味着每秒需要同时运行 4200 万条 SQL 语句。这是分布式关系数据库的巨大成功，也是计算机硬件、软件和业务的一体优化的结果。学习并掌握相关数据库知识，对有志于从事计算机行业的读者来说，是十分必要而且重要的。

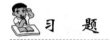 习　题

1. 简述数据、数据库、数据库管理系统的概念。

2. 数据管理技术的发展主要经历了哪些阶段？

3. 数据库管理系统的主要功能有哪些？

4. 数据库系统由哪几个部分组成？每一部分的作用是什么？

5. 解释关系模型中主码、外码、属性、元组的概念，并说明主码、外码的作用。

6. 如果有以下两种关系模式，请指出每个关系模式的主码和外码并说明外码的应用关系：

（1）产品（产品号，产品名，价格），其中"产品名"可能有重复；

（2）销售（产品号，销售时间，销售数量），假设可同时销售多种产品，但每一种产品在同一时间只销售一次。

7. 关系模型的完整性约束包含哪些内容？简述每一种完整性的作用。

8. SQL 有何特点？SQL 有哪些功能？SQL 有哪两种使用方式？

9. 写出 SQL 数据查询语句的一般形式，并解释其含义。

10. 通过搜索引擎查找有关 Oceanbase 数据库的相关内容，进一步了解该分布式关系型数据库。

第8章
计算机网络与信息安全

21世纪是数字化、网络化和信息化的时代，作为信息社会的基础，计算机网络已经深入人类生活的各个方面，被广泛应用到科技、军事、教育、生产、管理等各个领域。因此，网络已经成为信息化社会的命脉和发展知识经济的重要基础。伴随着计算机网络发展，信息安全问题也日益突出。

本章将介绍计算机网络的基本概念、计算机网络的结构和分类、计算机网络中的常见设备和主要协议，以及互联网所能提供的各种服务。通过本章学习还将了解到信息安全方面的基本知识，了解常见的网络威胁及其防范方法。

8.1　计算机网络基础

8.1.1　计算机网络的基本概念

计算机网络是利用通信设备和传输介质将分布在不同地理位置上的具有独立功能的计算机连接起来，在网络协议控制下进行信息交流，实现资源共享和协同工作。

1. 网络设备

组成计算机网络的通信设备主要有交换机、路由器、服务器、防火墙、调制解调器（Modem）、中继器等，传输介质有双绞线、光纤、微波等。

2. 网络互联

计算机网络互联包括网络硬件设备之间的互联（如计算机与交换机之间的互联）、传输介质之间的互联（如光纤与双绞线的互联）、网络协议之间的互联（如局域网协议与广域网协议），以及网络软件之间的互联（如用户客户端软件与网络服务端软件的互联）等。

3．网络协议

计算机之间的通信必须遵守事先约定好的一些规则和方法，这些规则明确规定了机器通信时的数据格式、如何找到对方计算机（地址）、怎样将信号传送到对方计算机（路由）、计算机之间如何进行对话（点到点或广播）等。这些为网络数据交换而制定的规则、约定和标准统称为网络协议（Protocol）。它是计算机网络的核心部分，网络设备和网络软件都必须遵循网络协议，才能进行计算机之间的通信。

网络协议主要由三个要素组成：

（1）语法，即数据与控制信息的结构或格式；

（2）语义，即需要发出何种控制信息，完成何种动作以及做出何种反应；

（3）同步，即事件实现顺序的详细说明。

4．信息交流

计算机网络的基本功能在于实现信息交流、资源共享和协同工作。在计算机网络中，信息交流可以以交互方式进行，如网页、邮件、论坛、即时通信、IP电话、视频点播等形式。

5．资源共享

计算机网络的资源包括硬件资源、软件资源和信息资源。硬件资源有交换设备、路由设备、存储设备、网络服务器等设备。软件资源有网站服务器（Web）、文件传输服务器、邮件服务器（Email）等，它们为用户提供网络后台服务。信息资源有网页、论坛、数据库、音频和视频文件等，它们为用户提供新闻浏览、电子商务等功能。资源共享可使网络用户对资源互通有无，大大提高了网络资源的利用率。

计算机网络的资源共享和信息交流特性，为电子商务、信息管理、远程协作等提供了一个很好的平台。

6．协同工作

利用网络技术可以将许多计算机连接成具有高性能的计算机系统，使其具有解决复杂问题的能力。这种协同工作、并行处理的方式，要比单独购置高性能大型计算机便宜得多。当某台计算机负载过重时，网络可将任务转交给空闲的计算机来完成，这样能均衡各台计算机的负载，提高处理问题的能力。

8.1.2　计算机网络体系结构

1．计算机网络体系结构概述

一个完善的网络需要一系列网络协议构成一套完备的网络协议集。大多数网络在设计时是将网络划分为若干个相互联系而又各自独立的层次，然后针对每个层次及层次间的关系制定相应的协议，这样可以减少协议设计的复杂性。

层次结构中的每一层都是建立在下一层基础上的，下层为上层提供服务，上层在实现本层功能时会充分利用下层提供的服务。服务是通过层间的接口实现的。接口是网络层次结构中相邻两层之间交换数据的地方，也称为服务访问点 SAP（Service Access Point）。

但各层之间是相对独立的，高层无需知道低层是如何实现的，仅需知道低层通过层间接口所提供的服务即可。当任何一层因技术进步发生变化时，只要接口保持不变，其他各层都不会受到影响。

像这样的计算机网络层次结构模型及各层协议的集合称为计算机网络体系结构（Network Architecture）。

2. OSI 体系结构

许多标准化组织积极开展了网络体系结构标准化方面的工作，最著名的是国际标准化组织提出的开放系统互联参考模型（Open System Interconnection/Reference Model，OSI）。这里的开放是指非独家垄断，世界上任何两个地方的任意两个系统只要同时遵循 OSI 的标准，这两个系统就可以进行通信。

OSI 体系结构采用了三级抽象，即体系结构、服务定义和协议规格说明。体系结构部分定义 OSI 的层次结构、各层关系及各层可能的服务；服务定义部分详细说明了各层所提供的功能；协议规格部分的各种协议精确定义了每一层在通信中发送控制信息及解释信息的过程。

OSI 体系结构（图 8.1）划分为七层，两个端点的相同层之间通过对应的协议进行通信。

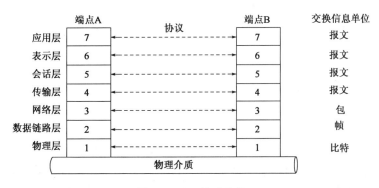

图 8.1　OSI 体系结构

（1）物理层（Physical Layer）。物理层是 OSI 体系结构的最底层，主要功能是利用传输介质为通信的网络节点之间提供一个物理连接，为数据链路层提供数据传输服务。

（2）数据链路层（Datalink Layer）。数据链路层在通信实体之间建立数据链路连接，以帧为单位传输数据包，并采用差错控制和流量控制等方法，使有差错的物理线路变成无差错的数据链路。

（3）网络层（Network Layer）。网络层的主要功能是用于通信子网的运行控制，选择合适的路由和交换节点，并实现阻塞控制与网络互联等功能。

（4）传输层（Transport Layer）。传输层用于建立和管理两个端点中应用进程之间的连接，并负责向两个端点中进程之间的通信提供数据传输服务，实现端到端的数据传输、差错控制和流量控制等功能。

（5）会话层（Session Layer）。会话层参与具体的数据传输，它的功能是组织两个会话进程间的通信，负责通信中两个进程之间会话连接的建立、维护、释放和数据交换。

（6）表示层（Presentation Layer）。表示层主要用于处理两个通信系统中交换信息的表示方式，包括数据格式转换、数据的加密和解密、数据压缩与恢复等功能。

（7）应用层（Application Layer）。应用层是 OSI 体系结构中的最高层，用于确定进程之间通信的性质，以满足用户的需要，它在提供应用进程所需要的信息交换和远程操作的同时，还要作为应用进程的用户代理，来完成一些为进行信息交换所必需的功能。

3. TCP/IP 体系结构

OSI 体系结构概念清晰，理论也比较完整，它研究的初衷是希望为网络体系结构与协议的发展提供一个国际标准。但是，OSI 参考模型结构复杂且不实用，而且随着 Internet（因

图 8.2　TCP/IP 体系结构和 OSI 体系
结构的对应关系

特网）的飞速发展使得 Internet 所遵循的 TCP/IP 参考模型得到了广泛的应用，TCP/IP 体系结构虽然并不是 OSI 标准，但已经成为事实上的标准。

TCP/IP 体系结构包含一个复杂的协议集，其中最重要的是 TCP 协议与 IP 协议，因此通常将这些协议统称为 TCP/IP 协议集，简称为 TCP/IP 协议。TCP/IP 协议从下到上包含四层，分别是网络接口层、网际层（网络层）、传输层和应用层。图 8.2 是 TCP/IP 体系结构和 OSI 体系结构的对应关系。

8.1.3　计算机网络的分类

1. 按拓扑结构分类

网络的拓扑结构是指网络中各节点的互联模型，以图的形状表示。图的顶点表示网络节点（如移动终端、PC 机、路由器、交换机等），图的边表示节点之间的物理链路。如图 8.3 所示，拓扑结构主要有四种基本类型：总线形、星形、环形和树形拓扑结构。

1）总线形拓扑结构

如图 8.3（a）所示，总线形拓扑结构中所有网络节点都连接到一根主干线上（总线），网络中任何一个节点发出的信息都将通过总线以广播的方式发送到其他所有节点上。

总线形拓扑结构的优点是信道利用率较高，结构简单，价格相对便宜。缺点是同一时刻只能有两个网络节点相互通信，网络延伸距离有限，网络容纳节点数有限。在总线上只要有一个点出现连接问题，会影响整个网络的正常运行。

2）星形拓扑结构

如图 8.3（b）所示，网络中有一中心节点（通常是交换机），其他每个节点都通过一条单独的链路与中心节点相连，所有数据都要通过中心节点进行交换。中心节点执行集中式

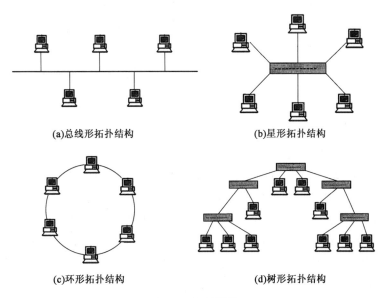

(a)总线形拓扑结构　　　　　　　　(b)星形拓扑结构

(c)环形拓扑结构　　　　　　　　(d)树形拓扑结构

图 8.3　拓扑结构

通信控制策略，因此中心节点相当复杂，而其他节点的通信处理负担都很小。

星形拓扑结构结构简单，连接方便，管理和维护都相对容易，而且扩展性强；网络延迟时间较小，传输误差低；在同一网段内支持多种传输介质，除非中心结点故障，否则网络不会轻易瘫痪。因此，星形拓扑结构是目前局域网中应用最广泛的一种网络拓扑结构。

星形拓扑结构的缺点是安装和维护的费用较高，共享资源的能力较差，通信线路利用率不高，对中心结点要求相当高，一旦中心结点出现故障，则整个网络将瘫痪。

3）环形拓扑结构

如图 8.3（c）所示，环形拓扑结构中有一条环形的总线，所有节点通过接口连接到环形总线上，形成一个首尾相接的闭合环形通信线路，数据通过换在网络节点间传输。

环形拓扑的优点是所需的电缆长度和总线拓扑网络相似，但比星形拓扑网络要短得多；增加或减少工作站时，仅需简单的连接操作；可使用光纤，光纤的传输速率很高，十分适合环形拓扑的单方向传输。

环形拓扑的缺点是节点的故障会引起全网故障，这是因为环上的数据传输要通过接在环上的每一个节点，一旦环中某一节点发生故障就会引起全网的故障；故障检测困难，这与总线拓扑相似，因为不是集中控制，故障检测需在网上各个节点进行，因此比较麻烦；媒体访问控制协议都采用令牌传递的方式，在负载很轻时，信道利用率相对来说就比较低。

4）树形拓扑结构

如图 8.3（d）所示，树形拓扑结构的形状像一棵倒置的树，顶端是树根，树根以下带分支，每个分支还可再带子分支。在实际网络中，经常需要使用多级星形拓扑结构，将多个星形拓扑结构的中心节点连接到上一级的中心节点上，这样便构成了树形拓扑结构。树形拓扑结构是最常见的拓扑结构之一。

树形拓扑结构的优点是易于扩展，可以延伸出很多分支和子分支，这些新节点和新分支都能容易地加入网内；故障隔离较容易，如果某一分支的节点或线路发生故障，很容易将故障分支与整个系统隔离开来。

树形拓扑结构的缺点是各个节点对根的依赖性太大，如果根发生故障，则全网不能正常工作。从这一点来看，树形拓扑结构的可靠性有点类似于星形拓扑结构。

2. 按地理范围分类

根据网络作用的地理范围，可以将计算机网络分为以下五类：

（1）个域网（Personal Area Network，PAN）。作用范围在 10 米以内，如一个家庭内用来连接多个具有计算机功能的家用电器或电子设备的网络。

（2）局域网（Local Area Network，LAN）。局域网就是在局部地区范围内的架设的网络，它所覆盖的地区范围较小，例如房间内、建筑物内或校园中等，作用范围通常为几十米到几十千米。局域网是最常见、应用最广的一种网络。局域网中，计算机数量没有太多的限制，可以只有两、三台，多则几百台。局域网能够根据实际的需要，方便地扩充所需的设备，只要购买了设备并连接到局域网即可。这种网络的特点是连接范围窄、用户数少、配置容易、连接速率高。目前局域网最快的速率可以达到10Gb/s 以上。

（3）城域网（Metropolitan Area Network，MAN）。作用范围介于局域网与广域网，网络的连接距离可以为 10～100 千米。在一个大型城市或都市地区，一个 MAN 网络通常连接着多个 LAN 网络，如连接政府机构的 LAN、医院的 LAN、电信的 LAN、企业的 LAN 等。MAN 与 LAN 相比扩展得距离更长，连接的计算机数量更多，在地理范围上可以说是 LAN 网络的延伸。由于光纤连接的引入，使 MAN 网络中高速的 LAN 网络互联成为可能。

（4）广域网（Wide Area Network，WAN）。广域网也称为远程网，所覆盖的范围比城域网更广，它一般是在不同城市之间的 LAN 或者 MAN 网络互联，作用范围可从几百公里到几千公里。因为距离较远，信号衰减比较严重，所以这种网络一般要租用专线，通过 IMP（接口信息处理）协议和线路连接起来，构成网状结构，解决寻径问题。这种广域网因为所连接的用户多，总出口带宽有限，所以用户的终端连接速率一般较低，通常为 9.6Kb/s～45Mb/s。典型的广域网有邮电部的 CHINANET、CHINAPAC 和 CHINADDN 网等。

（5）因特网（Internet）。无论是从地理范围还是网络规模来讲，因特网都是最大的一种网络。其最大的特点就是不定性，整个网络的计算机每时每刻都在随着人们网络的接入而不断变化。因为该网络的复杂性，所以其实现的技术也非常复杂。

3. 其他分类方式

从传输介质来看，计算机网络可以分为双绞线网、同轴电缆网、光纤网或无线网等。

从传输技术看，计算机网络可以分为点对点网络和广播网络。在点对点网络中，每条物理线路连接一对计算机。而在广播网络中，所有联网的计算机都共享一个公共通信信道。

从网络的使用范围看，计算机网络可以分为公用网和专用网。公用网为全社会服务，而专用网属于某行业或部门专用，如银行系统的网络。

8.1.4 计算机网络中的设备

计算机网络是通过各种传输介质和通信设备将各种通信终端或计算机连接在一起的，此处介绍计算机网络中常见传输介质与网络通信设备。

1. 传输介质

1）双绞线

双绞线是最常用的传输介质。把两根互相绝缘的铜导线并排放在一起，再绞合起来就构成了双绞线，绞合的目的是为了减少相邻导线之间的电磁干扰。双绞线可以传输模拟信号和数字信号，其传输距离一般为几到十几公里。由于双绞线价格便宜、性能良好，因此广泛用于局域网和电话系统中。

双绞线分为屏蔽双绞线和无屏蔽双绞线两种，它们的结构如图 8.4 所示。屏蔽双绞线增加了一层用金属丝编织的屏蔽层，能够提高抗电磁干扰的能力，但价格要比无屏蔽双绞线贵一些。

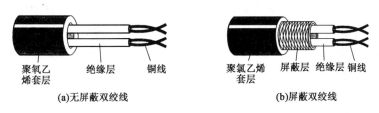

(a)无屏蔽双绞线　　　　　　　(b)屏蔽双绞线

图 8.4　双绞线

2）同轴电缆

同轴电缆由铜芯导体、绝缘层、网状编织的外导体屏蔽层和塑料保护外层组成（图 8.5）。由于外导体屏蔽层的作用，同轴电缆具有很好的抗干扰特性，被广泛用于传输较高速率的数据。

在局域网发展的早期，同轴电缆被作为传输介质而广泛使用，但现在局域网中基本上采用双绞线替代了同轴电缆。目前同轴电缆主要用于有线电视网中。同轴电缆的带宽取决于电缆的质量，较高质量的同轴电缆带宽可以达到 1GHz。

图 8.5　同轴电缆

3）光纤

光纤是光导纤维的简称，光纤外观呈圆柱形，由纤芯、硅玻璃包层、树脂涂层等部分组成；多条光纤制作在一起时称为光缆（图 8.6）。

光纤通信通过特定角度射入的激光来工作，光纤的包层像一面镜子，使光脉冲信号在纤芯内反射前进。发送方的光源可以采用发光二极管或半导体激光器，它们在电脉冲的作用下能产生出光脉冲信号。光纤中有光脉冲时相当于 1，没有光脉冲时相当于 0。

光纤通信的优点是通信容量大，保密性好，不易窃听，抗电磁辐射干扰，防雷击，传输距离长（不中继可达200千米）。光纤通信的缺点是光纤连接困难且成本较高。目前，光纤通信广泛用于电信网络、有线电视、计算机网络、视频监控等行业。

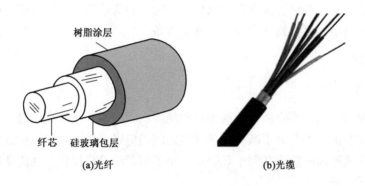

(a)光纤　　　　　　　　　　　　　(b)光缆

图8.6　光纤及光缆

4）微波

微波通信适用于架设电缆或光缆有困难的地方，广泛用于无线移动电话网和无线局域网。微波在空间中主要是直线传播，而地球表面是个曲面，因此传播距离受到限制，一般最大直线传输距离只有50千米左右，要更远距离传输必须架设中继站或通过卫星中继。

微波通信的优点是通信容量大，传输距离远，灵活性好等；缺点是易受障碍物和气候干扰，保密性差，使用和维护成本较高等。

2. 网络通信设备

1）网络适配器

网络适配器又称为网卡，属于OSI体系结构中的物理层，通过电缆或无线将计算机与网络进行连接。每个网络适配器都有一个被称为MAC地址的独一无二的48位串行号，它被写在网络适配器内的一块ROM中。在网络上，每一个网络适配器的MAC地址都必须是独一无二，没有任何两块被生产出来的网络适配器拥有同样的地址。

目前，所有需要连接网络的计算机或终端设备都集成有网络适配器，不需要另外安装网络适配器。网络适配器及其接口如图8.7所示。

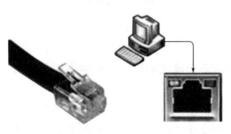 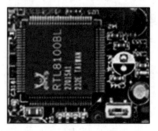 

(a)双绞线接头　　(b)网络适配器的RJ-45接口　　(c)集成在主板上的网络适配器芯片　　(d)独立网络适配器

图8.7　网络适配器及其接口

2）集线器

集线器也称 HUB，也是物理层的网络设备，是把来自不同的计算机网络设备的电缆集中配置于一体，是对网络进行集中管理的主要设备，如图 8.8 所示。集线器会对接收到的信号进行滤波、放大，再通过其他端口进行转发，以扩大网络的传输距离。

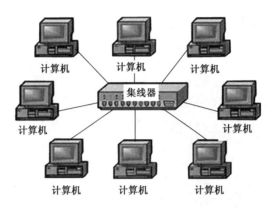

图 8.8　集线器

3）交换机

交换机是工作在数据链路层的网络设备。交换机的每个接口直接与一台计算机或另一个交换机相连，一般工作在全双工方式。交换机较好地解决了集线器中总线冲突的问题，能够同时接通多对接口，使多对计算机能同时通信。交换机还具有流量控制、数据缓存等功能。交换机如图 8.9 所示。

(a)小型交换机　　　　　　(b)中型交换机　　　　(c)由交换机构成的局域网

图 8.9　交换机

4）路由器

路由器是网络层的数据转发设备，通过转发数据包实现网络互连，虽然路由器支持多种网络协议，但是绝大多数路由器运行 TCP/IP 协议。

路由器是一种具有多个输入端口和多个输出端口的专用计算机，有 CPU、内存、主板等硬件，也有操作系统和路由算法等软件。

路由器的主要任务是转发数据分组，从路由器某个输入端口收到的数据分组，按照分组要去的目的网络，把该数据分组从路由器的某个合适的端口转发给下一跳路由器。路由器及其应用如图 8.10 所示。

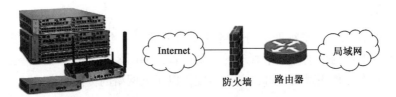

图 8.10　路由器及其应用

图 8.11　硬件防火墙

5）防火墙

防火墙是一种网络安全防护设备，它的主要功能是防止网络的外部入侵与攻击。防火墙可以用软件也可以用硬件实现，用软件实现时升级灵活，但是运行效率低，客户端计算机一般采用软件实现；硬件防火墙运行效率高，可靠性好，一般用于网络中心机房。

如图 8.11 所示，硬件防火墙是一台专用计算机，它包括 CPU、内存、硬盘等部件，安装有网络操作系统和专业防火墙程序。

8.1.5　无线网络技术

中国互联网信息中心 CNNC 发布的第 37 次《中国互联网络发展状况统计报告》显示，截至 2015 年 12 月，中国网民规模达 6.88 亿，互联网普及率为 50.3%，手机网民规模达 6.2 亿，手机网民中通过 3G/4G 无线上网的比例为 88.8%；无线网络覆盖明显提升，通过无线局域网接入互联网的比例达到 91.8%。

随着采用计算机以外的其他设备（便携式计算机、平板电脑、智能手机、信息家电等）上网的用户数量的日益增长，移动通信以及移动互联网的需求越来越大，无线网络技术也飞速发展起来。

1. 无线网络的类型

按照无线网络覆盖范围可分为无线广域网、无线城域网、无线局域网、无线个域网等。

1）无线广域网和无线城域网

无线广域网（WWAN）和无线城域网（WMAN）在技术上并无太大区别，因此往往将二者放在一起讨论。无线广域网也称为宽带移动通信网络，是一种 Internet 高速数字移动通信蜂窝网络，需要使用移动通信服务商（如中国移动）提供的通信网络（如 3G、4G 网络）。计算机或其他终端设备只要处于移动通信网络服务区内，就能保持移动宽带网络接入。

随着市场对宽带无线接入提出越来越大的需求，以 IEEE802.16 为代表的无线城域网技术也得到迅速发展。其单个基站覆盖范围可达几十公里，传输速率接近无线局域网的水平，而且突出了移动性、高效切换等功能特点。现在，卫星通信网络也开始大量用于传输数字信息，堪称覆盖范围最大的无线广域网。

2）无线局域网

无线局域网（WLAN）可以在单位或个人用户家中自由创建，通常用于接入 Internet。WLAN 的传输距离最远可达一百至三百米，无线信号覆盖范围视用户数量、干扰和传输障碍（如墙体和建筑材料）等因素而定。在公共区域中提供 WLAN 的位置称为接入热点（Access Point，AP），接入热点的范围和速度视环境和信号强度等因素而定。

3）无线个域网

无线个域网（WPAN）是指通过短距离无线信号将计算机与周边设备连接起来的网络，如 Bluetooth（蓝牙）、Zigbee（紫蜂）、NFC（近场通信）、IrDA（红外数据通信）、UWB（超宽带无线技术）、可见光通信等。

2. 无线局域网（WLAN）

无线局域网是利用无线通信技术在一定的局部范围内建立的网络，是计算机网络与无线通信技术相结合的产物，它以无线多址信道作为传输媒介，提供传统有线局域网的功能，能够使用户真正实现随时、随地、随意的宽带网络接入。

无线局域网可分为有固定基础设施和无固定基础设施两大类，固定基础设施指预先建立且能覆盖一定范围的固定基站。

（1）对于有固定基础设施的 WLAN（图 8.12），IEEE802.11 标准规定了 WLAN 的最小组成单元是基本服务集（BSS），一个 BSS 包括一个基站和若干移动站，它们都使用相同的通信协议。一个 BSS 的覆盖范围称为基本服务区（BSA）。一个 BSS 可以是独立的，也可以通过一个 AP 连接到主干网络，如 Internet。扩展服务集（ESS）是由多个 BSS 单元以及连接它们的分布式系统（DS）组成的。分布式系统结构在 IEEE802.11 标准中没有定义，分布式系统可以是有线局域网，也可以是无线局域网。分布式系统的功能是将 WLAN 连接到骨干网络。AP 的功能相当于局域网中的交换机和路由器，它是一个无线网桥。AP 也是 WLAN中的小型无线基站，负责信号的调制与收发。AP 覆盖半径为 20～100m。

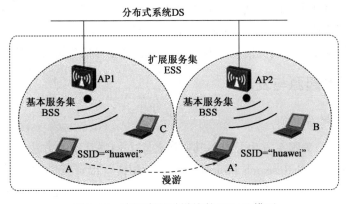

图 8.12　有固定基础设施的 WLAN 模型

（2）无固定基础设施的 WLAN 称作自组织网络（Ad Hoc Network）。移动自组织网络简称 MANET（Mobile Ad Hoc Network），如图 8.13 所示，MANET 由一些彼此平等的节点之间相互通信组成临时网络，无预先建立的固定基础设施（基站）。由于节点可以自由地加入、退出网络，或在网络中任意移动，网络的拓扑结构随时都可能发生变化。自组织网络的服务范围通常受到一定限制，每个节点能够通信的范围有限，当它需要和通信范围以外的节点通信时，就需要有中间节点为其转发数据。所以，自组织网络中的每个节点既可以作为终端，也可以作为路由器，不需要专门的路由器。源节点和目的节点之间的数据包通常需要经过多跳传递给对方。移动自组织网络作为移动通信和计算机网络结合的产物，是一种无需任何基础设施支持就可以实现通信的自组网。与传统的固定网络和蜂窝网络相比，它具有部署快速、环境适应力强、抗毁性强等特点，因而在诸如战场、灾难救助、野外考察、工业现场监控等领域有着广泛的应用前景。

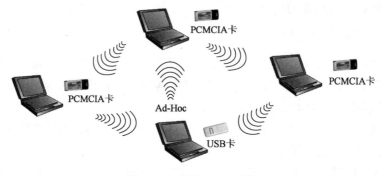

图 8.13　移动自组织网络

8.2　互联网服务与 TCP/IP 协议

Internet 中文译名为国际互联网，或全球互联网、互联网、因特网等，它将世界上众多地理位置不同的计算机或计算机网络通过 TCP/IP 协议簇连接在一起，形成相互可以通信的开放式的计算机网络。

互联网是一个由许多小的网络（子网）互联而成的大型逻辑网络。每个子网中连接着若干台主机（计算机或其他终端），它们共同遵守因特网协议，并通过许多路由器和公共网络互联而成。互联网以相互交流信息资源为目的，它是全球信息资源共享的集合。

8.2.1　互联网的起源与发展

1. 互联网的起源

20 世纪 60 年代，美国军方为寻求将其所属各军方网络互联的方法，由国防部下属的高级计划研究署（Advanced Research Project Agent，ARPA）出资赞助大学的研究人员开展网络互联技术的研究。研究人员最初在四所大学之间组建了一个实验性的网络，叫 ARPANET。随后，深入的研究导致了 TCP/IP 协议的出现与发展。

为了推广 TCP/IP 协议，在美国军方的赞助下，加州大学伯克利分校将 TCP/IP 协议嵌入当时很多大学使用的网络操作系统 BSD UNIX 中，促成了 TCP/IP 协议的研究开发与推广应用。

1983 年初，美国军方正式将其所有军事基地的各子网都联到了 ARPANET 上，并全部采用 TCP/IP 协议。这标志着 Internet 的正式诞生。

20 世纪 80 年代，美国国家科学基金会（NSF）认识到为使美国在未来的竞争中保持不败，必须将网络扩充到每一位科学家和工程人员。于是 NSF 游说美国国会，获得资金组建了一个从开始就使用 TCP/IP 协议的网络 NSFNET。NSFNET 取代 ARPANET，于 1988 年正式成为 Internet 的主干网。

20 世纪 90 年代，商业机构介入 Internet，带来 Internet 的第二次飞跃。Internet 问世后，每年加入 Internet 的计算机成指数式增长。NSFNET 在完成的同时就出现了网络负荷过重的问题。意识到美国政府无力承担组建一个新的更大容量的网络的全部费用，NSF 鼓励 MER-IT、MCI 和 IBM 三家商业公司接管了 NSFNET。

三家公司组建了一个非营利性的公司 ANS，并在 1990 年接管了 NSFNET。到 1991 年底，NSFNET 的全部主干网都与 ANS 提供的新的主干网连通，构成了 ANSNET。与此同时，很多的商业机构也开始运行它们的商业网络并连接到主干网上。

Internet 的商业化，开拓了其在通信、资料检索、客户服务等方面的巨大潜力，导致了 Internet 新的飞跃，并最终走向全球。

2. 我国互联网的发展

Internet 在我国的发展经历了两个阶段：第一阶段是 1987 年至 1993 年，这一阶段实际上只是少数高等院校、研究机构提供了 Internet 的电子邮件服务，还谈不上真正的 Internet。第二阶段从 1994 年开始，实现了和 Internet 的 TCP/IP 连接，从而开通了 Internet 的全功能服务。

我国目前有多家经营 Internet 的单位，分别是中国公共计算机互联网（中国电信经营）、中国联通计算机互联网（中国联通经营）、中国教育科研网（教育部管理）、中国科技网（中科院管理）。

中国公共计算机互联网（ChinaNet）是由原邮电部建设的，主要用于民用和商用。该网络目前已覆盖了全国 31 个省市。

中国联通计算机互联网（UNINet）是经国务院批准直接进行国际联网的经营性网络，面向全国公众提供互联网络服务。它已在全国 265 个地市开通业务，且各城市间均可漫游。

中国教育科研网（China Education and Research Network，CERNET），这是一个全国性的教育科研计算机网络，把全国大部分高等学校和中学连接起来，推动这些学校校园网的建设和信息资源的交流共享，从而极大地改善了我国大学教育和科研的基础环境，推动了我国教育和科研事业的发展。CERNET 网络由三级组成：主干网、地区网、校园网。其网控中心设在清华大学，地区网络中心分别设在北京、上海、南京、西安、广州、武汉、沈阳，成都。

中国科技网（China Science and Technology Network，CSTNet），包括中国科学院北京地

区已经入网的 30 多个研究所和全国 24 个城市的各学术机构，并连接了中国科学院以外的一批科研院所和科技单位，是一个面向科技用户、科技管理部门及与科技有关的政府部门的全国性网络。

8.2.2 互联网的工作方式

1. 信息传递

传统的人际信息交换采用电话和邮政。电话工作方式首先要拨号接通，在通话的过程中一条物理线路将两端的用户连接在一起，通话期间，这条物理线路被这对用户所独占，因此电话是计时收费的。邮政工作方式则不同，用户的信件必须按一定的格式封装好，通过邮局的转发，最后投递到收信者，邮政的收费是按信件的重量和件数收费的，即按传递的信息量收费。

Internet 的工作方式与邮政系统相似，在其中传递的信息必须封装好，称为一个分组（packet），有时也称为包。Internet 中使用的 IP 协议就是关于在 Internet 中传递分组封装格式的约定。分组在 Internet 中通过若干个路由器转发来传递到目的地，路由器起到类似于邮政系统中邮局的作用。路由器之间的传输路径可以是一条专线、一条卫星通道、电话网，也可以是其他计算机网络，就如同邮局间的传输可以通过公路、铁路、航空或海运来实现一样。正如一封信件通常不会独占一部邮车和传输通路，而是大家共享，Internet 中的传输信道也是共享的。这种工作方式称为存储—转发的分组交换方式。

2. TCP/IP 协议

TCP/IP 协议和其他协议的不同点在于：TCP/IP 协议是完全开放的，其所有的技术和规范都是公开的，任何公司都可以利用它来开发兼容的产品。当信息在 Internet 上发送时，通常要经过数个中间网络和路由器。在信息发送以前，必须要分解成 Internet 所允许大小的尺寸，称为分组。每一个分组在 Internet 上单独传输，可能经过不同的路由器到达共同的目的地。在接收端，分组必须按照原来的顺序重新组装。IP 协议给出了分组的格式、怎样分段信息和重新组装等方面的约定，以及如何标识 Internet 中的网络或每一台计算机。在 IP 上定义的是 TCP，它们用于控制计算机之间如何进行信息传输以及什么时候进行传输。

8.2.3 互联网中的 IP 地址与域名系统

1. IP 地址

视频8.1　IP地址

所有使用 TCP/IP 协议的网络（如 Internet）中，每一个计算机都必须有一个唯一的编号作为其在网络中的标识，这个编号称为 IP 地址（视频 8.1）。每个数据包中都要包含有发送方的 IP 地址和接收方的 IP 地址，来表示数据包的来源和目的地。Internet 中的 IP 地址现在由互联网名字和数字分配机构（Internet Corporation for Assigned Names and Numbers，ICANN）进行分配。国内的 IP 地址由中国互联网信息中心（China Internet Network Information Center，CNNIC）分配和管理。

　　IP 地址是一个 32 位二进制数，即四个字节。为方便起见，IP 地址通常采用"点分十进制法"表示，将其表示为 w.x.y.z 的形式。其中 w、x、y、z 分别为一个 0～255 的十进制整数，对应二进制表示法中的一个字节。

　　例如，某台计算机的 IP 地址为 11001010 01110010 01000000 00000010，则写成点分十进制表示形式为 202.114.64.2。

　　Internet 的结构模式就如图 8.14 所示，整个 Internet 由很多独立的网络互联而成，每个独立的网络就是一个子网，包含若干台计算机。根据这个模式，Internet 的设计人员用两级层次模式构造 IP 地址。IP 地址的 32 个二进制位也被分为两个部分，即网络号和主机号，网络地址标明主机所在的子网，主机地址则在子网内部区分具体的主机。

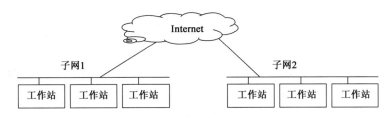

图 8.14　Internet 的结构模式

　　如图 8.15 所示，Internet 工程任务组（IETF）将 IP 地址分为 A、B、C、D、E 五类，其中 A、B、C 类地址都是用于一对一通信的单播地址，是最常用的；D 类地址是用于一对多通信的多播地址；E 类地址是保留为以后使用的。

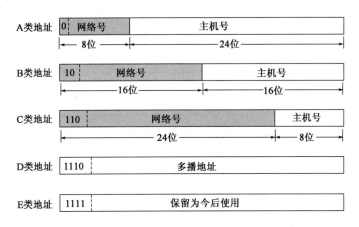

图 8.15　IP 地址分类

1）A 类地址

整个 A 类地址空间共有 2^{31} 个地址。

A 类地址的网络号字段占 8 位，其中最高位为 0，低 7 位可以表示 126（2^7-2）个网络。减 2 的原因是：IP 地址的全 0 表示"这个 this"，网络号全 0 表示"本网络"；网络号全 1（127）保留作为本地软件环回测试本主机的进程间的通信之用。目的地址是环回地址

（如 127.0.0.1）的 IP 数据包是永远不会出现在任何网络中的。

A 类地址的主机号字段占 3 个字节，所以每个网络中的最大主机数量为 $2^{24}-2$ 个。这里减 2 的原因是：主机号全 0 的 IP 地址表示"本主机"所连接到的单个网络地址（例如，一主机的 IP 地址为 5.6.7.8，则该主机所在的网络地址就是 5.0.0.0）；主机号全 1 表示"所有的"，表示该网络上的所有主机。

2）B 类地址

B 类地址的网络号字段占 2 个字节，其中最高 2 位为 10，剩下的 14 位可供分配，B 类地址可表示的网络数量为 $2^{14}-1$（因为最高两位为 10，所以不会出现最高 2 个字节全 0 或全 1 的情况，但 B 类地址 128.0.0.0 不可被指派）。

B 类地址的主机号字段占 2 个字节，所以每个网络中的最大主机数量为 $2^{16}-2$ 个（全 0 或全 1 的主机地址不能分配）。

3）C 类地址

C 类地址的网络号字段占 3 个字节，其中最高 2 位为 110，剩下的 21 位可供分配。C 类地址可表示的网络数量为 $2^{21}-1$（因为最高两位为 110，所以不会出现最高 3 个字节全 0 或全 1 的情况，但 C 类地址 192.0.0.0 不可被指派）。

C 类地址的主机号字段占 1 个字节，所以每个网络中的最大主机数量为 2^8-2 个（全 0 或全 1 的主机地址不能分配）。

可分配的 IP 地址范围见表 8.1，表 8.2 给出了一般不能使用的特殊 IP 地址。

表 8.1　可分配 IP 地址范围

网络类别	最大可指派的 网络数	第一个可指派的 网络号	最后一个可指派的 网络号	每个网络中 最大主机数
A	126（2^7-2）	1	126	16777214
B	16383（$2^{14}-1$）	128.1	191.255	65534
C	2097151（$2^{21}-1$）	192.0.1	223.255.255	254

表 8.2　特殊 IP 地址

网络号	主机号	源地址使用	目的地址使用	代表的意思
0	0	可以	不可	在本网络上的本主机
0	主机号	可以	不可	在本网络上的某台主机号
全 1	全 1	不可	可以	只在本网络上进行广播（各路由器均不转发）
网络号	全 1	不可	可以	对网络中的所有主机进行广播
127	非全 0 或全 1 的任何数	可以	可以	用作本地软件环回测试之用

2. 域名系统

32 位二进制表示的 IP 地址即便是采用点分十进制法表示也有 12 位，难以记忆。如果采用人们习惯的字符串来表示网络中的计算机地址，可以大大减轻用户的负担。用户只需要输入一个容易记忆的用字符串表示的主机名，计算机很快将主机名转化成二进制的 IP 地址，并自动访问它。这就是互联网域名系统（Domain Name System，DNS）。

1）互联网域名结构

互联网上的主机或路由器都有一个唯一的层次结构的名字，即域名。域还可以被划分为子域，子域还可以被划分为子域的子域，这样就形成了顶级域、二级域、三级域等，每级域名之间用点隔开。例如，mail. 163. com，这是网易提供邮件收发服务的邮件服务器的域名，它由三级域名组成，其中 com 是顶级域名，163 是二级域名，mail 是三级域名。

DNS 规定，每一级的域名都是由英文字符和数字组成，但每一级的域名总长不能超过 63 个字符（为了便于记忆，一般不超过 12 个字符），也不区分大小写，除了连字符 "－" 外不能使用其他标点符号。由多级构成的完整域名总共不能超过 255 个字符。通常域名级数不超过 5 级。

为了表示主机所属的机构的性质，Internet 的管理机构给出了七个顶级域名，表 8.3 给出了标识机构性质的组织性顶级域名标准。

表 8.3　组织性顶级域名标准

域名	含义	域名	含义
com	商业机构	mil	军事机构
edu	教育机构	net	网络服务机构
gov	政府机构	org	非营利性组织
int	国际组织		

美国之外的其他国家的互联网管理机构还使用 ISO 组织规定的国别代码作为顶级域名后缀来表示主机所属的国家。国别顶级代码域名应该放在组织性顶级域名的右边。例如：www. sina. com. cn，国别代码 cn 作为第一级域名，com 作为第二级。常见的国别代码标准见表 8.4。

表 8.4　常见国别代码标准

代码	国家或地区	代码	国家或地区
cn	中国	uk	英国
fr	法国	jp	日本
us	美国	ru	俄罗斯
hk	香港（中国）	tw	台湾（中国）

2）域名服务器

互联网域名系统是一个联机分布式数据库系统，采用客户/服务器工作模式。将域名翻译成 IP 地址的过程称为域名解析，域名解析工作由分布在互联网上的域名服务器完成。

一个域名服务器所负责的范围叫作区。各单位根据具体情况来划分自己管辖范围的区。每一个区中设置相应的域名服务器，保存该区域中所有主机的域名到 IP 地址的映射。区域内，用户的主机在需要把域名地址转化为 IP 地址时向域名服务器提出查询请求，域名服务器根据用户主机提出的请求进行查询并把结果返回给用户主机。

3. IPv4 与 IPv6

上面介绍的 IP 地址属于互联网协议 IP 的第四版（IPv4），也是第一个被广泛使用、构成现今互联网技术基础的协议。IPv4 最大的问题在于网络地址资源有限，严重制约了互联网的应用和发展。IPv4 的地址位数为 32 位，也就是最多有 2^{32} 个计算机可以连到 Internet 上。近十年来由于互联网的蓬勃发展，IP 地址的需求量越来越大，使得 IP 地址的发放越趋严格，各项资料显示全球 IPv4 位址可能在 2005 至 2008 年间全部发完。

IPv6 是互联网协议第 6 版（Internet Protocol Version 6），是互联网工程任务组（IETF）设计的用于替代 IPv4 的下一代 IP 协议。IPv6 的使用，不仅能解决网络地址资源数量的问题，而且也解决了多种接入设备连入互联网的障碍。IPv6 采用 128 位地址长度，几乎可以不受限制地提供地址。按保守方法估算 IPv6 实际可分配的地址，整个地球的每平方米面积上仍可分配 1000 多个地址。

与 IPv4 相比，IPv6 具有的优点主要有：

（1）更大的地址空间。IPv4 中规定 IP 地址长度为 32，最大地址个数为 2^{32}；而 IPv6 中 IP 地址的长度为 128，即最大地址个数为 2^{128}。

（2）更小的路由表。IPv6 的地址分配一开始就遵循聚类的原则，这使得路由器能在路由表中用一条记录表示一片子网，大大减小了路由器中路由表的长度，提高了路由器转发数据包的速度。

（3）增强的组播支持以及对流的支持。这使得网络上的多媒体应用有了长足发展的机会，为服务质量控制提供了良好的网络平台。

（4）加入了对自动配置的支持。这使得网络（尤其是局域网）的管理更加方便和快捷，有更高的安全性。在使用 IPv6 网络中用户可以对网络层的数据进行加密并对 IP 报文进行校验，这极大地增强了网络安全。

8.2.4 互联网的服务

近年来，Internet 在全世界快速普及，人们通过 Internet 访问互联网，享受到了互联网所提供的各种服务，获取了所需要的各种信息。

1. 电子邮件

电子邮件是互联网上使用得最早、最多，也是最受欢迎的一种服务。电子邮件不仅能传送文字信息，还可以传送图像、声音等多媒体信息，还可获取大量免费的新闻、专题邮件。如图 8.16 所示，电子邮件系统采用客户端/服务器工作模式，邮件服务器包括接收邮件服务器和发送邮件服务器。

用户首先向提供电子邮件服务的服务商申请注册账号，服务商会在邮件服务器中为每个注册用户的电子邮箱开辟了一个专用的硬盘存储空间，用于存放接收到的邮件。

发送邮件服务器一般采用 SMTP（简单邮件传输协议）通信协议来投递邮件，当发送方用户发出一份电子邮件时，发送方邮件服务器按照电子邮件地址，将邮件投送到收信人的接收邮件服务器中。当收件人计算机连接到接收邮件服务器（登录邮件服务器网页，或通过

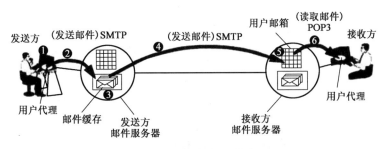

图 8.16　电子邮件收发过程

邮件客户端软件登录邮件服务器）并发出接收操作后，接收方通过 POP3（邮局协议版本 3）或 IMAP（交互式邮件存取协议）读取电子信箱内的邮件。

当用户采用网页方式进行电子邮件收发时，用户必须登录到邮箱后才能收发邮件；如果用户采用邮件客户端软件（如 Outlook Express、Foxmail 等），则邮件收发程序会自动登录邮箱，将邮件下载到本地计算机中。

2. FTP 文件传输

FTP 文件传输协议是互联网上使用得最广泛的文件传送协议，FTP 文件传输也是互联网最基本、最重要的应用之一。通过 FTP 可以在 Internet 上任意两台计算机之间相互传送文件，可以减少或消除在不同操作系统下处理文件的不兼容性。

FTP 也使用客户端/服务器工作模式。用户首先要获得管理员分配的用户名和密码，然后通过身份验证后登录远程 FTP 服务器，登录成功后用户可以进行文件上传或下载的操作。

一个 FTP 服务器进程可同时为多个客户进程提供服务。FTP 的服务器进程由两大部分组成：一个主进程，负责接受新的请求；另外有若干个从属进程负责处理单个请求。

和电子邮件的操作类似，FTP 也有两种操作方式：

（1）通过浏览器访问远程 FTP 服务器，在浏览器地址栏输入 ftp：//ftp. ＊＊＊.＊＊＊ 格式的地址。

（2）通过专门的 FTP 客户端软件登录远程 FTP 服务器，完成文件的上传下载操作。常用的 FTP 软件有 CuteFTP、FlashFTP、SmartFTP 等。

3. TELNET 远程登录

TELNET 远程登录是一个简单的远程终端协议，它也是互联网的正式标准。用户用 TELNET 就可在其所在地连接到一台远程主机上（使用主机名或 IP 地址登录），使自己相当于远程主机的一个终端。

在本地主机中运行 TELNET 客户端进程，在远程主机中运行 TELNET 服务端进程。TELNET 能将用户的击键传到远程主机，同时也能将远程主机的输出返回到用户屏幕。这种服务是透明的，用户感觉到好像键盘和显示器是直接连在远程主机上。因此，TELNET 又称为终端仿真协议。

为了能够适应计算机和操作系统之间的差异，TELNET 定义了数据和命令应怎样通过互联网。这些定义就是所谓的网络虚拟终端（Network Virtual Terminal，NVT）。图 8.17 说明了

NVT 的作用。客户软件把用户的击键和命令转换成 NVT 格式，并送交服务器。服务器软件把收到的数据和命令从 NVT 格式转换成远程系统所需的格式。向用户返回数据时，服务器把远程系统的格式转换为 NVT 格式，本地客户再从 NVT 格式转换到本地系统所需的格式。

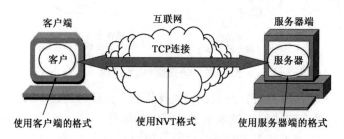

图 8.17　TELNET 中 NVT 的作用

8.2.5　WWW、浏览器与搜索引擎

1. WWW

WWW（World Wide Web，万维网）是 Internet 上使用最多的一种服务。它以网页（Web）的形式为用户提供丰富的信息浏览，提供网页和浏览服务的服务器称为"Web 服务器"或"网站"。

WWW 的信息资源分布在全球近 10 亿个网站上，网站的服务内容由 ICP（因特网信息提供商）进行发布和管理，用户通过浏览器软件（如 IE），就可浏览到网站上的信息。网站主要采用网页的形式进行信息描述和组织，网站是多个网页的集合。网页是一种超文本文件，各个网页链接在一起后，才能构成一个网站。超链接属于网页的一部分，它是一种允许与其他网页或站点之间进行链接的元素。超链接访问过程如图 8.18 所示。图中的 HTTP（Hyper Text Transfer Protocol，超文本传输协议）在因特网中传输网页文件。HTTP 协议是网站服务器与客户端之间的文件传输协议，以客户端与服务器之间相互发送消息的方式进行工作，客户端通过应用程序（如浏览器）向服务器发出服务请求，并访问网站服务器中的数据资源，服务器通过公用网关接口程序将数据返回给客户端。

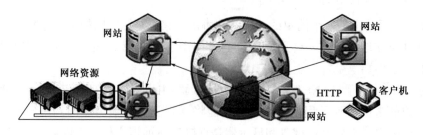

图 8.18　超链接访问过程

如果超链接目标并不是一个 HTML 文件（如下载一个 RAR 压缩文件），浏览器将自动启动外部程序打开这个文件。

2. 浏览器

用户计算机中进行 Web 页面浏览的客户端软件称为 Web 浏览器。Web 浏览器连接用户的计算机到远程的 Web 服务器，打开和传输文件，显示文本和图像，并且提供访问 Internet 和 Web 页面的图形界面。

从用户在浏览器中输入域名，到浏览器显示出页面，这个工作过程如图 8.19 所示。

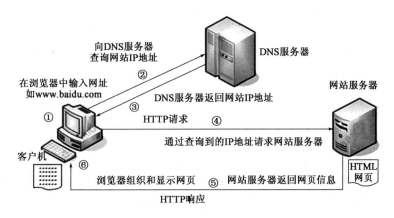

图 8.19　用户与网站之间的访问过程

连接到因特网中的计算机都有一个 IP 地址。由于连接到因特网中的计算机 IP 地址都是唯一的，因此可以通过 IP 地址寻找和定位一台计算机。网站所在的服务器通常有一个固定的 IP 地址，而浏览者每次上网的 IP 地址通常都不一样，浏览者的 IP 地址由 ISP（因特网服务提供商）动态分配。

浏览器得到域名服务器指向的 IP 地址后，会把用户输入的域名转化为 HTTP 服务请求。例如，用户输入 "www. badu. com" 时，浏览器会自动转化为 "http：//www. baidu. com/"，浏览器通过这种方式向网站服务器发出请求。由于用户输入的是域名，因此网站服务器接收到请求后，会查找域名下的默认网页（通常为 index. html、default. html、default. php 等）。

网站返回的请求通常是一些文件，包括文字信息、图片、Flash 等。每个网页文件都有一个唯一的网址，如 http：//www. baidu. com/＊＊＊. html。

客户端浏览器将这些信息组织成用户可以查看的网页形式。

3. 搜索引擎

搜索引擎是某些网站免费提供的用于网上查找信息的程序，是一种专门用于定位和访问网页信息，获取用户希望得到的资源的导航工具。

搜索引擎通过关键词查询或分类查询的方式获取特定的信息。搜索引擎并不即时搜索整个因特网，它搜索的内容是预先整理好的网页索引数据库。为了保证用户搜索到最新的网页内容，搜索引擎的大型数据库会随时进行内容更新，得到相关网页的超链接。用户通过搜索引擎的查询结果，可以知道信息所处的站点，再通过单击超链接，就可以转接到用户需要的网页上。

当用户在搜索引擎中输入某个关键词并单击搜索按钮后，搜索引擎数据库中所有包含这个关键词的网页都将作为搜索结果列表显示出来，用户可以自己判断需要打开哪些超链接的网页。常用的搜索引擎有必应、谷歌、百度等。

8.2.6 电子商务与即时通信

1. 电子商务

20 世纪 90 年代以来，随着 Internet 的迅速发展，电子商务（Electronic Commerce）踪迹已经遍布企业、科研机构、商场、学校乃至家庭的每个角落。说明电子商务作为一种新型的交易方式，为企业、消费者和政府建立了一种网络经济环境，人们不再受地域的限制，能够以快捷的方式完成繁杂的商务活动，以规范的工作流程提高人、财、物的利用率。简单讲，电子商务就是指利用计算机网络进行的商务活动。但电子商务至今仍没有一个很清晰的概念。各国政府、学者、企业界人士都根据自己所处的地位和对电子商务的参与程度，给出了许多表述不同的定义。

1997 年 11 月 6 日至 7 日，国际商会在法国首都巴黎举行了世界电子商务会议（The World Business Agenda For Electronic Commerce），从商业角度提出了电子商务概念：电子商务是指实现整个贸易活动的电子化。从涵盖范围方面可以定义为：交易各方以电子交易方式而不是通过当面交换或直接面谈方式进行的任何形式的商业交易；从技术方面可以定义为：一种多技术的集合体，包括交换数据（如电子数据交换、电子邮件）、获得数据（如共享数据库、电子公告牌）以及自动捕获数据（如条形码）等。IT（信息技术）行业是电子商务的直接设计者和设备的直接制造者。很多公司都根据自己的技术特点给出了电子商务的定义，如 HP 公司的 E-World 概念、IBM 公司的 E-Business 概念。

总的来说，无论是国际商会的观点，还是 IT 行业的定义，都认同电子商务是利用现有的计算机硬件设备、软件设备和网络基础设施，通过一定的协议连接起来的电子网络环境，进行各种各样商务活动的方式。在此过程中，利用到的信息技术包括计算机网络、互联网、Web 开发技术、数据库开发技术、网络安全技术等。

电子商务的一般框架如图 8.20 所示，从图中可知，电子商务的一般框架由 4 个层次和两个支柱构成。4 个层次分别是网络基础设施、多媒体和网络出版的基础设施、报文和信息传播的基础设施、商业服务的基础设施；两个支柱是政策、法律及隐私问题和各种技术标准。

2. 即时通信

即时通信服务也称为聊天服务，1998 年面世，近十年发展极为迅猛，已成为人们日常交流的最流行方式。即时通信可以在因特网上进行即时的文字信息、语音信息、视频信息、电子白板等交流方式，还可以传输各种文件。即时通信不再是一个单纯的聊天工具，它已经发展成集交流、资讯、娱乐、搜索、电子商务、办公协作和企业客户服务等为一体的综合化信息平台。在个人用户和企业用户网络服务中，即时通信起到了越来越重要的作用。

即时通信软件通常采用客户/服务器工作模式，分为服务器软件和客户端软件，用户只需要安装客户端软件。

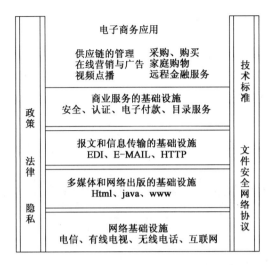

图 8.20　电子商务的一般框架

即时通信软件非常多，常用的客户端软件国内主要有腾讯公司的 QQ、微信，国外主要有 MSN、Facebook Messenger、WhatsApp 等。

8.3　物联网技术

8.3.1　物联网的定义

物联网（Internet of Things，IOT）就是物物相连的互联网。物联网被称为继计算机、互联网之后世界信息产业发展的第三次浪潮，它是利用局部网络或互联网等通信技术把传感器、控制器、机器、人员和物等通过新的方式联在一起，形成人与物、物与物相联，实现信息化、远程管理控制和智能化的网络。物联网是互联网的延伸，它包括互联网及互联网上所有的资源，并兼容互联网所有的应用，但物联网中所有的元素（所有的设备、资源及通信等）都是个性化和私有化。物联网主要两个特征，一是规模性，只有具备了规模，才能使物品的智能发挥作用；二是实时性，通过嵌入或附着在物品上的感知器件和外部信息获取技术，每隔极短的时间都可以反映物品状态。

自 1999 年麻省理工学院自动标识中心（MIT Auto-ID Center）提出物联网概念后，国际电信联盟（ITU）在 2005 年发布的年度技术报告中也指出了"物联网"通信时代即将来临，信息与通信技术的目标已经从任何时间、任何地点连接任何人，发展到连接任何物品的阶段。

目前，对物联网有一个为业界基本接受的定义：物联网是通过各种信息传感设备及系统（如传感器网络、射频识别 RFID、红外感应器、条码与二维码、全球定位系统、激光扫描器等）和其他基于物物通信模式的短距离无线传感器网络，按约定的协议，把任何物体通过各种接入网与互联网连接起来所形成的一个巨大的智能网络；通过这一网络可以进行信息交换、传递和通信，以实现对物体的智能化识别、定位、跟踪、监控和管理。

8.3.2　物联网的组成及主要技术

物联网是一种形式多样的聚合复杂系统，物联网的体系结构是按照分层的思想建立的。如图 8.21 所示，根据信息生产、传输、处理和应用的过程，物联网系统由感知层、传输层、支撑层和应用层等四部分组成的。

图 8.21　物联网系统的组成

1. 感知层

感知层解决对客观世界的数据获取的问题，主要用于采集物理世界中发生的物理事件和数据，包括各类物理量、标识、音频、视频数据等。物联网的数据采集涉及传感器、RFID、多媒体信息采集、二维码和实时定位等技术，同时也涉及数据短距离的传输，即传感器网络。

传感器网络的感知主要通过各种类型的传感器对物体的物质属性、环境状态、行为态势等动静态信息进行大规模、分布式的信息获取与状态辨识，与网络中的其他单元共享资源，进行交互与信息传输，甚至可以通过执行器对感知结果做出反应，对整个过程进行智能控制。

感知层处于物联网体系结构的最底层，是物联网发展和应用的基础。感知层涉及的主要技术有：

1）传感器技术

传感器技术主要研究关于从自然信源获取信息，并对之进行处理（变换）和识别的一门多学科交叉的现代科学与工程技术，它涉及传感器、信息处理和识别的规划设计、开发、制造、测试、应用及评价改进等活动。

2）射频识别技术

射频识别技术（RFID）是 20 世纪 90 年代开始兴起的一种非接触式自动识别技术，该技术的商用促进了物联网的发展。它通过射频信号等一些先进手段自动识别目标对象并获取相关数据，有利于人们在不同状态下对各类物体进行识别与管理。射频识别系统通常由电子标签和阅读器组成。

3）微机电技术

微机电系统（Micro Electro Mechanical Systems，MEMS）是指利用大规模集成电路制造工艺，经过微米级加工，得到的集微型传感器、执行器以及信号处理和控制电路、接口电路、通信和电源于一体的微型机电系统。

4）自动识别技术

自动识别技术作为一门依赖于信息技术的多学科结合的边缘技术，近几十年在全球范围内得到了迅猛发展，初步形成了集计算机、光、机电、通信技术为一体的高新技术学科。

自动识别技术就是应用一定的识别装置，通过被识别物品和识读装置之间的接近活动，自动地获取被识别物品的相关信息，并提供给后台的计算机处理系统来完成相关后续处理的一种技术。自动识别系统可将数据输入工作流水线化、自动化，并降低成本，迅速提供电子化的信息，从而为管理人员提供准确和灵活的业务视图。此外，自动数据输入与人工作业相比更精确、更经济。

2. 传输层

传输层位于感知层和支撑层中间，负责两层之间的数据传输。感知层采集的数据需要经过通信网络传输到数据中心、控制系统等地方进行处理或存储，传输层就是利用现有的互联网（IPv4/IPv6 网络）、移动通信网（如 TD – SCDMA、WCDMA、CDMA、无线接入网、无线局域网等）、卫星通信网等基础网络设施，提供信息传输的通路。

传输层主要采用能够接入各种异构网的设备，如接入互联网的网关、接入移动通信网的网关等。由于这些设备具有较强的硬件支撑能力，因此可以采用相对复杂的软件协议进行设计，其功能主要包括网络接入、网络管理和网络安全等。

传输层涉及的主要技术有：

1）ZigBee 技术

ZigBee 技术是一种短距离、低功耗的无线传输技术，是一种介于无线标记技术和蓝牙之间的技术，它是 IEEE802.15.4 协议的代名词。

ZigBee 技术采用分组交换和跳频技术，并且可使用三个频段，分别是 2.4GHz 的公共通用频段、欧洲的 868MHz 频段和美国的 915MHz 频段。ZigBee 技术主要应用在短距离范围并且数据传输速率不高的各种电子设备之间。与蓝牙相比，ZigBee 技术更简单，速率更慢，功率及费用也更低。同时，由于 ZigBee 技术的低速率和通信范围较小的特点，也决定了 ZigBee 技术只适合承载数据流量较小的业务。

ZigBee 技术具有数据传输速率低、低功耗、成本低、网络容量大、有效范围小、工作频段灵活、可靠性高、时延短、安全性高、组网灵活等特点，可以嵌入各种设备，在物联网中发挥重要作用。

2）蓝牙技术（Bluetooth）

蓝牙是一种支持设备短距离通信（一般 10m 内）的无线电技术，使用 IEEE802.15 协议。1998 年 5 月，爱立信、诺基亚、东芝、IBM 和英特尔公司等 5 家著名厂商在联合开展短程无线通信技术的标准化活动时提出了蓝牙技术，其宗旨是提供一种短距离、低成本的无线传输应用技术。

蓝牙工作在全球通用的 2.4GHz ISM，即工业、科学、医学频段。蓝牙的数据传输速率为 1Mb/s，采用时分双工传输方案，被用来实现全双工传输。蓝牙技术能在包括移动电话、PDA、无线耳机、笔记本、相关外设等众多设备之间进行无线信息交换。利用蓝牙技术，能够有效地简化移动通信终端设备之间的通信，也能够成功地简化设备与 Internet 之间的通信，从而使数据传输变得更加迅速高效，为无线通信拓宽道路。

3）WiFi 技术

与 ZigBee 技术一样，WiFi 技术（Wireless Fidelity）也属于短距离无线技术，是一种网络传输标准，是使用 IEEE802.11 系列协议的局域网。它是一种能够将个人计算机、移动设备（如平板电脑、手机）等终端以无线方式互相连接的技术，由 WiFi 联盟（WiFi Alliance）所持有，目的是改善基于 IEEE802.11 标准的无线网络产品之间的互通性。

4）3G、4G 技术

3G 技术是第三代移动通信技术（3rd - Generation）的缩写，也就是支持高速数据传输的蜂窝移动通信技术。3G 服务能够同时传送声音（通话）及信息（电子邮件、实时通信等）。3G 的代表特征是提供高速数据业务，速率一般在几百 Kbps 以上。

4G 技术是第四代移动通信技术的简称，能够以 100Mbps 的速度下载，比目前的拨号上网快 2000 倍，上传的速度也能达到 20Mbps，并能够满足几乎所有用户对于无线服务的要求。

5）5G 技术

5G 是第五代移动通信技术（5th - Generation）的缩写。它是最新一代蜂窝移动通信技术，是 4G 技术的延伸。5G 技术的性能目标是高数据速率、减少延迟、节省能源、降低成本、提高系统容量和大规模设备连接。

3. 支撑层

感知数据管理与处理技术是实现以数据为中心的物联网的核心技术。

支撑层主要是在高性能网络计算环境下，将网络内海量信息资源通过计算整合成一个可互连互通的大型智能网络，为上层的服务管理和大规模行业应用建立可靠和可信的网络计算超级平台。支撑层通过能力超强的超级计算中心、存储器集群系统（如云计算平台、高性能并行计算平台等）和各种智能信息处理技术，对网络内的海量信息进行实时高速处理，对数据进行智能化分析、挖掘、管理、控制与存储，同时为上层应用提供一个良好的用户接口。

支撑层涉及的主要技术有：

1）嵌入式技术

在早期，IEEE 给出嵌入式系统的定义是：嵌入式系统是指对仪器、机器和工厂运作进行控制、监视或支持的设备，通常表现为针对特定应用、对软硬件高度定制的专用计算机系统。经过三十多年的发展，嵌入式系统保留了其专用性的特点，但又呈现出一些新的特征，如泛在、互联、融合、集成、微型化和与云计算相结合等。

同时系统开发效率的提高开始明显落后于系统复杂度的增长。嵌入式系统中软件的比重越来越大，系统的差异化将从硬件转向软件。

2）云计算

物联网的发展需要"软件服务""平台服务"以及按需计算等云计算（Cloud Computing）模式的支撑。可以说，云计算是物联网应用发展的基石。其原因有两个：一是云计算具有超强的数据处理和存储能力；二是由于物联网无处不在的数据采集，需要大范围的支撑平台以满足其规模需求。

3）中间件

中间件是为了实现每个小的应用环境或系统的标准化以及它们之间的通信，在后台应用软件和读写器之间设置的一个通用的平台和接口。在许多物联网体系架构中，经常把中间件单独划分一层，位于感知层与传输层或传输层与支撑层之间。

在物联网中，中间件作为其软件部分，有着举足轻重的地位。物联网中间件在物联网中采用中间件技术，以实现多个系统或多种技术之间的资源共享，最终组成一个资源丰富、功能强大的服务系统，最大限度地发挥物联网系统的作用。具体来说，物联网中间件的主要作用在于将实体对象转换为信息环境下的虚拟对象，因此数据处理是中间件最重要的功能。同时，中间件具有数据的搜集、过滤、整合与传递等特性，以便将正确的对象信息传到后端的应用系统。

4）人工智能技术

人工智能技术（Artificial Intelligence Technology，AIT）是研究使计算机来模拟人的某些思维过程和智能行为（如学习、推理、思考、规划等）的技术。人工智能是探索研究用各种机器模拟人类智能的途径，使人类的智能得以物化与延伸的一门学科。它借鉴仿生学思想，用数学语言抽象描述知识，用以模仿生物体系和人类的智能机制。

5）数据库技术与数据挖掘技术

数据库技术是信息系统的一个核心技术，是一种计算机管理数据的方法，它研究如何组织和存储数据，如何高效地获取和处理数据，是通过研究数据库的结构、存储、设计、管理及应用的基本理论和实现方法，并利用这些理论来实现对数据库中的数据进行处理、分析和理解的技术。

数据挖掘就是从大量的、不完全的、有噪声的、模糊的、随机的实际应用数据中，提取隐含在其中的、人们事先不知道的，但又是潜在有用的信息和知识的过程。

在物联网中，数据库技术和数据挖掘技术扮演着海量数据存储与分析处理的重要角色，它们是支撑物联网应用系统的重要工具之一。

6）分布式并行计算

并行可分为时间上的并行和空间上的并行。时间上的并行就是指流水线技术，而空间上的并行则是指用多个处理器并发的执行计算。

分布式计算研究如何把一个需要非常巨大的计算能力才能解决的问题分成许多小的部分，然后把这些小的部分配给许多计算机进行处理，最后把这些计算结果综合起来得到最终的结果。

分式并行计算是将分布式计算和并行计算综合起来的一种计算技术，物联网与分布式并行计算关系密切，它是支撑物联网的重要计算环境之一。

7）多媒体技术与虚拟现实技术

多媒体技术可以使物联网感知世界，表现感知结果的手段更丰富、更形象、更直观；虚拟现实技术成为人类探索客观世界规律的三大手段之一，也是未来物联网应用的一个重要的技术手段。

4. 应用层

应用层根据用户的需求可以面向各类行业实际应用的管理平台和运行平台，并根据各种应用的特点集成相关的内容服务，如智能交通系统、环境监测系统、远程医疗系统、智能工业系统、智能农业系统、智能校园等。

为了更好地提供准确的信息服务，在应用层必须结合不同行业的专业知识和业务模型，同时需要集成和整合各种各样的用户应用需求，并结合行业应用模型（如水灾预测、环境污染预测等），构建面向行业实际应用的综合管理平台，以便完成更加精细和准确的智能化信息管理。

应用层涉及的主要技术有：

（1）专家系统（Expert System）。专家系统是一个含有大量某个领域专家水平的知识经验，能够利用人类专家的知识和经验来处理该领域问题的智能计算机程序系统。

（2）系统集成（System Integrate）。系统集成是指在系统工程科学方法的指导下，根据用户需求，优选各种技术和产品，将各个分离的子系统连接成为一个完整可靠、经济、有效的整体，并使之能彼此协调工作，发挥整体效益，达到整体性能最优。

（3）编码与解码（Coder and Decoder）技术。物联网不仅包含着传感数据、视频图像、音频、文本等各种媒体形式的数据，而且数据量巨大，因此资源发布成了一个重要课题。通过编码与解码技术，实现数据的有效存储和传输，使它占用更少的磁盘存储空间和更短的传输时间。数据压缩的依据是数字信息中包含了大量的冗余，有效的编码技术旨在将这些冗余信息占用的空间和带宽节省出来，用较少的符号或编码代替原来的数据。

8.3.3　物联网的发展现状与运用领域

1. 物联网的发展现状

物联网技术已成为当前各国科技和产业竞争的热点，许多发达国家都加大了对物联网技术和智慧型基础设施的投入与研发力度，力图抢占科技制高点。随着物联网技术的不断发展和市场规模的不断扩大，物联网技术已经成为全球各国的技术及产业创新的重要战略。

近些年来，全球物联网市场规模也在不断扩大，联网设备高速增长。2018 年，全球物联网市场规模超过千亿美元，联网设备年均复合增长率保持在 31% 以上。

在物联网发展热潮以及相关政策的推动下，我国物联网产业持续保持高速增长态势，虽然增长率近年略有下降，但仍保持 23% 以上的增长速度。到 2015 年，我国物联网产业规模已经超过 7500 亿元。预计未来几年，我国物联网产业将呈加速增长态势，预计到 2020 年，我国物联网产业规模将超过 15000 亿元。

2. 物联网的运用领域

国务院在中国政府网公开发布的《"十三五"国家信息化规划》（以下简称规划）中有 20 处提到"物联网"，其中"应用基础设施建设行动"方案中明确指出："积极推进物联网发展的具体行动指南：推进物联网感知设施规划布局，发展物联网开环应用；实施物联网重大应用示范工程，推进物联网应用区域试点，建立城市级物联网接入管理与数据汇聚平台，深化物联网在城市基础设施、生产经营等环节中的应用。"《规划》中还明确提出发展智慧农业，推进智能传感器、卫星导航、遥感、空间地理信息等技术应用，增强对农业生产环境的精准监测能力；提出新型智慧城市建设行动方案，包括分级分类推进新型智慧城市建设和打造智慧高效的城市治理两方面；此外，也分别提到了智慧物流、智慧交通、智慧健康医疗、智慧旅游、智慧休闲、智慧能源等物联网在各个细分领域的创新应用，智慧海洋工程建设、智慧流通基础设施建设、智慧社区建设等创新工程，以及智慧法院、智慧检务、智慧用能等现代政务的发展方向，提出着力培育绿色智慧产业，提升智慧服务能力的目标要求。

8.3.4 物联网中的新兴技术——边缘计算

边缘计算是在靠近物或数据源头的网络边缘侧，融合网络、计算、存储、应用核心能力的分布式开放平台，就近提供边缘智能服务，满足行业数字化在敏捷联接、实时业务、数据优化、应用智能、安全与隐私保护等方面的关键需求。它可以作为联接物理和数字世界的桥梁，实现智能资产、智能网关、智能系统和智能服务。

云计算适用于非实时、长周期数据、业务决策场景，而边缘计算在实时性、短周期数据、本地决策等场景方面有不可替代的作用。

边缘计算与云计算是行业数字化转型的两大重要支撑，两者在网络、业务、应用、智能等方面的协同将有助于支撑行业数字化转型更广泛的场景与更大的价值创造。

1. 基本特点

边缘计算具有如下的基本特点：

（1）联接性。联接性是边缘计算的基础。所联接物理对象的多样性及应用场景的多样性，需要边缘计算具备丰富的联接功能，如各种网络接口、网络协议、网络拓扑、网络部署与配置、网络管理与维护。联接性需要充分借鉴吸收网络领域先进研究成果，如 TSN、SDN、NFV、Network as a Service、WLAN、NB－IoT、5G 等，同时还要考虑与现有各种工业总线的互联互通。

（2）数据第一入口。边缘计算作为物理世界到数字世界的桥梁，是数据的第一入口，拥有大量、实时、完整的数据，可基于数据全生命周期进行管理与价值创造，将更好的支撑预测性维护、资产效率与管理等创新应用；同时，作为数据第一入口，边缘计算也面临数据实时性、确定性、多样性等挑战。

（3）约束性。边缘计算产品需适配工业现场相对恶劣的工作条件与运行环境，如防电磁、防尘、防爆、抗振动、抗电流（电压）波动等。在工业互联场景下，对边缘计算设备的功耗、成本、空间也有较高的要求。边缘计算产品需要考虑通过软硬件集成与优化，以适配各种条件约束，支撑行业数字化多样性场景。

（4）分布性。边缘计算实际部署天然具备分布式特征，这要求边缘计算支持分布式计算与存储、实现分布式资源的动态调度与统一管理、支撑分布式智能、具备分布式安全等能力。

（5）融合性。OT（Operation Technology，操作技术）与ICT（Information and Communication Technology，信息与通信技术）的融合是行业数字化转型的重要基础。边缘计算作为"OICT"融合与协同的关键承载，需要支持在联接、数据、管理、控制、应用、安全等方面的协同。

2. 具有代表性的活动

边缘计算已经掀起产业化的热潮，各类产业组织、商业组织在积极发起和推进边缘计算的研究、标准、产业化活动。具有代表性的活动包括：

（1）学术研究。2016年10月，由IEEE和ACM正式成立了IEEE/ACM Symposium on Edge Computing（国际电气和电子工程师协会与美国计算机学会边缘计算研讨会），组成了由学术界、产业界、政府（美国国家基金会）共同认可的学术论坛，对边缘计算的应用价值，研究方向开展了研究与讨论。

（2）标准化。2017年IEC发布了VEI（Vertical Edge Intelligence，垂直边缘智能）白皮书，介绍了边缘计算对于制造业等垂直行业的重要价值。ISO/IEC JTC1 SC41（国际标准化组织/国际电工委员会第1联合技术委员会第41分技术委员会）成立了边缘计算研究小组，以推动边缘计算标准化工作。

（3）产业联盟。2016年11月，华为技术有限公司、中国科学院沈阳自动化研究所、中国信息通信研究院、英特尔公司、ARM和软通动力信息技术（集团）有限公司联合倡议发起边缘计算产业联盟（Edge Computing Consortium，ECC）。全球性产业组织工业互联网联盟（IIC）在2017年成立Edge Computing TG（边缘计算可信机构），也定义了边缘计算参考架构。

8.3.5　NB-IoT

NB-IoT（Narrow Band Internet of Things，窄带物联网）是互联网的一个重要分支，NB-IoT构建于蜂窝网络，只消耗大约180KHz的带宽，可直接部署于GSM网络、UMTS网络或LTE网络。

NB-IoT是物联网领域一个新兴的技术，支持低功耗设备在广域网的蜂窝数据连接，也叫作低功耗广域网（LPWAN）。NB-IoT支持待机时间长、对网络连接要求较高设备的高效连接。NB-IoT设备电池寿命可以提高至少10年，同时还能提供非常全面的室内蜂窝数据连接覆盖。

NB – IoT 聚焦于低功耗广覆盖物联网市场，是一种可在全球范围内广泛应用的新兴技术。

1. NB – IoT 技术的特点

作为当下物联网技术的热点，NB – IoT 技术具有以下特点：

（1）广覆盖。NB – IoT 提供改进的室内覆盖能力，在同样的频段下，NB – IoT 比现有的网络增益 20dB，相当于提升了 100 倍覆盖区域的能力。即使是在地下车库、地下室、地下管道等以往普通无线网络信号难以覆盖的死角，也无需担心。

（2）具备支撑连接的能力。NB – IoT 的一个扇区能够支持 5 万个以上的连接，比现有 2G、3G、4G 移动网络有了 50～100 倍的用户容量提升。支持低延时敏感度、超低的设备成本、低功耗和优化的网络架构。

（3）更低功耗。NB – IoT 可保持设备一直在线的状态，通过减少不必要的信令、更长的寻呼周期及终端进入 PSM 状态等机制，最终达到省电目的。毫不夸张地说，NB – IoT 技术在某些场景的使用中，电池供电可达 10 年之久。

（4）更低的终端成本。降低终端成本的最有效方法莫过于降低终端的复杂度，低速率、低功耗、低宽带的 NB – IoT 可以满足上述条件（企业预期的单个接连模块不超过 5 美元），更不消说运营商部署成本也比较低。

（5）授权频谱。NB – IoT 既能直接部署于 LTE 网络，也能利用 2G、3G 频谱重耕部署。NB – IoT 无论是数据安全和建网成本，还是产业链和网络覆盖，相较非授权频谱而言都具有很强的优越性。

（6）安全性。NB – IoT 继承了 4G 网络的安全性，支持双向鉴权和空口严格的加密机制，确保用户终端在发送、接收数据时的空口安全性。

2. NB – IoT 端到端系统架构各部分的功能

NB – IoT 端到端的系统架构如图 8.22 所示，其中各部分的功能分别为：

（1）终端：通过空口连接到基站。

（2）eNodeB：主要承担空口接入处理、小区管理等相关功能，并通过 S1 – lite 接口与 IoT 核心网进行连接，将非接入层数据转发给高层网元处理。这里需要注意，NB – IoT 可以独立组网，也可以与其他网络融合组网。

（3）IoT 核心网：承担与终端非接入层交互的功能，并将 IoT 业务相关数据转发到 IoT 平台进行处理。

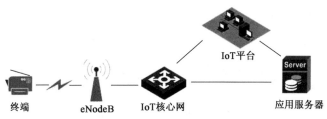

图 8.22　NB – IoT 端到端的系统架构

（4）IoT 平台：汇聚从各种接入网得到的 IoT 数据，并根据不同类型转发至相应的业务应用服务器进行处理。

（5）应用服务器：是 IoT 数据的最终汇聚点，根据客户的需求进行数据处理等操作。

8.4 信息安全技术

8.4.1 信息安全的内涵

信息技术的应用，引起了人们生产方式、生活方式和思想观念的巨大变化，极大地推动了人类社会的发展和人类文明的进步，把人类带入了崭新的时代——信息时代，信息已成为信息发展的重要资源。然而，人们在享受信息资源所带来的巨大的利益的同时，也面临着信息安全的严峻考验，信息安全已经成为世界性的问题。

就目前而言，很难对计算机信息安全下一个确切的定义，可以认为信息安全是指信息网络的硬件、软件及其系统中的数据受到保护，不因偶然的或者恶意的原因而遭到破坏、更改、泄露，系统连续可靠正常地运行，使信息服务不中断，它是一门涉及计算机科学、网络技术、通信技术、密码技术、信息安全技术、应用数学、数论、信息论等多种学科的综合性学科。

信息安全研究所涉及的领域相当广泛。从广义来说，凡是涉及网络上信息的保密性、完整性、可用性、真实性和可控性的相关技术和理论都属于信息安全的研究领域。在计算机和网络上信息的处理是以数据的形式进行的，在这种情况下，信息就是数据。因而从这个角度来说，信息安全可以分为数据安全和系统安全，即信息安全可以从两个层次来看：

1. 消息层次

从消息层次来看，信息安全包括信息的完整性（Integrity）、保密性（Confidentiality）、不可否认性（Non-repudiation）。

（1）完整性：指信息在传输、交换、存储和处理过程保持非修改、非破坏和非丢失的特性，即保持信息原样性，使信息能正确生成、存储、传输，这是最基本的安全特征。

（2）保密性：指信息按给定要求不泄漏给非授权的个人、实体或过程，或提供其利用的特性，即杜绝有用信息泄漏给非授权个人或实体，强调有用信息只被授权对象使用的特征。

（3）不可否认性：指通信双方在信息交互过程中，确信参与者本身，以及参与者所提供的信息的真实同一性，即所有参与者都不可能否认或抵赖本人的真实身份，以及提供信息的原样性和完成的操作与承诺。

2. 网络层次

从网络层次来看，信息安全包括可用性（Availability）和可控性（Controllability）。

（1）可用性：指网络信息可被授权实体正确访问，并按要求能正常使用或在非正常情况下能恢复使用的特征，即在系统运行时能正确存取所需信息，当系统遭受攻击或破坏时，能迅速恢复并能投入使用。可用性是衡量网络信息系统面向用户的一种安全性能。

（2）可控性：指对流通在网络系统中的信息传播及具体内容能够实现有效控制的特性，即网络系统中的任何信息要在一定传输范围和存放空间内可控。除了采用常规的传播站点和传播内容监控这种形式外，最典型的如密码的托管政策，当加密算法交由第三方管理时，必须严格按规定可控执行。

8.4.2　信息安全体系结构

1. 信息安全的保护机制

信息安全的最终任务是保护信息资源被合法用户安全使用，并禁止非法用户、入侵者、攻击者和黑客非法偷盗、使用信息资源。

信息安全的保护机制包括电磁辐射、环境安全、计算机技术、网络技术等技术因素，还包括信息安全管理（含系统安全管理、安全服务管理和安全机制管理）、法律和心理因素等机制。

如图 8.23 所示，国际信息系统安全认证组织（International Information Systems Security Consortium，ISSC）将信息安全划分为 5 大屏障共 10 大领域并给出了它们涵盖的知识结构。

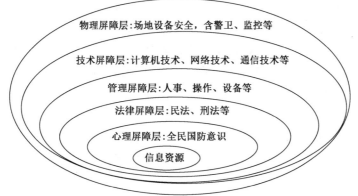

图 8.23　信息安全的 5 大屏障 10 大领域

（1）物理屏障层：主要研究场地、设备与线路的物理实体安全性，系统容灾与恢复技术。包含自然灾害防范，如火、水、地震；设施灾害防范，如房屋倒塌、电、火、水；设备灾害防范，如故障、失效、解体、老化、报废；人员灾害防范，如外部入侵者或内部人员破坏、偷盗。

（2）技术屏障层：主要研究网络、系统与内容等方面相关的安全技术。网络安全技术研究加密与认证、防火墙、入侵防御、VPN 和系统隔离技术；系统与内容安全则研究访问控制、审计、计算机病毒防范及其他基于内容的安全防护技术。该层主要包含信息加密、访问控制、防火墙、入侵检测系统、安全周边。

（3）管理屏障层：主要研究操作安全、安全管理实践两大领域，包括安全政策、法规、大纲、步骤；人事管理：聘用新人、解雇、分权、轮岗；督察、监督；教育、训练、安全演练。

（4）法律屏障层：主要研究法律、取证和道德领域，讨论计算机犯罪和适用的法律、条例以及计算机犯罪的调查、取证、证据保管，包括民法、刑法、行政法、国家相关规章及条例。

（5）心理屏障层：主要研究安全防护心理领域，建立信息安全意识。

2. 信息安全体系结构的内容

信息安全体系结构的形成，主要是根据所要保护的信息系统资源，对资源攻击者的假设及其攻击的目的、技术手段以及造成的后果来分析该系统所受到的已知的、可能的和该系统有关的威胁，并且考虑到构成系统各部件的缺陷和隐患共同形成的风险，然后建立起系统的安全需求。

建立信息安全体系结构的目的，是从管理和技术上保证安全策略得以完整准确地实现，安全需求全面准确地得以满足，包括确定必需的安全服务、安全机制和技术管理，以及它们在系统上的合理部署和关系配置。

信息安全体系结构的任务则是提供有关形成网络安全方案的方法和若干必须遵循的思路、原则和标准。它给出关于网络安全服务和网络安全机制的一般描述方式，以及各种安全服务与网络体系结构层次的对应关系。

3. OSI 安全体系结构

为了面对日益严重的信息安全威胁，一些国际标准化组织已经制定了这一方面的标准文件，其中最重要的是 ISO 于 1988 年以国际标准正式公布的 OSI 安全体系结构标准——ISO7498.2，作为 OSI 基本参考模型的补充。1990 年，国际电信联盟（ITU）决定采用 ISO 7498.2 作为它的 X.800 推荐标准。我国依据 ISO/IEC 7498.2：1989 制定了 GB/T 9387.2—1995《信息处理系统开放系统互连基本参考模型第 2 部分：安全体系结构》。

OSI 安全体系结构的核心内容在于：以实现完备的网络安全功能为目标，描述了 6 大类安全服务，以及提供这些服务的 8 大类安全机制和相应的 OSI 安全管理，并且尽可能地将上述安全服务配置于 OSI 体系结构的相应层之中。

由此形成的 OSI 安全体系结构的三维空间表示如图 8.24 所示。图中所示空间的三维分别代表安全机制、安全服务以及 OSI 体系结构。

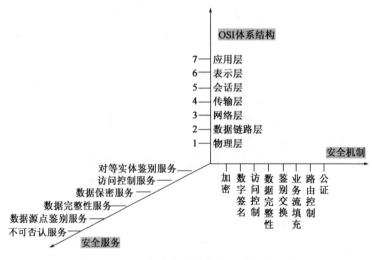

图 8.24　OSI 安全体系结构的三维空间表示

1）OSI 安全体系结构的安全服务

OSI 安全体系结构描述的 6 大类安全服务及其作用见表 8.5。

表 8.5　OSI 安全体系结构描述的 6 大类安全服务及其作用

序号	安全服务	作用
1	对等实体鉴别服务	确保网络同一层次连接两端的对等实体身份真实、合法。
2	访问控制服务	防止未经许可的用户访问 OSI 网络的资源。
3	数据保密服务	防止未经许可暴露网络中数据的内容
4	数据完整性服务	确保接收端收到的信息与发送端发出的信息完全一致，防止在网络中传输的数据因网络服务质量不良而造成错误或丢失，并防止其受到非法实体进行的篡改、删除、插入等攻击
5	数据源点鉴别服务	由 OSI 体系结构的第 N 层向其上一层即第（$N+1$）层提供关于数据来源为一对等（$N+1$）层实体的鉴别
6	不容否认服务，又称抗抵赖服务	防止数据的发送者否认曾经发送过该数据或数据中的内容，防止数据的接收者否认曾经收到过该数据或数据中的内容

以上所述 OSI 安全体系结构提供的 6 大类安全服务，是配置在 OSI 体系结构的相应层中来实现的。表 8.6 列举了 OSI 安全体系结构中安全服务按网络层次的配置。表中有符号"√"处，表示在该层能提供该项服务。

表 8.6　OSI 安全体系结构中安全服务按网络层次的配置

安全服务	网络层次						
	物理层	数据链路层	网络层	传输层	会话层	表示层	应用层
对等实体鉴别服务			√	√		√	
访问控制服务			√	√		√	√
数据保密服务	√	√	√	√		√	√
数据完整性服务			√	√		√	
数据源点鉴别服务			√	√		√	√
不容否认服务						√	

2）OSI 安全体系结构的安全机制

按照 OSI 安全体系结构，为了提供以上所列 6 大类安全服务，采用下列 8 大类安全机制来实现：

（1）加密机制（Encipherment Mechanisms）：各种安全服务和其他许多安全机制的基础。它既可以为数据提供保密性，也能为通信业务流信息提供保密性，并且还能成为其他安全服务和安全机制的一部分，起支持和补充的作用。加密机制涉及加密层的选取、加密算法的选取、密钥管理问题。

（2）数字签名机制（Digital Signature Mechanisms）：对一段附加数据或数据单元的密码变换的结果，主要用于证实消息的真实来源，也是一个消息（例如检验或商业文件）的发送者和接收者间争端的根本解决方法。数字签名机制被用来提供如抗否认与认证等安全保护。数字签名机制要求使用非对称密码算法。数字签名机制需确定两个过程：对数据单元签名和验证签过名的数据单元。

（3）访问控制机制（Access Control Mechanisms）：被用来实施对资源访问或操作加以限制的策略。这种策略是将对资源的访问只限于那些被授权的用户，而授权就是指资源的所有者或控制者允许其他人访问这种资源。访问控制还可以直接支持数据保密件、数据完整性、可用性以及合法使用的安全目标，它对数据保密性、数据完整性和合法使用所起的作用是十分明显的。

（4）数据完整性机制（Data Integrity Mechanisms）：目的是保护数据，以避免未授权的数据乱序、丢失、重放、插入和篡改。

（5）鉴别交换机制（Authentication Mechanisms）：可以使用密码技术，由发送方提供，而由接收方验证来实现鉴别。通过特定的"握手"协议防止鉴别"重放"。

（6）业务流填充机制（Traffic Padding Mechanisms）：提供通信业务流保密性的一个基本机制。它包含生成伪造的通信实例、伪造的数据单元或伪造的数据单元中的数据。伪造通信业务和将协议数据单元填充到一个固定的长度，能够为防止通信业务分析提供有限的保护。

（7）路由控制机制（Routing Control Mechanisms）：使得路由能被动态地或预定地选取，以便只使用物理上安全的子网络、中继站或链路来进行通信，保证敏感数据只在具有适当保护级别的路由上传输。

（8）公证机制（Notarization Mechanisms）：有关在两个或多个实体之间通信的数据的性质，如它的完整性、数据源、时间和目的地等，能够借助公证机制而得到确保。这种保证是由第三方公证人提供的。公证人为通信实体所信任，并掌握必要信息以一种可证实方式提供所需的保证。每个通信事例可使用数字签名、加密和完整性机制以适应公证人提供的那种服务。当这种公证机制被用到时，数据便在参与通信的实体之间经由受保护的通信实例和公证方进行通信。

安全机制是用来实现和提供安全服务的，但给定一种安全服务，往往需要多种安全机制联合发挥作用来提供；而某一种安全机制，往往又为提供多种安全服务所必需。表8.7指明了OSI安全体系结构中安全机制与安全服务的对应关系。表中有符号"√"处，表示该安全机制支持该安全服务。

表8.7　OSI安全体系结构中安全机制与安全服务的对应关系

安全服务	安全机制							
	加密机制	数字签名机制	访问控制机制	数据完整性机制	鉴别交换机制	业务流填充机制	路由控制机制	公证机制
对等实体鉴别服务	√	√			√			√
访问控制服务			√					
数据保密服务	√					√	√	
数据完整性服务	√	√		√				
数据源点鉴别服务	√	√						
不容否认服务		√		√				√

3）OSI 体系结构的安全机制

（1）物理层：提供连接机密性和（或）业务流机密性服务（这一层没有无连接服务）。

（2）数据链路层：提供连接机密性和无连接机密性服务（物理层以上不能提供完全的业务流机密性）。

（3）网络层：可以在一定程度上提供认证、访问控制、机密性（除了选择字段机密性）和完整性（除了可恢复的连接完整性、选择字段的连接完整性）服务。

（4）运输层：可以提供认证、访问控制、机密性（除了选择字段机密性、业务流机密性）和完整性（除了选择字段的连接完整性）服务。

（5）会话层：不提供安全服务。

（6）表示层：本身不提供完全服务。但其提供的设施可支持应用层向应用程序提供安全服务。所以，规定表示层的设施支持基本的数据机密性服务，支持认证、完整性和抗否认服务。

（7）应用层：必须提供所有的安全服务，它是唯一能提供选择字段服务和抗否认服务的一层。

8.4.3　数据加密技术

数据加密技术是指将一个信息（称为明文）经过加密钥匙（简称密钥）及加密函数转换，变成非法获取者无法理解的密文，而接收方则将此密文经过解密函数、解密钥匙还原成明文。加密技术是网络安全技术的基石，而设计密码和破译密码的技术统称为密码学。

如图 8.25 所示，一个数据加密系统包括明文、加密算法、加密密钥以及解密算法、解密密钥和密文。密钥是一个具有特定长度的数字串，密钥的值是从大量的随机数中选取的。加密过程包括两个核心元素：加密算法和加密密钥，明文通过加密算法和加密密钥的共同作用生成密文。相应地，解密过程也包括两个核心元素：解密算法和解密密钥，密文经过解密算法和解密密钥的共同作用，被还原成为明文。

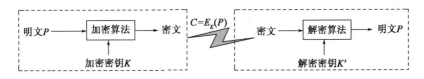

图 8.25　数据加密系统

需要注意的是，由于算法是公开的，因此，一个数据加密系统的主要安全性是基于密钥的，而不是基于算法的，所以加密系统的密钥体制是一个非常重要的问题。

数据加密技术的发展过程分为古典加密技术和现代加密技术两个阶段。古典加密技术主要是通过对文字信息进行加密变换保护信息，主要有替代算法和置换移位法两种基本算法。现代加密技术充分应用了计算机和通信等手段，通过复杂的多步运算转换信息。在现代加密技术中，将密钥体制分为对称密钥体制和非对称密钥体制两种，相应的数据加密技术也有对称加密技术和非对称加密（也称为公开密钥加密）技术两大类。

1. 对称密钥体制

所谓对称密钥密码体制，即加密密钥与解密密钥是使用相同（即对称加密技术）的密码体制。例如图 8.26 所示通信的双方使用的就是对称密钥。

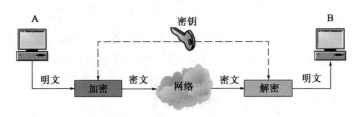

图 8.26 对称密钥体制模型

数据加密标准（Data Encryption Standard，DES）是对称加密算法中最具代表性的。它由 IBM 公司研制出，于 1977 年被美国定为联邦信息标准后，在国际上引起了极大的重视。ISO 曾将 DES 作为数据加密标准。

DES 是一种分组密码。在加密前，先对整个的明文进行分组。每一个组为 64 位长的二进制数据，然后对每一个 64 位二进制数据进行加密处理，产生一组 64 位密文数据。最后将各组密文串接起来，即得出整个的密文。使用的密钥占有 64 位（实际密钥长度为 56 位，外加 8 位用于奇偶校验）。

DES 的保密性仅取决于对密钥的保密，而算法是公开的。DES 的问题是它的密钥长度。56 位长的密钥意味着共有 256 种可能的密钥。假设一台计算机 1s 可执行一次 DES 加密，同时假定平均只需搜索密钥空间的一半即可找到密钥，那么破译 DES 要超过 1000 年。

DES 算法可以用软件或硬件实现，AT&T 首先用 LSI 芯片实现了 DES 的全部工作模式，即数据加密处理机。MIT 采用了 DES 技术开发的网络安全系统 Kerberos，在网络通信的身份认证上已成为工业中的事实标准。

对称加密技术的优点是安全性高，加密解密速度快。但是，由于对密钥安全性的依赖程度过高，随着网络规模的急剧加大，密钥的分发和管理成为一个难点。另外，对称密钥技术在设计时未考虑消息确认问题，也缺乏自动检测密钥泄露的能力。

1997 年美国标准与技术协会（NST）开始了对高级加密标准（Advanced Encryption Standard，AES）的遴选，以取代 DES。最初有 15 个方案申报，经过两轮的筛选和世界各地学者的论证以及在各种平台上的测试，最后由两位年轻的比利时学者提交的 Rijndael 算法被选中，在 2001 年正式成为高级加密标准。

2. 非对称密钥体制（公钥密码体制）

所谓非对称密钥密码体制，即使用不同的加密密钥与解密密钥（即非对称加密技术、公开密钥加密技术）的密码体制。例如图 8.27 所示通信的双方使用的就是非对称密钥。

非对称密钥体制的产生主要有两个方面的原因，一是由于对称密钥密码体制的密钥分配问题，二是由于对数字签名的需求。

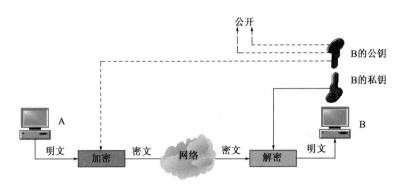

图 8.27　非对称密钥体制模型

在对称密钥密码体制中，加密解密的双方使用的是相同的密钥。但怎样才能做到这一点呢？一种是事先约定，另一种是用信使来传送。在高度自动化的大型计算机网络中，用信使来传送密钥显然是不合适的。如果事先约定密钥，就会给密钥的管理和更换带来极大的不便。若使用高度安全的密钥分配中心（Key Distribution Center，KDC），也会使得网络成本增加。

对数字签名的强烈需要也是产生非对称密钥体制的一个原因。在许多应用中，人们需要对纯数字的电子信息进行签名，表明该信息确实是某个特定的人产生的。

在非对称密钥体制中，加密密钥（Public Key，PK），即公钥是向公众公开的，而解密密钥（Secret Key，SK），即私钥或密钥则是需要保密的。加密算法和解密算法也都是公开的。

目前最著名的非对称密钥体制是由美国三位科学家 Rivest、Shamir 和 Adleman 于 1976年提出并在 1978 年正式发表的 RSA 体制。典型的公钥加密算法如 RSA，是目前使用比较广泛的加密算法。在互联网上的数据安全传输，如 Netscape Navigator 和 Microsoft Internet Explorer 都使用了该算法。人们使用网上银行时，提交的账号和密码都是在用户端用公钥加密后上传给银行，银行再用私钥解密的。

8.4.4　数字签名技术

现在有多种实现数字签名的方法，但是采用公开密钥加密算法比常规算法更容易实现。

数字签名就是信息发送方使用公开密钥加密算法技术，产生别人无法伪造的一段数字串。发送方用自己的私钥加密数据传给接收方，接收方用发送方的公钥解开数据后，就可以确定消息来自谁。同时也是对发送方发送信息的真实性的一个证明，发送方对所发信息不能抵赖。

数字签名的原理为：发送方首先用 Hash 函数将需要传送的消息转换成报文摘要，发送方采用自己的私钥对报文摘要进行加密，形成数字签名；发送方把加密后的数字签名附加在要发送的报文后面，传送给接收方；接收方使用发送方的公钥对数字签名进行解密，得到发送方形成的报文摘要；接收方用 Hash 函数将接收到的报文转换成报文摘要，与发送方形成的报文摘要相比较，若相同，说明文件在传输过程中没有被破坏。

数字签名与传统签名的区别在于：数字签名需要将签名与消息绑定在一起，通常要考虑防止签名的复制、重用。数字签名对安全、防伪、速度的要求比加密更高。

8.4.5 防火墙与入侵检测

1. 防火墙

防火墙（Firewall）是早期建筑领域的专用术语，原指建筑物间的一堵隔离墙，用途是在建筑物失火时阻止火势的蔓延。在现代计算机网络中，防火墙则是指一种协助确保信息安全的设施，其会依照特定的规则，严格控制进出网络边界的数据，禁止不必要的通信，允许或是限制传输的数据通过，从而减少潜在的入侵发生。

防火墙是一种特殊编程的路由器，通常位于一个可信任的内部网络与一个不可信任的外界网络之间，用于保护内部网络免受非法用户的入侵。它在网络环境下构筑内部网和外部网之间的保护层，并通过网络路由和信息过滤的安全实现网络的安全。防火墙的逻辑部署如图8.28所示。

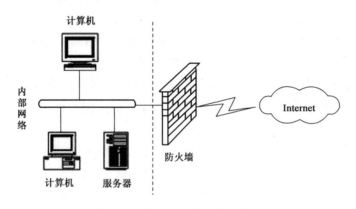

图 8.28　防火墙逻辑部署示意图

防火墙一般具有三个显著的特性：

（1）内部网络和外部网络之间的所有网络数据流都必须经过防火墙。这是防火墙所处网络位置特性，同时也是一个前提。因为只有防火墙是内、外部网络之间通信的唯一通道，才可以全面、有效地保护企业网内部网络不受侵害。

（2）只有符合安全策略的数据流才能通过防火墙。防火墙最基本的功能是确保网络流量的合法性，并在此前提下将网络的流量快速地从一条链路转发到另外的链路上去。

（3）防火墙自身应具有非常强的抗攻击免疫力。这是防火墙之所以能担当企业内部网络安全防护重任的先决条件。

防火墙技术主要包括包过滤技术、应用网关技术和状态检测技术等。

（1）包过滤技术。包过滤技术也称为分组过滤技术。它在网络层截获网络数据包，根据防火墙的规则表，来检测攻击行为，在网络层提供较低级别的安全防护和控制。过滤规则以用于IP顺行处理的包头信息为基础，不理会包内的正文信息内容。

（2）应用网关技术。应用网关（Application Gateway）技术又被称为代理技术。它的逻辑位置在 OSI 体系结构的应用层上。应用代理防火墙比分组过滤防火墙提供更高层次的安全性，但这是以丧失对应用程序的透明性为代价的。

（3）状态检测技术。状态检测技术采用的是一种基于连接的状态检测机制，将属于同一连接的所有包作为一个整体的数据流看待，构成连接状态表，通过规则表与状态表的共同配合，对表中的各个连接状态因素加以识别。与传统包过滤防火墙的静态过滤规则表相比，状态检测技术具有更好的灵活性和安全性。状态检测防火墙是包过滤技术及应用代理技术的一个折中。

2. 入侵检测

防火墙不可能阻止所有的入侵行为，作为系统防御的第二道防线，入侵检测系统（Intrusion Detection System，IDS）通过对进入网络的数据进行深度分析和检测，发现疑似入侵行为的网络活动，并进行报警以便进一步采取相应措施。入侵检测作为一种主动式的安全防护技术，已经成为构建网络安全防护体系的重要技术手段之一。

入侵检测方法一般可以分为基于特征的入侵检测和基于异常的入侵检测两种。

基于特征的入侵检测维护一个所有已知攻击标志性特征的数据库。每个特征是一个与某种入侵活动相关联的规则集，这些规则可能基于单个分组的首部字段值或数据中特定比特串，或者与一系列数据分组有关。当发现有与某种攻击特征匹配的数据分组或分组序列时，则认为可能检测到某种入侵行为。这些特征和规则通常由网络安全专家生成，机构的网络管理员定制并将其加入数据库中。基于特征的入侵检测只能检测已知攻击，对于未知攻击则束手无策。

基于异常的入侵检测通过观察正常运行的网络流量，学习正常流量的统计特性和规律，当检测到网络中流量的某种统计规律不符合正常情况时，则认为可能发生了入侵行为。例如，当攻击者在对内网主机进行 ping 搜索时，或导致 ICMP ping 报文突然大量增加，与正常的统计规律有明显不同。但区分正常流和统计异常流是一个非常困难的事情。至今为止，大多数部署的入侵检测主要是基于特征的，尽管某些入侵检测包括了某些基于异常的特性。

不论采用什么检测技术都存在"漏报"和"误报"情况。如果"漏报"率比较高，则只能检测到少量的入侵，给人以安全的假象。对于特定入侵检测，可以通过调整某些阈值来降低"漏报"率，但同时会增大"误报"率。"误报"率太高会导致大量虚假警报，网络管理员需要花费大量时间分析报警信息，甚至会因为虚假警报太多而对报警"视而不见"，使入侵检测形同虚设。

8.4.6　黑客技术与病毒防范技术

1. 黑客技术

简单地说，黑客技术就是对计算机系统和网络的缺陷和漏洞的发现，以及针对这些缺陷实施攻击的技术。这里说的缺陷，包括软件缺陷、硬件缺陷、网络协议缺陷、管理缺陷和人为的失误。

黑客攻击的常见形式有数据截获（如利用嗅探器软件捕获用户发送或接收的数据包）、

重放（如利用后台屏幕录像软件记录用户操作）、密码破解（如破解系统登录密码）、非授权访问（如无线"蹭网"）、钓鱼网站（如假冒银行网站）、完整性侵犯（如篡改 E-mail 内容）、信息篡改（如修改订单价格和数量）、物理层入侵（如通过无线微波向数据中心注入病毒）、旁路控制（如通信线路搭接）、电磁信号截获（如手机信号定位）、分布式拒绝服务（DDoS）、垃圾邮件或短信攻击（SPAM）、域名系统攻击（DNS）、缓冲区溢出（黑客向计算机缓冲区填充的数据超过了缓冲区本身的容量，使得溢出的数据覆盖了合法数据）、地址欺骗（如 ARP 攻击）、特洛伊木马程序等。

黑客攻击网络的一般过程：

（1）信息的收集。信息的收集并不对目标产生危害，只是为进一步入侵提供有用信息。黑客会利用公开的协议或工具软件，收集网络中某个主机系统的相关信息。

（2）系统安全弱点的探测。在收集到一些准备要攻击目标的信息后，黑客就会利用工具软件，对整个网络或子网进行扫描，寻找主机的安全漏洞。

（3）建立模拟环境，进行模拟攻击。根据前面所得到的信息，黑客建立一个类似攻击对象的模拟环境，然后对此模拟环境进行系列的模拟攻击。在模拟攻击过程中，黑客将检查被攻击方的日志，观察检测工具对攻击的反应，了解攻击过程中留下的痕迹，以及被攻击方的状态等，以此来制定一个较为周密的攻击策略。

（4）具体实施网络攻击。在进行模拟攻击的实践后，黑客将等待时机，以备实施真正的网络攻击。

2．病毒防范技术

1）病毒的认识

1994 年 2 月 28 日出台的《中华人民共和国计算机安全保护条例》中，对病毒做出了如下定义："计算机病毒，是指编制或者在计算机程序中插入的破坏计算机功能或者毁坏数据，影响计算机使用，并能自我复制的一组计算机指令或者程序代码。"简单地说，计算机病毒是一种特殊的危害计算机系统的程序，它能在计算机系统中驻留、繁殖和传播，具有与生物学中病毒某些类似的特征：传染性、潜伏性、破坏性、变种性。

（1）传染性：指病毒具有把自身复制到其他程序中的特性。病毒可以附着在程序上，通过磁盘、光盘、计算机网络等载体进行传染，被传染的计算机又成为病毒的生存的环境及新传染源。

（2）潜伏性：指计算机病毒具有依附其他媒体而寄生的能力。计算机病毒可能会长时间潜伏在计算机中，病毒的发作是由触发条件来确定的，在触发条件不满足时，系统没有异常症状。

（3）破坏性：计算机系统被计算机病毒感染后，一旦病毒发作条件满足时，就在计算机上表现出一定的症状。其破坏性包括：占用 CPU 时间；占用内存空间；破坏数据和文件；干扰系统的正常运行。病毒破坏的严重程度取决于病毒制造者的目的和技术水平。

（4）变种性：某些病毒可以在传播的过程中自动改变自己的形态，从而衍生出另一种不同于原版病毒的新病毒，这种新病毒称为病毒变种。有变形能力的病毒能更好地在传播过程中隐蔽自己，使之不易被反病毒程序发现及清除。有的病毒能产生几十种变种病毒。

由于计算机病毒是一种特殊程序，因此，病毒程序的结构决定了病毒的传染能力和破坏能力。计算机病毒程序主要包括三大部分：

一是传染部分（传染模块），是病毒程序的一个重要组成部分，它负责病毒的传染和扩散；

二是表现和破坏部分（表现模块或破坏模块），是病毒程序中最关键的部分，它负责病毒的破坏工作；

三是触发部分（触发模块），病毒的触发条件是预先由病毒编者设置的，触发程序判断触发条件是否满足，并根据判断结果来控制病毒的传染和破坏动作。触发条件一般由日期、时间、某个特定程序、传染次数等多种形式组成。

2）病毒检测方法

不同的计算机病毒所拥有的特性不同，对计算机病毒进行检测时，要根据病毒程序的特点进行筛选，运用正确的病毒检测方法。通过对正确的病毒检测方法的选择和使用，实现计算机病毒的清除，确保计算机其他程序的正常运行。根据计算机病毒的特性，常用的病毒检测方法有：

（1）特征代码检测法：特征代码检测法被认为是用来检测已知病毒的最简单、开销最小的方法。将所有病毒的病毒码加以剖析，并且将这些病毒独有的特征搜集在一个病毒码资料库中，简称病毒库。检测时，以扫描的方式将待检测程序与病毒库中的病毒特征码进行一一对比，如果发现有相同的代码，则可判定该程序已遭病毒感染。这种检测方法速度快，误报率低，具有检测多态性病毒的能力，但对未知的新病毒无法检测。

（2）校验和法：通过对正常文件进行校验和计算，将该校验和写入文件中或写入别的文件中保存。在日后的文件使用中计算当前的校验和，检查此次的校验和与之前的校验和是否相同，若不相同则可以进行病毒排查，若相同，则表明该文件没有感染病毒。这种方法对已知病毒和未知病毒的检测都适用。这是一种常用的检测方法，缺点在于不能识别病毒的种类，不能报出病毒的名称，会影响文件的运行速度，且对隐蔽性病毒无效。

（3）长度检测法：被病毒侵袭的被感染的文件或程序长度会发生变化，使其区别于正常文件或程序的长度和大小。病毒具备的特征之一就是感染性，被感染的文件和程序即宿主程序，其文件长度会增加几百字节，根据染病文件的长度不同，可以实现病毒的检测。将其中携带病毒的文件进行修复或删除，同时对文件增加的字节长度进行诊断，确定病毒的种类，实行相对有效的杀毒防护。

（4）内存比较法：这是一种对内存驻留病毒进行检测的方法。由于病毒驻留于内存，必须在内存中申请一定的空间，并对该空间进行占用、保护。因此，通过对内存的检测，观察其空间变化，与正常系统内存的占用和空间进行比较，可以判断是否有病毒驻留其间，但无法判定为何种病毒。此法对那些隐蔽型病毒无效。

（5）行为检测法：指通过对以往病毒的观察和分析，根据其运行规律和宿主文件中毒显示特征而进行的一种病毒诊断。正常程序的使用和运行与中毒后程序的运行并不相同，通常中毒程序会有一些具有特点的病毒行为，如蓝屏、黑屏、程序无法正常使用，或程序会进行循环性多次打开关闭，或者电脑的突发性关机和重启，这些都是宿主文件中毒的表现。行为检测法可以通过直接的经验进行判断，如果诊断正确，则病毒问题可以及时有效地得到解决，但也存在缺点，若是对宿主文件判断错误，则会错过解决病毒问题的最佳时机。

（6）软件模拟法：为了检测多态性病毒，国外研制了新的检测方法——软件模拟法。它是一种软件分析器，用软件方法来模拟和分析程序的运行，以后演绎为虚拟机上进行的查毒、启发式查毒技术等，是相对成熟的技术。新型检测工具纳入了软件模拟法，该类工具开始运行时，使用特征代码法检测病毒，如果发现隐蔽病毒或多态性病毒嫌疑时，启动软件模拟模块，监视病毒的运行，待病毒自身的密码译码以后，再运用特征代码法来识别病毒的种类。

3）病毒防范方法

现在全球计算机病毒猖獗，为了有效地防御计算机病毒，需要做到以下几点：

（1）及时安装系统补丁，设置一个安全的密码；

（2）安装杀毒软件，并保证更新最新的病毒库；

（3）第一次安装防病毒软件时，一定要对计算机进行一次彻底的病毒扫描；

（4）定期扫描计算机病毒经常要改变的系统信息，如引导区、中断向量表、可用内存空间等，以确定是否存在计算机病毒行为；

（5）监测写盘操作，对引导区（BR）或主引导区（MBR）的写操作报警；

（6）插入优盘、移动硬盘等移动存储设备前，一定对它们进行病毒扫描；

（7）不要乱点击链接和在非正规网站下载软件；

（8）不要访问无名和不熟悉的网站，防止受到恶意代码攻击或是恶意篡改注册表和 IE 主页；

（9）安装软件时，切记不要安装其携带软件；

（10）不要轻易执行附件中的 EXE 和 COM 等可执行程序；

（11）不要轻易打开和直接运行电子邮件中携带的附件；

（12）不要轻易运行文件扩展名很怪的附件，或者是带有脚本文件如 ∗.VBS、∗.SHS 等的附件。

8.5 小 结

计算机网络，是指将地理位置不同的具有独立功能的多台计算机及其外部设备，通过通信线路连接起来，在网络操作系统、网络管理软件及网络通信协议的管理和协调下，实现资源共享和信息传递的计算机系统。使用计算机网络是现代人必须掌握的一个基本技能。信息安全是指信息系统（包括硬件、软件、数据、人、物理环境及其基础设施）受到保护，不因偶然的或者恶意的原因而遭到破坏、更改、泄露，系统连续可靠正常地运行，信息服务不中断，最终实现业务连续性。网络环境下的信息安全体系是保证信息安全的关键。

 习　题

1. 简要说明计算机网络的定义。

2. 什么是网络体系结构？

3. 简要说明 OSI 体系结构的 7 个层次。

4. 什么是网络协议？请说明网络协议三要素语法、语义、同步的含义。

5. 计算机网络有哪几种拓扑结构？它们各自的特点是什么？

6. 简要说明广域网的特点。

7. 互联网能够提供哪些服务？

8. 物联网是由哪四个层次组成？各层的主要功能是什么？

9. 什么是边缘计算？边缘计算有哪些特点？

10. 什么是对称密钥体制和非对称密钥体制？它们的区别在哪里？

11. 简述数字签名的工作原理。

12. 黑客攻击的常见手段有哪些？简述黑客攻击的过程。

13. 计算机病毒程序由哪几个部分组成？各自的作用是什么？

第9章
多媒体技术与办公自动化

在计算机发展的早期阶段，人们利用计算机主要进行数据的运算和处理，处理的内容都是文字。20 世纪 80 年代，随着计算机技术的发展，尤其是硬件设备的发展，除了文字信息外，在计算机应用中人们开始使用图像信息。20 世纪 90 年代随着计算机软硬件的进一步发展，计算机的处理能力越来越强，应用领域得到进一步拓展，在很大程度上促进了多媒体技术的发展和完善，计算机处理的内容由当初的单一的文字媒体形式逐渐发展到目前的动画、文字、声音、视频、图像等多种媒体形式。目前，伴随着网络技术和 Internet 的发展，多媒体的功能得到了更好的发挥，

办公自动化是将现代化办公和计算机网络功能结合起来的一种新型的办公方式，是当前新技术革命中的一个技术应用领域，属于信息化社会的产物。相关办公自动化与多媒体技术的理论基础和实践能力已经成为大学生必备的基础知识与技能。

本章主要介绍多媒体技术的基础知识，超文本与超媒体的概念，图形图像、音频、数字视频基础与应用，虚拟现实和增强现实的特征与实现，最后介绍了办公自动化的基础知识与应用。

9.1　多媒体技术概论

9.1.1　多媒体基本概念

1. 媒体的定义与分类

在计算机领域中，媒体有两种含义：一是指用于存储信息的实体，例如磁盘、光盘和磁带等；二是指信息的载体，例如文本、声音、视频、图形、图像和动画等。媒体的主要元素如下：

1）文本

文本是以文字和各种专用符号表达的信息形式，它是现实生活中使用得最多的一种信息存储和传递方式。用文本表达信息给人充分的想象空间，它主要用于对知识的描述性表示，如阐述概念、定义、原理和问题以及显示标题、菜单等内容。

与其他媒体元素相比，文字表达的信息具有准确性和概括性的优点，因此文本是表达思想和情感的重要的媒体形式。通过对文本显示方式的组织，如层次分明的版面，可以使显示的信息易于理解。

2）图形图像

图形图像是多媒体软件中最重要的信息表现形式之一，它是决定一个多媒体软件视觉效果的关键因素。

3）动画

动画是利用人的视觉暂留特性，快速播放一系列连续运动变化的图形图像，也包括画面的缩放、旋转、变换、淡入淡出等特殊效果。通过动画可以把抽象的内容形象化，使许多难以理解的内容变迁生动有趣。合理使用动画可以达到事半功倍的效果。

4）声音

声音是人们用来传递信息、交流感情最方便、最熟悉的方式之一。在多媒体课件中，按其表达形式，可将声音分为讲解、音乐、效果三类。

5）视频影像

视频影像具有时序性与丰富的信息内涵，常用于交代事物的发展过程。视频非常类似于我们熟知的电影和电视，有声有色，在多媒体中充当起重要的角色。

通常把媒体分为感觉媒体、表示媒体、显示媒体、存储媒体与传输媒体。表 9.1 列举了上述媒体类型的特点、形式和实现方式。

表 9.1　媒体的分类

媒体类型	媒体的特点	媒体形式	媒体实现方式
感觉媒体	人体感知客观环境的信息	视觉、听觉、触觉	文本、图像、声音、图像
表示媒体	信息的处理方式	计算机数据格式	ASC II 编码、图形编码
显示媒体	信息的表达方式	输入输出信息	显示器、打印机、扫描仪
存储媒体	信息的存储方式	存储信息	内存、硬盘、光盘、纸张
传输媒体	信息的传输方式	网络传输信息	电缆、光盘、电磁波

2. 多媒体的定义与特征

多媒体译自英文 Multimedia，该词是由 Multiple 和 Media 构成的复合词。到目前为止，关于多媒体还没有一个明确的、统一的定义。国际通信联盟（ITU）对多媒体定义的表述是：使用计算机交互式综合技术和数字通信网技术处理多种表示媒体，使得文本、图形、图像和声音等多种信息建立逻辑连接，集成为一个交互系统。从这种定义可以看出：多媒体本身是计算机技术与视频、音频和通信等技术的集成产物，是把文字、音频、视频、图形、图像和动画等多媒体信息通过计算机进行数字化采集、获取、压缩、解压缩、编辑、存储等加工处理，再以单独或合成形式表现出来的。多媒体是各种技术集成的产物，所以说，在计算机领域中，多媒体技术与多媒体是同义词。

多媒体技术至少能够同时获取、处理、编辑、存储和展示两种以上不同类型信息媒体，并且具有交互性。现在人们所说的多媒体技术往往与计算机联系起来，这是由于计算机的数字化及交互式处理能力，这就是计算机的多媒体技术和电影、电视的多媒体的本质区别。

多媒体技术的基本特征包括信息载体的多样性、集成性和交互性三个方面。

信息载体的多样性是指计算机能处理多种信息媒体，也就是能对输入的信息，经过变换、组合和加工，输出为新的信息形式，而不是简单地记录和重放。这一特征能极大地丰富信息的表现力，适应人类用多种感官接收和产生信息的特点，使计算机更加人性化。

多媒体的集成性主要表现在两个方面，一个方面是信息媒体的集成，把单一的、零散的媒体有效地组织为一个统一体，如声音、图像、视频等，能在计算机控制下多通道统一获取、统一存储和处理，表现为合成的多媒体信息。多媒体信息带来了信息的冗余性，有助于减少信息接收的歧义。另一方面是处理各种媒体的设备与设施的集成，使之成为一个整体。对硬件来说，具有对各种媒体信息高速处理的能力，大容量的存储，多通道的输入输出能力，以及适合多媒体信息传输的通信网络。对软件来说，有一体化的多媒体操作系统，统一的媒体交换格式，兼容性强的应用软件。多媒体的集成性是系统级的一次飞跃，多媒体信息系统充分体现了"1+1>2"的系统特点。

多媒体的交互性给用户提供了更加有效的控制和使用信息的手段，为应用开辟更加广阔的领域，也为用户提供更加自然的信息存取手段。交互性能够增加用户对信息的注意力和理解力，延长了信息的保留时间，有利于人对信息的主动探索。交互活动本身也作为一种媒体加入信息传递和转换过程中，使用户在获得信息的同时，参与了信息的组织过程，甚至可控制信息的传播过程，从而可以促使用户学习和研究感兴趣的内容，并获得新的感受。因此，交互性所带来的不仅仅是信息检索和利用的便利，而是给人类创造了智能活动的新环境。

9.1.2 多媒体技术的应用领域

多媒体技术是当今信息技术领域发展最快、最活跃的技术，是新一代电子技术发展和竞争的焦点。它的出现使我们的计算机世界丰富多彩起来，也使计算机世界充满了人性的气息。多媒体技术从问世起即引起人们的广泛关注，并迅速由科学研究走向应用、走向市场，其应用领域遍及人类社会的各个方面。

1. 多媒体教学

随着教学改革的不断深入，应试教育正在逐步向素质教育转轨，传统的教学手段已跟不上教育前进的步伐。现代多媒体技术以迷人的风采走进了校门，进入了课堂。实现教学手段的现代化已是课堂教学改革的当务之急，势在必行。只有充分发挥多媒体技术优势进行课堂教学，才能实现课堂教学的最优化。多媒体教学的作用主要有：利用多媒体技术设置情境激发学习爱好，发挥学生的主体作用；利用多媒体技术发挥演示实验的作用，优化实验教学；利用多媒体技术控制教学节奏，提高教学效果；利用多媒体技术创设学习氛围有效激发学生的求知欲望，培养学生的能力；利用多媒体技术让学生"亲历"科学探索过程，激活创新意识；利用多媒体技术与德育的无缝融合，全面提高学生素质。

2. 网络及通信

多媒体技术的一个重要应用领域就是多媒体通信系统。多媒体网络是网络技术未来的发展方向。随着这些技术的发展，可视电话、视频会议、家庭间的网上聚会交谈等日渐普及和完善。

多媒体技术应用到通信商，将把电话、电视、图文传真、音响、卡拉 OK 机、摄像机等电子产品与计算机融为一体，由计算机完成音频、视频信号采集、压缩和解压缩，音频、视频的特技处理，多媒体信息的网络传输，音频播放和视频显示，形成新一代的家电类消费，也就是建立了提供全新信息服务的多媒体个人通信中心。

（1）可视电话。多媒体通信的初级形式主要是可视电话，相距遥远的用户能够在通话的同时看到对方的形象，并传输所需的各种媒体信息。

（2）支持的协同工作。多媒体通信技术不仅能让处于不同地点的多个用户通过屏幕看到对方的形象，自由地交谈，而且还能在双方的屏幕上同时显示同一文件，对同一文件或图表展开讨论，进行修改，在达成协议后再存储或打印出来。一切复杂的、需要面对面讨论的问题，都可以在短短的十几分钟内解决。这样，人们就可以在家中办公，不用为上下班花费时间，从而可大大地减少交通负担，进一步提高工作效率。

（3）视频会议。视频会议是多媒体通信的重要应用之一。其基本功能是利用多媒体计算机系统，将反映各个会场的场景、人物、图片、图像以及讲话的相关信息，同时进行数字化压缩，根据视频会议的控制模式，经过数字通信系统，向指定方向传输；与此同时，在各个会议场点的多媒体计算机上，通过数字通信系统，实时接收、解压缩多媒体会议信息，并在显示屏上实时显示出指定会议参加方的现场情况，取得实时沟通的效果。视频通信与自动控制相结合，还可用于远距离现场监测和指挥，用于现代军事通信、交通控制和生产管理等方面，使指挥或调度中心能根据现场情况准确地做出判断，并对现场进行实时控制和指挥。

（4）医疗。多媒体技术在医疗领域的应用极其广泛，利用数字成像技术，可以清晰地跟踪各种医学图像，方便医学专家进行疾病的排除和判断。像心电图仪器、B 超仪器等医疗器械都利用了该技术。

（5）多媒体监控技术。图像处理、声音处理、检索查询等多媒体技术综合应用到实时报警系统中，改善了原有的模拟报警系统，使监控系统更广泛地应用到工业生产、交通安全、银行保安、酒店管理等领域中。它能够及时发现异常情况，迅速报警，同时将报警信息存储到数据库中以备查询，并交互地综合图、文、声、动画多种媒体信息，使报警的表现形式更为生动、直观，人机界面更为友好。

（6）地理信息系统。地理信息系统（GIS）既是管理和分析空间数据的应用工程技术，又是跨越地球科学、信息科学和空间科学的应用基础学科。其技术系统由计算机硬件、软件和相关的方法过程所组成，用以支持空间数据的采集、管理、处理、分析、建模和显示，以便解决复杂的规划和管理问题。

3. 电子出版物

电子出版物的崛起是多媒体技术和网络技术在计算机上应用的结果。随着多媒体计算机技术和光盘技术的迅速发展，出版业已经进入多媒体光盘出版时代，E-Book、E-Newspaper、E-Magazine 等光盘类电子出版物大量涌现。

4. 商业

（1）商业广告。商业广告是指商品经营者或服务提供者承担费用通过一定的媒介和形式直接或间接的介绍所推销的商品或提供的服务的广告。商业广告是人们为了利益而制作的广告，是为了宣传某种产品而让人们去喜爱购买它。

（2）咨询服务。旅游、邮电、交通、商业、气象等公共式信息以及宾馆、百货大楼的服务指南都能以图文并茂的形式存放在多媒体数据库中，随时随地向公众或客户提供"无人值守"的咨询服务。用户查询时，既可获得文字数据说明，听到解说，同时也可以看到有关的画面。

5. 家用多媒体

音乐、影像、游戏光盘给人们以更高品质的娱乐享受。同时随着多媒体技术和网络技术的不断发展，家庭办公、计算机购物、电子信函、电子家务将成为人们日常生活的组成部分。

9.1.3 多媒体技术的发展趋势

1. 流媒体技术

传统的网络传输音视频等多媒体信息的方式是完全下载后再播放，下载常常要花数分钟甚至数小时。而采用流媒体技术，就可实现流式传输，将声音、影像或动画由服务器向用户计算机进行连续、不间断传送，用户不必等到整个文件全部下载完毕，而只需经过几秒或十几秒的启动延时即可进行观看。当声音视频等在用户的机器上播放时，文件的剩余部分还会从服务器上继续下载。

如果将文件传输看作是一次接水的过程，过去的传输方式就像是对用户做了一个规定，必须等到一桶水接满才能使用它，这个等待的时间自然要受到水流量大小和桶的大小的影响。而流式传输则是，打开水龙头，等待一小会儿，水就会源源不断地流出来，而且可以随接随用，因此，不管水流量的大小，也不管桶的大小，用户都可以随时用上水。从这个意义上看，流媒体这个词是非常形象的。

流式传输技术一般分为两种，一种是顺序流式传输，另一种是实时流式传输。顺序流式传输是顺序下载，在下载文件的同时用户可以观看，但是，用户的观看与服务器上的传输并不是同步进行的，用户在一段延时后才能看到服务器上传出来的信息，或者说用户看到的总是服务器在若干时间以前传出来的信息。在这过程中，用户只能观看已下载的那部分，而不能要求跳到还未下载的部分。顺序流式传输比较适合高质量的短片段，因为它可以较好地保证节目播放的最终质量。它适合于在网站上发布的供用户点播的音视频节目。在实时流式传输中，音视频信息可被实时观看到。在观看过程中用户可快进或后退以观看前面或后面的内容，但是在这种传输方式中，如果网络传输状况不理想，则收到的信号效果比较差。

由于流媒体技术在一定程度上突破了网络带宽对多媒体信息传输的限制，因此被广泛运用于网上直播、网络广告、视频点播、远程教育、远程医疗、视频会议、企业培训、电子商务等多个领域。

流媒体技术为传统媒体在互联网上开辟更广阔的空间提供了可能。广播电视媒体节目的上网更为方便，听众、观众在网上点播节目更为简单，网上音视频直播也将得到广泛运用。流媒体技术将过去传统媒体的"推"式传播，变为受众的"拉"式传播，受众不再是被动地接受来自广播电视的节目，而是在自己方便的时间来接收自己需要的信息。这将在一定程度上提高受众的地位，使他们在新闻传播中占有主动权，也使他们的需求对新闻媒体的活动产生更为直接的影响。

流媒体技术的广泛运用也将模糊广播、电视与网络之间的界限，网络既是广播电视的辅助者与延伸者，也将成为它们的有力的竞争者。利用流媒体技术，网络将提供新的音视频节目样式，也将形成新的经营方式，例如收费的点播服务。发挥传统媒体的优势，利用网络媒体的特长，保持媒体间良好的竞争与合作，是未来网络的发展之路，也是未来传统媒体的发展之路。

2. 智能多媒体技术

智能多媒体技术充分利用了计算机的快速运算能力，综合处理声、文、图信息，用交互式弥补计算机智能的不足。发展智能多媒体技术包括很多方面：

(1) 文字的识别和输入；

(2) 语音的识别和输入；

(3) 自然语言理解和机器翻译；

(4) 图形的识别和理解；

(5) 机器人视觉和计算机视觉；

(6) 知识工程及人工智能的一些课题。

把人工智能领域某些研究课题和多媒体计算机技术很好地结合，就是多媒体计算机长远的发展方向。

3. 虚拟现实

虚拟现实是一项与多媒体密切相关的边缘技术，它通过综合应用计算机图像处理、模拟与仿真、传感、显示系统等技术和设备，以模拟仿真的方式，给用户提供一个真实反映操作对象变化与相互作用的三维图像环境，从而构成一个虚拟世界，并通过特殊的输入输出设备（如数据手套、头盔式三维显示装置等）提供给用户一个与该虚拟世界相互作用的三维交互式用户界面。

虚拟现实技术结合了人工智能、计算机图形技术、人机接口技术、传感技术计算机动画等多种技术，它的应用包括模拟训练、军事演习、航天仿真、娱乐、设计与规划、教育与培训、商业等领域，发展潜力不可估量。

虚拟现实技术的应用，能对多媒体领域产生重大影响，因此我们希望能够尽快获得突破性成果，以推出功能更强大的多媒体系统，服务于人类。

4. 增强现实

增强现实是一种将虚拟信息与真实世界巧妙融合的技术，广泛运用了多媒体、三维建模、实时跟踪及注册、智能交互、传感等多种技术手段，将计算机生成的文字、图像、三维模型、音乐、视频等虚拟信息模拟仿真后，应用到真实世界中，两种信息互为补充，从而实现对真实世界的增强。增强现实的概念最早于 20 世纪 90 年代由波音公司的汤姆·考德尔（Tom Caudell）和他的同事提出，数十年来，国内外各大高校、实验室、研究所乃至企业不断投入到对增强现实技术的研究中，并取得了显著成果。

9.2 超文本与超媒体

相对于传统多媒体技术，更符合人类逻辑思维习惯的一种新型的多媒体技术组织形式——超文本和超媒体近年来得到十分广泛的运用。超文本与超媒体技术所提供的各种媒体信息之间的链接方式与结构，和传统的线性文本结构有很大的区别。

9.2.1 超文本与超媒体的定义

传统的文本是顺序的，线性表示的，而超文本（Hypertext）不是顺序的，它是一个类似于人类联想思维的一个非线性的网状结构，它以结点作为一个信息块，采用一种非线性的网状结构组织信息，把文本按其内容固有的独立性和相关性划分成不同的基本信息块，并且可以按需要用一定的逻辑顺序来组织和管理信息。超文本提供联想、跳跃式的查询能力，极大地提高获得知识和信息的效率。

把多媒体信息引入超文本，这就产生了多媒体超文本，即超媒体。超文本中的节点数据不仅是文本，还可以是图形、图像、动画、音频，甚至计算机程序或它们的组合。

9.2.2 超文本与超媒体的组成

超文本是由节点（Node）和链（Link）构成的信息网络。下面分别介绍节点、链及网络的概念。

1. 节点

节点是表达信息的单位，通常表示一个单一的概念或围绕一个特殊主题组织起来的数据集合。节点的内容可是文本、图形、图像、动画、音频、视频等，也可以是一般计算机程序。节点分为两种类型：一种称为表现型，记录各种媒体信息，按其内容的不同又可分为许多类别，如文本节点和图文节点等；另一种称为组织型，用于组织并记录节点间的联结关系，它实际起索引目录的作用，是连接超文本网络结构的纽带，即组织节点的节点。

2. 链

链是固定节点间的信息联系，它以某种形式将一个节点与其他节点连接起来。由于超文本没有规定链的规范与形式，因此，超文本与超媒体系统的链也是各异的，信息间的联系丰富多彩引起链的种类复杂多样，但最终达到效果却是一致的，即建立起节点之间的联系。

链的一般结构可分为三个部分：链源、链宿及链的属性。一个链的起始端称为链源，链源是导致节点信息迁移的原因，它可以是热字、热区、图元、媒体对象或节点。链宿是链的目的所在，通常都是节点。链的属性决定链的类型，它是链的主要特性，如链的版本、权限等。

3. 网络

节点和链构成的网络是一个有向图，这种有向图与人工智能中的语义网有类似之处。语义网是一种知识表示法，也是一种有向图。节点和链构成的网络具有如下特性功能：

（1）超文本的数据库是由声、文、图各类节点组成的网络。

（2）屏幕中的窗口和数据库中的节点是一一对应的，即一个窗口只显示一个节点，每一个节点都有名字或标题显示在窗口中，屏幕上只能包含有限个同时打开的窗口。

（3）支持标准窗口的操作，窗口能被重新定位、调整大小、关闭或缩小成一个图符。

（4）窗口中可含有许多链标示符，它们表示链接到数据库中其他节点的链，常包含一个文域，指明被链接节点的内容。

（5）作者可以很容易地创建节点和链接新的节点的链。

（6）用户对数据库进行浏览和查询。

9.2.3 超文本与超媒体的体系结构模型

超文本和超媒体的体系结构较著名的是 HAM 模型和 Dexter 模型。这两个模型是基本相似的，它们都是将超文本和超媒体体系结构分为三个层次。

1. HAM 模型

HAM 模型把超文本系统划分为三个层次：数据库层、超文本抽象机层、用户界面层，如图 9.1 所示。

（1）数据库层。数据库层是模型中的最底层，涉及所有的有关信息存储的问题。它以庞大的数据库作为基础，由于超文本系统中的信息量大，因而需要存储的信息量也就大。超文本系统一般要用到磁盘、光盘等大容量存储器，或把信息存放在经过网络可以访问的远程服务器上，但不管信息如何存放，必须要保证信息块的快速存取。数据库层必须解决信息的多用户访问、安全保密措施、备份等传统数据库中必须解决的问题。在数据库层实现时，要考虑如何能更有效地管理存储空间和提供更快的响应速度。

图 9.1 HAM 模型

（2）超文本抽象机层。超文本抽象机层中要确定超文本系统的节点和链的基本特性及它们之间的自然联系；确定节点的其他属性，例如节点的"物主"属性指明该节点由谁创建、谁有权修改它等。超文本抽象机层是实现超文本输入输出格式标准化的最理想层次，原因是数据库存储格式过分依赖机器，而用户界面层与各超文本系统之间差别甚大，很难统一。超文本抽象机层提供了对下层数据库的透明性和上层用户界面层的标准性，也就是说，无论下层采用什么样的数据库，也无论上层采用何种风格的用户界面形式，总可以通过两个接口（用户界面/超文本概念模式，超文本概念模式/数据库）使之在超文本抽象机层达到统一。

（3）用户界面层。用户界面层也称表示层或用户接口层。它是构成超文本系统特殊性的重要表现，并直接影响着超文本系统的成功，应具有简明、直观、生动、灵活、方便等特点。用户界面层是超文本和超媒体系统人机交互的界面。用户界面层决定了信息的表现方式、交互操作方式以及导航方式等，主要包括：用户可以使用的命令；如何展示超文本抽象机层信息（节点和链）；是否要用总体概貌图来表示信息的组织，以便及时告知用户当前所处的位置等等。超文本系统的用户界面大都支持标准的窗口操作，窗口与节点一一对应，目前流行的接口风格主要有以下三种：

①菜单选择方式。这是较传统的人机接口方式，一般通过光标键或移动鼠标器对菜单中所列项进行逐级选择。但是如果菜单级次太多，往往容易迷失方向。

②命令交互方式。一般提供给应用开发人员使用，对初学者来说不易掌握，往往容易打错命令而引起出错。

③图示引导方式。这种方式是超文本系统的一种特色，它将超文本抽象机层中节点和链构成的网络用图显示出来。这种显示图又称导航图，可以分层，它的作用是帮助用户浏览系统并随时查看现在何处、当前节点在网络中的位置及其周围环境，防止用户迷失方向。图示的另一种引导方式是根据某一特定需求，构造一个导游图，把为了完成这一特定需求的各种操作步骤，以导游图方式标出一个有向图，用户按此图前进，最终完成任务。

2. Dexter 模型

Dexter 模型的目标是为开发分布信息之间的交互操作和信息共享提供一种标准或参考规范。Dexter 模型分为五层：存储层、成员内部层、运行层、表现规范和锚定机制，各层之间通过定义的接口互相连接，如图9.2所示。

运行层
表现规范
存储层
锚定机制
成员内部层

图9.2　Dexter 模型

（1）存储层。存储层描述超文本中的结点成员之间的网状关系。每个成员都有一个唯一的标识符，称为 UID。存储层定义了访问函数，通过 UID 可以直接访问到该成员，存储层还定义了由多个函数组成的操作集合，用于实时地对超文本系统进行访问和修改。

（2）成员内部层。成员内部层描述超文本中各个成员的内容和结构，对应于各个媒体单个应用成员。从结构上，成员可由简单结构和复杂结构组成。简单结构的每个成员内部仅由同一种数据媒体构成，复杂结构的成员内部又由各个子成员构成。

（3）运行层。运行层描述支持用户和超文本交互作用的机制，它可直接访问和操作在存储层和成员内部层定义的网状数据模型。运行层为用户提供友好的界面。

（4）表现规范。介于存储层和运行层之间的接口称为表现规范，它规定了同一数据呈现给用户的不同表现性质，确定了各个成员在不同用户访问时表现的视图和操作权限等内容。

（5）锚定机制。存储层和内部成员之间的接口称为锚定机制，其基本成分是锚（Anchor）。锚由两部分组成：锚号和锚值，完成存储层到成员内部层、成员内部层到存储层的检索定位过程。锚号是指每个锚的标识符；锚值是指元素内部的位置和子结构。

9.2.4 超文本系统与操作工具

计算机上最早且使用最普遍的超文本系统，是运行于麦金塔（Macintosh）计算机上的HyperCard。其后微软的 Windows1.0 系统亦采用了超文本式的帮助功能，令使用者在寻求帮助时更为便捷。微软在推出 Windows 3.0 时曾附送另一个超文本系统 Toolbook，但不及 Hypercard 普遍。要说最成功的超文本系统，要数因特网上使用的 HTML。

通常超文本系统具有以下一些基本特性：

（1）信息分成若干个信息块（单元），信息块在不同的系统中可以被称为结点、结点卡、帧或页面等；

（2）信息块之间通过链连结起来，系统提供面向窗口或鼠标的用户界面跟踪链路，使用户在结点中航行时，可以前进或者后退而不会迷失方向；

（3）具有信息检索能力；

（4）用户可以在任何信息单元上做注释或添加链路。

超文本系统的主要操作工具有：

（1）编辑器。编辑器可定义节点信息，构造节点之间的信息流程，同时可使用系统工具准备各种媒体信息。它不仅要解决文本、图形、动画、图像、声音和视频等各种媒体的编辑问题，还要帮助用户建立和修改信息网络中的节点和链。

（2）编译器。编译器将编译器产生的多种文档进行综合编译，生成包含全部信息（文本、图形、图像、视频和声音等）和结构信息的有机体——超文本文档。

（3）阅读器。编译器生成的不是可执行文件，是超文本文档。要浏览超文本文档，并按人们的习惯方式展示信息内容或提供概要，就需要有一个专门的工具——阅读器。

（4）导航工具。导航工具是超文本系统不可缺少的交互工具，也是评价超文本系统质量的主要指标之一。导航工具的主要作用有两方面，一是使用户在信息网络中快速定位和查询；二是防止用户在复杂的信息网络中迷失航向。在超文本系统中一般都有导航工具，常用的导航工具有导航图（或称浏览图）、查询系统、线索、遍历和书签。

9.2.5 超文本与超媒体的应用

超文本和超媒体使 Internet 真正成为大多数人接受的交互式的网络，也造就了 Internet 的 WWW 服务。WWW 服务器将信息组织成分布式的超文本和超媒体信息，这些信息的节点为文本、图像、子目录或信息指针。而 WWW 的客户程序以浏览器的形式运行在客户机上，利用超文本传输协议向服务器发出请求，访问服务器上的超文本和超媒体信息，并在客户端上以多媒体的形式表现出来。

超文本与超媒体组织和管理信息方式符合人们的"联想"思维习惯。随着多媒体技术和网络技术的发展，超文本与超媒体以它独特的表现方式得到了广泛的应用。目前超文本和超媒体的应用已经渗透到数字图书馆、教育多媒体、信息知识管理、信息检索、计算机支持的协作、合作通信和智能用户接口等各个领域。

9.2.6　超文本标记语言

1. 定义与特征

超文本标记语言（Hyper Text Markup Language，HTML）是一种用来制作超文本文档的简单标记语言，也是一种规范，一种标准。HTML 通过标记符号来标记要显示的网页中的各个部分。网页文件本身是一种文本文件，通过在文本文件中添加标记符，可以告诉浏览器如何显示其中的内容（如文字如何处理，画面如何安排，图片如何显示等）。用 HTML 编写的超文本文档称为 HTML 文档，它能独立于各种操作系统平台（如 UNIX、WINDOWS 等）。HTML 文档（即网页的源文件）是一个放置了标记的 ASC II 文本文件，通常它带有 .html 或 .htm 的文件扩展名。

综合来看，HTML 的功能主要有：出版在线的文档，其中包含了标题、文本、表格、列表以及照片等内容；通过超链接检索在线的信息，为获取远程服务而设计表单，可用于检索信息、定购产品等。在文档中直接包含电子表格、视频剪辑、声音剪辑以及其他的一些应用。

HTML 的主要特点如下：

（1）简易性。HTML 版本升级采用超集方式，从而更加灵活方便。

（2）可扩展性。HTML 的广泛应用带来了加强功能，增加标识符等要求；HTML 采取子类元素的方式，为系统扩展带来保证。

（3）平台无关性。HTML 可以使用在广泛的平台上。

（4）通用性：HTML 是网络的通用语言，一种简单、通用的全置标记语言。它允许网页制作人建立文本与图片相结合的复杂页面，这些页面可以被网上任何其他人浏览到，无论使用的是什么类型的电脑或浏览器。

HTML 只是一个纯文本文件。创建一个 HTML 文档，只需要两个工具，一个是 HTML 编辑器，一个是 Web 浏览器。HTML 编辑器是用于生成和保存 HTML 文档的应用程序。Web 浏览器是用来打开 Web 网页文件，提供给用户查看 Web 资源的客户端程序。

2. HTML 的基本结构

一个 HTML 文档是由一系列的元素和标签组成。元素名不区分大小写。HTML 用标签来规定元素的属性和它在文件中的位置，HTML 超文本文档分文档头和文档体两部分，在文档头里，对这个文档进行了一些必要的定义，文档体中才是要显示的各种文档信息。

下面是一个最基本的 HTML 文档的代码：

【例 9.1】　exam－9－1. html

```
<HTML> ----------------------------------------------------------------- 开始标签
<HEAD> --------------------------------------------------------------- ｜ 头部标签
<TITLE> 一个简单的 HTML 示例 </TITLE>
</HEAD> ----------------------------------------------------------------
<BODY> -------------------------------------------------------------- ｜ 文件主体
<CENTER> ｜
<H1 > 欢迎光临我的主页 </H1 > ｜
<BR > ｜
<HR >
< FONT SIZE = 7 COLOR = red > ｜
这是我第一次做主页 ｜
</FONT > ｜
</CENTER > ｜
</BODY > ------------------------------------------------------------
</HTML > ------------------------------------------------------------ 结尾标签
```

　　< HTML > </HTML > 在文档的最外层，文档中的所有文本和 html 标签都包含在其中，它表示该文档是以 HTML 编写的。事实上，现在常用的 Web 浏览器都可以自动识别 HTML 文档，并不要求有 < html > 标签，也不对该标签进行任何操作，但是为了使 HTML 文档能够适应不断变化的 Web 浏览器，还是应该养成不省略这对标签的良好习惯。

　　< HEAD > </HEAD > 是 HTML 文档的头部标签，在浏览器窗口中，头部信息是不被显示在正文中的，在此标签中可以插入其他标记，用以说明文件的标题和整个文件的一些公共属性。若不需头部信息则可省略此标记，良好的习惯是不省略。

　　< title > 和 </title > 是嵌套在 < HEAD > 头部标签中的，标签之间的文本是文档标题，它被显示在浏览器窗口的标题栏。

　　< BODY > </BODY > 标记一般不省略，标签之间的文本是正文，是在浏览器要显示的页面内容。

　　上面的这几对标签在文档中都是唯一的，HEAD 标签和 BODY 标签是嵌套在 HTML 标签中的。例 9.1 生成的 "所见即所得" 的结果如图 9.3 所示。这里要说明的是，本节的所有源码及结果均在 w3school 网站在线完成。

3. HTML 的标签与属性

　　对于刚刚接触超文本的读者，遇到的最大的障碍就是一些用 " < " 和 " > " 括起来的句子，称为标签，是用来分割和标签文本的元素，以形成文本的布局、文字的格式及五彩缤纷的画面。标签通过指定某块信息为段落或标题等来标识文档某个部件。属性是标志里的参数的选项，HTML 的标签分单独标签和成对标签两种。成对标签是由首标签 < 标签名 > 和尾标签 </标签名 > 组成的，只作用于这对标签中的文档。单独标签的格式为 < 标签名 >，单独标签在相应的位置插入元素就可以了，大多数标签都有自己的一些属性，属性要写在始标

图 9.3　例 9.1 生成的结果图

签内，用于进一步改变显示的效果，各属性之间无先后次序，属性是可选的，属性也可以省略而采用默认值，其格式如下：

<标签名字属性 1 属性 2 属性 3 … >内容</标签名字>

作为一般的原则，大多数属性值不用加双引号。但是包括空格、"%""#"等特殊字符的属性值必须加入双引号。为了好的习惯，提倡全部对属性值加双引号。如：

< font color = "#ff00ff" face = "宋体" size = "30" >字体设置 </font >

注意事项：输入始标签时，一定不要在"<"与标签名之间输入多余的空格，也不能在中文输入法状态下输入这些标签及属性，否则浏览器将不能正确地识别括号中的标志命令，从而无法正确地显示你的信息。

在 < body > 和 </body > 中放置的是页面中所有的内容，如图片、文字、表格、表单、超链接等设置。< body >标签有自己的属性，设置 < body >标签内的属性，可控制整个页面的显示方式。< body >标签的属性及描述见表 9.2。

表 9.2　　< body >标签的属性及描述

< body >标签的属性	描述
link	设定页面默认的连接颜色
alink	设定鼠标正在单击时的连接颜色
vlink	设定访问后连接文字的颜色
background	设定页面背景图像
bgcolor	设定页面背景颜色
leftmargin	设定页面的左边距
topmargin	设定页面的上边距
bgproperties	设定页面背景图像为固定，不随页面的滚动而滚动
text	设定页面文字的颜色

【例 9.2】　exam – 9 – 2. html

< html >

< head >

< title > bady 的属性实例 </title >

</head >

< body bgcolor = " # FFFFE7 " text = " # ff0000" link = " #3300FF" alink = " # FF00FF" vlink = " # 9900FF" >

< center >

<h2 >设定不同的连接颜色 </h2 >

测试 body 标签 < p >

< a href = " http：//www. baidu. com/"　>默认的连接颜色 </a >

< p >

< a href = " http：//www. sina. com. cn"　>正在按下的连接颜色，</a >

< p >

< a href = " http：//www. sohu. com/"　>访问过后的连接颜色，</a >

< P >

< a href = "#" onClick = " window. history. back（）"　>返回 </a >

</conter >

</body >

</html >

实例说明：

< body > 的属性设定了页面的背景颜色、文字的颜色、链接的颜色为#3300ff，单击的连接颜色为#ff00ff，单击过后的颜色为#9900ff。

Body 里面的是页面中的链接标签，对于属性可根据页面的效果来定。例 9.2 生成的结果如图 9.4 所示。

图 9.4　例 9.2 生成的结果图

4. 图像的处理

图像可以使 HTML 页面美观生动且富有生机。浏览器可以显示的图像格式有 jpeg、

bmp、gif 等。其中 bmp 文件存储空间大、传输慢，不提倡用，常用的 jpeg 和 gif 格式的图像相比较，jpeg 图像支持数百万种颜色，即使在传输过程中丢失数据，也不会在质量上有明显的不同，占位空间比 gif 大。gif 图像仅包括 265 色彩，虽然质量上没有 jpeg 图像高，但具有占位储存空间小、下载速度最快、支持动画效果及背景色透明等特点。使用图像美化页面可视情况而决定使用哪种格式。

1）背景图像的设定

在网页中除了可以用单一的颜色做背景外，还可用图像设置背景。设置背景图像的格式为：

$$< body\ background = "image-url"\ >$$

其中"image-url"指图像的位置。

【例 9.3】 exam-9-3. html

< html >

< head >

< title >设置背景图像</title >

</head >

< body background = "http：//img3. xiangshu. com/Day_ 100308/172_ 518403_ 080dae139462345. jpg" >

< center >

< p > ；</p >

< p > ；</p >

< p > ；</p >

< p > ；</p >

< p > < font color = "#006600" size = " +6" >盼望着，盼望着，东风来了，春天脚步近了. </font >

</p >

</center >

</body >

</html >

图 9.5 显示了例 9.3 的示例图。

图 9.5　例 9.3 的示例图

2）网页中插入图片标签 <img>

网页中插入图片用单标签 <img>，当浏览器读取到 <img> 标签时，就会显示此标签所设定的图像。如果要对插入的图片进行修饰时，仅仅用这一个属性是不够的，还要配合其他属性来完成。表 9.3 列举了插入图片标签 <img> 的属性。

表 9.3　插入图片标签 <img> 的属性

属性	描述
src	图像的 URL 的路径
alt	提示文字
width	宽度通常只设为图片的真实大小以免失真，改变图片大小最好用图像工具
height	高度通常只设为图片的真实大小以免失真，改变图片大小最好用图像工具
dynsrc	avi 文件的 URL 的路径
loop	设定 avi 文件循环播放的次数
loopdelay	设定 avi 文件循环播放延迟
start	设定 avi 文件的播放方式
lowsrc	设定低分辨率图片，若所加入的是一张很大的图片，可先显示图片
usemap	映像地图
align	图像和文字之间的排列属性
border	边框
hspace	水平间距
vlign	垂直间距

<img> 的格式及一般属性设定为：

< img src = " logo. gif" width = 100 height = 100 hspace = 5 vspace = 5 border = 2align = " top" alt = " Logo of PenPals Garden" lowsrc = " pre_ logo. gif" >

5. 建立超链接

HTML 文件最重要的应用之一就是超链接，超链接是一个网站的灵魂，Web 上的网页是互相链接的，单击被称为超链接的文本或图形就可以链接到其他页面。超文本具有的链接能力，可层层链接相关文件，这种具有超级链能力的操作，即称为超级链接。超级链接除了可链接文本外，也可链接各种媒体，如声音、图像、动画，通过它们用户可享受丰富多彩的多媒体世界。

建立超链接的标签为 <A> 和 </A>，格式为：

<A HREF = "资源地址" TARGET = "窗口名称" TITLE = "指向连接显示的文字" >超链接名称</A>

说明：标签 <A> 表示一个链接的开始，</A> 表示链接的结束。

属性"HREF"定义了这个链接所指的目标地址，目标地址是最重要的，一旦路径上出现差错，该资源就无法访问。

属性"TARGET"用于指定打开链接的目标窗口，其默认方式是原窗口。

建立目标窗口的属性见表 9.4。

表9.4　建立目标窗口的属性

属性值	描述
_ parent	在上一级窗口中打开，一般使用分帧的框架页会经常使用
_ blank	在新窗口打开
_ self	在同一个帧或窗口中打开，这项一般不用设置
_ top	在浏览器的整个窗口中打开，忽略任何框架

属性"TITLE"用于指定指向链接时所显示的标题文字。

"超链接名称"是要单击到链接的元素，元素可以包含文本，也可以包含图像。文本带下划线且与其他文字颜色不同，图形链接通常带有边框显示。用图形做链接时只要把显示图像的标志＜img＞嵌套在＜A HREF＝"URL"＞＜/A＞之间就能实现图像链接的效果。当鼠标指向"超链接名称"处时会变成手状，单击这个元素可以访问指定的目标文件。

每一个文件都有自己的存放位置和路径，理解一个文件到要链接的那个文件之间的路径关系是创建链接的根本。

URL（Uniform Resource Locator）中文名字为"统一资源定位器"，指的是每一个网站都具有的地址。同一个网站下的每一个网页都属于同一个地址之下，在创建一个网站的网页时，不需要为每一个连接都输入完全的地址，只需要确定当前文档同站点根目录之间的相对路径关系就可以了。因此，链接可以分以下三种：

1）绝对路径

绝对路径包含了标识 Internet 上的文件所需要的所有信息。文件的链接是相对原文档而定的，包括完整的协议名称，主机名称，文件夹名称和文件名称

其格式为：通信协议：//服务器地址：通讯端口/文件位置……/文件名。

正如在第八章中已经介绍的，Internet 遵循一个重要的协议即 HTTP，HTTP 是用于传输 Web 页的客户端/服务器协议。当浏览器发出 Web 页请求时，此协议将建立一个与服务器的链接。当链接畅通后，服务器将找到请求页，并将它发送给客户端，信息发送到客户端后，HTTP 将释放此链接。这使得此协议可以接受并服务大量的客户端请求。

Web 应用程序是指 Web 服务器上包含的许多静态的和动态的资源集合。Web 服务器承担为浏览器提供服务的责任。

例如 http：//www.163.net/myweb/book.htm（此网址为假设）。表明采用 http 从名为 www.163.net 的服务器上的目录 myweb 中获得文件 book.htm。

2）相对路径

相对路经是以当前文件所在路径为起点，进行相对文件的查找。一个相对的 URL 不包括协议和主机地址信息，表示它的路径与当前文档的访问协议和主机名相同，甚至有相同的目录路径。通常只包含文件夹名和文件名，甚至只有文件名。可以用相对 URL 指向与源文档位于同一服务器或同文件夹中的文件。此时，浏览器链接的目标文档处在同一服务器或同一文件夹下。

如果链接到同一目录下，则只需输入要链接文件的名称。

要链接到下级目录中的文件，只需先输入目录名，然后加"/"，再输入文件名。

要链接到上一级目录中文件，则先输入"../"，再输入文件名。

表 9.5 为相对路径的用法。

表 9.5　相对路径的用法

相对路径名	含义
herf = "shouey. html"	shouey. html 是本地当前路径下的文件
herf = "web/shouey. html"	shouey. html 是本地当前路径下称做"web" 子目录下的文件
herf = "../shouey. html"	shouey. html 是本地当前目录的上一级子目录下的文件
herf = "../../shouey. html"	shouey. html 是本地当前目录的上两级子目录下的文件

3）根路径

根路径目录地址同样可用于创建内部链接，但大多数情况下，不建议使用此种链接形式。

根路径目录地址的书写也很简单，首先以一个斜杠开头，代表根目录，然后书写文件夹名，最后书写文件名。

如果根目录要写盘符，就在盘符后使用"|"，而不用":"．这点与 DOS 的写法不同。

例如：/web/highight/shouey. html d | /web/highight/shouey. html

也许读者会问，链接本地机器上的文件时，应该使用相对路径还是根路径？在绝大多数情况下使用相对路径比较好。例如，用绝对路径定义了链接，当把文件夹改名或者移动之后，那么所有的链接都要失败，这样就必须对所有 HTML 文件的链接进行重新编排，而一旦将此文夹件移到网络服务器上时，需要重新改动的地方就更多了，那是一件很麻烦的事情。而使用相对路径，不仅在本地机器环境下适合，就是上传到网络或其他系统下也不需要进行多少更改就能准确链接。

图像的链接和文字的链接方法是一样的，都是用 < a > 标签来完成，只要将 < img > 标签放在 < a > 和 </a> 之间就可以了。用图像链接的图片的上有蓝色的边框，这个边框颜色也可以在 < body > 标签中设定。

6. 表格

表格在网站应用中非常广泛，可以方便灵活的排版，很多动态大型网站也都是借助表格排版，表格可以把相互关联的信息元素集中定位，使浏览页面的人一目了然。所以说要制作好网页，就要学好表格。

在 HTML 文档中，表格是通过 < table >、< th >、< tr >、< td > 标签来完成的，见表 9.6。

表 9.6　表格标记

标签	描述
< table > … </table>	用于定义一个表格开始和结束
< caption > … </caption>	定义表格的标题。在表格中也可以不用此标签

续表

标签	描述
＜th＞…＜/th＞	定义表头单元格。表格中的文字将以粗体显示，在表格中也可以不用此标签，＜th＞标签必须放在＜tr＞标签内
＜tr＞…＜/tr＞	定义一行标签，一组行标签内可以建立多组由＜td＞或＜th＞标签所定义的单元格
＜td＞…＜/td＞	定义单元格标签，一组＜td＞标签将建立一个单元格，＜td＞标签必须放在＜tr＞标签内

注：在一个最基本的表格中，必须包含一组＜table＞标签，一组标签＜tr＞和一组＜td＞标签或＜th＞。

表格标签＜table＞有很多属性，常用的属性见表9.7。

表9.7　＜table＞标签的常用属性

属性	描述	说明
width	表格的宽度	
height	表格的高度	
align	表格在页面的水平摆放位置	
background	表格的背景图片	
bgcolor	表格的背景颜色	
border	表格边框的宽度（以像素为单位）	
bordercolor	表格边框颜色	当 border ＞ ＝1 时起作用
bordercolorlight	表格边框明亮部分的颜色	当 border ＞ ＝1 时起作用
bordercolordark	表格边框昏暗部分的颜色	当 border ＞ ＝1 时起作用
cellspacing	单元格之间的间距	
cellpadding	单元格内容与单元格边界之间的空白距离的大小	

7. 网页的动态、多媒体效果

在网页设计过程中，动态效果的插入，会使网页更加生动灵活、丰富多彩。

在网页中可以用＜embed＞标签将多媒体文件插入，比如可以插入音乐和视频等。用浏览器可以播放的音乐格式有 MIDI、WAV、MP3、AIFF、AU 等格式。另外在利用网络下载的各种音乐格式中，MP3 是压缩率较高，音质较好的文件格式。但要说明一点，虽然用代码标签插入了多媒体文件，但 IE 浏览器通常能自动播放某些格式的声音与影像，具体能播放什么样格式的文件取决于所用计算机的类型以及浏览器的配置。

＜embed＞标签的使用格式为：

＜EMBED SRC＝"音乐文件地址"　＞

常用属性见表9.8。

表 9.8　多媒体文件属性

SRC = " FILENAME"	设定音乐文件的路径
AUTOSTART = TRUE/FALSE	是否要音乐文件传送完就自动播放，TRUE 是要，FALSE 是不要，默认为 FALSE
LOOP = TRUE/FALSE	设定播放重复次数，LOOP = 6 表示 重复 6 次，TRUE 表示无限次播放，FALSE 播放一次即停止
STARTIME = "分：秒"	设定乐曲的开始播放时间，如 20 秒后播放写为 STARTIME = 00：20
VOLUME = 0 – 100	设定音量的大小；如果没设定的话，就用系统的音量
WIDTH HEIGHT	设定播放控件面板的大小
HIDDEN = TRUE	隐藏播放控件面板
CONTROLS = CONSOLE/SMALL CONSOLE	设定播放控件面板的样子

除了可以使用上述方法插入多媒体文件外，还可以在网页中嵌入多媒体文件，这种方式将不调用媒体播放器。< BGSOUND > 标签用来设置网页的背景音乐，但只适用于 IE，其参数设定不多，格式为：

< BGSOUND SRC = " YOUR. MID" AUTOSTART = TRUE LOOP = INFINITE >

说明：SRC = " YOUR. MID" 设定 MIDI 档案及路径，可以是相对或绝对。声音文件可以是 WAV、MIDI、MP3 等类型的文件。

AUTOSTART = TRUE 是否在音乐档传完之后，就自动播放音乐。TRUE 为是，FALSE 为否（内定值）。

LOOP = INFINITE 是否自动反复播放。LOOP = 2 表示重复两次，INFINITE 表示重复多次。直到网页关闭为止。

8. 表单的设计

1）表单

表单在 Web 网页中用来给访问者填写信息，从而能采集客户端信息，使网页具有交互的功能。一般是将表单设计在一个 HTML 文档中，当用户填写完信息后做提交（submit）操作，于是表单的内容就从客户端的浏览器传送到服务器上，经过服务器上的 ASP 或 CGI 等处理程序处理后，再将用户所需信息传送回客户端的浏览器上，这样网页就具有了交互性。这里只介绍 HTML 标志来设计表单。

表单是由窗体和控件组成的，一个表单一般应该包含用户填写信息的输入框、提交和按钮等，这些输入框、按钮叫作控件，表单很像容器，它能够容纳各种各样的控件。

一个表单用 < form > </form > 标志来创建，也即定义表单的开始和结束位置，在开始和结束标志之间的一切定义都属于表单的内容。< form > 标志具有 action、method 和 target 属性。action 的值是处理程序的程序名（包括网络路径：网址或相对路径），如 < form action = "用来接收表单信息的 url" >，如果这个属性是空值（""）则当前文档的 URL 将被使用，当用户提交表单时，服务器将执行网址里面的程序（一般是 CGI 程序）。method 属性用来定义处理程序从表单中获得信息的方式，可取值为 GET 和 POST 的其中一个。GET 方式是处理程序从当前 HTML 文档中获取数据，然而这种方式传送的数据量是有所限制的，一般限制在 1KB（255 个字节）以下。POST 方式与 GET 方式相反，它是当前的 HTML 文档把数据传送给处理程序，传送的数据量要比使用 GET 方式的大得多。target 属性用来指定目标窗口或目标帧，可选当前窗口_ self，父级窗口_ parent，顶层窗口_ top，空白窗口_ blank。

表单标签的格式为：

< FORM action = " url" method = get | post name = "myform" target = " _ blank" > … </FORM >

2）写入标记 < input >

在 HTML 语言中，标记 < input > 具有重要的地位，它能够将浏览器中的控件加载到 HTML 文档中，该标记是单个标记，没有结束标记。< input type = " " > 标志用来定义一个用户输入区，用户可在其中输入信息。此标志必须放在 < form > </form > 标志对之间。< input type = " " > 标志中共提供了九种类型的输入区域，具体是哪一种类型由 type 属性来决定（表 9.9）。

表 9.9 type 属性值定义

type 属性取值	输入区域类型	控件的属性及说明
< input type = " TEXT" size = " " maxlength = " " >	单行的文本输入区域，size 与 maxlength 属性用来定义此种输入区域显示的尺寸大小与输入的最大字符数	①name 定义控件名称； ②value 指定控件初始值，该值就是浏览器被打开时文本框中的内容； ③size 指定控件宽度，表示该文本输入框所能显示的最大字符数； ④maxlength 表示该文本输入框允许用户输入的最大字符数； ⑤onchang 当文本改变时要执行的函数； ⑥onselect 当控件被选中时要执行的函数； ⑦onfocus 当文本接受焦点时要执行的函数
< input type = "button" >	普通按钮，当这个按钮被点击时，就会调用属性 onclick 指定的函数，在使用这个按钮时，一般配合使用 value 指定在它上面显示的文字，用 onclick 指定一个函数，一般为 JavaScript 的一个事件	这三个按钮有下面共同的属性： ①name 指定按钮名称； ②value 指定按钮表面显示的文字； ③onclick 指定单击按钮后要调用的函数； ④onfocus 指定按钮接受焦点时要调用的函数
< input type = "SUBMIT" >	提交到服务器的按钮，当这个按钮被点击时，就会连接到表单 form 属性 action 指定的 URL 地址。	
< input type = "RESET" >	重置按钮，单击该按钮可将表单内容全部清除，重新输入数据	
< input type = " CHECKBOX" checked >	一个复选框，checked 属性用来设置该复选框缺省时是否被选中，右边示例中使用了三个复选框	checkbox 用于多选，有以下属性： ①name 定义控件名称； ②value 定义控件的值； ③checked 设定控件初始状态是被选中的； ④onclick 定义控件被选中时要执行的函数； ⑤onfocus 定义控件为焦点时要执行的函数

续表

type 属性取值	输入区域类型	控件的属性及说明
< input type = " HID-DEN" >	隐藏区域,用户不能在其中输入,用来预设某些要传送的信息	hidden 隐藏控件,用于传递数据,对用户来说是不可见的;属性有: ①name 控件名称; ②value 控件默认值; ③hidden 隐藏控件的默认值会随表单一起发送给服务器
< input type = " IMAGE" src = "URL" >	使用图像来代替 Submit 按钮,图像的源文件名由 src 属性指定,用户点击后,表单中的信息和点击位置的 X、Y 坐标一起传送给服务器	①name 指定图像按钮名称; ②src 指定图像的 URL 地址
< input type = " PASS-WORD" >	输入密码的区域,当用户输入密码时,区域内将会显示" * "号	password 口令控件表示该输入项的输入信息是密码,在文本输入框中显示" * ",属性有: ①name 定义控件名称; ②value 指定控件初始值,该值就是浏览器被打开时在文本框中的内容; ③size 指定控件宽度,表示该文本输入框所能显示的最大字符数; ④maxlegnth 表示该文本输入框允许用户输入的最大字符数
< input type = "RADIO" >	单选按钮类型,checked 属性用来设置该单选框缺省时是否被选中,右边示例中使用了三个单选框	radio 用于单选,有以下属性: ①name 定义控件名称; ②value 定义控件的值; ③checked 设定控件初始状态是被选中的; ④onclick 定义控件被选中时要执行的函数; ⑤onfocus 定义控件为焦点时要执行的函数,当为单选项时,所有按钮的 name 属性必须相同

以上类型的输入区域有一个公共的属性 name,此属性给每一个输入区域一个名字。这个名字与输入区域是一一对应的,即一个输入区域对应一个名字。服务器就是通过调用某一输入区域的名字的 value 值来获得该区域的数据的。而 value 属性是另一个公共属性,它可用来指定输入区域的缺省值。其应用格式为:

<input 属性1 属性2…… >

常用属性有:

(1) name 控件名称;

(2) type 控件类型如 botton 普通按钮、text 文本框等;

（3）align 指定对齐方式，可取 top、bottom、middle；

（4）size 指定控件的宽度；

（5）value 用于设定输入默认值；

（6）maxlength 在单行文本的时候允许输入的最大字符数；

（7）src 插入图像的地址；

（8）event 指定激发的事件。

【例 9.4】　　exam－9－4. html

＜ html ＞

＜ head ＞

＜ title ＞&lt；input&gt；的控件 ＜/title ＞

＜/head ＞

＜ body ＞

＜ center ＞

＜ h2 ＞＜ font color = "#339933"　＞&lt；input&gt；控件的使用 ＜/font ＞＜/h2 ＞

＜/center ＞

＜ pre ＞

＜ form action = " " method = " post" target = " _ parent"　＞

单行的文本输入区域：＜ INPUT class = nine name = T1 ＞

普通按钮：＜ INPUT class = nine name = B1 type = submit value = Submit ＞

提交按钮：＜ INPUT class = nine name = B1 type = submit value = Submit ＞

重置按钮：＜ INPUT name = B1 type = reset value = Reset ＞

复选框：你喜欢哪些教程：＜ INPUT name = C1 type = checkbox value = ON ＞ Html 入门 ＜ INPUT CHECKED name = C2 type = checkbox value = ON ＞ 动态 Html ＜ INPUT name = C3 type = checkbox value = ON ＞ ASP

图像来代替 Submit 按钮：＜ INPUT border = 0 height = 20 name = I2 src = " ../../imge/nnn. gif"

type = image width = 65 ＞

密码的区域：＜ INPUT class = nine name = p1

type = password ＞　＜/P ＞

单选按钮：你的休闲爱好是什么：＜ INPUT CHECKED name = R1 type = radio value = V1 ＞ 音乐 ＜ INPUT name = R1 type = radio value = V2 ＞ 体育 ＜ INPUT name = R1 type = radio value = V3 ＞ 旅游

＜/form ＞

＜/pre ＞

＜ a href = " #" onClick = " window. history. back（）"　＞＜ FONT size = 4 ＞ 返回 ＜/FONT ＞＜/A ＞＜/ SUB ＞

＜/pre ＞

＜/body ＞

＜/html ＞

例 9.4 的示意图如图 9.6 所示。

由于篇幅限制，关于 HTML 的内容本章不再赘述，请有兴趣的读者查阅相关资料，比如 W3school 网站等。

图 9.6　例 9.4 的示意图

9.3　多媒体技术应用

9.3.1　音频技术

1. 音频的获取与常见格式文件

音频技术是声音信号的拾音（声电转换）、传输（广播、因特网）、存储（录音）、重放（电声转换）的技术。它涉及的行业十分广泛，包括广播、唱片、电影、扩声（厅堂，体育场馆，会议系统）、消费电子家用音频放声设备等。

在计算机里，所有的信息都是以数字形式表示的，声音信号也用一系列数字表示，称为数字音频。数字音频技术主要包括声音的采集、无失真数字化、压缩与解压缩，以及声音的播放。

在音频技术中，数字音频信息的主要格式文件有 WAV 文件、MP3 文件、MIDI 文件、WMA 文件和 FLAC 文件等。

1）WAV 文件

WAV 文件是微软公司开发的一种声音文件格式，用于保存 Windows 平台的音频信息资源，被 Windows 平台及其应用程序所支持。"∗.WAV"格式支持 MSADPCM、CCITT A LAW 等多种压缩算法，支持多种音频位数、采样频率和声道。标准格式的 WAV 文件和 CD 格式一样，也是 44.1K 的采样频率，速率 88K/s，16 位量化位数，是 PC 机上广为流行的声音文件格式，几乎所有的音频编辑软件都"认识"WAV 格式。

2）MP3 文件

MP3 格式诞生于 20 世纪 80 年代的德国，MP3 指的也就是 MPEG 标准中的音频部分，也就是 MPEG 音频层。根据压缩质量和编码处理的不同分为 3 层，分别对应"＊.mp1" "＊.mp2""＊.mp3"这 3 种声音文件。MPEG 音频文件的压缩是一种有损压缩，MPEG 音频编码具有 10∶1 ~ 12∶1 的高压缩率，同时基本保持低音频部分不失真。MP3 格式压缩音乐的采样频率有很多种，可以用 64Kbps 或更低的采样频率节省空间，也可以用 320Kbps 的标准达到极高的音质。

3）MIDI 文件

MIDI（Musical Instrument Digital Interface）文件允许数字合成器和其他设备交换数据。MIDI 文件是记录声音的信息，然后在告诉声卡如何再现音乐的一组指令。这样一个 MIDI 文件每存储 1 分钟的音乐只用大约 5 ~ 10KB。今天，MIDI 文件主要用于原始乐器作品、流行歌曲的业余表演、游戏音轨以及电子贺卡等。

4）WMA 文件

WMA（Windows Media Audio）格式来自微软，它和日本 YAMAHA 公司开发的 VQF 格式一样，是以减少数据流量但保持音质的方法来达到比 MP3 压缩率更高的目的，WMA 的压缩率一般都可以达到 18∶1 左右，WMA 的另一个优点是内容提供商可以通过 DRM（Digital Rights Management）方案如 Windows Media Rights Manager 7 加入防拷贝保护。另外 WMA 还支持音频流（Stream）技术，适合在网络上在线播放。

5）FLAC 文件

FLAC 是 Free Lossless Audio Codec 的缩写，中文名为无损音频压缩编码。FLAC 是一套著名的自由音频压缩编码，特点是无损压缩。不同于其他有损压缩编码如 MP3，它不会破坏任何原有的音频资讯，所以可以还原音乐光盘音质。它已被很多软件及硬件音频产品所支持。FLAC 是免费的并且支持大多数的操作系统。

2. 语音识别技术

语音识别是一门交叉学科。近二十年来，语音识别技术取得显著进步，已经从实验室走向了市场。目前语音识别技术在工业、家电、通信、汽车电子、医疗、家庭服务、消费电子产品等各个领域得到了良好的发展与应用。语音识别技术所涉及的领域包括信号处理、模式识别、概率论和信息论、发声机理和听觉机理、人工智能等。图 9.7 展示了一个典型的语音识别界面。

图 9.7　语音识别界面

中国物联网校企联盟形象得把语音识别比作为"机器的听觉系统"。语音识别技术就是让机器通过识别和理解过程把语音信号转变为相应的文本或命令的技术。语音识别技术主要包括特征提取技术、模式匹配准则及模型训练技术三个方面。语音识别的实现原理如图 9.8 所示。

声学特征的提取与选择是语音识别的一个重

图 9.8　语音识别的实现原理

要环节。声学特征的提取既是一个信息大幅度压缩的过程，也是一个信号解卷过程，目的是使模式划分器能更好地划分。由于语音信号的时变特性，特征提取必须在一小段语音信号上进行，即进行短时分析。这一段被认为是平稳的分析区间称之为帧，帧与帧之间的偏移通常取帧长的 1/2 或 1/3。通常要对信号进行预加重以提升高频，对信号加窗以避免短时语音段边缘的影响。

语音识别方法主要是模式匹配法。在训练阶段，用户将词汇表中的每一词依次说一遍，并且将其特征矢量作为模板存入模板库。在识别阶段，将输入语音的特征矢量依次与模板库中的每个模板进行相似度比较，将相似度最高者作为识别结果输出。

根据识别的对象不同，语音识别任务大体可分为 3 类，即孤立词识别（Isolated Word Recognition）、关键词识别（Keyword Spotting，或称关键词检出）和连续语音识别。其中，孤立词识别的任务是识别事先已知的孤立的词，如"开机""关机"等；连续语音识别的任务则是识别任意的连续语音，如一个句子或一段话。连续语音流中的关键词检测针对的是连续语音，但它并不识别全部文字，而只是检测已知的若干关键词在何处出现，如在一段话中检测"计算机""世界"这两个词。

根据针对的发音人，可以把语音识别技术分为特定人语音识别和非特定人语音识别，前者只能识别一个或几个人的语音，而后者则可以被任何人使用。显然，非特定人语音识别系统更符合实际需要，但它要比针对特定人的识别困难得多。

另外，根据语音设备和通道，语音识别可以分为桌面（PC）语音识别、电话语音识别和嵌入式设备（手机、PDA 等）语音识别。不同的采集通道会使人的发音的声学特性发生变形，因此需要构造各自的识别系统。

语音识别的应用领域非常广泛，常见的应用系统有：（1）语音输入系统，相对于键盘输入方法，它更符合人的日常习惯，也更自然、更高效；（2）语音控制系统，即用语音来控制设备的运行，相对于手动控制来说更加快捷、方便，可以用在诸如工业控制、语音拨号系统、智能家电、声控智能玩具等许多领域；（3）智能对话查询系统，根据客户的语音进行操作，为用户提供自然、友好的数据库检索服务，例如家庭服务、宾馆服务、旅行社服务系统、订票系统、医疗服务、银行服务、股票查询服务等。

近年来，语音识别在移动终端上的应用最为火热，语音对话机器人、语音助手、互动工具等层出不穷，许多互联网公司纷纷投入人力、物力和财力展开此方面的研究和应用，目的是通过语音交互的新颖和便利模式迅速占领客户群。目前，国外的应用一直以苹果的 siri 为龙头。而国内方面，科大讯飞、云知声、盛大、捷通华声、搜狗语音助手、紫冬口译、百度语音等系统都采用了最新的语音识别技术，市面上其他相关的产品也直接或间接嵌入了类似的技术。

9.3.2 图形图像

图形区别于标记、标志与图案，它既不是一种单纯的符号，更不是单一以审美为目的的一种装饰，而是在特定的思想意识支配下的某一个或多个视觉元素组合的一种蓄意的刻画和表达形式。它是有别于词语、文字、语言的视觉形式，可以通过各种手段进行大量复制，是传播信息的视觉形式。

从计算机的角度看，图形是指由外部轮廓线条构成的矢量图，即由计算机绘制的直线、圆、矩形、曲线、图表等。图形用一组指令集合来描述图形的内容，如描述构成该图的各种图元位置维数、形状等。描述对象可任意缩放不会失真。在显示方面图形使用专门软件将描述图形的指令转换成屏幕上的形状和颜色。适用于描述轮廓不很复杂，色彩不是很丰富的对象，如几何图形、工程图纸、CAD、3D造型软件等。

图像是客观对象的一种相似性的、生动性的描述或写真，是人类社会活动中最常用的信息载体，或者说图像是客观对象的一种表示，它包含了被描述对象的有关信息，它是人们最主要的信息源。据统计，一个人获取的信息大约有75%来自视觉。

广义上，图像就是所有具有视觉效果的画面，它包括纸介质上的、底片或照片上的、电视、投影仪或计算机屏幕上的。根据图像记录方式的不同图像可分为两大类：模拟图像和数字图像，模拟图像可以通过某种物理量（如光、电等）的强弱变化来记录图像亮度信息，例如模拟电视图像；而数字图像则是用计算机存储的数据来记录图像上各点的亮度信息。

图像用数字任意描述像素点、强度和颜色。描述信息文件存储量较大，所描述对象在缩放过程中会损失细节或产生锯齿。在显示方面它是将对象以一定的分辨率分辨以后将每个点的色彩信息以数字化方式呈现，可直接快速在屏幕上显示。分辨率和灰度是影响显示的主要参数。图像适用于表现含有大量细节（如明暗变化、场景复杂、轮廓色彩丰富）的对象，如照片、绘图等。通过图像软件可进行复杂图像的处理以得到更清晰的图像或产生特殊效果。

由于图形只保存算法和相关控制点即可，因此图形文件所占用的存储空间一般较小，但在进行屏幕显示时，由于需要扫描转换的计算过程，因此显示速度相对于图像来说略显得慢一些，但输出质量较好。在计算机中常用的图像存储格式有 BMP、TIFF、JPEG、GIF、PSD、EPS、PDF 等格式。

（1）BMP 格式是 Windows 中的标准图像文件格式，它以独立于设备的方法描述位图，各种常用的图形图像软件都可以对该格式的图像文件进行编辑和处理。

（2）TIFF 格式是常用的位图像格式，TIFF 位图可具有任何大小的尺寸和分辨率。用于打印、印刷输出的图像建议存储为该格式。

（3）JPEG 格式是一种高效的压缩格式，可对图像进行大幅度的压缩，最大限度地节约网络资源，提高传输速度，因此用于网络传输的图像。

（4）GIF 格式可在各种图像处理软件中通用，是经过压缩的文件格式，因此一般占用空间较小，适合于网络传输，一般用于存储动画效果图片。

（5）PSD 格式是 Photoshop 软件中使用的一种标准图像文件格式，可以保留图像的图层信息、通道蒙版信息等，便于后续修改和特效制作。一般在 Photoshop 中制作和处理的图像建议存储为该格式，以最大限度地保存数据信息，待制作完成后再转换成其他图像文件格式，进行后续的排版、拼版和输出工作。

图像的基本属性主要有像素、分辨率、色彩深度等。

1. 像素与分辨率

像素是指在由一个数字序列表示的图像中的一个最小单位。从像素的思想派生出几个其他类型的概念，如体素、纹素和曲面元素，它们被用于其他计算机图形学和图像处理应用。我们可以讨论在一幅可见的图像中的像素（如打印出来的一页）或者用电子信号表示的像素，或者用数码表示的像素，或者显示器上的像素，或者数码相机（感光元素）中的像素。

分辨率决定了位图图像细节的精细程度。分辨率是度量位图图像内数据量多少的一个参数，通常表示成每英寸像素（Pixel Per Inch，PPI）和每英寸点（Dot Per Inch，DPI）。包含的数据越多，图形文件的长度就越大，也能表现更丰富的细节。但更大的文件需要耗用更多的计算机资源，更多的内存，更大的硬盘空间等。假如图像包含的数据不够充分（图形分辨率较低），就会显得相当粗糙，特别是把图像放大为一个较大尺寸观看的时候。所以在图片创建期间，必须根据图像最终的用途决定正确的分辨率。这里的技巧是要保证图像包含足够多的数据，能满足最终输出的需要；同时要适量，尽量少占用一些计算机的资源。

通常，分辨率被表示成每一个方向上的像素数量，比如 640×480 等。某些情况下也可以同时表示成每英寸像素以及图形的长度和宽度，比如 72ppi 和 8 英寸×6 英寸。PPI 和 DPI 经常都会出现混用现象。从技术角度说，"像素"(P) 只存在于计算机显示领域，而"点"（D）只出现于打印或印刷领域。

分辨率和图像的像素有直接关系。比如，一张分辨率为 640×480 的图片，那它的分辨率就达到了 307200 像素，也就是我们常说的 30 万像素，而一张分辨率为 1600×1200 的图片，它的像素就是 200 万。这样就知道，分辨率的两个数字表示的是图片在长和宽上占的点数的单位。一张数码图片的长宽比通常是 4∶3。LCD 液晶显示器和传统 CRT 显示器，分辨率都是重要的参数之一。CRT 所支持的分辨率较有弹性，而 LCD 的像素间距已经固定，所以支持的显示模式不像 CRT 那么多。LCD 的最佳分辨率，也叫最大分辨率，在该分辨率下，液晶显示器才能显现最佳影像。表 9.10 为显示器的分辨率。表 9.11 为照相机的分辨率。

表 9.10　显示器分辨率一览

标屏	分辨率	宽屏	分辨率
QVGA	320×240	WQVGA	400×240
VGA	640×480	WVGA	800×480
SVGA	800×600	WSVGA	1024×600
XGA	1024×768	WXGA	1280×720/1280×768/1280×800
XGA+	1152×864	WXGA+	1366×768
SXGA	1280×1024/1280×960	WSXGA	1440×900
SXGA+	1400×1050	WSXGA+	1680×1050
UXGA	1600×1200	WUXGA	1920×1200
QXGA	2048×1536	WQXGA	2560×1600

表 9.11　数码照相机分辨率一览

百万像素，M	4∶3 分辨率	16∶9 分辨率
0.3	640×480	720×405
1	1152×864	1366×768
1.5	1400×1050	1600×900
2	1600×1200	1920×1080
4	2304×1728	2560×1440
5	2592×1944	3072×1728
10	3672×2754	
20	5120×3840	
30	6400×4800	

2. 色彩深度

色彩深度是指计算机图形学领域里表示在位图或者视频帧缓冲区中储存 1 个像素的颜色所用的位数，它也称为位/像素（bpp）。色彩深度越高，可用的颜色就越多。彩色或灰度图像的颜色一般用 4bit、8bit、16bit、32bit 等表示。色彩深度是用"n 位颜色"来说明的。当色彩深度达到或者高于 24bit 时，且图像色彩和表现力非常不错，基本还原了自然影像，就叫真彩色图像。

9.3.3 数字图像处理技术

图像处理分为模拟图像处理和数字图像处理两大类。数字图像处理是指将图像信号转换成数字信号并采用计算机等硬件设备进行处理的过程，其目的在于恢复图像的本来面目，改善人们的视觉效果，突出图像中目标物的某些特征，提取目标物的特征参数，以方便后续的图像存储、传输等操作。

1. 数字图像处理技术的特点

（1）能进行复杂运算且处理精度高。图像处理工具主要是计算机及相关硬件设备，它们能完成人类无法完成的工作。现有技术手段能够将模拟图像数字化，转化为特定大小的多维数组，然后通过硬件设备把每个像素的灰度等级量化，也即人们常说的 8 位、16 位图像，甚至更高位图像。

（2）再现性好。图像在数字化时不会因为图像的存储、传输或复制等一系列变换操作而导致图像质量退化，经过数字图像处理的一系列过程能够较好地再现图像。

（3）应用面广。数字图像处理技术发展至今已近百年，现已广泛应用于各个领域。上到遥感、航空航天，下到利用数字图像处理软件（如 Matlab、Photoshop）修复图片、自制个性化照片等，其应用领域主要包括生物医学工程、通信工程、工业工程、军事公安、机器人视觉以及各种日常用途，如视屏编辑、广告设计与制作、发型设计、老（旧）照片修复、金融银行、建筑设计等。

（4）适用面宽。图像信息来源多样、分布广。小到电子显微镜，大到天文望远镜的图像，即使不同来源、不同大小，都可以按照数字图像处理的原理和流程转化为数字信号后进行编码。其原理和处理过程大同小异，大部分用多维数组表示，最后由计算机等硬件设备进行处理。

（5）灵活性高。数字图像处理将图像信号转换成数字信号后，能够利用数学手段和数学工具进行运算处理，既能完成相关的线性运算，又能实现非线性处理。

2. 数字图像处理技术研究的内容

（1）图像获取。图像获取即物体成像并将模拟图像转换成数字图像的过程。为了满足人们正常使用的需要，需在计算机等硬件设备上对图像进行加工处理。其中图像获取至关重要，它是后续图像处理的关键前提，并且获取图像的质量好坏直接影响到后续处理与识别效果。该步骤通常由扫描仪、摄像机等获取图像的物理设备完成。

（2）图像重建。图像重建通过对物体外部进行测量获得数据，并经数字图像处理后获得多维物体形状信息的技术。其原理较为简单，也可以用直观的方法来描述。图像重建中最早与最广泛的应用是 X 射线计算机断层 CT。

（3）图像增强。图像增强是利用数学方法和变换手段等方法，改善视觉效果，提高图像的对比度、清晰度，并突显图像细节和感兴趣的部分，为后续的图像处理操作提供更好的辨识度。图像增强包括图像变化、滤波等，实现图像增强的技术主要有基于单一图像自身的增强和基于多幅图像融合所进行的增强。现阶段图像增强的主要算法有两种类型：空域算法和频域算法，前者直接对某一点的像素值做特定操作以获得图像增强的效果，例如灰度变换、直方均衡、直方匹配等；后者则首先将图像转换到频域，即傅里叶变换，然后再进行傅里叶逆变换，从而得到增强后的图像。

（4）图像恢复，包括图像的复原、修复、补全等。在图像获取、复制等过程中可能导致信息丢失，最后造成图像缺损，无法满足视觉和正常使用要求，把这类缺损的图像恢复到真实图像的过程即图像复原。现阶段采用的主要技术手段有基于变分偏微分方程修复技术、基于纹理合成修复技术和基于图像分解的修复技术等。

（5）图像编码（压缩）。根据相应规则对数字化图像进行排列、运算等操作的过程，称为图像编码。根据图像内在特性，通过特殊的编码方式，减少原图像数据时、空占用量的处理称为图像压缩。由于数字图像中各个像素不分离，且相关性大，因此图像处理中信息压缩的潜力很大。

数字图像处理软件十分丰富。在印前处理领域常用的图形处理软件包括 Corel 公司的 CorelDraw、Adobe 公司的 Photoshop、Macromedia 公司的 Freehand、三维动画制作软件 3Dmax 等；此外，在计算机辅助设计与制造等工程领域，常用的图形处理软件还包括 AutoCAD、GHCAD、Pro/E、UG、CATIA、MDT、CAXA 电子图版等。这些软件可以绘制矢量图形，以数学方式定义页面元素的处理信息，可以对矢量图形及图元独立进行移动、缩放、旋转和扭曲等变换，并可以不同的分辨率进行图形输出。

9.3.4 数字视频

数字视频就是先用摄像机之类的视频捕捉设备，将外界影像的颜色和亮度信息转变为电信号，再记录到储存介质。播放时，视频信号被转变为帧信息，并以每秒约 30 帧的速度投影到显示器上，使人类的眼睛认为它是连续不间断地运动着的。电影播放的帧率大约是每秒24 帧。如果用示波器（一种测试工具）来观看，未投影的模拟电信号看起来就像脑电波的扫描图像，由一些连续锯齿状的山峰和山谷组成。

为了存储视觉信息，模拟视频信号的山峰和山谷必须通过数字/模拟（D/A）转换器来转变为数字的 0 或 1。这个转变过程就是我们所说的视频捕捉（或采集过程）。如果要在电视机上观看数字视频，则需要一个从数字到模拟的转换器将二进制信息解码成模拟信号，才能进行播放。

模拟视频的数字化包括不少技术问题，如电视信号具有不同的制式而且采用复合的YUV 信号方式，而计算机工作在 RGB 空间；电视机是隔行扫描，计算机显示器大多逐行扫描；电视图像的分辨率与显示器的分辨率也不尽相同等。因此，模拟视频的数字化主要包括色彩空间的转换、光栅扫描的转换以及分辨率的统一。

模拟视频一般采用分量数字化方式，先把复合视频信号中的亮度和色度分离，得到YUV 或 YIQ 分量，然后用三个模拟/数字转换器对三个分量分别进行数字化，最后再转换成RGB 空间。

视频文件格式是指视频保存的一种格式，常见的视频文件格式有 AVI、WMV、MPEG、MKV、RM、RMVB 等。

（1）AVI。比较早的 AVI 是 Microsoft 开发的。其含义是 Audio Video Interactive，就是把视频和音频编码混合储存。AVI 格式限制比较多，只能有一个视频轨道和一个音频轨道（现在有非标准插件可加入最多两个音频轨道），还可以有附加轨道，如文字等。AVI 格式不提供任何控制功能。

（2）WMV。WMV（Windows Media Video）是微软公司开发的一组数位视频编解码格式的通称，ASF（Advanced Systems Format）是其封装格式。ASF 封装的 WMV 具有数位版权保护功能。

（3）MPEG。MPEG（Moving Picture Experts Group）是一个国际标准组织（ISO）认可的媒体封装形式，受到大部分机器的支持。其储存方式多样，可以适应不同的应用环境。MPEG 的控制功能丰富，可以有多个视频（即角度）、音轨、字幕（位图字幕）等。MPEG的一个简化版本 3GP 还广泛地用于准 3G 手机上。

（4）MKV。MKV 是一种新的多媒体封装格式，这个封装格式可把多种不同编码的视频及 16 条或以上不同格式的音频和语言不同的字幕封装到一个 Matroska Media 内。它也是其中一种开放源代码的多媒体封装格式。MKV 同时还可以提供非常好的交互功能，而且比MPEG 更方便、强大。

（5）RM、RMVB。Real Video 或者称 Real Media（RM）是由 RealNetworks 开发的一种容器。它通常只能容纳 Real Video 和 Real Audio 编码的媒体，带有一定的交互功能，允许编

写脚本以控制播放。RM，尤其是可变比特率的 RMVB 格式，体积很小，非常受到网络下载者的欢迎。

动画涉及人类视觉效果的所有变化。视觉效果具有不同的自然特征，包括对象的位置、形状、颜色、透明度、构造、纹理和亮度、摄像的位置、方向及聚焦。而计算机动画是指由计算机所使用的图形软件工具所完成的具有视觉效果的动画，它一般也是以视频的方式进行存放，最常用的文件格式是 AVI。

9.4　多媒体数据压缩技术

随着通信、计算机和大众传播这三大技术更紧密的融合，计算机已不局限于数值计算、文字处理的范畴，同时成为处理图形、图像、文字和声音等多种多媒体信息的工具。

数字化后的视频和音频等媒体信息具有数据海量性，与当前硬件技术所能提供的计算机存储资源和网络带宽之间有很大差距，可以通过数据压缩技术解决该关键问题。在多媒体计算机技术的发展与进步的进程中，数据压缩技术扮演着举足轻重的角色。

由于媒体元素种类繁多、构成复杂，即数字计算机所要处理、传输和存储等的对象为数值、文字、语言、音乐、图形、动画、静态图像和电视视频图像等多种媒体元素，并且使他们在模拟量和数字量之间进行自由转换、信息吞吐、存储和传输。目前，虚拟现实技术要实现逼真的三维空间、3D 立体声效果和在实境中进行仿真交互，带来的突出问题是媒体元素数字化后数据量大得惊人。比如高保真立体声音频信号的采样频率为 44.1KHz、16 位采样精度，一分钟存储量为 10.34MB。一片 CD – ROM（存储量为 650MB）可存放约 63 分钟的音乐。如果使用 48KHz 采样频率的话，需要的存储量就更大了。

由此可以看出，数字化信息的数据量十分庞大，无疑给存储器的存储量、通信干线的信道传输率以及计算机的速度都增加了极大的压力。如果单纯靠扩大存储器容量、增加通信干线传输率的办法来解决问题是不现实的。通过数据压缩技术可以大大降低数据量，以压缩的形式存储和传输，既节约了存储空间，又提高了通信干线的传输效率，同时也使计算机得以实时处理音频、视频信息，保证播放出高质量的视频和音频节目。

经研究发现，与音频数据一样，图像数据中存在着大量的冗余。通过去除那些冗余数据可以极大地降低原始图像数据量，从而解决图像数据量巨大的问题。图像数据压缩技术就是研究如何利用图像数据的冗余性来减少图像数据量的方法。

多媒体数据压缩方法根据不同的依据可产生不同的分类。

第一种分类方法是根据解码后数据是否能够完全无丢失地恢复原始数据，可分为两种：

（1）无损压缩：也称为可逆压缩、无失真编码、熵编码等。其工作原理为去除或减少冗余值，但这些被去除或减少的冗余值可以在解压缩时重新插入数据中以恢复原始数据。它大多使用在对文本和数据的压缩上，压缩比较低，大致在 2∶1 ~ 5∶1。典型算法有哈夫曼编码、香农 – 费诺编码、算术编码、游程编码和 Lenpel-Ziv 编码等。

（2）有损压缩：也称不可逆压缩和熵压缩等。这种方法在压缩时减少了数据信息，是不能恢复的。在语音、图像和动态视频的压缩中，经常采用这类方法。它对自然景物的彩色图像压缩，压缩比可达到几十倍甚至上百倍。

这里解释一下熵。数据压缩不仅起源于 20 世纪 40 年代由克劳德·艾尔伍德·香农（Claude Elwood Shannon）首创的信息论，而且其基本原理即信息究竟能被压缩到多小，至今依然遵循信息论中的一条定理，这条定理借用了热力学中的名词"熵"（Entropy）来表示一条信息中真正需要编码的信息量：考虑用 0 和 1 组成的二进制数码为含有 n 个符号的某条信息编码，假设符号 F_n 在整条信息中重复出现的概率为 P_n，则该符号的熵也表示该符号所需的位数位为：$E_n = -\log_2(P_n)$。整条信息的熵即整条信息所需的位数为：$E = \sum E_n$。

第二种分类方法是按具体编码算法来分。实际上连续模拟信号进行数字采样表示时，通常采用奈斯特采样速率。若量化器为 N 级，即 $N = 2b$，则每一个采样的样本用 b 位的二进制代码表示。在信号的量化中，每一色彩分量一般用 8 位表示。编码器和解码器位于一个图像编码系统的起点和终点，它们实际上分别是 A/D 转换器和 D/A 转换器。以下所讨论的压缩技术编码方法都是在多媒体数据模拟信号经过编码后再进行的。

（1）预测编码（Predictive Coding，PC）：这种编码器记录与传输的不是样本的真实值，而是真实值与预测值之差。对于语音，就是通过预测去除语音信号时间上的相关性；对于图像来讲，帧内的预测去除空间冗余、帧间预测去除时间上的冗余。预测值由预编码图像信号的过去信息决定。由于时间、空间相关性，真实值与预测值的差值变化范围远远小于真实值的变化范围，因而可以采用较少的位数来表示。另外，若利用人的视觉特性对差值进行非均匀量化，则可获得更高压缩比。

（2）变换编码（Transform Coding，TC）：在变换编码中，由于对整幅图像进行变换的计算量太大，所以一般把原始图像分成许多个矩形区域，对子图像独立进行变换。变换编码的主要思想是利用图像块内像素值之间的相关性，把图像变换到一组新的"基"上，使得能量集中到少数几个变换系数上，通过存储这些系数而达到压缩的目的。采用离散余弦编码 DCT 变换消除相关性的效果非常好，而且算法快速，被普遍接受。

（3）统计编码：最常用的统计编码是哈夫曼编码，出现频率大的符号用较少的位数表示，而出现频率小的符号则用较多位数表示，编码效率主要取决于需要编码的符号出现的概率分布，越集中则压缩比越高。哈夫曼编码可以实现熵保持编码，所以是一种无损压缩技术，在语音和图像编码中常常和其他方法结合使用。

9.5　多媒体开发工具

多媒体符合现代信息社会的应用需求。目前，多媒体应用系统丰富多彩、层出不穷，已经深入人类学习、工作和生活的各个方面。与此同时，多媒体开发工具也得到快速发展。多媒体开发工具是基于多媒体操作系统基础上的多媒体软件开发平台，可以帮助开发人员组织编排各种多媒体数据及创作多媒体应用软件。这些多媒体开发工具综合了计算机信息处理的各种最新技术，如数据采集技术、音频视频数据压缩技术、三维动画技术、虚拟现实技术、超文本和超媒体技术等，并且能够灵活地处理、调度和使用这些多媒体数据，使其能和谐工作，形象逼真地传播和描述要表达的信息，真正成为多媒体技术的灵魂。

9.5.1　多媒体开发工具的类型

基于多媒体开发工具的创作方法和结构特点的不同，可将其划分为如下几类：

（1）基于时间的多媒体开发工具。基于时间的多媒体开发工具所制作出来的节目，是以可视的时间轴来决定事件的顺序和对象上演的时间。这种时间轴包括许多行道或频道，以使安排多种对象同时展现。它还可以用来编程控制转向一个序列中的任何位置的节目，从而增加了导航功能和交互控制。通常基于时间的多媒体开发工具中都具有一个控制播放的面板，它与一般录音机的控制面板类似。在这些创作系统中，各种成分和事件按时间路线组织。这种工具的优点主要有操作简便，形象直观，在一时间段内，可任意调整多媒体素材的属性，如位置、转向等；缺点主要是要对每一素材的展现时间做出精确安排，调试工作量大。基于时间的多媒体开发工具的典型代表是 Flash、Director 和 Action。

（2）基于图标或流线的多媒体开发工具。在这类开发工具中，多媒体成分和交互队列（事件）按结构化框架或过程组织为对象。它使项目的组织方式简化而且多数情况下是显示沿各分支路径上各种活动的流程图。创作多媒体作品时，开发工具提供一条流程线，供放置不同类型的图标使用。多媒体素材的展现是以流程为依据的，在流程图上可以对任一图标进行编辑。这类开发工具的主要优点有调试方便，在复杂的航行结构中，流程图有利于开发过程；缺点主要是当多媒体应用软件规模很大时，图标及分支增多，进而复杂度增大。这种工具的典型代表是 Authorware 和 IconAuthor。

（3）基于卡片或页面的多媒体开发工具。基于页面或卡片的多媒体开发工具提供一种可以将对象连接于页面或卡片的工作环境。一页或一张卡片便是数据结构中的一个节点，它类似于教科书中的一页或数据袋内的一张卡片，只是这种页面或卡片的结构比教科书上的一页或数据袋内的一张卡片的数据类型更为多样化。在基于页面或卡片的多媒体开发工具中，可以将这些页面或卡片连接成有序的序列。这类多媒体开发工具以面向对象的方式来处理多媒体元素，这些元素用属性来定义，用剧本来规范，允许播放声音元素及动画和数字化视频节目。在结构化的导航模型中，可以根据命令跳至所需的任何一页，形成多媒体作品。这种工具的优点主要有组织和管理多媒体素材方便；缺点是在要处理的内容非常多时，由于卡片或页面数量过大，不利于维护于修改。这种工具的典型代表是 ToolBook、PowerPoint 和 HyperCard。

（4）以传统程序语言为基础的多媒体开发工具。这种工具需要用户编程量较大，而且重用性差，不便于组织和管理多媒体素材，调试困难。这种工具的典型代表有 VB、VC 和 Delphi 等。

9.5.2　多媒体开发工具的特征

（1）编辑特性。在多媒体创作系统中，常包括一些编辑正文和静态图像的编辑器。

（2）组织特性。多媒体的组织、设计与制作过程涉及编写脚本及流程图。某些开发工具提供可视的流程图系统，或者在宏观上用图表示项目结构的工具。

（3）编程特性。多媒体开发系统通常提供下述编程方法：提示和图符的可视编程；脚本语言编程；传统的工具，如 Basic 语言或 C 语言编程；文档开发工具。借助图符进行可视编程大多数是最简单和最容易的创作过程。如果用户打算播放音频或者把一个图片放入项目中，只要把这些元素的图符拖进播放清单中即可，或者把它拖出来以删除它。像 Action、Authorware、IconAuthor 这样一些可视开发工具对放幻灯片和展示特别有用。开发工具提供脚本语言供导向控制之用，并使用户的输入功能更强，如 HyperCard、SuperCard、Macromedia、Director 及 Tool 一样。脚本语言提供的命令和功能越多，开发系统的功能越强。

（4）交互式特性。交互式特性使项目的最终用户能够控制内容和信息流。开发工具应提供一个或多个层次的交互特性。

（5）性能精确特性。复杂的多媒体应用常常要求事件精确同步。因为用于多媒体项目开发和提交的各种计算机性能差别很大，要实现同步是有难度的。某些开发工具允许用户把产品播放的速度锁死到某一个特定的计算机上，但其他什么功能也不提供。在很多情况下，需要使用自己创作的脚本语言和传统的编程工具，再由处理器构成的系统定时和定序。

（6）播放特性。在制作多媒体项目的时候，要不断地装配各种多媒体元素并不断测试，以便检查装配的效果和性能。开发系统应具有建立项目的一个段落或一部分并快速测试的能力。测试时就好像用户在实际使用它一样，一般需要花大量的时间在建立和测试间反复进行。

（7）提交特性。提交项目的时候，可能要求使用多媒体创作工具建立一个运行版本。

9.5.3 常见多媒体开发工具

1. Adobe Photoshop

Adobe Photoshop，简称 PS，是由 Adobe Systems 开发和发行的图像处理软件。PS 主要处理以像素所构成的数字图像，使用其众多的编修与绘图工具，可以有效地进行图片编辑工作。PS 有很多功能，在图像、图形、文字、视频、出版等各方面都有涉及。2003 年，Adobe Photoshop 8 被更名为 Adobe Photoshop CS。2013 年 7 月，Adobe 公司推出了新版本的 Photoshop CC，自此，Photoshop CS6 作为 Adobe CS 系列的最后一个版本被新的 CC 系列取代。2018 年 1 月，Adobe 正式推出了 Photoshop CC 19.1 版本，"选取对象"功能正式上线，不管是人物、动物、车辆、玩具，只需一个按钮，就能快速选取对象，对其进行抠图。PS 支持 Windows 操作系统、安卓系统与 Mac OS，Linux 操作系统用户可以通过使用 Wine 来运行 PS。

2. Adobe Dreamweaver

Adobe Dreamweaver 是美国 Macromedia 公司开发的集网页制作和管理网站于一身的所见即所得网页编辑器，是第一套针对专业网页设计师特别发展的视觉化网页开发工具，利用它可以轻而易举地制作出跨越平台限制和跨越浏览器限制的充满动感的网页。Macromedia 公司成立于 1992 年，2005 年被 Adobe 公司收购。Adobe Dreamweaver 使用所见即所得的接口，也有 HTML 编辑的功能。它有 Mac 和 Windows 系统的版本。随 Macromedia 被 Adobe 收购后，Adobe 也开始开发了 Linux 版本的 Adobe Dreamweaver。Adobe Dreamweaver 自 MX 版本开始，使用了 Opera 的排版引擎 Presto 作为网页预览。

3. Flash

Flash 是美国 Macromedia 公司所设计的一种二维动画软件。网页设计者使用 Flash 创作出既漂亮又可改变尺寸的导航界面以及其他奇特的效果。Flash 的前身是 Future Wave 公司的 Future Splash，是世界上第一个商用的二维矢量动画软件，用于设计和编辑 Flash 文档。Flash 通常包括用于设计和编辑 Flash 文档的 Macromedia Flash，以及用于播放 Flash 影片的 Flash Player。现在，Flash 已经被 Adobe 购买。

4. 3DS Max

3DS Max 全称 3D Studio Max，是 Autodesk 公司开发的三维动画渲染和制作软件。3DS Max 广泛应用于广告、影视、工业设计、建筑设计、多媒体制作、游戏、辅助教学以及工程可视化等领域，其当前最新版本为 3DS Max 2017 版。

5. PowerPoint

Powerpoint 是 Microsoft 公司推出的 Office 系列产品之一，主要用于演示文稿的创建，即幻灯片的制作。Powerpoint 可以用于设计制作专家报告、教师授课、产品演示、广告宣传的电子版幻灯片，制作的演示文稿可以通过计算机屏幕或投影机播放。PowerPoint 是制作和演示幻灯片的软件，能够制作出集文字、图形、图像、声音以及视频剪辑等多媒体元素于一体的演示文稿，把自己所要表达的信息组织在一组图文并茂的画面中，用于介绍公司的产品、展示自己的学术成果。

9.6　虚拟现实

随着计算机及人机交互手段的向前发展，虚拟现实（Virtual Reality，VR）的应用正逐步渗透到各个专业领域，涉及航天、军事、通信、医疗、教育、艺术、娱乐、建筑和商业等各个领域。虚拟现实是一种综合计算机图形技术、多媒体技术、传感器技术、人机交互技术、网络技术、立体显示技术以及仿真技术等多种科学技术而发展起来的计算机领域的新技术。

虚拟现实技术主要包括模拟环境、感知、自然技能。模拟环境是由计算机生成的、实时动态的三维立体逼真图像。感知是指理想的 VR 应该具有一切人所具有的感知，除计算机图形技术所生成的视觉感知外，还有听觉、触觉、力觉、运动等感知，甚至还包括嗅觉和味觉等，也称为多感知。自然技能是指人的头部转动，眼睛、手势、或其他人体行为动作，由计算机来处理与参与者的动作相适应的数据，并对用户的输入做出实时响应，并分别反馈到用户的五官。它主要涉及三个研究领域：通过计算机图形方式建立实时的三维视觉效果；建立对虚拟世界的观察界面；使用虚拟现实技术加强诸如科学计算技术等方面的应用。

9.6.1　虚拟现实技术的主要特征

虚拟现实技术是利用计算机生成一种模拟环境（如飞机驾驶舱、操作现场等），通过多种传感设备使用户"投入"该环境中，实现用户与该环境直接进行自然交互的技术，是一种可以创建和体验虚拟环境的计算机系统技术。虚拟现实技术有以下 4 种主要特征：

（1）多感知性，是指除一般计算机所具有的视觉感知外，还有听觉感知、触觉感知、运动感知，甚至还包括味觉、嗅觉、感知等。理想的虚拟现实应该具有一切人所具有的感知功能。

（2）存在感，又称沉浸感，是指用户感到作为主角存在于模拟环境中的真实程度，即除计算机技术所具有的视觉感知之外，还有听觉感知、力觉感知、触觉感知、运动感知，甚至还包括味觉感知、嗅觉感知等。理想的模拟环境应该具有一切人所具有的感知功能，达到使用户难以分辨真假的程度。

（3）交互性，是指参与者对模拟环境内物体的可操作程度和从环境得到反馈的自然程度（包括实时性）。例如，他可以用手去直接抓取模拟环境中的物体，这时手有握着东西的感觉，并可以感觉物体的重量，视场中被抓住的物体也立刻随着手的移动而移动。

（4）自主性，是指虚拟环境中物体依据各自的模型和规则按操作者的要求进行自主运动的程度。例如，当受到力的推动时，物体会向力的方向移动，或翻倒，或从桌面落到地面等。

9.6.2　虚拟现实系统的分类

根据虚拟现实所倾向的特征的不同，目前的虚拟现实系统可分为 4 种：桌面式、沉浸式、增强式和网络分布式虚拟现实系统。

（1）桌面式虚拟现实系统利用 PC 机或中、低档工作站作虚拟环境产生器，计算机屏幕或单投影墙是参与者观察虚拟环境的窗口。由于受到周围真实环境的干扰，它的沉浸感较差，但是成本相对较低，仍然比较普及。

（2）沉浸式虚拟现实系统主要利用各种高档工作站、高性能图形加速卡和交互设备，通过声音、力与触觉等方式，并且有效地屏蔽周围现实环境（如利用头盔显示器、3 面或 6 面投影墙），使得被试完全沉浸在虚拟世界中。

（3）增强式虚拟现实系统允许参与者看见现实环境中的物体，同时又把虚拟环境的图形叠加在真实的物体上。穿透型头戴式显示器可将计算机产生的图形和参与者实际的即时环境重叠在一起。该系统主要依赖于虚拟现实位置跟踪技术，以达到精确的重叠。

（4）网络分布式虚拟现实系统是由上述几种类型组成的大型网络系统，用于更复杂任务的研究。它的基础是分布交互模拟。

9.6.3　虚拟现实关键技术

（1）动态环境建模技术，它包括实际环境三维数据获取方法、非接触式视觉建模技术等；

（2）实时、限时三维动画技术，即实时三维图形生成技术；

（3）立体显示和传感技术，包括头盔式三维立体显示器、数据手套、力觉和触觉传感器技术等；

（4）快速、高精度的三维跟踪技术；

（5）系统集成技术，包括数据转换技术、语音识别与合成技术等。

9.6.4 典型的虚拟现实系统架构

下面介绍一种典型的虚拟现实系统架构。这种虚拟现实系统主要由 5 个部分组成：专业图形处理计算机；输入输出设备；应用软件系统；数据库；虚拟现实开发平台，如图 9.9 所示。专业图形处理计算机和输入输出设备是系统的硬件保障，应用软件系统建立输入输出设备到仿真场景的映射，数据库完成对场景中数据的管理与保存。

图 9.9　一种典型的虚拟现实系统架构

1. 硬件

1）输入设备

虚拟现实系统要求用户采用自然的方式与计算机进行交互，传统的鼠标和键盘等交互设备无法实现，需要采用特殊的设备。这些特殊设备需要使用专门设计的接口把用户命令输入计算机，同时把模拟过程中的反馈信息提供给用户。基于不同的功能和目的，有很多种虚拟现实接口用于解决多个感觉通道的交互。主要的输入设备有三维跟踪定位设备、人体运动捕捉设备、手部姿态输入设备及其他手控输入设备。

（1）三维定位跟踪设备。三维跟踪定位设备是虚拟现实系统中用于测量三维对象位置和方向实时变化的硬件设备。通常需要测量用户头部、手和四肢的运动，以便控制方向、运动和操作对象。三维空间中的活动对象有 6 个自由度，其中 3 个用于平移，3 个用于旋转。当对象高速运动时，需要迅速测量由这些参数定义的六维数据集。

（2）人体运动捕捉设备。人体运动捕捉技术出现在 20 世纪 70 年代，迪士尼公司曾试图通过捕捉演员的动作以改进动画制作效果。目前，人体运动捕捉技术已进入实用阶段，成功应用于虚拟现实、游戏等领域。人体运动捕捉的目的是把真实的人体动作完全附加到一个虚拟角色上，表现出真实人物的动作效果。人体运动捕捉设备由 4 个部分组成：传感器、信号捕捉设备、数据传输设备和数据处理设备。目前常用的人体运动捕捉设备是数据衣，它将大量光纤、电极等传感器安装在一套紧身服上，可以根据需要检测出人的四肢、腰部活动以及各关节（如腕关节、肘关节）的弯曲角度，用计算机重建出人体姿态。

（3）手部姿态输入设备。手部姿态输入设备用于测量用户手指（有时也包括手腕）的实时位置，其目的是实现基于手势识别的自然交互。手是人类与外界进行物理接触和意识表达的最主要媒介。在人机交互中，基于手的自然交互形式最为常见，相应的数字化设备也很多，这类产品中最为常见的就是数据手套。数据手套是一种穿戴在用户手上可以实时获取用户手掌、手指姿态的设备，可将手掌和手指伸屈时的各种姿势转换成数字信号传送给计算机。目前市面上有多种数据手套，区别在于采用的传感器不同，如美国 VPL 公司的数据手套采用的是光纤传感器，Vertex 公司的赛伯手套采用的是应变电阻片组成的传感器，Exos 公司的灵巧手套采用的是金属支架传感装置。

（4）其他手控输入设备。通过对传统的鼠标、键盘等交互设备改进，人们还设计出一些手控输入设备，如三维鼠标、力矩球等。三维鼠标可以完成在虚拟空间中 6 个自由度的操作，其工作原理是在鼠标内部装有超声波或电磁探测器，利用这个接收器和具有发射器的固定基座，就可以测量出鼠标离开桌面后的位置和方向。力矩球是一种可以提供 6 个自由度的桌面设备，它被安装在一个小型的固定平台上，通过测量手所施加的外力，将测量值转化为 3 个平移运动和 3 个旋转运动的值。

2）输出设备

输出设备为用户提供输入信息的反馈，即将各种感知信号转变为人所能接收的多通道刺激信号。输出设备主要有针对视觉感知的立体显示设备、听觉感知的声音输出设备以及人体表面感知的触觉力觉反馈设备。

（1）立体显示设备。虚拟现实系统的沉浸感主要来源于人类的视觉感知。三维立体视觉是虚拟现实系统的第一反馈通道。由于人类双眼的视差，为了让用户观察到立体的虚拟世界，就需要为用户的左右眼分别绘制出具有视差效果的场景画面，并且将画面单独传送给相应的眼睛。基于这种思路，设计了多种立体显示设备，如台式立体显示系统、头盔显示器、吊杆显示器等。台式立体显示系统由立体显示器和立体眼镜组成，如我们平时看到的 3D 电影。头盔显示器通常固定在用户头部，头与头盔之间不能有相对运动。头盔上配有三维定位跟踪设备，用于实时探测头部的位置和朝向，头部运动被一个电子单元采样并发送给计算机。计算机利用跟踪设备的反馈数据计算新的观察方向和视点位置，绘制更新后的虚拟场景图像并显示在头盔显示器的屏幕上。

（2）声音输出设备。声音输出设备是对立体显示设备提供的视觉反馈的补充。在虚拟现实系统中，主要使用耳机和喇叭这两类声音输出设备。

（3）触觉力觉反馈设备。触觉力觉反馈帮助用户在探索虚拟环境时，利用接触感来识别虚拟对象位置和方向，并操作和移动虚拟物体以完成某项任务。触觉反馈是指来自皮肤表面敏感神经传感器的触感，传送接触表面的几何结构、表面硬度、滑动和温度等实时信息。目前触觉反馈设备主要局限于手指接触感的反馈，有充气式触觉反馈设备，如英国先进机器人研究中心研制的 Teletact 充气式触觉手套；振动式触觉反馈设备，如形状记忆合金反馈设备；温度式触觉反馈设备，如日本 Hokkaido 大学开发的温度反馈设备。力觉反馈指身体的肌肉、肌腱和关节运动所能感受到的力量感和方向感，主要反馈虚拟对象表面柔顺性、重量和惯性等实时信息。

3）专业图形处理计算机

专业图形处理计算机是虚拟现实系统的关键部分，它从输入设备中读取数据，访问与任务相关的数据库，执行任务要求的实时计算，从而实时更新虚拟世界状态，并把结果反馈给输出设备。由于虚拟世界是一个复杂的场景，系统很难预测所有用户的动作，也很难在内存中存储所有状态，因此虚拟世界需要实时绘制和删除，这就大大地增加了计算量，对计算机的配置提出了极高的要求。

2. 软件

1）数据库

在虚拟现实系统中，数据库用来存放虚拟世界中所有对象模型的相关信息和系统需要的各种数据，例如地形数据、场景模型、各种建筑模型等。在虚拟世界中，场景需要实时绘制，大量的虚拟对象需要保存、调用和更新，所以需要数据库对对象模型进行分类管理。

2）应用软件系统

应用软件系统是实现虚拟现实技术应用的关键，提供了工具包和场景图，以降低编程任务的复杂性。虚拟现实系统使用的工具包分为 3 类：

（1）三维动画类。这类工具包用于构建三维场景以及场景中的对象，其效果逼真、制作简单，但不能精确控制，主要有 3DS Max、Maya、AutoCAD 等。

（2）网络场景类。这类工具包在服务器上实现，网络传输信息量少、控制灵活性不足，适用于开发在因特网上的应用，主要 World Toolkit、VRML、Java3D 等。

（3）直接控制类。这类工具包适用于场景建立时，对涉及的对象进行灵活、精确地控制，其编程要求较高，主要有 OpenGL、Direct3D 等。

用户根据现场要求选取合适的工具包。应用软件系统应用这些工具包和场景图来完成几何建模、运动建模、物理建模、行为建模和声音建模。几何建模描述了虚拟对象的形状（多边形、三角形、顶点和样条）以及外观（表面纹理、表面光强度和颜色）。

3）虚拟现实开发平台

虚拟现实开发平台用于三维图形驱动的建立和应用功能的二次开发，同时是连接虚拟现实外设、建立数学模型和应用数据库的基础平台，是整个虚拟现实系统的核心，负责整个虚拟现实场景的开发、运算、生成，连接和协调各子系统的工作和运转。目前主流的虚拟现实开发平台有以下几种。

（1）Vizard。Vizard 至今已有多年的历史。该平台容易上手，不需要丰富的编程经验，即使没有受过专业编程训练的人也能快速实现各种简单的三维交互场景。Vizard 的图形渲染引擎基于 C（C＋＋）实现，运用了最新的 OpenGL 扩展模块，将复杂的三维图形功能进行抽象化封装，并通过 Python 脚本语言提供编程接口。Vizard 支持众多外部输入输出设备，是通用性最好的虚拟现实开发平台。公司主页为 http：//www. worldviz. com。

（2）EON。EON 是一款能将生产研发与行销整合的专业虚拟现实软件。目前，EON 被世界公认为是整合性、延展性最好的虚拟现实开发展示系统。它可以读取 55 种 CAD 格式，支持99% 以上的外设而无需编程，同时支持多种立体显示方式，适用于工商业、学术界和军事单位使用。公司主页为 http：//www. eonreality. com。

（3）Quest3D。Quest3D 分为 3 个版本：Quest3DCreative 是目前最适合个人开发者使用的开发软件；Quest3DPower Edition 是完美的三维实时系统开发套件；Quest3DVR Edition 使得开发者可以与外部硬件相连并对外部设备进行控制。公司主页为 http：//quest3d. com。

此外，还有很多其他用于虚拟现实系统开发的平台，如中视典数字科技有限公司独立开发的 VR-Platform（VRP）三维虚拟现实平台软件、国内免费的专业虚拟现实仿真软件 Vestudio、Uni－3D 等。

9.7　办公自动化

9.7.1　办公自动化概述

办公自动化（Office Automation，OA）是将现代化办公和计算机网络功能结合起来的一种新型的办公方式，是当前新技术革命中一个技术应用领域，属于信息化社会的产物。在第一次全国办公自动化规划讨论会上提出办公自动化的定义为：利用先进的科学技术，使部分办公业务活动物化于人以外的各种现代化办公设备中，由人与技术设备构成服务于某种办公业务目的的人机信息处理系统。在行政机关中，大都把办公自动化叫作电子政务，企事业单位称 OA。

办公自动化技术分为三个不同的层次：第一个层次只限于单机或简单的小型局域网上的文字处理、电子表格、数据库等辅助工具的应用，一般称为事务型办公自动化系统；第二个层次是信息管理型的办公系统，是把事务型（或业务型）办公系统和综合信息（数据库）紧密结合的一种一体化的办公信息处理系统；决策支持型 OA 系统是第三个层次，它建立在信息管理级 OA 系统的基础上，使用由综合数据库系统所提供的信息，针对所需要做出决策的课题，构造或选用决策数字模型，结合有关内部和外部的条件，由计算机执行决策程序，做出相应的决策。

办公自动化系统一般均以公文处理和事务管理为核心，同时提供信息通信与服务等重要功能。具体表现为以下六大常见功能需求：提供电子邮件功能、处理复合文档型的数据、支持工作流的应用、支持协同工作和移动办公、具有完整的安全性控制功能、集成其他业务应用系统和 Internet。

办公自动化是信息化社会最重要的标志之一，它具有以下特点：

（1）办公自动化是当前国际上飞速发展的一门综合多种技术的新型学科。办公自动化的理论基础是行为科学、管理科学、系统科学、社会学、人机工程学等，它的技术基础是计算机技术、通信技术、自动化技术等，其中计算机技术、通信技术、系统科学、行为科学是办公自动化的四大支柱，或称四大支撑技术。综合起来看，办公自动化以行为科学为主导，系统科学为理论基础，综合运用计算机技术和通信技术完成各项办公业务。办公自动化不是简单的自动化科学的一个分支，而是一个信息化社会的时代产物，是一门综合的学科技术。

（2）办公自动化是一个人机信息系统。在办公自动化系统中"人"是决定因素，是信息加工的设计者、指导者和成果享用者；而"机"是指办公设备，它是办公自动化的必要条件，是信息加工的工具和手段。信息是办公自动化中被加工的对象，办公自动化综合并充分体现了人、机器和信息三者的关系。

（3）办公自动化将办公信息实现了一体化处理。信息通常有如下形式：

文字，指各种文件、信函、档案、手稿等；

语言，有电话、声音邮递、声音文件等；

数据，包括数据文件、报表、纪录等；

图像，有电视会议、电视监督等动态图像；

图形，包括样品照片、统计图表、传真图像等静态图形。

办公系统把基于不同的技术的办公设备用联网的方式联成一体，以计算机为主体将各种形式的信息组合在一个系统中，使办公室真正具有综合处理这些信息的功能。

（4）办公自动化的目标十分明确，是为了提高办公效率和质量。办公自动化是人们产生更高价值信息的一个辅助手段，使办公室用具成为智能的综合性工具。

9.7.2　办公自动化相关技术

1. 信息交换平台、信息传输加密技术和电子公文传输系统

信息资源的共享是办公自动化系统的重要方面。为了提高办公自动化的效率，需要建设统一、安全、高效的信息资源共享交换平台。信息交换平台提供一整套规范、高效、安全的数据交换机制。由集中部署的数据交换服务器以及各类数据接口适配器共同组成，解决数据采集、更新、汇总、分发、一致性等数据交换问题，解决按需查询、公共数据存取控制等问题。

信息传输加密技术是信息安全的核心和关键技术，通过数据加密技术，可以在一定程度上提高数据传输的安全性，保证传输数据的完整性。信息传输加密技术主要是对传输中的数据流进行加密，常用的有节点加密、链路加密和端到端加密三种方式。

电子公文传输系统代替了多年来传统的上呈下达以红头文件传递的法定方式，是一条方便快捷、安全可靠的公文传输途径，具有速度快、保密性好的特点。电子公文传输系统利用计算机网络技术、版面处理与控制技术、安全技术等，实现了部门与部门之间、单位与单位

之间红头文件的起草、制作、分发、接收、阅读、打印、转发和归档等功能，以现代的电子公文传输模式取代了传统的纸质公文传输模式。对公文进行排版，再将其转换成为不可篡改的版式文件，并通过该系统直接发送给接收方，接收方在收到电子公文后，通过专用的版式阅读器来阅读内容和版面与发送方完全一样的公文文件，最后在权限允许范围内用彩色打印机打印出具有正式效力的含有红头的公文。整个过程通过计算机来实现，安全与保密得到有效保障，大大缩短了公文传输的时间。

2. 业务协同机制

要实现良好的协作，首先需要突破地理边界和组织边界，让处于不同地理位置、不同部门的人员可以进行无障碍的交流；其次，需要对整个协作过程进行管理，让相互协作的部门内部以及部门与部门之间为共同目标进行一致的、协调的运作，并将协作过程中产生的信息完整地保留、整理后，以知识的形式实现再利用。总的来说，实现协同办公可以从流程、人员、知识以及应用等四个角度来考虑。

从流程协同角度分析，需要强化跨部门、跨组织的流程自动化。依靠全面的系统处理逻辑与相关工具，实现高效的数据处理与交互，实现组织内部之间、组织外部之间、相同或不同组织内外部之间的各种业务流程的自动化，实现现代化的协同办公。从人员协同角度分析，人员协同的终极目标就是"零距离"。员工之间的沟通越简单、越方便，企业的工作效率就越高。通过提供综合通信、文档交换以及电子会议等群组协作环境，建立合理的团队管理模式，最大限度地强化人员之间的沟通，协调团队的行动。从知识协同角度分析，通过提供综合文档管理、动态数据处理，高效整合分散于各部门内外的各类文档、数据资料与其他信息，实现知识共享。通过挖掘信息的内在关联，形成一套适用于不同部门的协同办公知识体系，使协同办公进一步规范化。从应用角度分析，通过提供具有扩展能力的协同办公应用平台，实现方便快捷地开发，实施与集成各种应用系统，并使之相互配合，通过阶段性地功能扩充与系统升级，满足各部门办公自动化发展的要求。

3. 工作流技术

工作流（Workflow）技术的概念形成于生产组织和办公自动化领域，是计算机应用领域的一个新的研究热点。工作流管理联盟（Workflow Management Coalition，WfMC）对工作流的定义是：一类能够完全或者部分自动执行的经营过程，根据一系列过程规则，文档、信息或任务能够在不同的执行者之间传递、执行。工作流实施的三个基本步骤分别是映射、建模和管理。工作流技术是办公自动化中的重要技术，通过对独立零散的计算机应用进行综合化和集成化，工作流管理系统可提高业务工作效率，改进和优化业务流程，增强业务流程的有序性，提高竞争能力。

在办公自动化中，工作流技术的实施是通过工作流管理系统来实现的。工作流管理系统（Workflow Management System，WfMS）是一个软件系统，它通过计算机技术的支持完成工作流的定义和管理，并按照在计算机中预先定义好的工作流逻辑推进工作流实例的执行。工作流管理系统将现实世界中的业务过程转化成某种计算机化的形式表示，并在此形式表示的驱动下完成工作流的执行和管理。

1）工作流系统的分类

从技术角度可以将常见的工作流系统分为下面几个类型：

（1）基于 Domino 的工作流管理系统。

Domino 是一个可以编写带有流程的应用的编程和运行环境，其本身并不具备一个工作流管理系统的特征，如图形化的工作流定义、独立的工作流引擎、清晰的工作流访问接口等。

应用程序所需要的每一个工作流特性，都需要自己手工编写。为了弥补 Domino 的不足，国内一些 OA 厂商在 Domino 上添加了用其他语言编写的图形化工作流定义组件，但这仍然不能叫作一个工作流管理系统。基于 Domino 的工作流管理系统的典型例子实际上是莲花公司推出的 Domino Workflow。它运行在 Domino 平台上，为开发工作流应用提供了很大的便利。当然，人们只能在 Domino 平台上使用它。在为其他平台开发应用时，人们必须求助于别的工作流管理系统。

（2）基于消息中间件的工作流管理系统。

这方面的典型代表是 IBM 公司的 MQSeries Workflow。它通过 MQSeries 将不同的应用集成在一起，并形成业务流程。它没有一个集中的工作流引擎。当进行分布式的应用系统的集成时，它是一个不错的选择。但当用户需要为运行在单一服务器上的应用提供工作流功能，而且不想因此而购买一大套消息中间件的时候，用户必须考虑别的选择。

（3）基于微软平台的工作流管理系统。

这方面的典型代表是 UItimus 和微软公司在 BizTalk 中提供的工作流组件，它们为基于微软平台的工作流技术应用提供支撑。

（4）基于 J2EE 的工作流管理系统。

随着 Java 技术的日趋成熟和应用面的扩大，绝大多数企业级的应用系统开始基于 J2EE 技术来设计，对在 J2EE 平台上的工作流系统的需求也越来越大。这种工作流系统应用能够充分发挥 J2EE 技术的优势，提供高度的可靠性、可扩展性和安全性。E-Way Workflow 是属于这种类型的系统。

近年来，工作流技术得到长足的发展。1993 年成立了工作流管理联盟。此后，该组织颁布了一系列工作流产品标准，包括工作流参考模型、工作流术语表、工作流管理系统各部分间接口规格、工作流产品的互操作性标准等。这些举措加速了工作流技术的商品化。

工作流参考模型确定了工作流管理系统的基本架构。该架构是开发工作流软件时应当采纳的系统模型。当然，一个工作流管理系统也可以不遵循这个模型标准，或只实现这个模型的一部分，但事实证明，这个模型结构是目前最为合理的。

2）工作流管理系统的参考模型

一种工作流管理系统的参考模型如图 9.10 所示。

（1）定义工具。

定义工具被用来创建计算机可处理的业务过程描述。它可以是形式化的过程定义语言或对象关系模型，也可以是简单地规定用户间信息传输的一组路由命令。

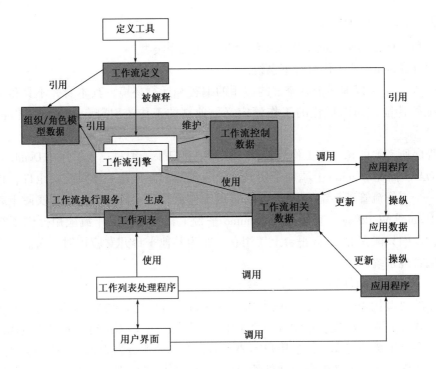

图 9.10　一种工作流管理系统参考模型

（2）工作流定义。

工作流定义（数据）包含了所有使业务过程能被工作流执行子系统执行的必要信息。

这些信息包括起始和终止条件、各个组成活动、活动调度规则、各业务的参与者需要做的工作、相关应用程序和数据的调用信息等。

（3）工作流执行服务和工作流引擎。

工作流执行服务也称（业务）过程执行环境，包括一个或多个工作流引擎。工作流引擎是 WfMS 的核心软件组元。引擎是驱动流程流动的主要部件，它负责解释工作流定义，创建并初始化流程实例，控制流程流动的路径，记录流程运行状态，挂起或唤醒流程，终止正在运行的流程，与其他引擎之间通信等。工作流执行服务可以包括多个工作流引擎，不同工作流引擎通过协作共同执行工作流。

（4）工作流控制数据。

工作流控制数据指被实行服务和工作流引擎管理的系统数据，例如工作流实例的状态信息、每一活动的状态信息等。

（5）工作流相关数据。

工作流相关数据指与业务过程流相关的数据。例如过程调度决策数据、活动间的传输数据等，WfMS 使用这些数据确定工作流实例的状态转移。工作流相关数据既可以被工作流引擎使用，也可以被应用程序调用。

（6）工作列表和工作列表处理程序。

工作列表列出了与业务过程的参与者相关的一系列工作项，工作列表处理程序则对用户和工作表之间的交互进行管理。工作表处理程序完成的功能有：支持用户在工作表中选取一个工作项，重新分配工作项，通报工作项的完成，在工作项被处理的过程中调用相应的应用程序等。

（7）应用程序和应用数据。

应用程序可以直接被 WfMS 调用或通过应用程序代理被间接调用。通过应用程序调用，WfMS 部分或完全自动地完成一个活动，或者对业务参与者的工作提供支持。

与工作流控制数据和相关数据不同，应用数据对应用程序来讲是局部数据，对 WfMS 的其他部件来说是不可见的。

工作流技术是管理软件和办公自动化两大类软件发展过程中的重要标志。在自动化系统中，工作流技术已经成功地运用到图书馆、电信、物流、金融、政府机构等各个行业，特别是工业领域中的制造业。随着办公自动化的日渐成熟，工作流技术在高校和科研单位的事务处理中也得到了广泛的应用，在促进科研单位信息化建设，提高工作效率和管理效能等方面发挥了重要作用。

4. 门户技术

门户技术是整合内容与应用程序，以及随意创作统一的协同工作场所的新兴技术。信息门户技术提供了个性化的信息集成平台，能够根据需要进行全方位的信息资源整合。门户提供可扩展的框架，使应用系统、数据内容、人员和业务流程可以实现互动。门户技术屏蔽了分布在不同地域的异构系统访问难度，将机构内部各个不同应用系统界面和用户权限管理统一集成到一个标准的信息门户平台上，提供信息平台的统一入口，用户登录一次即可快速便捷地访问到分布在不同应用系统的信息资源。除此之外，门户技术还针对安全性、文件管理、Web 内容发布、搜索、个性化、协作服务、应用集成、移动设备支持和网站分析提供较为便捷的解决方法。

企业信息门户系统（Enterprise Information Portal，EIP）是指在 Internet 的环境下，把各种应用系统、数据资源和互联网资源统一集到企业信息门户之下，根据每个用户使用特点和角色的不同，形成个性化的应用界面，并通过对事件和消息的处理、传输把用户有机地联系在一起。EIP 是一站式全面解决企业信息化问题的最佳选择，是企业信息化的核心。一个企业的信息门户对外是企业网站，对内则是管理和查询日常业务的公用系统。

在办公自动化中门户网站以及门户系统是较常用的两种表现形式。例如根据企业的需求建立企业门户系统，应用不同技术建立的基于门户技术的电子办公系统，以及根据不同需要建立的门户网站等。

5. 辅助决策技术

辅助决策系统，以决策主题为重心，以互联网搜索技术、信息智能处理技术和自然语言处理技术为基础，构建决策主题研究相关知识库、政策分析模型库和情报研究方法库，建设并不断完善辅助决策系统，为决策主题提供全方位、多层次的决策支持和知识服务，为行业研究机构以及政府部门提供决策依据，起到帮助、协助和辅助决策者的目的。

决策问题可以分为三个层次：最上层为目标层，中间层为准则层，即用什么标准去衡量方案的优劣，最下层为方案层，即要评审的方案，各层间的联系直线相连表示。通过相互比较确定各准则对于目标的权重以及各个方案对于每一准则的权重。这些权重不同的人可能会给予不同的值，而在层次分析法中则要尽可能最大客观性地给出权重的定量方法。将方案层对准则层以及准则层对目标层的权重进行综合，最终确定方案层对目标层的权重。在层次分析法中要给出进行综合的计算方法。

9.7.3　办公自动化的软硬件设备

为了具备和完善办公自动化系统的功能，除了进行办公人员的相应知识培训外，还必须配备相应的办公软硬件设备。在现代办公管理中的主要业务中，如文字编辑、信息处理、信息传输、信息检索等都离不开计算机，它是办公自动化的一名主角。所以，在办公自动化系统中，计算机是必不可少的核心设备。办公自动化系统的硬件是指办公自动化系统中实际装置和设备，而软件是指用于运行、管理、维护和应用开发计算机所编制的计算机程序。办公自动化需要的软硬件设备有：

（1）通信设备：如局域网、电话、电传等。

（2）输出设备：如图像扫描仪、复印机、传真机等。

（3）系统软件：如操作系统、语言翻译程序等。

（4）支持软件：如数据库管理系统。

（5）通用软件：如文字处理系统、图形处理系统等。

（6）专用软件：如工资管理系统、图书管理系统等。

9.7.4　办公自动化的发展趋势

伴随着信息化发展的浪潮，组织流程的固化和改进、知识的积累和应用、技术的创新和提升，办公自动化系统也在不断求新求变，办公自动化将更关注组织的决策效率，提供决策支持、知识挖掘、商业智能等全面系统服务。针对目前的办公自动化发展现状，未来办公自动化发展的主要方向有：

（1）商业智能化。用户对业务数据及其他数据的处理，需要办公自动化具备商业智能分析能力，对数据进行快速的处理和发现一些潜在的商业规律和机会，提高用户的工作绩效，将对用户产生巨大的吸引力。未来的企业办公自动化系统将同企业其他信息资源有效地融为一体，更智能地为企业决策提供依据。

（2）协同化。强调协同，不仅仅是办公自动化系统内部的协同，而应该是办公自动化系统与其他业务系统间的协同、无缝对接，协同办公自动化能整合各个系统，协同这些系统共同运作的集成软件成了大势所趋，未来办公自动化系统将向协同办公平台大步前进。

（3）门户化。未来办公自动化系统更加强调人性化，强调易用性、稳定性、开放性，强调人与人沟通、协作的便捷性。在基于企业战略和流程的大前提下，通过类似门户的技术对业务系统进行整合，加强与业务的关联，转变成为一点即通的企业综合性管理支撑门户。

（4）知识化。所谓办公自动化的知识化，就是办公自动化与知识管理相结合，具体就是将知识管理的思想融入日常办公自动化系统中，同时整合进以团队协作和项目管理为目标的沟通协作软件工具，实时电话会议、视频会议，群组协作管理，以及相关信息安全产品加密及身份认证。

9.7.5 Microsoft Office

Microsoft Office 是一套由微软公司开发的办公软件，它为 Microsoft Windows 和 Mac OS X 而开发，是办公自动化的重要实例和代表。与办公室应用程序一样，它包括联合的服务器和基于互联网的服务。最近版本的 Office 被称为 "Office system" 而不是 "Office suite"，反映出它们也包括服务器的事实。其常用组件有 Word、Excel、Outlook、PowerPoint 等。最新版本为 Office 365（Office 2019）。

Microsoft Office Word 是文字处理软件。它被认为是 Office 的主要程序，在文字处理软件市场上拥有统治份额。

Microsoft Office Excel 是电子数据表程序（进行数字和预算运算的软件程序），是最早的 Office 组件。Excel 内置了多种函数，可以对大量数据进行分类、排序甚至绘制图表等。

Microsoft Office Outlook 是个人信息管理程序和电子邮件通信软件。在 Office 97 版接任 Microsoft Mail。但它与系统自带的 Outlook Express 是不同的，它包括一个电子邮件客户端、日历、任务管理者、和地址本等。从功能上看，它比 Outlook Express 的功能多得多。

Microsoft Office PowerPoint 是微软公司设计的演示文稿软件。用户不仅可以在投影仪或者计算机上进行演示，也可以将演示文稿打印出来，制作成胶片，以便应用到更广泛的领域中。利用 Powerpoint 不仅可以创建演示文稿，还可以在互联网上召开面对面会议、远程会议或在网上给观众展示演示文稿。

Microsoft Office OneNote 使用户能够捕获、组织和重用便携式计算机、台式计算机或 Tablet PC 上的便笺。

Microsoft Office Access 是由微软发布的关联式数据库管理系统。

Microsoft Office Publisher 是微软公司发行的桌面出版应用软件。它常被人们认为是一款入门级的桌面出版应用软件，能提供比 Microsoft Word 更强大的页面元素控制功能，但比专业的页面布局软件如 Adobe 公司的 InDesign 以及 Quark 公司的 Quark XPress 还略逊一筹。

Microsoft Visio 是 Windows 操作系统下运行的流程图和矢量绘图软件。

Microsoft Office FrontPage 是微软公司推出的一款网页设计、制作、发布、管理的软件。FrontPage 由于良好的易用性，被认为是优秀的网页初学者的工具。但其功能无法满足更高要求，所以在高端用户中，大多数使用 Adobe Dreamweaver 作为代替品。它的主要竞争者也是 Adobe Dreamweaver。在 Office 2007 及以后的版本被取消，没有继任者。微软提供了两个解决方案：Sharepoint Designer 适用于有 Sharepoint 的服务器，而 Express Web Designer 适用于服务器。

Microsoft Project 是专案管理软件程序，目的在于协助专案经理发展计划、为任务分配资源、跟踪进度、管理预算和分析工作量。

Microsoft InfoPath 是用来开发 XML 为本用户表格的应用程序。

Lync 提供了企业语音、即时通信和 Web 会议、音频会议、视频会议等工具，新增了即时动态、通信录名片变更和 720p 高清视频通话。

表 9.12 展示了 Microsoft Office 各个版本的主要组件。

表 9.12　Microsoft Office 各个版本的主要组件

Office 97	Office 2000	Office XP	Office 2003	Office 2007	Office 2010	Office 2013
Word	有					
PowerPoint	有					
Excel	有					
Outlook	有					
Access	有					
Binder	有		无			
InfoPath	无		有			
OneNote	无		有			
Publisher	有					
FrontPage	有				无	
Project	无		有			
Visio	无		有			
Lync	无					有
Sharepoint Designer	无				替代 FrontPage	
Sharepoint Workspace	无					替代上一项

下面简要介绍 Office 365。

Office 365 是一种订阅式的跨平台办公软件，基于云平台提供多种服务，通过将 Excel 和 Outlook 等应用与 One Drive 和 Microsoft Teams 等强大的云服务相结合，Office 365 可让任何人使用任何设备随时随地创建和共享内容。

Office 365 将 Office 桌面端应用的优势与企业级邮件处理、文件分享、即时消息和可视网络会议（Exchange Online、SharePoint Online 和 Skype for Business）的需求融为一体，满足不同类型企业的办公需求。Office 365 包括最新版的 Office 套件，支持在多个设备上安装 Office应用。Office 365 采取订阅方式，可灵活按年或按月续费。

9.8　小　结

多媒体技术是多学科与计算机综合应用的技术，它包含计算机软硬件技术、信号的数字化处理技术、音频视频处理技术、图像压缩处理技术、现代通信技术、人工智能和模式识别技术，是正在不断发展和完善的多学科综合应用技术。

　　办公自动化是利用先进的科学技术，不断使人们的一部分办公业务活动物化到人以外的各种现代的办公设备中，并由这些设备与办公人员构成服务于某种目的的人机信息处理系统。办公自动化强调三点：利用先进的科学技术和现代办公设备；办公人员和办公设备构成的人机信息处理系统；提高效率和改进质量是办公自动化的目的。

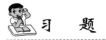 习　　题

一、单项选择题

1. 其表现形式为各种编码方式，如文本编码、图像编码、音频编码等的媒体是（　　）。

　　A. 感觉媒体　　　　　　　　　　　　　B. 显示媒体

　　C. 表示媒体　　　　　　　　　　　　　D. 存储媒体

2. 下列哪项不是多媒体技术的主要特性（　　）。

　　A. 实时性　　　　　　　　　　　　　　B. 交互性

　　C. 集成性　　　　　　　　　　　　　　D. 动态性

3. 下列（　　）不属于感觉媒体。

　　A. 语音　　　　　　　　　　　　　　　B. 图像

　　C. 条形码　　　　　　　　　　　　　　D. 文本

4. 下列格式文件中，哪个是波形声音文件的扩展名（　　）。

　　A. WMV　　　　　　　　　　　　　　　B. VOC

　　C. CMF　　　　　　　　　　　　　　　D. MOV

5. 下列文件格式中，哪个不是图像文件的扩展名（　　）。

　　A. FLC　　　　　　　　　　　　　　　B. JPG

　　C. BMP　　　　　　　　　　　　　　　D. GIF

6. 流媒体不运用在以下哪个环境中（　　）。

　　A. 网格计算　　　　　　　　　　　　　B. 视频会议

　　C. 视频点播　　　　　　　　　　　　　D. 实时广播

7. 常见的音频文件格式有（　　）。

　　A. WMA　　　　　　B. WAV　　　　　　C. AVI　　　　　　D. PNG

8. 常用的视频文件格式有（　　）。

　　A. AVI　　　　　　　B. RM　　　　　　C. MOV　　　　　　D. WMV

9. 超文本是一个（　　）结构。

　　A. 顺序的树形　　　　　　　　　　　　B. 非线性的网状

　　C. 线性的层次　　　　　　　　　　　　D. 随机的链式

10. 多媒体技术未来发展的方向是（　　）。

　　A. 高分辨率，提高显示质量　　　　　　B. 高速度化，缩短处理时间

　　C. 简单化，便于操作　　　　　　　　　D. 智能化，提高信息识别能力

11. 数字音频采样和量化过程所用的主要硬件是（   ）。

    A. 数字编码器

    B. 数字解码器

    C. 模拟到数字的转换器（A/D 转换器）

    D. 数字到模拟的转换器（D/A 转换器）

12. 下列的叙述哪些是正确的（   ）？

（1）节点在超文本中是信息的基本单元

（2）节点的内容可以是文本、图形、图像、动画、视频和音频

（3）节点是信息块之间连接的桥梁

（4）节点在超文本中必须经过严格的定义

    A.（1）（3）（4）   B.（1）（2）

    C.（3）（4）   D. 全部

13. 多媒体数据具有（   ）的特点。

    A. 数据量大和数据类型多

    B. 数据类型间区别大和数据类型少

    C. 数据量大、数据类型多、数据类型间区别小、输入和输出不复杂

    D. 数据量大、数据类型多、数据类型间区别大、输入和输出复杂

14. 以下多媒体创作工具基于传统程序语言的有（   ）。

    A. Action   B. ToolBo

    C. HyperCard   D. Visual C + +

15. 超文本的三个基本要素是（   ）。

（1）节点 （2）链 （3）网络 （4）多媒体信息

    A.（1）（2）（4）   B.（2）（3）（4）

    C.（1）（3）（4）   D.（1）（2）（3）

16. 下列的叙述哪些是错误的（   ）？

（1）链的结构分为三部分：链源、链缩及链的属性

（2）链是连接节点的桥梁

（3）链在超文本中必须经过严格的定义

（4）链在超文本和超媒体中是统一的

    A.（1）（2）   B.（1）（3）   C.（3）（4）   D. 全部

17. 一般超文本链的链宿都是（   ）。

    A. 节点   B. 链   C. 超文本   D. 网络

二、简答题

1. 多媒体具有哪些特点？

2. HAM 模型把超文本系统划分为哪几个层次？

3. 超文本的主要构成部分是什么？

4. 超文本系统的主要操作工具有哪些？

5. 语音识别技术主要包括哪些？

6. 数字图像处理技术可分为哪两类技术？它的主要目的是什么？

7. 无损压缩和有损压缩的区别是什么？

8. 请描述分辨率和图像的关系。

9. 预测编码与变换编码的区别是什么？

10. 请列举你熟悉或认知的多媒体开发工具。

11. 虚拟现实的主要特征是什么？

12. 简述办公自动化技术的三个层次。

13. 办公自动化具有哪些典型的软硬件设备？

第 10 章
大数据与人工智能

互联网的出现缩短了人与人、人与世界之间的距离，整个世界连成一个"地球村"，人们通过网络无障碍交流、交换信息和协同工作。与此同时，借助互联网的高速发展、数据库技术的成熟和普及、高内存高性能的存储设备和存储介质的出现，人类在日常学习、生活、工作中产生的数据量正以指数形式增长，呈现"爆炸"状态。大数据问题（Big Data Problem）就是在这样的背景下产生的，成为科研学术界和相关产业界的热门话题，并作为信息技术领域的重要前沿课题之一，吸引着越来越多的科学家研究大数据带来的相关问题。

大数据的发展，离不开云计算和人工智能的大力支持。实际上，大数据、云计算、人工智能等前沿技术的产生和发展均来自社会生产方式的进步和信息技术产业的发展。而前沿技术的彼此融合将能实现超大规模计算、智能化自动化和海量数据的分析，在短时间内完成复杂度较高、精密度较高的信息处理。比如阿里巴巴的电子商务交易平台能在 2016 年"双十一"当天完成每秒钟 17.5 万笔订单交易和每秒钟 12 万笔的订单支付，2017 年"双十一"支付峰值甚至达到了达到 25.6 万笔/秒，这主要归功于融合了云计算和大数据的"飞天平台"。百度大脑也结合了云计算、大数据、人工智能等多种技术，配合实现强大性能。人工智能（Artificial Intelligence，AI）是研究、开发用于模拟、延伸和扩展人的智能的理论、方法、技术及应用系统的一门新的技术科学。

本章阐述了大数据的相关概念、产生背景、4"V"特征和应用领域，概括了大数据的一般处理流程，详细介绍了大数据的几种关键技术，重点描述了典型的云计算技术在大数据分析过程中的基础性作用；另外，还讨论了大数据研究过程中带来的挑战和应对措施。本章还介绍了人工智能的历史与基本概念、人工智能的现状与发展趋势，并对关键技术做了阐述，最后对人工智能带来的挑战与问题做了介绍。

10.1　大数据基础

10.1.1　大数据的发展历程

　　早在 1980 年，著名未来学家阿尔文·托夫勒便在《第三次浪潮》一书中，将大数据热情赞颂为"第三次浪潮的华彩乐章"。2011 年 5 月，全球知名咨询公司麦肯锡在美国拉斯维加斯举办了第 11 届 EMC World 年度大会，主题为"云计算相遇大数据"，发布了相关的报告，首次提出"大数据"的概念，并在报告中指出："数据已经渗透到每一个行业和业务职能领域，逐渐成为重要的生产因素，而人们对于海量数据的运用将预示着新一波生产率增长和消费者盈余浪潮的到来"。世界经济论坛 2012 年发布的报告中指出了大数据的发展为世界带来的新机遇；美国政府在 2012 年 3 月 29 日发布了"大数据研究发展倡议"，正式启动"大数据发展计划"，拟投资 2 亿美元在大数据的研究上，以培养更多的大数据研发与应用人才；联合国在 2012 年 5 月公布的白皮书中分析了大数据的处理流程以及可能面临的挑战；互联网数据中心（IDC）在 2012 年 5 月发布了《中国互联网市场洞见：互联网大数据技术创新研究》报告，报告中指出大数据将引领中国互联网行业新一轮技术浪潮。2014 年 4 月，世界经济论坛以"大数据的回报与风险"主题发布了《全球信息技术报告（第 13 版)》，报告认为，在未来几年中针对各种信息通信技术的政策甚至会显得更加重要。2014 年 5 月，美国白宫发布了 2014 年全球"大数据"白皮书的研究报告《大数据：抓住机遇、守护价值》，报告鼓励使用数据以推动社会进步，特别是在市场与现有的机构并未以其他方式来支持这种进步的领域；同时，也需要相应的框架、结构与研究，来帮助保护美国人对于保护个人隐私、确保公平或是防止歧视的坚定信仰。

　　处于发展中国家前列的中国，大数据的应用处于起步阶段。在工信部发布的物联网"十二五"规划中，把信息处理技术作为 4 项关键技术创新工程之一提出，其中包括了海量数据存储、数据挖掘、图像视频智能分析，这都是大数据的重要组成部分。而另外 3 项，信息感知技术、信息传输技术、信息安全技术，也与大数据密切相关。同时，为推动大数据在我国的发展，2012 年 8 月，中国科学院启动了"面向感知中国的新一代信息技术研究"战略性先导科技专项，其任务之一就是研制用于大数据采集、存储、处理、分析和挖掘的未来数据系统；同时，中国计算机学会成立了大数据专家委员会（CCF BDTF）；为探讨中国大数据的发展战略，中科院计算机研究所举办了以"网络数据科学与工程——一门新兴的交叉学科"为主题的会议，与国内外知名专家学者一起为中国大数据发展战略建言献计；2013 年，科技部正式启动 863 项目"面向大数据的先进存储结构及关键技术"，启动 5 个大数据课题。2016 年我国"十三五规划"中明确提出实施大数据战略，把大数据作为基础性战略资源，全面实施促进大数据发展行动，加快推动数据资源共享开放和开发应用，助力产业转型升级和社会治理创新。2017 年我国大数据市场规模已达 358 亿元，年增速达到 47.3%，规模已是 2012 年的 10 倍。预计到 2020 年，我国大数据市场规模将达到 731 亿元。

由此可见，大数据的发展已经得到了世界范围内的广泛关注，发展趋势势不可挡。如何将巨大的原始数据进行有效的利用和分析，使之转变成可以被利用的知识和价值，解决日常生活和工作中的难题，成为国内外共同关注的重要课题，同时也是大数据最重要的研发意义所在。

10.1.2 大数据的基本概念

现在的社会是一个信息化、数字化的社会，互联网、物联网和云计算技术的迅猛发展，使得数据充斥着整个世界，与此同时，数据也成为一种新的自然资源，亟待人们对其加以合理、高效、充分的利用，使之能够给人们的生活工作带来更大的效益和价值。在这种背景下，数据的数量不仅以指数形式递增，而且数据的结构越来越趋于复杂化，这就赋予了"大数据"不同于以往普通"数据"更加深层的内涵。图 10.1 显示了 2017 年昆明—贵阳热门货物运输情况分布。

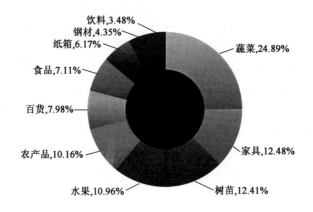

图 10.1　2017 年昆明—贵阳热门货物运输情况分布图

1. 大数据的产生

在科学研究（天文学、生物学、高能物理等）、计算机仿真、互联网应用、电子商务等领域，数据量呈现快速增长的趋势。美国互联网数据中心（IDC）指出，互联网上的数据每年将增长 50% 以上，每 2 年便将翻一番，而且目前世界上 90% 以上的数据是最近几年才产生的。数据并非单纯指人们在互联网上发布的信息，全世界的工业设备、汽车、电表上有着无数的数码传感器，随时测量和传递有关位置、运动、震动、温度、湿度乃至空气中化学物质的变化等也产生了海量的数据信息。

（1）科学研究产生大数据。现在的科研工作比以往任何时候都依赖大量的数据信息交流处理，尤其是各大科研实验室之间研究信息的远程传输。比如类似希格斯玻粒子的发现就需要每年 36 个国家的 150 多个计算中心之间进行约 26PB 的数据交流。在过去的 10 年间，连接超过 40 个国家实验室、超级计算中心和科学仪器的能源科学网上的流量每年以 72% 的速度增长，2012 年 11 月科学仪器的能源科学网将升级为 100Gbps。

（2）物联网的应用产生大数据。物联网是新一代信息技术的重要组成部分，解决了物与物、人与物、人与人之间的互联。本质而言，人与机器、机器与机器的交互，大都是为了实现人与人之间的信息交互而产生的。在这种信息交互的过程中，催生了从信息传送到信息感知再到面向分析处理的应用。人们接受日常生活中的各种信息，将这些信息传送到数据中心，利用数据中心的智能分析决策得出信息处理结果，再通过互联网等信息通信网络将这些数据信息传递到四面八方，而在互联网终端的设备利用传感器网络等设施接收信息并进行有用的信息提取，得到自己想要的数据结果。目前，物联网在智能工业、智能农业、智能交通、智能电网、节能建筑、安全监控等行业都有应用。巨大连接的网络使得网络上流通的数据大幅度增长，从而催生了大数据的出现。

（3）海量网络信息的产生催生大数据。移动互联时代，数以百亿计的机器、企业、个人随时随地都会获取和产生新的数据。互联网搜索的巨头谷歌现在能够处理的网页数量在千亿以上，每月处理的数据超过 400PB，并且呈继续高速增长的趋势；淘宝网在 2010 年就拥有 3.7 亿会员，在线商品 8.8 亿件，每天交易超过数千万笔，单日数据产生量超过 50TB，存储量 40PB；到 2020 年，全球每年产生的数据信息将达到 35ZB……所有的这些都是海量数据的呈现。随着社交网络的成熟、传统互联网到移动互联网的转变、移动宽带的迅速提升，除了个人电脑、智能手机、平板电脑等常见的客户终端之外，更多更先进的传感设备、智能设备，比如智能汽车、智能电视、工业设备和手持设备等都将接入网络，由此产生的数据量及其增长速度比以往任何时期都要多，互联网上的数据流量正在迅猛增长。

2. 大数据概念的提出

随着互联网络的发展，企业收集到的数据越来越多，数据结构越来越复杂，一般的数据挖掘技术已经不能满足大型企业的需要，这就使得企业在收集数据之余，也开始有意识地寻求新的方法来解决大量数据无法存储和处理分析的问题。由此，IT 界诞生了一个新的名词——大数据。

大数据的概念目前并没有一个明确的定义。经过多个企业、机构和数据科学家对大数据的理解阐述，虽然描述不一，但都存在一个普遍共识，即大数据的关键是在种类繁多、数量庞大的数据中，快速获取信息。维基百科中将大数据定义为：所涉及的资料量规模巨大到无法透过目前主流软件工具，在合理时间内达到撷取、管理、处理，并整理成为帮助企业经营决策更积极目的的资讯。互联网数据中心将大数据定义为：为更经济地从高频率的、大容量的、不同结构和类型的数据中获取价值而设计的新一代架构和技术。信息专家涂子沛在著作《大数据》中认为：大数据之"大"，并不仅仅指容量大，更大的意义在于通过对海量数据的交换、整合和分析，发现新的知识，创造新的价值，带来"大知识""大科技""大利润"和"大发展"。

从数据到大数据，不仅仅是数量上的差别，更是数据质量的提升。传统意义上的数据处理方式包括数据挖掘、数据仓库、联机分析处理等，而在大数据时代，数据已经不仅仅是需要分析处理的内容，更重要的是人们需要借助专用的思想和手段从大量看似杂乱、繁复的数据中，收集、整理和分析数据足迹，以支撑社会生活的预测、规划和商业领域的决策支持等。著名数据库专家、图灵奖的获得者吉姆·格雷（Jim Gray）博士总结出，在人类的科学研究史上，先后经历了实验、理论和计算3种范式，而在数据量不断增加和数据结构逐渐复杂的今天，这3种范式已经不足以在新的研究领域得到更好的运用，所以他提出了科学的第4种范式。这一新型的数据研究方式，即数据探索，用以指导和更新领域的科学研究。4种科学范式的比较见表10.1。

表10.1 4种科学范式

科学范式	时间	方法
实验	数千年前	描述自然现象
理论	几百年前	运用模型、总结一般规律
计算	几十年前	模拟复杂现象
数据探索	现在	通过设备采集数据或是模拟器仿真产生数据；通过软件实现过程仿真；将重要信息存储在电脑中；科学家通过数据库分析相关数据

3. 大数据的特征

在日新月异的IT业界，各个企业对大数据都有着自己不同的解读。但大家都普遍认为，大数据有4"V"特征，即Volume（容量大）、Variety（种类多）、Velocity（速度快）和最重要的Value（价值密度低）。

Volume是指大数据巨大的数据量与数据完整性。十几年前，由于存储方式、科技手段和分析成本等的限制，使得当时许多数据都无法得到记录和保存。即使是可以保存的信号，也大多采用模拟信号保存，当其转变为数字信号的时候，由于信号的采样和转换，都不可避免存在数据的遗漏与丢失。那么现在，大数据的出现，使得信号得以以最原始的状态保存下来，数据量的大小已不是最重要的，数据的完整性才是最重要的。

Variety意味着要在海量、种类繁多的数据间发现其内在关联。在互联网时代，各种设备连成一个整体，个人在这个整体中既是信息的收集者也是信息的传播者，加速了数据量的爆炸式增长和信息多样性。这就必然促使我们要在各种各样的数据中发现数据信息之间的相互关联，把看似无用的信息转变为有效的信息，从而做出正确的判断。

Velocity可以理解为更快地满足实时性需求。目前，对于数据智能化和实时性的要求越来越高，比如开车时会查看智能导航仪查询最短路线，吃饭时会了解其他用户对这家餐厅的评价，见到可口的食物会拍照发微博等诸如此类的人与人、人与机器之间的信息交流互动，这些都不可避免带来数据交换。而数据交换的关键是降低延迟，以近乎实时的方式呈献给用户。

大数据特征里最关键的一点，就是Value。Value是指大数据的价值密度低。大数据时代数据的价值就像沙子淘金，数据量越大，里面真正有价值的东西就越少。现在的任务就是将这些ZB、PB级的数据，利用云计算、智能化开源实现平台等技术，提取出有价值的信息，将信息转化为知识，发现规律，最终用知识促成正确的决策和行动。

图10.2为大数据的特征示意图。

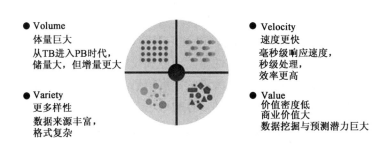

● Volume
体量巨大
从TB进入PB时代,
储量大,但增量更大

● Velocity
速度更快
毫秒级响应速度,
秒级处理,
效率更高

● Variety
更多样性
数据来源丰富,
格式复杂

● Value
价值密度低
商业价值大
数据挖掘与预测潜力巨大

图 10.2　大数据的特征示意图

4. 大数据的应用领域

发展大数据产业将推动世界经济的发展方式由粗放型向集约型转变,这对于提升企业综合竞争力和政府的管制能力具有深远意义的影响。将大量的原始数据汇集在一起,通过智能分析、数据挖掘等技术分析数据中潜在的规律,以预测以后事物的发展趋势,有助于人们做出正确的决策,从而提高各个领域的运行效率,取得更大的收益。

1）商业

商业是大数据应用最广泛的领域。沃尔玛通过对消费者购物行为等数据进行分析,了解顾客购物习惯,公司从销售数据分析适合搭配在一起买的商品,创造了"啤酒与尿布"的经典商业案例;淘宝服务于卖家的大数据平台——淘宝数据魔方有一个"无量神针——倾听用户的痛"屏幕,收集分析买家的购物行为,找出问题的先兆,避免"恶拍"(买家拍下产品但拒收)发生,淘宝还针对买家设置大数据平台,为买家量身打造完善网购体验的产品。

2）金融

大数据在金融业也有相当重要的作用。华尔街"德温特资本市场"公司分析全球 3.4亿微博账户的留言,判断民众情绪发现,人们高兴的时候会买股票,而焦虑的时候会抛售股票,依此决定公司股票的买入或卖出,该公司 2012 年第一季度获得了 7% 的收益率。

3）医疗

随着大数据在医疗与生命科学研究过程中的广泛应用和不断扩展,产生的数据之大、种类之多令人难以置信。比如医院中 B 超、病理分析等业务产生了大量非结构化数据;2000年一幅 CT 存储量才 10MB,现在的 CT 则含有 320MB,甚至 600MB 的数据量,而一个基因组序列文件大小约为 750MB,一个标准病理图的数据量则有接近 5GB。如果将这些数据量乘以人口数量和平均寿命,仅一个社区医院就可以累积达数 TB 甚至 PB 级的结构化和非结构化数据。

4）制造业

制造业的相关企业随着企业资源计划（Enterprise Resource Planning，ERP）、产品生命周期管理（Product Lifecycle Management，PLM）等信息化系统的部署完成，管理方式由粗放式管理逐步转为精细化管理，新产品的研发速度和设计效率有了大幅提升，企业在实现对业务数据进行有效管理的同时，积累了大量的数据信息，产生了利用现代信息技术收集、管理和展示分析结构化和非结构化的数据和信息的诉求，企业需要信息化技术帮助决策者在储存的海量信息中挖掘出需要的信息，并且对这些信息进行分析，通过分析工具加快报表进程从而推动决策、规避风险，并且获取重要的信息。因此，越来越多的企业在原有的各种控制系统和各种生产经营管理系统的基础上，管理重心从以前的以流程建设为主，转换为流程建设和全生命周期数据架构建设并行的模式。在关注流程的质量和效率的同时，又关注全流程上数据的质量和效率，建立以产品为核心的覆盖产品全生命周期的数据结构，用企业级PLM系统来支撑这些数据结构，有效地提高了企业满足市场需求的响应速度，更加经济地从多样化的数据源中获得更大价值。

10.2　大数据处理流程

从大数据的特征和产生领域来看，大数据的来源相当广泛，由此产生的数据类型和应用处理方法千差万别。但是总的来说，大数据的基本处理流程大都是一致的。中国人民大学网络与移动数据管理实验室（WAMDM）开发了一个学术空间"Scholar Space"，从计算机领域收集的相关文献总结出大数据处理的一般流程。大数据的处理流程基本可划分为数据采集、数据处理与集成、数据分析和数据解释4个阶段。

大数据处理的基本流程如图10.3所示。经数据源获取的数据，因为其数据结构不同（包括结构、半结构和非结构数据），用特殊方法进行数据处理和集成，将其转变为统一标准的数据格式方便以后对其进行处理；然后用合适的数据分析方法将这些数据进行处理分析，并将分析的结果利用可视化等技术展现给用户，这就是整个大数据处理的基本流程。

所谓的结构化数据是可以用二维表结构来表示，并可存储在数据库中的数据，比如银行交易数据、民航航班信息等。而半结构化数据是数据结构和内容混杂在一起的数据，例如XML、HTML等。非结构化数据则是指那些无法通过预先定义的数据模型表述或无法存入关系型数据库表中的数据，包括无格式文本（网页、邮件等）、图像、音频、视频等。

10.2.1　数据采集

大数据的"大"，原本就意味着数量多、种类复杂。因此，通过各种方法获取数据信息便显得格外重要。数据采集，又称数据获取，是指从传感器和其他待测设备等模拟和数字被测单元中自动采集信息的过程。数据采集是大数据处理流程中最基础的一步，目前常用的数据采集手段有传感器收取、射频识别（RFID）、数据检索分类工具如百度和谷歌等搜索引

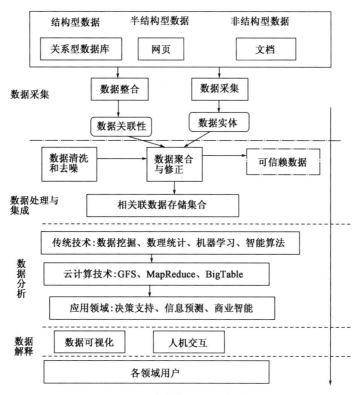

图 10.3　大数据处理基本流程

擎，以及条形码技术等。并且由于移动设备的出现，如智能手机和平板电脑的迅速普及，使得大量移动软件被开发应用，社交网络逐渐庞大，这也加速了信息的流通速度和采集精度。

　　传统的数据采集来源单一，且存储、管理和分析数据量也相对较小，大多采用关系型数据库和并行数据仓库即可处理。对依靠并行计算提升数据处理速度方面而言，传统的并行数据库技术追求高度一致性和容错性，难以保证其可用性和扩展性。图 10.4 显示了传统数据采集与大数据采集的区别。

　　相比较于传统数据采集方法，大数据采集新的方法主要有：

　　（1）系统日志采集方法。很多互联网企业都有自己的海量数据采集工具，多用于系统日志采集，如 Hadoop 的 Chukwa、Cloudera 的 Flume、Facebook 的 Scribe 等，这些工具均采用分布式架构，能满足每秒数百 MB 的日志数据采集和传输需求。另外，较为有名的大数据采集平台还有 Apache Flume、Fluentd 以及 Splunk Forwarder 等。Apache Flume 是 Apache 旗下的一款开源、高可靠、高扩展、容易管理、支持客户扩展的数据采集系统，使用 JRuby 来构建，所以依赖 Java 运行环境。Fluentd 是另一个开源的数据收集框架，使用 C/Ruby 开发，使用

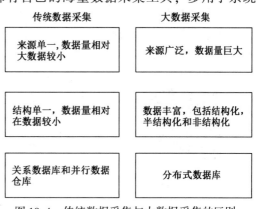

图 10.4　传统数据采集与大数据采集的区别

JSON 文件来统一日志数据。它的可插拔架构，支持各种不同种类和格式的数据源和数据输出，它也同时提供了高可靠和很好的扩展性，Treasure Data Inc 对该产品提供支持和维护。Splunk Forwarder 是一个分布式的机器数据平台，主要有三个角色：Search Head 负责数据的搜索和处理，提供搜索时的信息抽取；Indexer 负责数据的存储和索引；Forwarder 负责数据的收集、清洗、变形，并发送给 Indexer。

（2）网络数据采集方法。网络数据采集是指通过网络爬虫或网站公开 API 等方式从网站上获取数据信息。该方法可以将非结构化数据从网页中抽取出来，将其存储为统一的本地数据文件，并以结构化的方式存储。它支持图片、音频、视频等文件或附件的采集，附件与正文可以自动关联。除了网络中包含的内容之外，对于网络流量的采集可以使用带宽管理技术进行处理。

（3）其他数据采集方法。对于企业生产经营数据或学科研究数据等保密性要求较高的数据，可以通过与企业或研究机构合作，使用特定系统接口等相关方式采集数据。

10.2.2　数据处理与集成

数据处理与集成主要是完成对已经采集到的数据进行适当的处理、清洗去噪以及进一步的集成存储。大数据的多样性决定了经过各种渠道获取的数据种类和结构都非常复杂，给之后的数据分析处理带了极大的困难。通过数据处理与集成这一步骤，首先将这些结构复杂的数据转换为单一的或是便于处理的结构，为以后的数据分析打下良好的基础。因为这些数据里并不是所有的信息都是必需的，而是会掺杂很多噪声和干扰项。因此，还需对这些数据进行去噪和清洗，以保证数据的质量以及可靠性。常用的方法是在数据处理的过程中设计一些数据过滤器，通过聚类或关联分析的规则方法将无用或错误的离群数据挑出来过滤掉，防止其对最终数据结果产生不利影响。然后将这些整理好的数据进行集成和存储，这是很重要的一步，若是单纯随意的放置，则会对以后的数据取用造成影响，很容易导致数据访问性的问题。现在一般的解决方法是针对特定种类的数据建立专门的数据库，将这些不同种类的数据信息分门别类地放置，可以有效地减少数据查询和访问的时间，提高数据提取速度。

10.2.3　数据分析

数据分析是整个大数据处理流程的核心部分。经过上一步骤的数据处理与集成，所得的数据便成为数据分析的原始数据，根据数据的应用需求对数据进行进一步的处理和分析。传统的数据处理分析方法有数据挖掘（视频 10.1）、机器学习、智能算法、统计分析等，但这些方法已经不能满足大数据时代数据分析的需求。在数据分析技术方面，谷歌公司无疑是做得最先进的一个。谷歌作为互联网大数据应用最为广泛的公司，于 2006 年率先提出了"云计算"的概念，其内部各种数据的应用都是依托谷歌自己内部研发的一系列云计算技术，例如分布式文件系统 GFS、分布式数据库 Bigtable、批处理技术 MapReduce，以及开源实现平台 Hadoop 等。这些技术平台的产生，提供了对大数据进行处理、分析很好的手段。

视频10.1　数据挖掘

10.2.4　数据解释

对于广大的数据信息用户来讲，最关心的并非是数据的分析处理过程，而是大数据分析结果的解释与展示。因此，在一个完善的数据分析流程中，数据结果的解释步骤至关重要。若数据分析的结果不能得到恰当的显示，则会对数据用户产生困扰，甚至会误导用户。传统的数据显示方式是用文本形式下载输出或用户个人电脑显示处理结果。但随着数据量的加大，数据分析结果往往也变复杂，用传统的数据显示方法已经不足以满足数据分析结果输出的需求。因此，为了提升数据解释、展示能力，现在大部分企业都引入了数据可视化技术作为解释大数据最有力的方式。通过可视化结果分析，可以形象地向用户展示数据分析结果，更方便用户对结果的理解和接受。常见的可视化技术有基于集合的可视化技术、基于图标的技术、基于图像的技术、面向像素的技术和分布式技术等。

10.3　大数据关键技术：云计算

在大数据处理流程中，核心的部分就是对于数据信息的分析处理，所以其中所运用到的处理技术也就至关重要。提起大数据的处理技术，就不得不提起云计算，这是大数据处理的基础，也是大数据分析的支撑技术。分布式文件系统为整个大数据提供了底层的数据储存支撑架构；为了方便数据管理，在分布式文件系统的基础上建立分布式数据库，提高数据访问速度；在一个开源的数据实现平台上利用各种大数据分析技术可以对不同种类、不同需求的数据进行分析整理得出有益信息，最终利用各种可视化技术形象地显示给数据用户，满足用户的各种需求。

10.3.1　云计算基础

1. 云计算的定义

云计算是基于互联网的相关服务的增加、使用和交互模式，通常涉及通过互联网来提供动态易扩展且经常是虚拟化的资源。云是网络、互联网的一种比喻说法。过去在图中往往用云来表示电信网，后来也用来表示互联网和底层基础设施的抽象。

谷歌作为大数据应用最为广泛的互联网公司之一，2006 年率先提出云计算的概念。对云计算的定义有多种说法。2008 年 IEEE 大会提出云计算是一种大规模的分布式模型，通过网络将抽象的、可伸缩的、便于管理的数据能源、服务、存储方式等传递给终端用户。根据维基百科的分类，云计算可分为狭义云计算与广义云计算。狭义云计算是指 IT 基础设施的交付和使用模式，指通过网络以按照需求量和易扩展的方式获得所需资源；广义云计算指服务的交付和使用模式，指通过网络以按照需求量和易扩展的方式获得所需服务。美国国家标准与技术研究院（NIST）对云计算的定义为：云计算是一种按使用量付费的模式，这种模式提供可用的、便捷的、按需的网络访问，进入可配置的计算资源共享池（资源包括网络、服务器、存储、应用软件、服务），这些资源能够被快速提供，只需投入很少的管理工作，或与服务供应商进行很少的交互。云计算的简易示意图如图 10.5 所示。

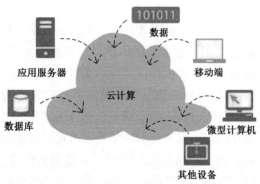

图 10.5　云计算的简易示意图

2. 云计算的核心技术与主要特征

云计算系统的核心技术是并行计算。并行计算（Parallel Computing）是指同时使用多种计算资源解决计算问题的过程，是提高计算机系统计算速度和处理能力的一种有效手段。它的基本思想是用多个处理器来协同求解同一问题，即将被求解的问题分解成若干个部分，各部分均由一个独立的处理机来并行计算。并行计算系统既可以是专门设计的、含有多个处理器的超级计算机，也可以是以某种方式互连的若干台的独立计算机构成的集群。通过并行计算完成数据的处理，再将处理的结果返回给用户。

云计算具有以下几个主要特征：

（1）资源配置动态化。根据消费者的需求动态划分或释放不同的物理和虚拟资源，当增加一个需求时，可通过增加可用的资源进行匹配，实现资源的快速弹性提供；用户不再使用这部分资源时，可释放这些资源。云计算为客户提供的这种能力是无限的，实现了 IT 资源利用的可扩展性。

（2）需求服务自助化。云计算为客户提供自助化的资源服务，用户无须同提供商交互就可自动得到自助的计算资源能力。同时云系统为客户提供一定的应用服务目录，客户可采用自助方式选择满足自身需求的服务项目和内容。

（3）以网络为中心。云计算的组件和整体构架由网络连接在一起并存在于网络中，同时通过网络向用户提供服务。而客户可借助不同的终端设备，通过标准的应用实现对网络的访问，从而使得云计算的服务无处不在。

（4）服务可计量化。在提供云服务过程中，针对客户不同的服务类型，通过计量的方法来自动控制和优化资源配置，即资源的使用可被监测和控制，是一种即付即用的服务模式。

（5）资源的池化和透明化。对云服务的提供者而言，各种底层资源（计算、储存、网络、资源逻辑等）的异构性（如果存在某种异构性）被屏蔽，边界被打破，所有的资源可以被统一管理和调度，成为所谓的资源池，从而为用户提供按需服务。对用户而言，这些资源是透明的、无限大的，用户无需了解内部结构，只关心自己的需求是否得到满足即可。

3. 云计算的服务形式

云计算包括以下几个层次的服务：基础设施即服务（IaaS），平台即服务（PaaS）和软件即服务（SaaS）。这里所谓的层次，是分层体系架构意义上的层次。IaaS、PaaS、SaaS 分别在基础设施层、软件开放运行平台层、应用软件层实现。

（1）IaaS（Infrastructure-as-a-Service），基础设施即服务（也叫基础设施作为服务）。消费者通过 Internet 可以从完善的计算机基础设施获得服务。Iaas 通过网络向用户提供计算机

（物理机和虚拟机）、存储空间、网络连接、负载均衡和防火墙等基本计算资源；用户在此基础上部署和运行各种软件，包括操作系统和应用程序。

（2）PaaS（Platform-as-a-Service），平台即服务（也叫平台作为服务）。PaaS 实际上是指将软件研发的平台作为一种服务，以 SaaS 的模式提交给用户。因此，PaaS 也是 SaaS 模式的一种应用。但是，PaaS 的出现可以加快 SaaS 的发展，尤其是加快 SaaS 应用的开发速度。平台通常包括操作系统、编程语言的运行环境、数据库和 Web 服务器，用户在此平台上部署和运行自己的应用。用户不能管理和控制底层的基础设施，只能控制自己部署的应用。

（3）SaaS（Software-as-a-Service），软件即服务（也叫软件作为服务）。它是一种通过 Internet 提供软件的模式，用户无须购买软件，而是向云提供商租用基于 Web 的软件，来管理企业经营活动。云提供商在云端安装和运行应用软件，用户通过云客户端（通常是 Web 浏览器）使用软件。用户不能管理应用软件运行的基础设施和平台，只能做有限的应用程序设置。

云计算的服务层次如图 10.6 所示。

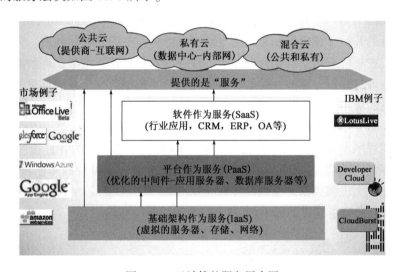

图 10.6　云计算的服务层次图

4. 云计算目前主要存在的问题

（1）数据隐私问题。如何保证存放在云服务提供商的数据隐私不被非法利用，不仅需要技术的改进，也需要法律的进一步完善。

（2）数据安全性。有些数据是企业的商业机密数据，安全性关系到企业的生存和发展。云计算数据的安全性问题如果解决不了，会影响云计算在企业中的应用。

（3）用户的使用习惯。如何改变用户的使用习惯，使用户适应网络化的软硬件应用是长期而且艰巨的挑战。

（4）网络传输问题。云计算服务依赖网络，网速低且不稳定，使云计算的性能不高。云计算的普及依赖网络技术的发展。

（5）缺乏统一的技术标准。云计算的美好前景让传统 IT 厂商纷纷向云计算方向转型。

但是由于缺乏统一的技术标准，尤其是接口标准，各厂商在开发各自产品和服务的过程中各自为政，这为将来不同服务之间的互联互通带来严峻挑战。

10.3.2　MapReduce

MapReduce 是一种编程模型，用于大规模数据集（大于 1TB）的并行运算。Map（映射）和 Reduce（归约），是它们的主要思想，都是从函数式编程语言里借来的，以及从矢量编程语言里借来的特性。它极大地方便了编程人员在不会分布式并行编程的情况下，将自己的程序运行在分布式系统上。当前的软件实现是指定一个 Map 函数，用来把一组键值对映射成一组新的键值对，指定并发的 Reduce 函数，用来保证所有映射的键值对中的每一个共享相同的键组。

MapReduce 是面向大数据并行处理的计算模型、框架和平台，它隐含了以下三层含义：

（1）MapReduce 是一个基于集群的高性能并行计算平台（Cluster Infrastructure）。它允许用市场上普通的商用服务器构成一个包含数十、数百至数千个节点的分布和并行计算集群。

（2）MapReduce 是一个并行计算与运行软件框架（Software Framework）。它提供了一个庞大但设计精良的并行计算软件框架，能自动完成计算任务的并行化处理，自动划分计算数据和计算任务，在集群节点上自动分配和执行任务以及收集计算结果，将数据分布存储、数据通信、容错处理等并行计算涉及的很多系统底层的复杂细节交由系统负责处理，大大减少了软件开发人员的负担。

（3）MapReduce 是一个并行程序设计模型与方法（Programming Model & Methodology）。它借助于函数式程序设计语言 Lisp 的设计思想，提供了一种简便的并行程序设计方法，用 Map 和 Reduce 两个函数编程实现基本的并行计算任务，提供了抽象的操作和并行编程接口，以简单方便地完成大规模数据的编程和计算处理。

MapReduce 数据分析流程如图 10.7 所示。

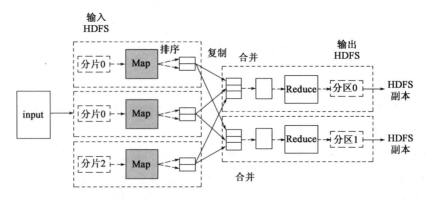

图 10.7　MapReduce 数据分析流程图

10.3.3　分布式文件系统

在谷歌之前，没有哪一个公司曾需要处理数量如此多、种类如此繁杂的数据，因此，谷歌公司结合自己的实际应用情况，自行开发了一种分布式文件系统 GFS（Google File System）。这个分布式文件系统是个基于分布式集群的大型分布式处理系统，作为上层应用的支撑，为 MapReduce 计算框架提供底层数据存储和数据可靠性的保障。GFS 体系结构如图 10.8 所示。

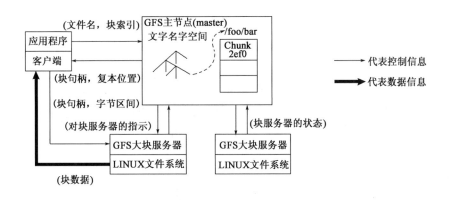

图 10.8　GFS 体系结构图

GFS 同传统的分布式文件系统有共同之处，比如性能、可伸缩性、可用性等。然而，根据应用负载和技术环境的影响，GFS 和传统的分布式文件系统的不同之处使其在大数据时代得到了更加广泛的应用。GFS 采用廉价的组成硬件并将系统某部分出错作为常见情况加以处理，因此具有良好的容错功能。从传统的数据标准来看，GFS 能够处理的文件很大，尺寸通常都是 100MB 以上，数 GB 也很常见，而且大文件在 GFS 中可以被有效地管理。另外，GFS 主要采取主从结构，通过数据分块、追加更新等方式实现海量数据的高速存储。随着数据量的逐渐加大、数据结构的愈加复杂，最初的 GFS 架构已经无法满足对数据分析处理的需求，谷歌公司在原先的基础上对 GFS 进行了重新设计，升级为 Colosuss，单点故障和海量小文件存储的问题在这个新的系统里得到了很好的解决。

Colosuss、HDFS、FastDFS 等都是类似于 GFS 的开源实现。由于 GFS 及其类似的文件处理系统主要用于处理大文件，对图片存储、文档传输等海量小文件的应用场合则处理效率很低，因此，Facebook 公司开发了专门针对海量小文件处理的文件系统 Haystack，通过多个逻辑文件共享同一个物理文件，增加缓存层、部分元数据加载到内存等方式有效地解决了海量小文件存储的问题。此外，淘宝也推出了类似的文件系统 TFS，针对淘宝海量的非结构化数据，提供海量小文件存储，满足了淘宝对小文件存储的需求，广泛地应用在淘宝各项业务中。

10.3.4　分布式并行数据库

由数据处理过程可看出，从数据源处获得的原始数据存储在分布式文件系统中，但是用户的习惯是从数据库中存取文件。传统的关系型分布式数据库已经不能适应大数据时代的数据存储要求，主要原因如下：

（1）数据规模变大。大数据时代的特征之一 Volume，就是指巨大的数据量，因此必须采用分布式存储方式。传统的数据库一般采用的是纵向扩展的方法，这种方法对性能的增加速度远远低于所需处理数据的增长速度，因此不具有良好的扩展性。大数据时代需要的是具备良好横向拓展性能的分布式并行数据库。

（2）数据种类增多。大数据时代的特征之二 Variety，就是指数据种类的多样化。也就是说，大数据时代的数据类型已经不再局限于结构化的数据，各种半结构化、非结构化的数据纷纷涌现。如何高效地处理这些具有复杂数据类型、价值密度低的海量数据，是现在必须面对的重大挑战之一。

（3）设计理念的差异。传统的关系型数据库讲求的是用一种数据库适用所有类型的数据。但在大数据时代，由于数据类型的增多、数据应用领域的扩大，对数据处理技术的要求以及处理时间方面均存在较大差异，用一种数据存储方式适用所有的数据处理场合明显是不可能的。因此，很多公司已经开始尝试定制数据库的设计理念，并产生了一系列技术成果，取得了显著成效。

为了解决上述问题，各公司纷纷研究分布式并行数据库。谷歌公司提出了 Bigtable 的数据库系统解决方案，为用户提供了简单的数据模型。这主要是运用一个多维数据表，表中通过行、列关键字和时间戳来查询定位，用户可以自己动态控制数据的分布和格式。Bigtable 的数据均以子表形式保存于子表服务器上，主服务器创建子表，最终将数据以 GFS 形式存储于 GFS 文件系统中；同时客户端直接和子表服务器通信，主服务器对子表服务器进行状态监控，以观测子表状态检查是否存在异常，若有异常则会终止故障的子服务器并将其任务转移至其余服务器。

除了 Bigtable 之外，很多互联网公司也纷纷研发可适用于大数据存储的数据库系统，比较知名的有 Yahoo! 的 PNUTS 和 Amazon 的 Dynamo。这些数据库的成功应用促进了对非关系型数据库的开发与运用的热潮，这些非关系型数据库方案现在被统称为 NoSQL（Not Only SQL）。就目前来说，对于 NoSQL 没有一个确切的定义，一般普遍认为 NoSQL 数据库应该具有以下特征：模式自由、支持简易备份、简单的应用程序接口、一致性、支持海量数据。

10.3.5　开源实现平台 Hadoop

大数据时代对数据分析、管理都提出了不同程度的新要求，许多传统的数据分析技术和数据库技术已经不足以满足现代数据应用的需求。为了给大数据处理分析提供一个性能更高、可靠性更好的平台，Doug Cutting 模仿 GFS，为 MapReduce 开发了一个云计算开源平台 Hadoop。

现在 Hadoop 已经发展为一个包括分布式文件系统（Hadoop Distributed File System，HDFS）、分布式数据库以及数据分析处理 MapReduce 等功能模块在内的完整生态系统。用户可以在不了解分布式底层细节的情况下，开发分布式程序，充分利用集群的威力进行高速运算和存储。Intel 公司根据 Hadoop 的系统构造，给出了一种 Hadoop 的实现结构，如图 10.9 所示。在这个系统中，以 MapReduce 算法为计算框架，HDFS 是一种类似于 GFS 的分布式文件系统，可以为大规模的服务器集群提供高速度的文件读写访问。HBase 是一种与

Bigtable 类似的分布式并行数据库系统，可以提供海量数据的存储和读写，而且兼容各种结构化或非结构化的数据。Mahout 是对海量数据进行挖掘的一种方式，提供数据挖掘、机器学习等领域中经典算法的实现。R-statistics 是基于 R 语言的数据统计方法。Hive 是一种基于 Hadoop 的大数据分布式数据仓库引擎，它使用 SQL 对海量数据信息进行统计分析、查询等操作，并且将数据存储在相应的分布式数据库或分布式文件系统中。为了对大规模数据进行分析就要用到相关的数据分析处理语言 Pig Latin，它借鉴了 SQL 和 MapReduce 两者的优点，既可以像 SQL 那样灵活可变，又有过程式语言数据流的特点。Zookeeper 是分布式系统的可靠协调系统，可以提供包括配置维护、名字服务、分布式同步、组服务等在内的相关功能，封装好复杂易出错的关键服务，将简单易用的接口和性能高效、功能稳定的系统提供给用户。Sqoop 是将 Hadoop 和关系型数据库中的数据双向转移的工具，可以将一个关系型数据库（MySQL、Oracle 等）中的数据导入 Hadoop 的 HDFS 中，也可以将 HDFS 的数据导入关系型数据库中，还可以在传输过程中实现数据转换等功能。Flume 是一种分布式日志采集系统，特点是高可靠性、高可用性，它的作用是从不同的数据源系统中采集、集成、运送大量的日志数据到一个集中式数据存储器中。

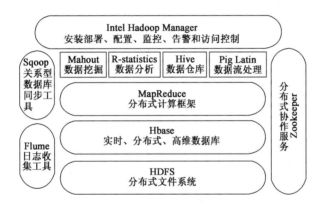

图 10.9 Intel 公司的 Hadoop 的实现结构

Hadoop 主要有以下几个优点：

（1）高可靠性。Hadoop 按位存储和处理数据的能力值得人们信赖。

（2）高扩展性。Hadoop 是在可用的计算机集簇间分配数据并完成计算任务的，这些集簇可以方便地扩展到数以千计的节点中。

（3）高效性。Hadoop 能够在节点之间动态地移动数据，并保证各个节点的动态平衡，因此处理速度非常快。

（4）高容错性。Hadoop 能够自动保存数据的多个副本，并且能够自动将失败的任务重新分配。

（5）低成本。与一体机、商用数据仓库以及 QlikView、Yonghong Z-Suite 等数据集市相比，Hadoop 是开源的，项目的软件成本因此会大大降低。Hadoop 带有用 Java 语言编写的框架，因此运行在 Linux 生产平台上是非常理想的。Hadoop 上的应用程序也可以使用其他语言编写，比如 C＋＋。

10.3.6 阿里云

阿里云创立于 2009 年，是全球领先的云计算及人工智能科技公司，致力于以在线公共服务的方式，提供安全、可靠的计算和数据处理能力，让计算和人工智能成为普惠科技。

2018 年，知名咨询机构互联网数据中心 IDC 发布了新一期《中国公有云服务市场跟踪报告》，披露了上半年中国公有云 IaaS 领先厂商的市场份额，阿里云市场份额高达 43%，腾讯云排名第二，市场份额约为 11%，之后分列三、四、五位的则是中国电信、亚马逊和金山云。

阿里云的覆盖场景包括交通出行、医疗、金融、智能制造等。其中，最为行业称道的是其智慧城市项目，阿里云正用云计算"武装"杭州，把它从"人间天堂"转变为一个搭建在云上的城市：

杭州市 59 个政府部门的 368.32 亿条信息汇聚在基于阿里云打造的政务服务平台上，市民凭身份证一证通能办 296 项事务；

杭州市属 11 家医院统一使用在云端运行的"智慧医疗"APP，与市民卡绑定，集纳了 800 余万份居民电子健康档案，让近 7000 万人次的看病时间平均缩短 2 小时以上；

杭州过去最拥堵的路段之一中河—上塘高架桥，因为云计算的支持，人均通过时间节省了 4.6 分钟；

超强台风"灿鸿"逼近浙江时，500 万人通过云计算支撑的客户端查询到了台风最新的路径信息。

此外，阿里云从成立之初就致力于构建的客户共享、数据共享、技术服务、全球服务四大生态体系，也正迎来硕果丰收。

阿里云的核心技术是飞天平台。飞天（Apsara）诞生于 2009 年 2 月，是由阿里云自主研发、服务全球的超大规模通用计算操作系统，目前为全球 200 多个国家和地区的创新创业企业、政府、机构等提供服务。飞天希望解决人类计算的规模、效率和安全问题。它可以将遍布全球的百万级服务器连成一台超级计算机，以在线公共服务的方式为社会提供计算能力。飞天的革命性在于将云计算的三个方向整合起来，提供足够强大的计算能力，提供通用的计算能力，提供普惠计算能力。飞天平台的架构如图 10.10 所示。

飞天管理着互联网规模的基础设施。最底层是遍布全球的几十个数据中心，数百个 PoP（Point of Presence）点（入网点）。飞天所管理的这些物理基础设施还在不断扩张。飞天内核运行在每个数据中心里面，它负责统一管理数据中心内的通用服务器集群，调度集群的计算、存储资源，支撑分布式应用的部署和执行，并自动进行故障恢复和数据冗余。

安全管理根植在飞天内核最底层。飞天内核提供的授权机制，能够有效实现"最小权限原则（Principle of Least Privilege）"。同时，还建立了自主可控的全栈安全体系。监控报警诊断是飞天内核的最基本能力之一。飞天内核对上层应用提供了详细的、无间断的监控数据和系统事件采集，能够回溯到发生问题的那一刻现场，帮助工程师找到问题的根源。

在基础公共模块之上，有两个最核心的服务，一个叫盘古，一个叫伏羲。盘古是存储管理服务，伏羲是资源调度服务，飞天内核之上应用的存储和资源的分配都是由盘古和伏羲管

飞机结构

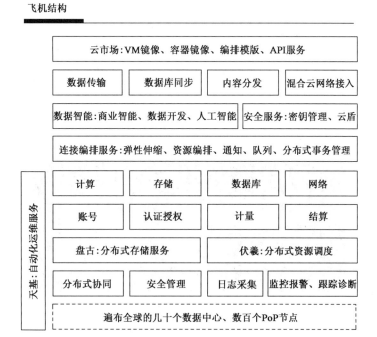

图 10.10　飞天平台的架构

理。天基是飞天的自动化运维服务，负责飞天各个子系统的部署、升级、扩容以及故障迁移。飞天核心服务分为计算、存储、数据库、网络。

为了帮助开发者便捷地构建云上应用，飞天提供了丰富的连接、编排服务，将这些核心服务方便地连接和组织起来，包括通知、队列、资源编排、分布式事务管理等。飞天接入层提供数据传输服务、数据库同步服务以及混合云高速通道服务等。

飞天最顶层是阿里云打造的软件交易与交付第一平台——云市场。它如同云计算的"App Store"，用户可在阿里云官网一键开通"软件 + 云计算资源"。云市场上架在售商品几千个，支持镜像、容器、编排、API、SaaS、服务、下载等类型的软件与服务接入。飞天具有一个全球统一的账号体系。灵活的认证授权机制让云上资源可以安全灵活地在租户内或租户间共享。

10.3.7　数据可视化

可视化（Visualization）技术作为解释大数据最有效的手段之一，最初是被科学与计算领域运用。它对分析结果的形象化处理和显示，在很多领域得到了迅速而广泛应用。可视化技术是利用计算机图形学和图像处理技术，将数据转换成图形或图像在屏幕上显示出来，并进行交互处理的理论、方法和技术。可视化技术最早运用于计算机科学中，并形成了可视化技术的一个重要分支，计算机图形学的发展使得三维表现技术得以形成，这些三维表现技术使我们能够再现三维世界中的物体，能够用三维形体来表示复杂的信息。

下面介绍几款功能强大的数据可视化工具。

1. FushionCharts

FusionCharts 不仅可以生成漂亮的图表，还能制作出生动的动画，实现巧妙的设计和丰富的交互性。它在 PC 端、Mac、iPad、iPhone 和 Android 平台都可兼容，具有很好的用户体验一致性，同时也适用于所有的网页和移动应用，甚至包括 IE6、IE7、IE8 这些绝大部分插件都不支持的浏览器。在这软件里，创建首幅图表也只需要 15 分钟。FusionCharts 套件提供了超过 90 种图表和图示，从最基本款到进阶版，例如漏斗图、热点地图、放缩线图和多轴图等。FusionCharts 制作示意图如图 10.11 所示。

图 10.11　FusionCharts 制作示意图

2. Google Charts

Google Charts 为网站提供完美的数据可视化处理。从简单的折线图到复杂的分级树形图，它的图表库里提供了海量的模版可供选择。Google Charts 如同 JavaScript 的类（classes）一样是开放的，可以按需定制，但通常默认样式就能满足用户的所有需求。所有的图表样式都是使用数据库表类（DataTable class）来填充数据的，这意味着用户可以在挑选完美表现效果的时候轻松转换表格类型。Google Charts 制作的 Sigfox 的产品数量图（按行业部门）如图 10.12 所示。

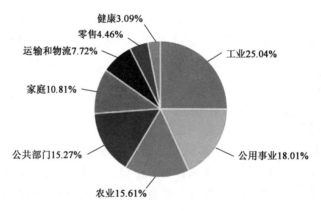

图 10.12　Sigfox 的产品数量图（按行业部门）

3. ZingChart

ZingChart 是一个强大的库，为用户提供了快速创造漂亮的图表、操作面板和信息图表的可能性。用户可以在上百种图表类型中自由选择,设计和个性化要求不会受到任何限制。可以使用用户通过交互式图表特性参与到作品之中。ZingChart 制作示意图如图 10.13 所示。

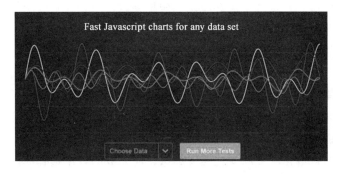

图 10.13　ZingChart 制作示意图

4. Excel

Excel 现在作为微软商用 Office 套件里的组成部分,它提供了一些漂亮而复杂的东西,从单元热度图到散点坐标图都有。虽然只是一款入门级工具,但这对于想要探索数据的初学者来说倒不失为一个快速上手的好东西,绝对应该将其放入工具箱。Excel 制作示意图如图 10.14所示。

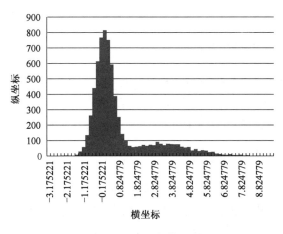

图 10.14　Excel 制作示意图

10.4　大数据带来的挑战

随着近年来大数据热潮的不断升温,人们认识到大数据并非是指大规模的数据,更加代表了其本质含义:思维、商业和管理领域前所未有的大变革。在这次变革中,大数据的出现,对产业界、学术界和教育界都正在产生巨大影响。随着科学家们对大数据研究的不断深入,人们越来越意识到对数据的利用可以为其生产生活带来巨大便利的同时,也带来了不小的挑战。

10.4.1　大数据的安全与隐私问题

随着大数据的发展，数据的来源和应用领域越来越广泛：在互联网上随意浏览网页，就会留下一连串的浏览痕迹；在网络中登录相关网站需要输入个人重要信息，例如用户名密码、身份证号、手机号、住址、银行卡密码等；随处可见的摄像头和传感器会记录下个人的行为和位置信息等等。通过相关的数据分析，数据专家就可以轻易挖掘出人们的行为习惯和个人重要信息。如果这些信息运用得当，可以帮助相关领域的企业随时了解客户的需求和习惯，便于企业调整相应的产品生产计划，取得更大的经济效益。但若是这些重要的信息被不良分子窃取，随之而来的就是个人信息、财产等的安全性问题。

此外，大数据时代数据的更新变化速度加快，而一般的数据隐私保护技术大都基于静态数据保护，这就给隐私保护带来了新的挑战。在复杂变化的条件下如何实现数据隐私安全的保护，这将是未来大数据研究的重点方向之一。

10.4.2　大数据的集成与管理问题

纵观大数据的发展历程，大数据的来源与应用越来越广泛，为了把散布于不同数据管理系统的数据收集起来统一整理，就有必要进行数据的集成与管理。虽然对数据的集成与管理已经有了很多的方法，但是传统的数据存储方法已经不能满足大数据时代数据的处理需求，这就面临着新的挑战。

10.4.3　大数据的 IT 架构问题

大数据因其独有的特征对数据分析处理系统提出了极高的要求，无论是存储、传输还是计算，在大数据分析技术平台上，将会是一个技术的激烈交锋。因为现有的数据中心技术难以满足大数据的处理需求，所以 IT 架构的革命性重构势在必行。

10.4.4　大数据的生态环境问题

大数据的生态环境问题首先涉及的是数据资源管理和共享问题。这是一个信息化开放的时代，互联网的开放式结构使人们可以在地球的不同角落同时共享所有的网络资源，这给科研工作带来了极大的便利。但是并不是所有的数据都是可以被无条件共享的，有些数据因为其特殊的价值属性而被法律保护起来不能随意被无条件利用。由于现在相关的法律措施还不够健全，还缺乏足够强的数据保护意识，所以总会出现数据信息被盗用或是数据所有权归属的问题，这既有技术问题也有法律问题。如何在保护多方利益的前提下解决数据共享问题将是大数据时代的一大重要挑战。

在大数据时代，数据的产生和应用领域已经不局限于某几个特殊的场合，几乎所有的领域如政治、经济、社会、科学、法律等都能看到大数据的身影，因此，涉及这些领域的数据交叉问题就不可避免。随着大数据影响力的深入，大数据的分析结果势必将会对国家治理模式，企业的决策、组织和业务流程，个人生活方式等都将产生巨大的影响，而这种影响模式是值得以后深入研究的。

10.5　人工智能概述

首先看一个例子。虽然在大数据平台里面有搜索引擎这个东西，想要什么东西一搜就出来了。但是也存在这样的情况，想要的东西不会搜，表达不出来，搜索出来的又不是想要的。例如音乐软件里面推荐一首歌，这首歌用户没听过，当然不知道名字，也没法搜，但是软件推荐给用户，用户的确喜欢，这就是搜索做不到的事情。当人们使用这种应用的时候，会发现机器知道自己想要什么，而不是说当用户想要的时候，去机器里面搜索。这个机器像朋友一样懂用户，这就有点人工智能的意思了。其实人们很早就在想这个事情了。最早的时候，人们想象，如果要是有一堵墙，墙后面是个机器，向它说话，它就给出回应，如果感觉不出它那边是人还是机器，那它就真的是一个人工智能的东西了（这也是图灵测试的原型）。图 10.15 显示了一幅人工智能臆想图。

图 10.15　人工智能臆想图

10.5.1　人工智能的发展历史与概念

1. 人工智能发展历史

人工智能始于 20 世纪 50 年代，至今大致分为三个发展阶段：第一阶段（20 世纪 50 至80 年代），这一阶段人工智能刚诞生，基于抽象数学推理的可编程数字计算机已经出现，符号主义（Symbolism）快速发展，但由于很多事物不能形式化表达，建立的模型存在一定的局限性，此外，随着计算任务的复杂性不断加大，人工智能发展一度遇到瓶颈；第二阶段（20 世纪 80 至 90 年代末），在这一阶段，专家系统得到快速发展，数学模型有重大突破，但由于专家系统在知识获取、推理能力等方面的不足，以及开发成本高等原因，人工智能的发展又一次进入低谷期；第三阶段（21 世纪初至今），随着大数据的积聚、理论算法的革新、计算能力的提升，人工智能在很多应用领域取得了突破性进展，迎来了又一个繁荣时期。人工智能的发展历史如图 10.16 所示。

图 10.16　人工智能发展历史

　　长期以来，制造具有智能的机器一直是人类的重大梦想。早在 1950 年，艾伦·图灵在《计算机器与智能》中就阐述了对人工智能的思考。他提出的图灵测试是机器智能的重要测量手段，后来还衍生出了视觉图灵测试等测量方法。1956 年，"人工智能"这个词首次出现在达特茅斯会议上，标志着其作为一个研究领域的正式诞生。六十年来，人工智能发展潮起潮落的同时，其基本思想可大致划分为四个流派：符号主义（Symbolism）、连接主义（Connectionism）、行为主义（Behaviourism）和统计主义（Statisticsism），这四个流派从不同侧面抓住了智能的部分特征，在制造人工智能方面都取得了里程碑式的成就。

　　1959 年，Arthur Samuel 提出了机器学习，机器学习将传统的制造智能演化为通过学习能力来获取智能，推动人工智能进入了第一次繁荣期。20 世纪 70 年代末期专家系统的出现，实现了人工智能从理论研究走向实际应用，从一般思维规律探索走向专门知识应用的重大突破，将人工智能的研究推向了新高潮。然而，机器学习的模型仍然是人工的，也有很大的局限性。随着专家系统应用的不断深入，专家系统自身存在的知识获取难、知识领域窄、推理能力弱、实用性差等问题逐步暴露。从 1976 年开始，人工智能的研究进入长达 6 年的萧瑟期。在 20 世纪 80 年代中期，随着美国、日本立项支持人工智能研究，以及以知识工程为主导的机器学习方法的发展，出现了具有更强可视化效果的决策树模型和突破早期感知机局限的多层人工神经网络，由此带来了人工智能的又一次繁荣期。然而，当时的计算机难以模拟复杂度高及规模大的神经网络，仍有一定的局限性。1987 年由于 LISP 机（一种直接以 LISP 语言的系统函数为机器指令的通用计算机）市场崩塌，美国取消了人工智能预算，日本第五代计算机项目失败并退出市场，专家系统进展缓慢，人工智能又进入了萧瑟期。

　　1997 年，IBM 深蓝（Deep Blue）战胜国际象棋世界冠军加里·卡斯帕罗夫（Garry Kasparov）。这是一次具有里程碑意义的成功，它代表了基于规则的人工智能的胜利。2006年，在 Hinton 和他的学生的推动下，深度学习开始备受关注，为后来人工智能的发展带来了重大影响。从 2010 年开始，人工智能进入爆发式的发展阶段，其最主要的驱动力是大数据时代的到来，运算能力及机器学习算法得到提高。人工智能快速发展，产业界也开始不断涌现出新的研发成果：2011 年，IBM Waston 在综艺节目《危险边缘》中战胜了最高奖金得主和连胜纪录保持者；2012 年，谷歌大脑通过模仿人类大脑在没有人类指导的情况下，利用非监督深度学习方法从大量视频中成功学习到识别出一只猫的能力；2014 年，微软公司推出了一款实时口译系统，可以模仿说话者的声音并保留其口音；2014 年，微软公司发布全球第一款个人智能助理微软小娜；2014 年，亚马逊发布至今为止最成功的智能音箱产品 Echo 和个人助手 Alexa；2016 年，谷歌 AlphaGo 机器人在围棋比赛中击败了世界冠军李世石；2017 年，苹果公司在原来个人助理 Siri 的基础上推出了智能私人助理 Siri 和智能音响 HomePod。

目前，世界各国都开始重视人工智能的发展。2017 年 6 月 29 日，首届世界智能大会在天津召开。中国工程院院士潘云鹤在大会主论坛做了题为"中国新一代人工智能"的主题演讲，报告中概括了世界各国在人工智能研究方面的战略；2016 年 5 月，美国白宫发表了《为人工智能的未来做好准备》；2016 年 12 月英国发布《人工智能：未来决策制定的机遇和影响》；2017 年 4 月法国制定了《国家人工智能战略》；2017 年 5 月德国颁布全国第一部自动驾驶的法律；据不完全统计，2017 年中国运营的人工智能公司接近 400 家，行业巨头百度、腾讯、阿里巴巴等都不断在人工智能领域发力。从数量、投资等角度来看，自然语言处理、机器人、计算机视觉成为人工智能最为热门的三个产业方向。

2. 人工智能的概念

人工智能作为一门前沿交叉学科，其定义一直存有不同的观点。《人工智能：一种现代方法》中将已有的一些人工智能定义分为四类：像人一样思考的系统、像人一样行动的系统、理性地思考的系统、理性地行动的系统。美国斯坦福大学人工智能研究中心尼尔逊教授对人工智能下了这样一个定义："人工智能是关于知识的学科——怎样表示知识以及怎样获得知识并使用知识的科学。"而美国麻省理工学院的温斯顿教授认为："人工智能就是研究如何使计算机去做过去只有人才能做的智能工作。"维基百科上定义为"人工智能就是机器展现出的智能"，即只要是某种机器，具有某种或某些"智能"的特征或表现，都应该算作人工智能。大英百科全书则限定人工智能是"数字计算机或者数字计算机控制的机器人在执行智能生物体才有的一些任务上的能力"。百度百科定义人工智能是"研究、开发用于模拟、延伸和扩展人的智能的理论、方法、技术及应用系统的一门新的技术科学"，将其视为计算机科学的一个分支，指出其研究包括机器人、语言识别、图像识别、自然语言处理和专家系统等。

2018 年中国电子技术标准化研究院发布的《人工智能标准白皮书》认为，人工智能是利用数字计算机或者数字计算机控制的机器模拟、延伸和扩展人的智能，感知环境、获取知识并使用知识获得最佳结果的理论、方法、技术及应用系统。

人工智能的定义对人工智能学科的基本思想和内容做出了解释，即围绕智能活动而构造的人工系统。人工智能是知识的工程，是机器模仿人类利用知识完成一定行为的过程。根据人工智能是否能真正实现推理、思考和解决问题，可以将人工智能分为弱人工智能和强人工智能。

弱人工智能是指不能真正实现推理和解决问题的智能机器，这些机器表面看像是智能的，但是并不真正拥有智能，也不会有自主意识。迄今为止的人工智能系统都还是实现特定功能的专用智能，而不是像人类智能那样能够不断适应复杂的新环境并不断涌现出新的功能，因此都还是弱人工智能。目前的主流研究仍然集中于弱人工智能，并取得了显著进步，如在语音识别、图像处理和物体分割、机器翻译等方面取得了重大突破，甚至可以接近或超越人类水平。

强人工智能是指真正能思维的智能机器，并且认为这样的机器是有知觉的和自我意识的，这类机器可分为类人（机器的思考和推理类似人的思维）与非类人（机器产生了和人完全不一样的知觉和意识，使用和人完全不一样的推理方式）两大类。从一般意义来说，达到人类水平的、能够自适应地应对外界环境挑战的、具有自我意识的人工智能称为通用人工智能、强人工智能或类人智能。

强人工智能如何实现呢？靠符号主义、连接主义、行为主义和统计主义这四个流派的经典路线就能设计制造出强人工智能吗？目前的一个主流看法是：即使有更高性能的计算平台和更大规模的大数据助力，也还只是量变，不是质变，人类对自身智能的认识还处在初级阶段，在人类真正理解智能机理之前，不可能制造出强人工智能。理解大脑产生智能的机理是脑科学的终极性问题，绝大多数脑科学专家都认为这是一个数百年乃至数千年甚至永远都解决不了的问题。

通向强人工智能还有一条新路线，人工智能标准白皮书称其为仿真主义。这条新路线通过制造先进的大脑探测工具从结构上解析大脑，再利用工程技术手段构造出模仿大脑神经网络基元及结构的仿脑装置，最后通过环境刺激和交互训练仿真大脑实现类人智能，简言之，"先结构，后功能"。虽然这项工程也十分困难，但是比起理解大脑这个科学问题那样遥不可及，它还是有可能在一定时间区间内解决的。

仿真主义可以说是符号主义、连接主义、行为主义和统计主义之后的第五个流派，和前四个流派有着千丝万缕的联系，也是前四个流派通向强人工智能的关键一环。经典计算机是数理逻辑的开关电路实现，采用冯·诺依曼体系结构，可以作为逻辑推理等专用智能的实现载体。但靠经典计算机不可能实现强人工智能。要按仿真主义的路线"仿脑"，就必须设计制造全新的软硬件系统，这就是"类脑计算机"，或者更准确地称为"仿脑机"。"仿脑机"是"仿真工程"的标志性成果，也是"仿脑工程"通向强人工智能之路的重要里程碑。

但是这里要指出的是，强人工智能不仅在哲学上存在巨大争论（涉及思维与意识等根本问题的讨论），在技术上的研究目前也具有十分极大的挑战性。强人工智能当前鲜有进展，美国私营部门的专家及国家科技委员会比较支持的观点是，至少在未来几十年内难以实现。

10.5.2 人工智能的特征

（1）由人类设计，为人类服务，本质为计算，基础为数据。从根本上说，人工智能系统必须以人为本，这些系统是人类设计出的机器，按照人类设定的程序逻辑或软件算法通过人类发明的芯片等硬件载体来运行或工作。其本质为计算，通过对数据的采集、加工、处理、分析和挖掘，形成有价值的信息流和知识模型，来为人类提供延伸人类能力的服务，来实现对人类期望的一些"智能行为"的模拟。在理想情况下必须体现服务人类的特点，而不应该伤害人类，特别是不应该有目的性地做出伤害人类的行为。

（2）能感知环境，能产生反应，能与人交互，能与人互补。人工智能系统应能借助传感器等器件产生对外界环境（包括人类）进行感知的能力，可以像人一样通过听觉、视觉、嗅觉、触觉等接收来自环境的各种信息，对外界输入产生文字、语音、表情、动作（控制执行机构）等必要的反应，甚至影响到环境或人类。借助于按钮、键盘、鼠标、屏幕、手势、体态、表情、力反馈、虚拟现实、增强现实等方式，人与机器间可以产生交互与互动，使机器设备越来越"理解"人类乃至与人类共同协作、优势互补。这样，人工智能系统能够帮助人类做人类不擅长、不喜欢但机器能够完成的工作，而人类则适合于去做更需要创造性、洞察力、想象力、灵活性、多变性乃至用心领悟或需要感情的一些工作。

（3）有适应特性，有学习能力，有演化迭代，有连接扩展。人工智能系统在理想情况下应具有一定的自适应特性和学习能力，即具有一定的随环境、数据或任务变化而自适应调节参数或更新优化模型的能力；并且，能够在此基础上通过与云、端、人、物越来越广泛深入数字化连接扩展，实现机器客体乃至人类主体的演化迭代，以使系统具有适应性、鲁棒性、灵活性、扩展性，来应对不断变化的现实环境，从而使人工智能系统在各行各业产生丰富的应用。

10.5.3　人工智能参考框架

目前，人工智能领域尚未形成完善的参考框架。《人工智能标准白皮书》基于人工智能的发展状况和应用特征，从人工智能信息流动的角度出发，提出一种人工智能参考框架（图 10.17），搭建较为完整的人工智能主体框架，描述人工智能系统总体工作流程，不受具体应用所限，适用于通用的人工智能领域需求。

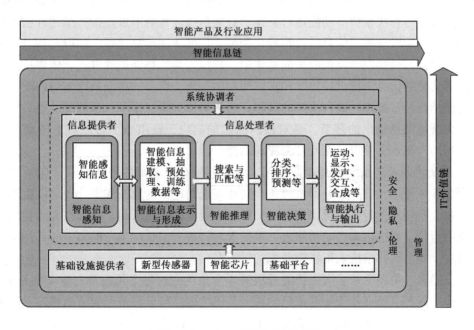

图 10.17　人工智能参考框架图

人工智能参考框架提供了基于"角色—活动—功能"的层级分类体系，从智能信息链（水平轴）和 IT 价值链（垂直轴）两个维度阐述了人工智能系统框架。智能信息链反映从智能信息感知、智能信息表示与形成、智能推理、智能决策、智能执行与输出的一般过程。在这个过程中，智能信息是流动的载体，经历了"数据—信息—知识—智慧"的凝练过程。IT 价值链从人工智能的底层基础设施、信息（提供和处理技术实现）到系统的产业生态过程，反映人工智能为信息技术产业带来的价值。此外，人工智能系统还有其他非常重要的框架构件：安全、隐私、伦理和管理。

人工智能系统主要由基础设施提供者、信息提供者、信息处理者和系统协调者 4 个角色组成。

（1）基础设施提供者。基础设施提供者为人工智能系统提供计算能力支持，实现与外部世界的沟通，并通过基础平台实现支撑。计算能力由智能芯片（CPU、GPU、ASIC、FP-GA 等硬件加速芯片以及其他智能芯片）等硬件系统开发商提供，与外部世界的沟通通过新型传感器制造商提供。基础平台包括分布式计算框架提供商及网络提供商提供平台保障和支持，即包括云存储和计算、互联互通网络等。

（2）信息提供者。信息提供者在人工智能领域是智能信息的来源。通过知识信息感知过程由数据提供商提供智能感知信息，包括原始数据资源和数据集。原始数据资源的感知涉及图形、图像、语音、文本的识别，还涉及传统设备的物联网数据，包括已有系统的业务数据以及力、位移、液位、温度、湿度等感知数据。

（3）信息处理者。信息处理者是指人工智能领域中技术和服务提供商。信息处理者的主要活动包括智能信息表示与形成、智能推理、智能决策及智能执行与输出。智能信息处理者通常是算法工程师及技术服务提供商，通过计算框架、模型及通用技术，例如一些深度学习框架和机器学习算法模型等功能进行支撑。智能信息表示与形成是指为描述外围世界所做的一组约定，分阶段对智能信息进行符号化和形式化的智能信息建模、抽取、预处理、训练数据等。智能推理是指在计算机或智能系统中，模拟人类的智能推理方式，依据推理控制策略，利用形式化的信息进行机器思维和求解问题的过程，典型的功能是搜索与匹配。智能决策是指智能信息经过推理后进行决策的过程，通常提供分类、排序、预测等功能。智能执行与输出作为智能信息输出的环节，是对输入做出的响应，输出整个智能信息流动过程的结果，包括运动、显示、发声、交互、合成等功能。

（4）系统协调者。系统协调者提供人工智能系统必须满足的整体要求，包括政策、法律、资源和业务需求，以及为确保系统符合这些需求而进行的监控和审计活动。由于人工智能是多学科交叉领域，需要系统协调者定义和整合所需的应用活动，使其在人工智能领域的垂直系统中运行。系统协调者的功能之一是配置和管理人工智能参考框架中的其他角色来执行一个或多个功能，并维持人工智能系统的运行。

安全、隐私、伦理覆盖了人工智能领域的 4 个角色，对每个角色都有重要的影响作用。同时，安全、隐私、伦理处于管理角色的覆盖范围之内，与全部角色和活动都建立了相关联系。在安全、隐私、伦理模块，需要通过不同的技术手段和安全措施，构筑全方位、立体的安全防护体系，保护人工智能领域参与者的安全和隐私。

10.6 人工智能发展现状及趋势

10.6.1 人工智能关键技术及其发展趋势

1. 机器学习

机器学习（Machine Learning）是一门涉及统计学、系统辨识、逼近理论、神经网络、优化理论、计算机科学、脑科学等诸多领域的交叉学科，研究计算机怎样模拟或实现人类的学习行为，以获取新的知识或技能，重新组织已有的知识结构使之不断改善自身的性能，是人工智能技术的核心。基于数据的机器学习是现代智能技术中的重要方法之一，研究从观测数据（样本）出发寻找规律，利用这些规律对未来数据或无法观测的数据进行预测。根据学习模式、学习方法以及算法的不同，机器学习存在不同的分类方法。

1）根据学习模式将机器学习分类为监督学习、无监督学习和强化学习

监督学习是利用已标记的有限训练数据集，通过某种学习策略（方法）建立一个模型，实现对新数据（实例）的标记（分类）或映射。最典型的监督学习算法包括回归和分类。监督学习要求训练样本的分类标签已知，分类标签精确度越高，样本越具有代表性，学习模型的准确度越高。监督学习在自然语言处理、信息检索、文本挖掘、手写体辨识、垃圾邮件侦测等领域获得了广泛应用。

无监督学习是利用无标记的有限数据描述隐藏在未标记数据中的结构（规律）。最典型的非监督学习算法包括单类密度估计、单类数据降维、聚类等。无监督学习不需要训练样本和人工标注数据，便于压缩数据存储，减少计算量，提升算法速度，还可以避免正、负样本偏移引起的分类错误问题，主要用于经济预测、异常检测、数据挖掘、图像处理、模式识别等领域，例如组织大型计算机集群、社交网络分析、市场分割、天文数据分析等。

强化学习是智能系统从环境到行为映射的学习，以使强化信号函数值最大。由于外部环境提供的信息很少，强化学习系统必须靠自身的经历进行学习。强化学习的目标是学习从环境状态到行为的映射，使得智能体选择的行为能够获得环境最大的奖赏，使得外部环境对学习系统在某种意义下的评价为最佳。强化学习在机器人控制、无人驾驶、下棋、工业控制等领域获得成功应用。

被谷歌收购的 DeepMind 公司在 2017 年利用加强学习（Reinforcement Learning）方式接连成功培训出新一代人工智能围棋程序 AlphaGo Zero 和 Alpha Zero，前者成功击败 AlphaGo，后者则不仅击败了 AlphaGo，还通过短时间学习成功击败了当前实力最强的国际象棋和日本将棋人工智能程序。它使用的加强学习算法就是让程序从随机状态开始，通过自我对弈来提高能力。每一次落子前，程序计算出不同位置的胜率，挑选出胜率最大的位置，事后根据实际的结果调整计算胜率的神经网络权重。DeepMind 公司的团队在培训 AlphaGo Zero 时采用了机器自我培训的方式。而之前训练 AlphaGo 时使用的是人类过去的棋谱对局，相当于人来培训机器。这两种方式在效率和效果上存在巨大差距——训练 AlphaGo Zero 时使用的是配备

4 个高性能处理器（TPU）的单机，耗时 3 天，总计 490 万场对局；而训练 AlphaGo 时使用了多台计算机，共 48 个 TPU，耗时数月，总计 3000 万场对局。结果 AlphaGo Zero 在与 AlphaGo 进行的 100 场对弈中获得全胜。这一成果发表在 2017 年 10 月 19 日《Nature》杂志上。

2）根据学习方法可以将机器学习分为传统机器学习和深度学习

传统机器学习从一些观测（训练）样本出发，试图发现不能通过原理分析获得的规律，实现对未来数据行为或趋势的准确预测，相关算法包括逻辑回归、隐马尔科夫方法、支持向量机方法、K 近邻方法、三层人工神经网络方法、Adaboost 算法、贝叶斯方法以及决策树方法等。传统机器学习平衡了学习结果的有效性与学习模型的可解释性，为解决有限样本的学习问题提供了一种框架，主要用于有限样本情况下的模式分类、回归分析、概率密度估计等。传统机器学习方法共同的重要理论基础之一是统计学。传统机器学习在自然语言处理、语音识别、图像识别、信息检索和生物信息等许多计算机领域获得了广泛应用。

深度学习又称为深度神经网络（指层数超过 3 层的神经网络），是建立深层结构模型的学习方法。典型的深度学习算法包括深度置信网络、卷积神经网络、受限玻尔兹曼机和循环神经网络等。深度学习作为机器学习研究中的一个新兴领域，由 Hinton 等人于 2006 年提出。深度学习源于多层神经网络，其实质是给出了一种将特征表示和学习合二为一的方式。深度学习的特点是放弃了可解释性，单纯追求学习的有效性。经过多年的摸索尝试和研究，已经产生了诸多深度神经网络的模型，其中卷积神经网络、循环神经网络是两类典型的模型。卷积神经网络常被应用于空间性分布数据；循环神经网络在神经网络中引入了记忆和反馈，常被应用于时间性分布数据。深度学习框架是进行深度学习的基础底层框架，一般包含主流的神经网络算法模型，提供稳定的深度学习 API，支持训练模型在服务器和 GPU、TPU 间的分布式学习，部分框架还具备在包括移动设备、云平台在内的多种平台上运行的移植能力，从而为深度学习算法带来前所未有的运行速度和实用性。目前主流的开源算法框架有 TensorFlow、Caffe/Caffe2、CNTK、MXNet、Paddle-paddle、Torch/PyTorch、Theano 等。图 10.18 为深度学习发展历程。

图 10.18　深度学习发展历程

TensorFlow 是谷歌基于 DistBelief 研发的第二代人工智能学习系统，其命名来源于本身的运行原理。Tensor（张量）意味着 N 维数组，Flow（流）意味着基于数据流图的计算，TensorFlow 为张量从流图的一端流动到另一端的计算过程。TensorFlow 是将复杂的数据结构传输至人工智能神经网中进行分析和处理过程的系统。TensorFlow 可用于语音识别或图像识别等多项机器学习和深度学习领域，是对 2011 年开发的深度学习基础架构 DistBelief 进行的各方面的改进，它可在小到一部智能手机、大到数千台数据中心服务器的各种设备上运行。TensorFlow 将完全开源，任何人都可以用。截至 2018 年 9 月，TensorFlow 在中国地区的下载量已经超过 200 万。TensorFlow 标志如图 10.19 所示。

分布式 TensorFlow 的核心组件包括分发中心（distributed master）、执行器（dataflow executor/worker service）、内核应用（kernel implementation）及最底端的设备层（device layer）、网络层（networking layer）。分布式 TensorFlow 的核心组件如图 10.20 所示。

图 10.19 TensorFlow 标志

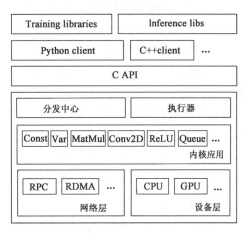

图 10.20 分布式 TensorFlow 的核心组件

分发中心从输入的数据流图中剪取子图（subgraph），将其划分为操作片段并启动执行器。分发中心处理数据流图时会进行预设定的操作优化，包括公共子表达式消去、常量折叠等。执行器负责图操作在进程和设备中的运行、收发其他执行器的结果。分布式 TensorFlow 拥有参数器以汇总和更新其他执行器返回的模型参数。执行器在调度本地设备时会选择进行并行计算和 GPU 加速。

内核应用负责单一的图操作，包括数学计算、数组操作、控制流和状态管理操作。内核应用使用 Eigen 执行张量的并行计算、cuDNN 库等执行 GPU 加速、gemmlowp 执行低数值精度计算，此外用户可以在内核应用中注册注册额外的内核以提升基础操作，例如激励函数和其梯度计算的运行效率。

图 10.21 为谷歌云计算服务中的 TPU 计算集群（TensorFlow Research Cloud）。谷歌云计算服

图 10.21 谷歌云计算服务中的 TPU 计算集群

务中的 TPU 计算集群是面向科学研究的机器学习 TPU 云计算平台。该项目拥有 1000 个云 TPU 和总计 180 千万亿次计算力，每个 TPU 拥有 64GB 的高带宽内存。TensorFlow Research Cloud 项目在 2018 年 2 月进入 Beta 版，可以申请使用，在官方声明中，其发起目的是"为确保全世界优秀的研究人员拥有足够的计算资源以规划、使用和发表下个机器学习浪潮的革命性突破"。

3）机器学习的常见算法还包括迁移学习、主动学习和演化学习等

迁移学习是指当在某些领域无法取得足够多的数据进行模型训练时，利用另一领域数据获得的关系进行的学习。迁移学习可以把已训练好的模型参数迁移到新模型指导新模型训练，可以更有效地学习底层规则、减少数据量。目前的迁移学习技术主要在变量有限的小规模应用中使用，如基于传感器网络的定位、文字分类和图像分类等。未来迁移学习将被广泛应用于解决更有挑战性的问题，如视频分类、社交网络分析、逻辑推理等。

主动学习通过一定的算法查询最有用的未标记样本，并交由专家进行标记，然后用查询到的样本训练分类模型来提高模型的精度。主动学习能够选择性地获取知识，通过较少的训练样本获得高性能的模型，最常用的策略是通过不确定性准则和差异性准则选取有效的样本。

演化学习对优化问题性质要求极少，只需能够评估解的好坏即可，适用于求解复杂的优化问题，也能直接用于多目标优化。演化学习算法包括粒子群优化算法、多目标演化算法等。目前针对演化学习的研究主要集中在演化数据聚类、对演化数据更有效的分类，以及提供某种自适应机制以确定演化机制的影响等。

2. 知识图谱

知识图谱本质上是结构化的语义知识库，是一种由节点和边组成的图数据结构，以符号形式描述物理世界中的概念及其相互关系，其基本组成单位是"实体—关系—实体"三元组，以及实体及其相关"属性—值"对。不同实体之间通过关系相互联结，构成网状的知识结构。在知识图谱中，每个节点表示现实世界的实体，每条边为实体与实体之间的关系。通俗地讲，知识图谱就是把所有不同种类的信息连接在一起而得到的一个关系网络，提供了从关系的角度去分析问题的能力。

知识图谱可用于反欺诈、不一致性验证、组团欺诈等公共安全保障领域，需要用到异常分析、静态分析、动态分析等数据挖掘方法。特别地，知识图谱在搜索引擎、可视化展示和精准营销方面有很大的优势，已成为业界的热门工具。但是，知识图谱的发展还有很大的挑战，如数据的噪声问题，即数据本身有错误或者数据存在冗余。随着知识图谱应用的不断深入，还有一系列关键技术需要突破。

3. 自然语言处理

自然语言处理是计算机科学领域与人工智能领域中的一个重要方向，研究能实现人与计算机之间用自然语言进行有效通信的各种理论和方法，涉及的领域较多，主要包括机器翻译、语义理解和问答系统等。

1）机器翻译

机器翻译是指利用计算机技术实现从一种自然语言到另外一种自然语言的翻译过程。基于统计的机器翻译方法突破了之前基于规则和实例翻译方法的局限性，翻译性能取得巨大提升。基于深度神经网络的机器翻译在日常口语等一些场景的成功应用已经显现出了巨大的潜力。随着上下文的语境表征和知识逻辑推理能力的发展以及自然语言知识图谱不断扩充，机器翻译将会在多轮对话翻译及篇章翻译等领域取得更大进展。

目前非限定领域机器翻译中性能较佳的一种是统计机器翻译，包括训练及解码两个阶段。训练阶段的目标是获得模型参数；解码阶段的目标是利用所估计的参数和给定的优化目标，获取待翻译语句的最佳翻译结果。统计机器翻译主要包括语料预处理、词对齐、短语抽取、短语概率计算、最大熵调序等步骤。基于神经网络的端到端翻译方法不需要针对双语句子专门设计特征模型，而是直接把源语言句子的词串送入神经网络模型，经过神经网络的运算，得到目标语言句子的翻译结果。在基于端到端的机器翻译系统中，通常采用递归神经网络或卷积神经网络对句子进行表征建模，从海量训练数据中抽取语义信息，与基于短语的统计翻译相比，其翻译结果更加流畅自然，在实际应用中取得了较好的效果。

2）语义理解

语义理解是指利用计算机技术实现对文本篇章的理解，并且回答与篇章相关问题的过程。语义理解更注重于对上下文的理解以及对答案精准程度的把控。

随着 MCTest 数据集的发布，语义理解受到更多关注，取得了快速发展，相关数据集和对应的神经网络模型层出不穷。语义理解将在智能客服、产品自动问答等相关领域发挥重要作用，进一步提高问答与对话系统的精度。在数据采集方面，语义理解通过自动构造数据方法和自动构造填空型问题的方法来有效扩充数据资源。为了解决填充型问题，一些基于深度学习的方法相继提出，如基于注意力的神经网络方法。当前主流的模型是利用神经网络技术对篇章、问题建模，对答案的开始和终止位置进行预测，抽取出篇章片段。对于进一步泛化的答案，处理难度进一步提升，目前的语义理解仍有较大的提升空间。

3）问答系统

问答系统是指让计算机像人类一样用自然语言与人交流，人们可以向问答系统提交用自然语言表达的问题，系统会返回关联性较高的答案。问答系统分为开放领域的对话系统和特定领域的问答系统。尽管问答系统目前已经有了不少应用产品出现，但大多是在实际信息服务系统和智能手机助手等领域中的应用，在问答系统鲁棒性方面仍然存在着问题和挑战。

自然语言处理面临四大挑战：一是在词法、句法、语义、语用和语音等不同层面存在不确定性；二是新的词汇、术语、语义和语法导致未知语言现象的不可预测性；三是数据资源的不充分使其难以覆盖复杂的语言现象；四是语义知识的模糊性和错综复杂的关联性难以用简单的数学模型描述，语义计算需要参数庞大的非线性计算。

4. 人机交互

人机交互主要研究人和计算机之间的信息交换，主要包括人到计算机和计算机到人的两部分信息交换，是人工智能领域的重要的外围技术。人机交互是与认知心理学、人机工程学、多媒体技术、虚拟现实技术等密切相关的综合学科。传统的人与计算机之间的信息交换主要依靠交互设备进行，主要包括键盘、鼠标、操纵杆、数据服装、眼动跟踪器、位置跟踪器、数据手套、压力笔等输入设备，以及打印机、绘图仪、显示器、头盔式显示器、音箱等输出设备。人机交互除了传统的基本交互和图形交互外，还包括语音交互、情感交互、体感交互及脑机交互等技术，以下对后四种与人工智能关联密切的典型交互手段进行介绍。

1）语音交互

语音交互是一种高效的交互方式，是人以自然语音或机器合成语音同计算机进行交互的综合性技术，结合了语言学、心理学、工程和计算机技术等领域的知识。语音交互不仅要对语音识别和语音合成进行研究，还要对人在语音通道下的交互机理、行为方式等进行研究。语音交互过程包括四部分：语音采集、语音识别、语义理解和语音合成。语音采集完成音频的录入、采样及编码；语音识别完成语音信息到机器可识别的文本信息的转化；语义理解根据语音识别转换后的文本字符或命令完成相应的操作；语音合成完成文本信息到声音信息的转换。作为人类沟通和获取信息最自然便捷的手段，语音交互比其他交互方式具备更多优势，能为人机交互带来根本性变革，是大数据和认知计算时代未来发展的制高点，具有广阔的发展前景和应用前景。

2）情感交互

情感是一种高层次的信息传递，而情感交互是一种交互状态，它在表达功能和信息时传递情感，勾起人们的记忆或内心的情愫。传统的人机交互无法理解和适应人的情绪或心境，缺乏情感理解和表达能力，计算机难以具有类似人一样的智能，也难以通过人机交互做到真正的和谐与自然。情感交互就是要赋予计算机类似于人一样的观察、理解和生成各种情感的能力，最终使计算机像人一样能进行自然、亲切和生动的交互。情感交互已经成为人工智能领域中的热点方向，旨在让人机交互变得更加自然。目前，在情感交互信息的处理方式、情感描述方式、情感数据获取和处理过程、情感表达方式等方面还有诸多技术挑战。

3）体感交互

体感交互是个体不需要借助任何复杂的控制系统，以体感技术为基础，直接通过肢体动作与周边数字设备装置和环境进行自然的交互。依照体感方式与原理的不同，体感技术主要分为三类：惯性感测、光学感测以及光学联合感测。体感交互通常由运动追踪、手势识别、运动捕捉、面部表情识别等一系列技术支撑。

与其他交互手段相比，体感交互无论是硬件还是软件方面都有了较大的提升，交互设备向小型化、便携化、使用方便化等方面发展，大大降低了对用户的约束，使得交互过程更加自然。目前，体感交互在游戏娱乐、医疗辅助与康复、全自动三维建模、辅助购物、眼动仪等领域有了较为广泛的应用。

4）脑机交互

脑机交互又称为脑机接口，指不依赖于外围神经和肌肉等神经通道，直接实现大脑与外界信息传递的通路。脑机交互系统检测中枢神经系统活动，并将其转化为人工输出指令，能够替代、修复、增强、补充或者改善中枢神经系统的正常输出，从而改变中枢神经系统与内外环境之间的交互作用。脑机交互通过对神经信号解码，实现脑信号到机器指令的转化，一般包括信号采集、特征提取和命令输出三个模块。从脑信号采集的角度，一般将脑机交互分为侵入式和非侵入式两大类。除此之外，脑机交互还有其他常见的分类方式：按照信号传输方向可以分为脑到机、机到脑和脑机双向交互；按照信号生成的类型，可分为自发式脑机交互和诱发式脑机交互；按照信号源的不同还可分为基于脑电的脑机交互、基于功能性核磁共振的脑机交互以及基于近红外光谱分析的脑机交互。

5. 计算机视觉

计算机视觉是使用计算机模仿人类视觉系统的科学，让计算机拥有类似人类提取、处理、理解和分析图像以及图像序列的能力。自动驾驶、机器人、智能医疗等领域均需要通过计算机视觉技术从视觉信号中提取并处理信息。近来随着深度学习的发展，预处理、特征提取与算法处理渐渐融合，形成了端到端的人工智能算法技术。根据解决的问题，计算机视觉可分为计算成像学、图像理解、三维视觉、动态视觉和视频编解码五大类。

1）计算成像学

计算成像学是探索人眼结构、相机成像原理以及其延伸应用的科学。在相机成像原理方面，计算成像学不断促进现有可见光相机的完善，使得现代相机更加轻便，可以适用于不同场景；同时计算成像学也推动着新型相机的产生，使相机超出可见光的限制。在相机应用科学方面，计算成像学可以提升相机的能力，从而通过后续的算法处理使得在受限条件下拍摄的图像更加完善，例如图像去噪、去模糊、暗光增强、去雾霾等，以及实现新的功能，例如全景图、软件虚化、超分辨率等。

2）图像理解

图像理解是通过用计算机系统解释图像，实现类似人类视觉系统理解外部世界的一门科学。通常根据理解信息的抽象程度可将图像理解分为三个层次：浅层图像理解，包括图像边缘、图像特征点、纹理元素等；中层图像理解，包括物体边界、区域与平面等；高层图像理解，根据需要抽取的高层语义信息，可大致分为识别、检测、分割、姿态估计、图像文字说明等。目前高层图像理解算法已逐渐广泛应用于人工智能系统，刷脸支付、智慧安防、图像搜索等。

3）三维视觉

三维视觉是研究如何通过视觉获取三维信息（三维重建）以及如何理解所获取的三维信息（三维信息理解）的科学。三维重建可以根据重建的信息来源分为单目图像重建、多目图像重建和深度图像重建等。三维信息理解，即使用三维信息辅助图像理解或者直接理解三维信息，可分为三个层次：浅层，角点、边缘、法向量等；中层，平面、立方体等；高层，物体检测、识别、分割等。三维视觉技术可以广泛应用于机器人、无人驾驶、智慧工厂、虚拟现实、增强现实等方向。

4）动态视觉

动态视觉是分析视频或图像序列，模拟人处理时序图像的科学。通常动态视觉问题可以定义为寻找图像元素，如像素、区域、物体在时序上的对应，以及提取其语义信息的问题。动态视觉研究被广泛应用在视频分析以及人机交互等方面。

5）视频编解码

视频编解码是指通过特定的压缩技术，将视频流进行压缩。视频流传输中最为重要的编解码标准有国际电联的 H. 261、H. 263、H. 264、H. 265、M-JPEG 和 MPEG 系列标准。

目前，计算机视觉技术发展迅速，已具备初步的产业规模。未来计算机视觉技术的发展主要面临以下挑战：一是如何在不同的应用领域和其他技术更好的结合，计算机视觉在解决某些问题时可以广泛利用大数据，已经逐渐成熟并且可以超过人类，而在某些问题上却无法达到很高的精度；二是如何降低计算机视觉算法的开发时间和人力成本，目前计算机视觉算法需要大量的数据与人工标注，需要较长的研发周期以达到应用领域所要求的精度与耗时；三是如何加快新型算法的设计开发，随着新的成像硬件与人工智能芯片的出现，针对不同芯片与数据采集设备的计算机视觉算法的设计与开发也是挑战之一。

6. 生物特征识别

生物特征识别是指通过个体生理特征或行为特征对个体身份进行识别认证。从应用流程看，生物特征识别通常分为注册和识别两个阶段。注册阶段通过传感器对人体的生物表征信息进行采集，如利用图像传感器对指纹和人脸等光学信息、麦克风对说话声等声学信息进行采集，利用数据预处理以及特征提取技术对采集的数据进行处理，得到相应的特征进行存储。识别过程采用与注册过程一致的信息采集方式对待识别人进行信息采集、数据预处理和特征提取，然后将提取的特征与存储的特征进行比对分析，完成识别。从应用任务看，生物特征识别一般分为辨认与确认两种任务，辨认是从存储库中确定待识别人身份的过程，是一对多的问题；确认是将待识别人信息与存储库中特定单人信息进行比对，确定身份的过程，是一对一的问题。

生物特征识别涉及的内容十分广泛，包括指纹、掌纹、人脸、虹膜、指静脉、声纹、步态等多种生物特征，其识别过程涉及图像处理、计算机视觉、语音识别、机器学习等多项技术。目前生物特征识别作为重要的智能化身份认证技术，在金融、公共安全、教育、交通等领域得到广泛的应用。下面对指纹识别、人脸识别、虹膜识别、指静脉识别、声纹识别以及步态识别等技术进行介绍。

（1）指纹识别过程通常包括数据采集、数据处理、分析判别三个过程。数据采集指通过光、电、力、热等物理传感器获取指纹图像；数据处理包括预处理、畸变校正、特征提取三个过程；分析判别是对提取的特征进行分析判别的过程。

（2）人脸识别是典型的计算机视觉应用，从应用过程来看，可将人脸识别技术划分为检测定位、面部特征提取以及人脸确认三个过程。人脸识别技术的应用主要受到光照、拍摄角度、图像遮挡、年龄等多个因素的影响，在约束条件下人脸识别技术相对成熟，在自由条件下人脸识别技术还在不断改进。图 10.22 为一个基于人脸识别的智能门禁系统工作流程。

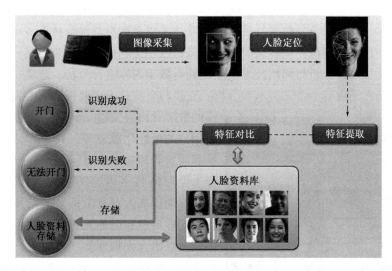

图 10.22　基于人脸识别的智能门禁系统工作流程图

（3）虹膜识别的理论框架主要包括虹膜图像分割、虹膜区域归一化、特征提取和识别四个部分，研究工作大多是基于此理论框架发展而来。虹膜识别技术应用的主要难题包含传感器和光照影响两个方面：一方面，由于虹膜尺寸小且受黑色素遮挡，需在近红外光源下采用高分辨图像传感器才可清晰成像，对传感器质量和稳定性要求比较高；另一方面，光照的强弱变化会引起瞳孔缩放，导致虹膜纹理产生复杂形变，增加了匹配的难度。

（4）指静脉识别是利用了人体静脉血管中的脱氧血红蛋白对特定波长范围内的近红外线有很好的吸收作用这一特性，采用近红外光对指静脉进行成像与识别的技术。由于指静脉血管分布随机性很强，其网络特征具有很好的唯一性，且属于人体内部特征，不受到外界影响，因此模态特性十分稳定。指静脉识别技术应用面临的主要难题来自成像单元。

（5）声纹识别是指根据待识别语音的声纹特征识别说话人。声纹识别通常可以分为前端处理和建模分析两个阶段。声纹识别的过程是将某段来自某个人的语音经过特征提取后与多复合声纹模型库中的声纹模型进行匹配，常用的识别方法可以分为模板匹配法、概率模型法等。

（6）步态是远距离复杂场景下唯一可清晰成像的生物特征，步态识别是指通过身体体型和行走姿态来识别人的身份。相比上述几种生物特征识别，步态识别的技术难度更大，体现在其需要从视频中提取运动特征，以及需要更高要求的预处理算法，但步态识别具有远距离、跨角度、光照不敏感等优势。

7. 虚拟现实、增强现实

在第 9 章中已经提到，虚拟现实（VR）、增强现实（AR）是以计算机为核心的新型视听技术。结合相关科学技术，在一定范围内生成与真实环境在视觉、听觉、触感等方面高度近似的数字化环境；用户借助必要的装备与数字化环境中的对象进行交互，相互影响，获得近似真实环境的感受和体验，通过显示设备、跟踪定位设备、触力觉交互设备、数据获取设备、专用芯片等实现。

虚拟现实、增强现实从技术特征角度，按照不同处理阶段，可以分为获取与建模技术、分析与利用技术、交换与分发技术、展示与交互技术以及标准与评价体系五个方面。获取与建模技术研究如何把物理世界或者人类的创意进行数字化和模型化，难点是三维物理世界的数字化和模型化技术；分析与利用技术重点研究对数字内容进行分析、理解、搜索和知识化方法，其难点是在于内容的语义表示和分析；交换与分发技术主要强调各种网络环境下大规模的数字化内容流通、转换、集成和面向不同终端用户的个性化服务等，其核心是开放的内容交换和版权管理技术；展示与交互技术重点研究符合人类习惯数字内容的各种显示技术及交互方法，以期提高人对复杂信息的认知能力，其难点在于建立自然和谐的人机交互环境；标准与评价体系重点研究虚拟现实、增强现实基础资源、内容编目、信源编码等的规范标准以及相应的评估技术。图 10.23 给出了虚拟现实的一个应用场景。

图 10.23　虚拟现实应用场景之一

目前虚拟现实、增强现实面临的挑战主要体现在智能获取、普适设备、自由交互和感知融合四个方面。在硬件平台与装置、核心芯片与器件、软件平台与工具、相关标准与规范等方面存在一系列科学技术问题。总体来说虚拟现实、增强现实呈现虚拟现实系统智能化、虚实环境对象无缝融合、自然交互全方位与舒适化的发展趋势。

8. 人工智能技术发展趋势

综上所述，人工智能技术在以下方面的发展有显著的特点，是进一步研究人工智能趋势的重点。

1）技术平台开源化

开源的学习框架在人工智能领域的研发成绩斐然，对深度学习领域影响巨大。开源的深度学习框架使得开发者可以直接使用已经研发成功的深度学习工具，减少二次开发，提高效率，促进业界紧密合作和交流。国内外产业巨头也纷纷意识到通过开源技术建立产业生态，是抢占产业制高点的重要手段。通过技术平台的开源化，可以扩大技术规模，整合技术和应用，有效布局人工智能全产业链。谷歌、百度等国内外龙头企业纷纷布局开源人工智能生态，未来将有更多的软硬件企业参与开源生态。

2）专用智能向通用智能发展

目前的人工智能发展主要集中在专用智能方面，具有领域局限性。随着科技的发展，各领域之间相互融合、相互影响，需要一种范围广、集成度高、适应能力强的通用智能，提供从辅助性决策工具到专业性解决方案的升级。通用人工智能具备执行一般智慧行为的能力，可以将人工智能与感知、知识、意识和直觉等人类的特征互相连接，减少对领域知识的依赖性，提高处理任务的普适性，这将是人工智能未来的发展方向。未来的人工智能将广泛地涵盖各个领域，消除各领域之间的应用壁垒。

　　3）智能感知向智能认知方向迈进

　　人工智能的主要发展阶段包括运算智能、感知智能、认知智能，这一观点得到业界的广泛认可。早期阶段的人工智能是运算智能，机器具有快速计算和记忆存储能力；当前大数据时代的人工智能是感知智能，机器具有视觉、听觉、触觉等感知能力；随着类脑科技的发展，人工智能必然向认知智能时代迈进，即让机器能理解会思考。

10.6.2　人工智能的几个经典算法

　　1950 年初，人工智能追求研发能够像人类一样具有智力的机器，研究界把这个称为强人工智能，后续出现了专家系统，在特定领域运用人工智能技术，给人工智能发展注入新的活力，然而又带来了难以移植、成本昂贵等问题。1980 年之后机器学习成为 AI 研究的主流，研究计算机怎样模拟或实现人类的学习行为，以获取新的知识或技能，重新组织已有的知识结构使之不断改善自身的性能。2000 年左右，计算机科学家在神经网络研究基础上加入多层感知器构建深度学习模型，成功解决了图像识别、语音识别以及自然语言处理等领域的众多问题。近年来，在 IBM 等科技巨头的推动下认知计算蓬勃发展，通过学习理解语言、图像、视频等非结构化数据，更好地从海量复杂数据中获得知识，做出更为精准的决策。

　　机器学习是人工智能领域研究的核心问题之一，理论成果已经应用到人工智能的各个领域，机器学习算法通过模式识别系统根据事物特征将其划分到不同类别，通过对识别算法的选择和优化，使其具有更强的分类能力。机器学习模式识别流程如图 10.24 所示，包括获取数据、数据预处理、特征生成、特征选择、模式分类和最后生成分类结果等步骤。

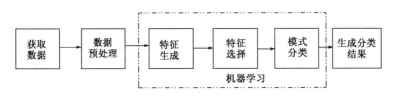

图 10.24　机器学习模式识别流程

　　下面介绍人工智能领域比较著名的几个算法，通过这几个具有代表性的算法，理清机器学习的基本思想。

　　1. 感知器（也叫理解分类器、神经元）

　　美国计算机科学院罗森布拉特（F. Roseblatt）于 1957 年提出感知器，是神经网络第一个里程碑算法。感知器是一种用于二分类的线性分类模型，其输入为样本的特征向量，计算这些输入的线性组合，如果输出结果大于某个阈值就输出 1，否则输出 –1。作为一个线性分类器，感知器有能力解决线性分类问题，它是神经网络的基石，也可用于基于模式分类的学习控制中。假设分类器的输入是通过某种途径获得的两个值（比如体重和身高），输出是 0 和 1，比如分别代表猫和狗，现在有一些样本如图 10.25 所示，可以认为横轴是身高，纵轴是体重，这里的圆点和星点分别表示狗和猫。从中可以发现，只需一条直线即可区分两组数据，分类器也就完成了。

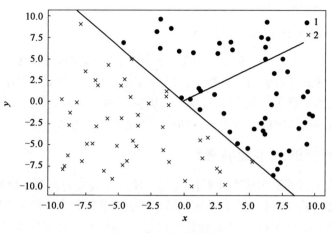

图 10.25　感知器分类

由此进一步推理，一条直线把平面一分为二，一个平面把三维空间一分为二，一个 $n-1$ 维超平面把 n 维空间一分为二，两边分属不同的两类，这种分类器就叫作神经元。

下面把神经元分类器的原理更形象化的表示，输入信号（以向量形式出现，树突接收）通过加权 w，然后进入胞体整合转化（学术上叫作激活函数），得到一个输出信号，这个输出信号就是最后的识别结果。

单个神经元的输入输出关系为：

$$y_j = f(s_j) \tag{10.1}$$

其中

$$s_j = \sum_{i=1}^{n} w_i x_i \tag{10.2}$$

式中，y 为输出信号，x 为输入信号，w 表示加权值，f 为激活函数。

感知器结构如图 10.26 所示，包括：（1）输入向量（input），即用来训练感知器的原始数据；（2）阶梯函数（step function），可以通过生物上的神经元阈值来理解，当输入向量和权重相乘之后，如果结果大于阈值（比如 0），则神经元激活（返回 1），反之则神经元未激活（返回 0）；（3）权重（weight）。

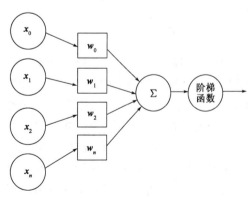

图 10.26　感知器结构

感知器通过数据训练，学习到的权向量通过将它和输入向量点乘，把乘积带入阶梯函数后可以得到期待的结果。由于感知器自身结构的限制，使其应用被限制在一定的范围内。所以在采用感知器解决具体问题时有以下局限性：由于感知器的激活函数采用的是阈值函数，输出矢量只能取 0 或 1，所以只能用它来解决简单的分类问题；感知器是一种线性分类器，在迭代过程中，如果训练数据不是线性可分的，可能导致训练最终无法收敛，最终得不到一个稳定的权重向量。

如何解决上述问题呢？常见的办法是将多个感知器层层级联，底层的输出是高层的输入，这就构成了神经网络，如图 10.27 所示，这和人脑中的神经元很相似（它们由图 10.27 中的圆圈表示，这些神经元相互关联），每一个神经元都有一些神经元作为其输入，它们又是另一些神经元的输入，数值向量就像是电信号，在不同神经元之间传导，每一个神经元只有满足某种条件才会发射信号到下一层神经元。在图 10.27 中，神经元被分为三种不同类型的层：输入层、隐藏层、输出层。输入层接收输入数据，将输入传递给隐藏层。隐藏层对输入执行数学计算。创建神经网络的挑战之一是决定隐藏层的数量，以及每层的神经元数量。深度学习中的"深层"就是指具有多个隐藏层。输出层则返回输出数据。

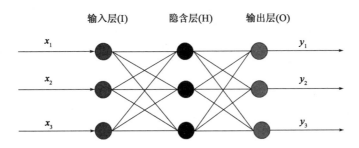

图 10.27　神经网络结构图

神经网络的分类表达能力是极其强大的。比如垃圾邮件的识别。现在有一封电子邮件，把出现在里面的所有词汇提取出来，送进一个机器里，机器需要判断这封邮件是否是垃圾邮件，解决方案就是输入表示字典里的每一个词是否在邮件中出现，比如向量（1，1，0，0，0，…）就表示这封邮件里只出现了两个词 abandon 和 abnormal，输出 1 则表示邮件是垃圾邮件，输出 0 则说明邮件是正常邮件。再比如猫、狗的分类。假设有一大堆猫、狗照片，把每一张照片送进一个机器里，机器需要判断这幅照片里的东西是猫还是狗，假如每一张照片都是 320×240 像素的红绿蓝三通道彩色照片，那么分类器的输入就是一个长度为 320×240×3 = 230400 的向量，输出 0 表示图片中是狗，输出 1 表示是猫。

感知器只能解决简单的线性分类问题，应用面很窄，但是在人工智能发展中起到了很大推动作用。感知器由于是第一个神经网络算法，吸引了大量学者对神经网络开展研究，同时也为后期更复杂算法如深度学习奠定基础。

2. 聚类算法

从机器学习的角度，聚类算法是一种"无监督学习"，训练样本的标记信息是未知的，聚类的数目和结构没有事先给定。聚类的目的是寻找数据簇中潜在的分组结构和关联关系，通过聚类使得同一个簇内的数据对象的相似性尽可能大，同时不在同一个簇中的数据对象的差异性也尽可能地大。在人工智能中，聚类分析也被称为"无先验学习"，是机器学习中的重要算法，目前被广泛应用于各种自然科学和工程领域，如心理学、生物学、医学等。

目前已经提出多种聚类算法，包括基于划分的聚类算法、基于层次的聚类算法、基于密度的聚类算法、基于网格的聚类算法和基于模型的聚类算法。其中著名的分类算法 K-means 算法就是基于划分的聚类算法。

K-means 算法是一种基于距离的迭代式算法。它将 n 个观察实例分类到 k 个聚类中，以使每个观察实例距离它所在的聚类的中心点比其他聚类中心点的距离更小。算法的过程如下：

（1）所有的观测实例中随机抽取出 k 个观测点作为聚类中心点，然后遍历其余的观测点找到距离各自最近的聚类中心点，将其加入该聚类中。这样，就有了一个初始的聚类结果，这是一次迭代的过程。

（2）每个聚类中心都至少有一个观测实例，这样，可以求出每个聚类的中心点（means），作为新的聚类中心，然后再遍历所有的观测点，找到距离其最近的中心点，加入该聚类中。然后继续运行这一步。

（3）如此往复（2），直到前后两次迭代得到的聚类中心点一模一样。

这样，算法就稳定了，这样得到的 k 个聚类中心，和距离它们最近的观测点构成 k 个聚类，就是所要的结果。实验证明，算法是可以收敛的。

计算聚类的中心点有以下三种方法：

（1）Minkowski Distance 公式，λ 可以随意取值，可以是负数，也可以是正数，或是无穷大。

$$d_{ij} = \sqrt[\lambda]{\sum_{k=1}^{n} |x_{ik} - x_{jk}|^{\lambda}} \tag{10.3}$$

（2）Euclidean Distance 公式，也就是公式 10.3 中 $\lambda = 2$ 的情况。

$$d_{ij} = \sqrt{\sum_{k=1}^{n} (x_{ik} - x_{jk})^2} \tag{10.4}$$

（3）CityBlock Distance 公式，也就是公式 10.3 中 $\lambda = 1$ 的情况。

$$d_{ij} = \sum_{k=1}^{n} |x_{ik} - x_{jk}| \tag{10.5}$$

如何评价一个聚类结果呢？计算所有观测点距离它对应的聚类中心的距离的平方和即可，称这个评价函数为 evaluate（C）。它越小，说明聚类越好。

K-means 算法非常简单，然而却也有许多问题。当结果簇是密集的，而且簇和簇之间的区别比较明显时，K-Means 的效果较好。对于大数据集，K-Means 是相对可伸缩的和高效的，它的复杂度是 $O(nkt)$，n 是对象的个数，k 是簇的数目，t 是迭代的次数，通常 $k << n$，且 $t << n$，所以算法经常以局部最优结束。

K-Means 算法的最大问题是要求先给出 k 的个数。k 的选择一般基于经验值和多次实验结果，对于不同的数据集，k 的取值没有可借鉴性。另外，K-Means 对孤立点数据是敏感的，少量噪声数据就能对平均值造成极大的影响。

3. 决策树

决策树（Decision Tree）是在已知各种情况发生概率的基础上，通过构成决策树来求取净现值的期望值大于等于零的概率，再评价项目风险，判断其可行性的决策分析方法，是直观运用概率分析的一种图解法。由于这种决策分支画成图形很像一棵树的枝干，故称决策树。

决策树是一种简单却使用广泛的分类器,通过训练数据建立决策树对未知数据进行高效分类。一棵决策树一般包括根结点、内部结点和叶子结点,叶子结点对应最终决策结果,每一次划分过程遍历所有划分属性找到最好分割方式。在机器学习中,决策树是一个预测模型,他代表的是对象属性与对象值之间的一种映射关系。决策树(分类树)是一种十分常用的分类方法。它是一种"监督学习"。

决策树的目标是将数据按照对应的类属性进行分类,通过特征属性的选择将不同类别数据集合贴上对应的类别标签,使分类后的数据集纯度最高,而且能够通过选择合适的特征尽量使分类速度最快,减少决策树深度。

决策树生成过程一般分为三个步骤:

(1) 特征选择,是指从训练数据中众多的特征中选择一个特征作为当前节点的分裂标准。如何选择特征有着很多不同量化评估标准,从而衍生出不同的决策树算法。

(2) 决策树生成。根据选择的特征评估标准,从上至下递归地生成子节点,直到数据集不可分则停止决策树生长。

(3) 剪枝。决策树容易过拟合,一般来需要剪枝,缩小树结构规模,缓解过拟合。剪枝技术有预剪枝和后剪枝两种。

决策树的优点主要有:

(1) 易于理解和实现,人们在学习过程中不需要使用者了解很多的背景知识,这同时是它能够直接体现数据的特点,只要通过解释后都有能力去理解决策树所表达的意义。

(2) 数据的准备往往是简单或者是不必要的,而且能够同时处理数据型和常规型属性,在相对短的时间内能够对大型数据源做出可行且效果良好的结果。

(3) 易于通过静态测试来对模型进行评测,可以测定模型可信度;如果给定一个观察的模型,那么根据所产生的决策树很容易推出相应的逻辑表达式。

决策树的缺点主要有:

(1) 对连续性的字段比较难预测。

(2) 对有时间顺序的数据,需要很多预处理的工作。

(3) 当类别太多时,错误可能就会增加得比较快;一般的算法分类的时候,只是根据一个字段来分类。

4. 卷积神经网络

当人工智能领域在 20 世纪 50 年代起步的时候,生物学家开始提出简单的数学理论,来解释智力和学习的能力如何产生于大脑神经元之间的信号传递。当时的核心思想一直保留到现在。如果这些细胞之间频繁通信,神经元之间的联系将得到加强。神经学研究表明,人类大脑在接收到外部信号时,不是直接对数据进行处理,而是通过一个多层的网络模型来获取数据的规律。这种层次结构的感知系统使视觉系统需要处理的数据量大大减少,并保留了有用的结构信息。由于这些信息的结构一般都很复杂,因此构造深度的机器学习算法去实现一些人类的认知活动是很有必要的。

这里主要介绍一个经典的深度学习算法:卷积神经网络(Convolutional Neural Network,

CNN）。卷积神经网络是近年发展起来，并引起广泛重视的一种高效识别方法，受生物自然视觉认知机制启发而来。20世纪60年代，Hubel和Wiesel在研究猫脑皮层中用于局部敏感和方向选择的神经元时发现其独特的网络结构可以有效地降低反馈神经网络的复杂性。受此启发，1980年福岛邦彦（Kunihiko Fukushima）提出了CNN的前身——神经认知机（neocognitron）。

20世纪90年代，燕乐纯等人发表论文，设计了一种多层的人工神经网络，取名为LeNet-5，可以对手写数字做分类。LeNet-5确立了CNN的现代结构，在每一个采样层前加入卷积层，如图10.28所示。在图像识别领域，CNN已经成为一种高效的识别方法。

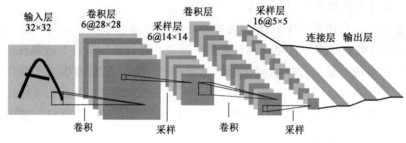

图10.28 卷积神经网络LeNet-5结构图

卷积神经网络是一种前馈神经网络，它的人工神经元可以响应一部分覆盖范围内的周围单元。一般地，CNN的基本结构包括两层，其一为特征提取层，每个神经元的输入与前一层的局部接受域相连，并提取该局部的特征，一旦该局部特征被提取后，它与其他特征间的位置关系也随之确定下来；其二是特征映射层，网络的每个计算层由多个特征映射组成，每个特征映射是一个平面，平面上所有神经元的权值相等。特征映射结构采用影响函数核小的sigmoid函数作为卷积网络的激活函数，使得特征映射具有位移不变性。此外，由于一个映射面上的神经元共享权值，因而减少了网络自由参数的个数。卷积神经网络中的每一个卷积层都紧跟着一个用来求局部平均与二次提取的计算层，这种特有的两次特征提取结构减小了特征分辨率。

CNN主要用来识别位移、缩放及其他形式扭曲不变性的二维图形。由于CNN的特征检测层通过训练数据进行学习，所以在使用CNN时，避免了显式的特征抽取，而隐式地从训练数据中进行学习；再者由于同一特征映射面上的神经元权值相同，所以网络可以并行学习，这也是卷积网络相对于神经元彼此相连网络的一大优势。卷积神经网络以其局部权值共享的特殊结构在语音识别和图像处理方面有着独特的优越性，其布局更接近于实际的生物神经网络；权值共享降低了网络的复杂性，特别是多维输入向量的图像可以直接输入网络这一特点避免了特征提取和分类过程中数据重建的复杂度。

10.6.3 人工智能行业应用

人工智能与行业领域的深度融合将改变甚至重新塑造传统行业，下面重点介绍人工智能在制造、家居、金融、交通、安防、医疗、物流行业的应用。由于篇幅有限，其他很多重要的行业应用在这里不展开论述。

1. 智能制造

智能制造是基于新一代信息通信技术与先进制造技术深度融合，贯穿于设计、生产、管理、服务等制造活动的各个环节，具有自感知、自学习、自决策、自执行、自适应等功能的新型生产方式。智能制造对人工智能的需求主要表现在以下三个方面：一是智能装备，包括自动识别设备、人机交互系统、工业机器人以及数控机床等具体设备，涉及跨媒体分析推理、自然语言处理、虚拟现实智能建模及自主无人系统等关键技术；二是智能工厂，包括智能设计、智能生产、智能管理以及集成优化等具体内容，涉及跨媒体分析推理、大数据智能、机器学习等关键技术；三是智能服务，包括大规模个性化定制、远程运维以及预测性维护等具体服务模式，涉及跨媒体分析推理、自然语言处理、大数据智能、高级机器学习等关键技术。例如，现有涉及智能装备故障问题的纸质化文件，可通过自然语言处理，形成数字化资料，再通过非结构化数据向结构化数据的转换，形成深度学习所需的训练数据，从而构建设备故障分析的神经网络，为下一步故障诊断、优化参数设置提供决策依据。

2. 智能家居

参照工业和信息化部印发的《智慧家庭综合标准化体系建设指南》，智能家居是智慧家庭八大应用场景之一。受产业环境、价格、消费者认可度等因素影响，我国智能家居行业经历了漫长的探索期。至 2010 年，随着物联网技术的发展以及智慧城市概念的出现，智能家居概念逐步有了清晰的定义并随之涌现出各类产品，软件系统也经历了若干轮升级。

智能家居以住宅为平台，基于物联网技术，由硬件（智能家电、智能硬件、安防控制设备、家具等）、软件系统、云计算平台构成家居生态圈，实现人远程控制设备、设备间互联互通、设备自我学习等功能，并通过收集、分析用户行为数据为用户提供个性化生活服务，使家居生活安全、节能、便捷等。例如，借助智能语音技术，用户应用自然语言实现对家居系统各设备的操控，如开关窗帘（窗户）、操控家用电器和照明系统、打扫卫生等操作；借助机器学习技术，智能电视可以从用户看电视的历史数据中分析其兴趣和爱好，并将相关的节目推荐给用户；通过应用声纹识别、脸部识别、指纹识别等技术进行开锁等；通过大数据技术可以使智能家电实现对自身状态及环境的自我感知，具有故障诊断能力；通过收集产品运行数据，发现产品异常，主动提供服务，降低故障率；还可以通过大数据分析、远程监控和诊断，快速发现问题、解决问题及提高效率。

3. 智能金融

人工智能的飞速发展将对身处服务价值链高端的金融业带来深刻影响，人工智能逐步成为决定金融业沟通客户、发现客户金融需求的重要因素。人工智能技术在金融行业中可以用于服务客户，支持授信、各类金融交易和金融分析中的决策，并用于风险防控和监督，将大幅改变金融现有格局，金融服务将会更加个性化与智能化。智能金融对于金融机构的业务部门来说，可以帮助获客，精准服务客户，提高效率；对于金融机构的风控部门来说，可以提高风险控制，增加安全性；对于用户来说，可以实现资产优化配置，体验到金融机构更加完美的服务。

人工智能在金融领域的应用主要包括：（1）智能获客，依托大数据，对金融用户进行画像，通过需求响应模型，极大地提升获客效率；（2）身份识别，以人工智能为内核，通过人脸识别、声纹识别、指静脉识别等生物识别手段，再加上各类票据、身份证、银行卡等证件票据的识别技术手段，对用户身份进行验证，大幅降低核验成本，有助于提高安全性；（3）大数据风控，通过大数据、算力、算法的结合，搭建反欺诈、信用风险等模型，多维度控制金融机构的信用风险和操作风险，同时避免资产损失；（4）智能投顾，基于大数据和算法能力，对用户与资产信息进行标签化，精准匹配用户与资产；（5）智能客服，基于自然语言处理能力和语音识别能力，拓展客服领域的深度和广度，大幅降低服务成本，提升服务体验；（6）金融云，依托云计算能力的金融科技，为金融机构提供更安全高效的全套金融解决方案。

4. 智能交通

智能交通系统（Intelligent Traffic System，ITS）是通信、信息和控制技术在交通系统中集成应用的产物。ITS 借助现代科技手段和设备，将各核心交通元素连通，实现信息互通共享以及各交通元素的彼此协调、优化配置和高效使用，形成人、车和交通的一个高效协同环境，建立安全、高效、便捷和低碳的交通。

例如通过交通信息采集系统采集道路中的车辆流量、行车速度等信息，信息分析处理系统处理后形成实时路况，决策系统据此调整道路红绿灯时长，调整可变车道或潮汐车道的通行方向等；通过信息发布系统将路况推送到导航软件和广播中，让人们合理规划行驶路线；通过不停车收费系统（ETC），实现对通过 ETC 入口站的车辆身份及信息自动采集、处理、收费和放行，有效提高通行能力，简化收费管理，降低环境污染。

ITS 应用最广泛的地区是日本，其次是美国、欧洲等地区。中国的 ITS 近几年也发展迅速，在北京、上海、广州、杭州等大城市已经建设了先进的 ITS。其中，北京建立了道路交通控制、公共交通指挥与调度、高速公路管理和紧急事件管理等四大 ITS 系统；广州建立了交通信息共用主平台、物流信息平台和静态交通管理系统等三大 ITS 系统。

5. 智能安防

智能安防是一种利用人工智能对视频、图像进行存储和分析，从中识别安全隐患并对其进行处理的技术。智能安防与传统安防的最大区别在于智能化，传统安防对人的依赖性比较强，非常耗费人力，而智能安防能够通过机器实现智能判断，从而尽可能实现实时的安全防范和处理。

当前，高清视频、智能分析等技术的发展，使得安防从传统的被动防御向主动判断和预警发展，行业也从单一的安全领域向多行业应用发展，进而提升生产效率并提高生活智能化程度，为更多的行业和人群提供可视化及智能化方案。用户面对海量的视频数据，已无法简单利用人海战术进行检索和分析，需要采用人工智能技术作为专家系统或辅助手段，实时分析视频内容，探测异常信息，进行风险预测。从技术方面来讲，目前国内智能安防分析技术主要集中在两大类：一类是采用画面分割前景提取等方法对视频画面中的目标进行提取检测，通过不同的规则来区分不同的事件，从而实现不同的判断并产生相应的报警联动等，如区域入侵分析、打架检测、人员聚集分析、交通事件检测等；另一类是利用模式识别技术，对画面中特定的物体进行建模，并通过大量样本进行训练，从而达到对视频画面中的特定物体进行识别，如车辆检测、人脸检测、人头检测（人流统计）等应用。

智能安防目前涵盖众多的领域，如街道社区、道路、楼宇建筑、机动车辆的监控，移动物体监测等。今后智能安防还要解决海量视频数据分析、存储控制及传输问题，将智能视频分析技术、云计算及云存储技术结合起来，构建智慧城市下的安防体系。

6. 智能医疗

人工智能的快速发展，为医疗健康领域向更高的智能化方向发展提供了非常有利的技术条件。近几年，智能医疗在辅助诊疗、疾病预测、医疗影像辅助诊断、药物开发等方面发挥重要作用。

在辅助诊疗方面，通过人工智能技术可以有效提高医护人员工作效率，提升一线全科医生的诊断治疗水平。如利用智能语音技术可以实现电子病历的智能语音录入；利用智能影像识别技术，可以实现医学图像自动读片；利用智能技术和大数据平台，构建辅助诊疗系统。

在疾病预测方面，人工智能借助大数据技术可以进行疫情监测，及时有效地预测并防止疫情的进一步扩散和发展。以流感为例，很多国家都有规定，当医生发现新型流感病例时需告知疾病控制与预防中心。但由于人们可能患病不及时就医，同时信息传达回疾控中心也需要时间，因此，通告新流感病例时往往会有一定的延迟，人工智能通过疫情监测能够有效缩短响应时间。

在医疗影像辅助诊断方面，影像判读系统的发展是人工智能技术的产物。早期的影像判读系统主要靠人手工编写判定规则，存在耗时长、临床应用难度大等问题，从而未能得到广泛推广。影像组学是通过医学影像对特征进行提取和分析，为患者预前和预后的诊断和治疗提供评估方法和精准诊疗决策，这在很大程度上简化了人工智能技术的应用流程，节约了人力成本。

随着医学成像技术的不断进步，近几十年中 X 光、超声波、计算机断层扫描（CT），核磁共振（MR）、数字病理成像、消化道内窥镜、眼底照相等新兴医学成像技术发展突飞猛进，各类医学图像数据也爆炸性增加。在传统临床领域，医学图像的判读主要是由医学影像专家、临床医生实现，日益增长的图像数据给医生阅片带来极大的挑战和压力。随着计算机技术的不断突破，计算机辅助医学图像的判断成为可能，并且在临床辅助诊断中所占比重逐年增大。相比于人工判读图像，计算机辅助诊断可以有效提高阅片效率，避免人工误判，降低医生工作量和压力。

依托国际领先的图像识别技术，腾讯开发了医学影像智能筛查系统，实现了对早期食管癌、早期肺癌、早期乳腺癌、糖尿病性视网膜病变等疾病的智能化筛查和识别，辅助医疗临床诊断。腾讯医学影像智能筛查系统由"食管癌早期筛查子系统""肺癌早期筛查子系统""糖网智能分期识别子系统""乳腺癌早期筛查子系统"构成，支持食管癌良恶性识别、肺结节位置检测、肺癌良恶性识别、糖网识别、糖网分期、乳腺癌钙化和肿块检测、乳腺癌良恶性识别等临床需求。医学影像智能筛查系统工作流程如图 10.29 所示。

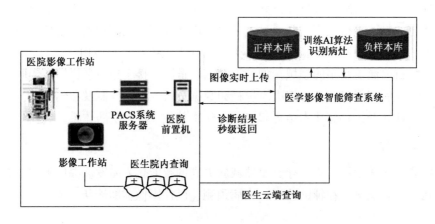

图 10.29　医学影像智能筛查系统工作流程

腾讯医学影像智能筛查系统目前已经在全国多个省市的数十家三甲医院中进行了广泛应用，并获得了医生高度认可。例如，浙江省温州市中心医院上线食管癌早期筛查系统 2 周即发现 2 例医生未发现的早期食管癌患者，最终对这 2 位患者确诊后，进行早癌手术。早发现早治疗，大大提高了患者生存率，降低治疗费用，保障术后生活质量。

7. 智能物流

传统物流企业在利用条形码、射频识别技术、传感器、全球定位系统等方面优化改善运输、仓储、配送装卸等物流业基本活动，同时也在尝试使用智能搜索、推理规划、计算机视觉以及智能机器人等技术，实现货物运输过程的自动化运作和高效率优化管理，提高物流效率。例如，在仓储环节，利用大数据智能通过分析大量历史库存数据，建立相关预测模型，实现物流库存商品的动态调整。大数据智能也可以支撑商品配送规划，进而实现物流供给与需求匹配、物流资源优化与配置等。在货物搬运环节，加载计算机视觉、动态路径规划等技术的智能搬运机器人（货架穿梭车、分拣机器人等）得到广泛应用，大大减少了订单出库时间，使物流仓库的存储密度、搬运的速度、拣选的精度均有大幅度提升。

下面举一个智能供应链设计系统的成功应用案例，该案例来自华为技术有限公司。

当前华为供应链物流供应商（LSP）单车提货每增加一个提货点，就多增加一次例外费用，导致多点提货费用高，需要根据发货单据，人工拆分给承运商，进行发货，每年的例外费用高达 1200 多万元。之前人工方式效率低、成本高，无法实现实时、快速设计最为合适的供应链物流方案。图 10.30 为传统的物流供应链工作情况。

智能系统自动识别是选择直提物流模式还是选择中转仓模式，自动优化并推荐给用户车辆数。按天输出派车计划，解决多订单、多工厂映射关系下的组合路径优化问题，目标达到月运输成本最优。10 分钟之内完成给出物流配车和路线规划。智能供应链设计系统工作流如图 10.31 所示。

华为人工智能系统的路径优化解决方案聚焦于降低物流运输成本，包含三个模块：自动识别运输方案、智能路径优化技术和成本优化统计，见表 10.2。

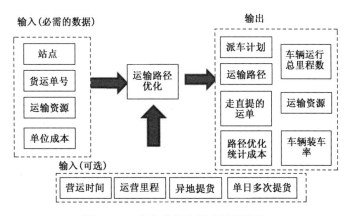

图 10.30　传统的物流供应链示意图

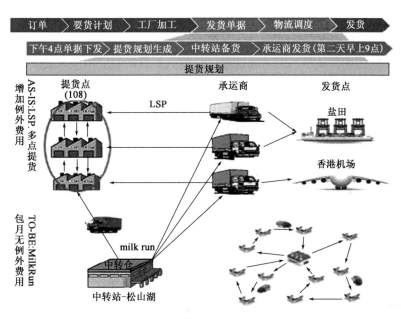

图 10.31　智能供应链设计系统工作流程

表 10.2　华为人工智能系统的路径优化解决方案的构成

自动识别运输方案	假设有 M 个订单，其中有 m 个订单采用中转仓的方式，其余采用原来直提的运输方式。通过 0－1 动态规划技术，自动识别、确定走中转仓的货运单数 m
智能路径优化技术	通过聚类 KNN 模型对 m 个订单的对应的工厂进行聚类找出相邻距离最小的点；然后根据聚类结果，进一步采用 Dijkstra 算法计算遍历最短路径计算派车计划、运输路径
成本优化统计	基于每天最佳配车方案，按月统计输出节省的总运输成本、车辆运行总里程数、运输所需车辆数、装车率等

华为人工智能系统通过提货规划，减少例外费用，提升发货效率。以天为单位，合理分配租赁车辆并对提货路线进行优化，利用中转仓（MilkRun）尽可能提高车辆满载率，减少出行次数，减少提货的例外费用。根据 2016 年 1—6 月的历史数据进行优化，每个月的运输

成本降低 30% 以上。基于平台能力，优化算法高效率，按天输出派车计划，只需要 10s 左右。

10.6.4　人工智能产业发展趋势

从人工智能产业进程来看，技术突破是推动产业升级的核心驱动力。数据资源、运算能力、核心算法共同发展，掀起人工智能第三次新浪潮。人工智能产业正处于从感知智能向认知智能的进阶阶段，前者涉及的智能语音、计算机视觉及自然语言处理等技术，已具有大规模应用基础，但后者要求的"机器要像人一样去思考及主动行动"仍尚待突破，诸如无人驾驶、全自动智能机器人等仍处于开发中，与大规模应用仍有一定距离。

（1）智能服务呈现线下和线上的无缝结合。分布式计算平台的广泛部署和应用，增大了线上服务的应用范围。同时人工智能技术的发展和产品不断涌现，如智能家居、智能机器人、自动驾驶汽车等，为智能服务带来新的渠道或新的传播模式，使得线上服务与线下服务的融合进程加快，促进多产业升级。

（2）智能化应用场景从单一向多元发展。目前人工智能的应用领域还多处于专用阶段，如人脸识别、视频监控、语音识别等都主要用于完成具体任务，覆盖范围有限，产业化程度有待提高。随着智能家居、智慧物流等产品的推出，人工智能的应用终将进入面向复杂场景、处理复杂问题、提高社会生产效率和生活质量的新阶段。

（3）人工智能和实体经济深度融合进程将进一步加快。党的十九大报告提出"推动互联网、大数据、人工智能和实体经济深度融合"。一方面，制造强国建设的加快将促进人工智能等新一代信息技术产品发展和应用，助推传统产业转型升级，推动战略性新兴产业实现整体性突破。另一方面，随着人工智能底层技术的开源化，传统行业将有望加快掌握人工智能基础技术并依托其积累的行业数据资源实现人工智能与实体经济的深度融合创新。

10.7　安全、伦理、隐私问题

历史经验表明，新技术常常能够提高生产效率，促进社会进步。但与此同时，由于人工智能尚处于初期发展阶段，该领域的安全、伦理、隐私的政策、法律和标准问题值得关注。就人工智能技术而言，安全、伦理和隐私问题直接影响人们与人工智能工具交互经验中对人工智能技术的信任。社会公众必须相信人工智能技术能够给人类带来的安全利益远大于伤害，才有可能发展人工智能。要保障安全，人工智能技术本身及在各个领域的应用应遵循人类社会所认同的伦理原则，其中应特别关注的是隐私问题，因为人工智能的发展伴随着越来越多的个人数据被记录和分析，而在这个过程中保障个人隐私则是社会信任能够增加的重要条件。

总之，建立一个令人工智能技术造福于社会，保护公众利益的政策、法律和标准化环境，是人工智能技术持续、健康发展的重要前提。为此，本节集中讨论与人工智能技术相关的安全、伦理、隐私问题。

10.7.1　人工智能的安全问题

人工智能最大的特征是能够实现无人类干预的、基于知识并能够自我修正地自动化运行。在开启人工智能系统后，人工智能系统的决策不再需要操控者进一步的指令，这种决策可能会产生人类预料不到的结果。设计者和生产者在开发人工智能产品的过程中可能并不能准确预知某一产品可能存在的风险。因此，对于人工智能的安全问题不容忽视。

与传统的公共安全（例如核技术）需要强大的基础设施作为支撑不同，人工智能以计算机和互联网为依托，无需昂贵的基础设施就能造成安全威胁。掌握相关技术的人员可以在任何时间、地点且没有昂贵基础设施的情况下做出人工智能产品。人工智能的程序运行并非公开可追踪，其扩散途径和速度也难以精确控制。在无法利用已有传统管制技术的条件下，对人工智能技术的管制必须另辟蹊径。

换言之，管制者必须考虑更为深层的伦理问题，保证人工智能技术及其应用均应符合伦理要求，才能真正实现保障公共安全的目的。由于人工智能技术的目标实现受其初始设定的影响，必须能够保障人工智能设计的目标与大多数人类的利益和伦理道德一致，即使在决策过程中面对不同的环境，人工智能也能做出相对安全的决定。从人工智能的技术应用方面看，要充分考虑人工智能开发和部署过程中的责任和过错问题，通过为人工智能技术开发者、产品生产者或者服务提供者、最终使用者设定权利和义务的具体内容，来达到落实安全保障要求的目的。

此外，考虑到目前世界各国关于人工智能管理的规定尚不统一，相关标准也处于空白状态，同一人工智能技术的参与者可能来自不同国家，而这些国家尚未签署针对人工智能的共有合约。为此，我国应加强国际合作，推动制定一套世界通用的管制原则和标准来保障人工智能技术的安全性。

10.7.2　人工智能的伦理问题

人工智能是人类智能的延伸，也是人类价值系统的延伸。在其发展的过程中，应当包含对人类伦理价值的正确认知。设定人工智能技术的伦理要求，要依托于社会和公众对人工智能伦理的深入思考和广泛共识，并遵循一些共识原则：

（1）人类利益原则，即人工智能应以实现人类利益为终极目标。这一原则体现对人权的尊重、对人类和自然环境利益最大化以及降低技术风险和对社会的负面影响。在此原则下，政策和法律应致力于人工智能发展的外部社会环境的构建，推动对社会个体的人工智能伦理和安全意识教育，让社会警惕人工智能技术被滥用的风险。此外，还应该警惕人工智能系统做出与伦理道德偏差的决策。例如，大学利用机器学习算法来评估入学申请，假如用于训练算法的历史入学数据（有意或无意）反映出之前的录取程序的某些偏差（如性别歧视），那么机器学习可能会在重复累计的运算过程中恶化这些偏差，造成恶性循环，如果没有纠正，偏差会以这种方式在社会中永久存在。

（2）责任原则，即在技术开发和应用两方面都建立明确的责任体系，以便在技术层面可以对人工智能技术开发人员或部门问责，在应用层面可以建立合理的责任和赔偿体系。在责任原则下，在技术开发方面应遵循透明度原则，在技术应用方面则应当遵循权责一致原则。其中，透明度原则要求了解系统的工作原理从而预测未来发展，即人类应当知道人工智能如何以及为何做出特定决定，这对于责任分配至关重要。例如，在神经网络这个人工智能的重要议题中，人们需要知道为什么会产生特定的输出结果。另外，数据来源透明度也同样非常重要，即便是在处理没有问题的数据集时，也有可能面临数据中隐含的偏见问题。透明度原则还要求开发技术时注意多个人工智能系统协作产生的危害。权责一致原则，指的是未来政策和法律应该做出明确规定：一方面必要的商业数据应被合理记录，相应算法应受到监督，商业应用应受到合理审查；另一方面商业主体仍可利用合理的知识产权或者商业秘密来保护本企业的核心参数。在人工智能的应用领域，权利和责任一致的原则尚未在商界、政府对伦理的实践中完全实现。主要是由于在人工智能产品和服务的开发和生产过程中，工程师和设计团队往往忽视伦理问题；此外人工智能的整个行业尚未习惯于综合考量各个利益相关者需求的工作流程，人工智能相关企业对商业秘密的保护也未与透明度相平衡。

10.7.3　人工智能的隐私问题

人工智能的近期发展是建立在大量数据的信息技术应用之上，不可避免地涉及个人信息的合理使用问题，因此对于隐私应该有明确且可操作的定义。人工智能技术的发展也让侵犯个人隐私（的行为）更为便利，因此相关法律和标准应该为个人隐私提供更强有力的保护。已有的对隐私信息的管制包括对使用者未明示同意的收集，以及使用者明示同意条件下的个人信息收集两种类型的处理。人工智能技术的发展对原有的管制框架带来了新的挑战，原因是使用者所同意的个人信息收集范围不再有确定的界限。利用人工智能技术很容易推导出公民不愿意泄露的隐私，例如从公共数据中推导出私人信息，从个人信息中推导出和个人有关的其他人员（如朋友、亲人、同事）信息（在线行为、人际关系等）。这类信息超出了最初个人同意披露的个人信息范围。

此外，人工智能技术的发展使得政府对于公民个人数据信息的收集和使用更加便利。大量个人数据信息能够帮助政府各个部门更好地了解所服务的人群状态，确保个性化服务的机会和质量。但随之而来的是，政府部门和政府工作人员个人不恰当使用个人数据信息的风险和潜在的危害应当得到足够的重视。

人工智能语境下个人数据的获取和知情同意应该重新进行定义。首先，相关政策、法律和标准应直接对数据的收集和使用进行规制，而不能仅仅征得数据所有者的同意；其次，应当建立实用、可执行的、适应于不同使用场景的标准流程以供设计者和开发者保护数据来源的隐私；再次，对于利用人工智能可能推导出超过公民最初同意披露的信息的行为应该进行规制。最后，政策、法律和标准对于个人数据管理应该采取延伸式保护，鼓励发展相关技术，探索将算法工具作为个体在数字和现实世界中的代理人，这种方式使得控制和使用两者得以共存，因为算法代理人可以根据不同的情况，设定不同的使用权限，同时管理个人同意与拒绝分享的信息。

10.8　小　结

　　这是一个信息爆炸的时代，不管是研究领域、商业领域还是工业领域，都要同数据打交道。随着科技的迅猛发展，更加先进的存储技术的出现，使得人们必须面对规模更加巨大、结构更加复杂的数据，并亟待从中挖掘出有用的信息。总体来说，目前对于大数据的研究尚属起步阶段，还有很多问题亟待解决。大数据时代已经来临，如何从海量数据中发现知识、获取信息，寻找隐藏在大数据中的模式、趋势和相关性，揭示社会运行和发展规律，都需要更加深入地了解大数据，更加紧密地拥抱人工智能技术。

　　人工智能是研究、开发用于模拟、延伸和扩展人的智能的理论、方法、技术及应用系统的一门新的技术科学，是计算机科学的一个分支，它企图了解智能的实质，并生产出一种新的能以人类智能相似的方式做出反应的智能机器，该领域的研究包括机器人、语言识别、图像识别、自然语言处理和专家系统等。人工智能从诞生以来，理论和技术日益成熟，应用领域也不断扩大，可以设想，未来人工智能带来的科技产品，将会是人类智慧的"容器"。人工智能可以对人的意识、思维的信息过程进行模拟。人工智能是一门极富挑战性的科学，从事这项工作的人必须懂得计算机知识、心理学和哲学。

 习　题

1. 简述大数据产生的原因。
2. 简述大数据的"4V"特征。
3. 大数据的处理流程包括哪些阶段？
4. 简述传统数据采集方法与大数据采集方法之间的区别。
5. 云计算的核心技术与主要特征是什么？
6. 请列举常见的大数据可视化工具。
7. 强人工智能与弱人工智能有哪些区别？
8. 人工智能系统主要由哪些部分组成？
9. 简述人工智能、机器学习和深度学习之间的关系。
10. 人脸识别是典型的计算机视觉应用，请简述其应用过程。

参 考 文 献

[1] 袁方，王兵，李继民．计算机导论 [M].3 版．北京：清华大学出版社，2014.

[2] 胡明，王红梅．计算机学科概论 [M].2 版．北京：清华大学出版社，2011.

[3] 张小锋．计算机科学与技术导论 [M]．北京：清华大学出版社，2011.

[4] 汤小丹，梁红兵，哲凤屏，等．计算机操作系统 [M].4 版．西安：西安电子科技大学出版社，2014.

[5] 张玲.Linux 操作系统：基础、原理与应用 [M]．北京：清华大学出版社，2014.

[6] 陈国良，董荣胜．计算思维的表述体系 [J]．中国大学教学，2013（12）：22 – 26.

[7] 李廉．计算思维：概念与挑战 [J]．中国大学教学，2012（1）：7 – 12.

[8] 牟琴，谭良．计算思维的研究及其进展 [J]．计算机科学，2011，38（3）：10 – 15.

[9] 董荣胜．计算机科学导论：思想与方法 [M]．北京：高等教育出版社，2007.

[10] 董荣胜．计算思维与计算机导论 [J]．计算机科学，2009（4）：50 – 52.

[11] 张海潘，吕云翔．软件工程 [M]．北京：人民邮电出版社，2015.

[12] 安维华．虚拟现实技术及其应用 [M]．北京：清华大学出版社，2014.

[13] 范玉顺．工作流管理技术基础 [M]．北京：清华大学出版社，2001.

[14] 杨硕．办公自动化最佳教程 [M]．上海：浦东电子出版社，2001.

[15] 张瑜．多媒体技术与应用 [M]．北京：清华大学出版社，2015.

[16] 刘智慧，张泉灵．大数据技术研究综述 [J]．浙江大学学报（工学版），2014，48（6）：957 – 972.

[17] 中国电子技术标准化研究院．人工智能标准化白皮书（2018 版）.2018.1.

[18] 阿尔文·托勒夫．第三次浪潮 [M]．黄明坚，译，北京：中信出版社，2006.

[19] 涂子沛．大数据 [M]．桂林：广西师范大学出版社，2012.

[20] 陈锐，成建设．零基础学数据结构 [M]．北京：机械工业出版社，2015.

[21] 张良均，陈俊德，刘名军，等．数据挖掘实用案例分析 [M]．北京：机械工业出版社，2014.

[22] 刘宝忠，谢芳．大学计算机基础 [M]．北京：人民邮电出版社，2015.

[23] 李珍香，谢连山．网格体系结构及其发展研究 [J]．计算机工程，2005，31（z1）：85 – 87，90.

[24] 易建勋．计算机导论：计算思维和应用技术 [M].2 版．北京：清华大学出版社，2018.

[25] 王剑，刘鹏，胡杰，等．嵌入式系统设计与应用：基于 ARMCortex – A8 和 Linux [M]．北京：清华大学出版社，2017.

[26] 何玉洁．数据库原理与应用教程 [M]．北京：机械工业出版社，2016.

[27] 张晓明．计算机网络教程 [M].2 版．北京：清华大学出版社，2010.

[28] 谢希仁．计算机网络 [M].7 版．北京：电子工业出版社，2017.